新平县磨盘山县级自然保护区综合科学考察报告

XINPING XIAN MOPAN SHAN
XIANJI ZIRAN BAOHUQU
ZONGHE KEXUE KAOCHA BAOGAO

杨光照　编著　■

云南出版集团
云南科技出版社
·昆明·

图书在版编目（CIP）数据

新平县磨盘山县级自然保护区综合科学考察报告 /
杨光照编著 . –– 昆明：云南科技出版社，2020.6
ISBN 978–7–5587–2853–2

Ⅰ . ①新… Ⅱ . ①杨… Ⅲ . ①自然保护区—科学考察
—考察报告—新平彝族傣族自治县 Ⅳ . ① S759.992.744

中国版本图书馆 CIP 数据核字 (2020) 第 092268 号

新平县磨盘山县级自然保护区综合科学考察报告
杨光照　编著

责任编辑：肖　　娅　杨志芳
封面设计：余仲勋
责任校对：张舒园
责任印制：蒋丽芬

书　　号：ISBN 978-7-5587-2853-2
印　　刷：云南灵彩印务包装有限公司
开　　本：889mm×1194mm　1/16
印　　张：21.75
字　　数：560 千字
版　　次：2020 年 6 月第 1 版
印　　次：2020 年 6 月第 1 次印刷
定　　价：180.00 元

出版发行：云南出版集团　云南科技出版社
地　　址：昆明市环城西路 609 号
网　　址：http://www.ynkjph.com/
电　　话：0871-64192752

版权所有　侵权必究

自然地理

雾海奇观

植被类型

半湿润常绿阔叶林

季风常绿阔叶林

中山湿性常绿阔叶林

灌草丛

苔藓林

暖性针叶林

野生植物

图 A：报春花属（*Primula* sp.）；B：铁梗报春铁梗报春（*Primula sinolisteri*）；C：金丝石蝴蝶（*Petrocosmea chrysotricha*）；D：黑眼石蝴蝶（*Petrocosmea melanophthalma*）；E：黄白长冠苣苔（*Rhabdothamnopsis chinensis* var. *ochroleuca*）；F：球果假沙晶兰（*Monotropastrum humile*）；G：小斑叶兰（*Goodyera repens*）；H：大花独蒜兰（*Pleione grandiflora*）。

图 A：灰背节肢蕨（*Arthromeris wardii*）；B：雨蕨（*Gymnogrammitis dareiformis*）；C：尖裂假瘤蕨（*Phymatopteris oxyloba*）；D：爪哇凤尾蕨（*Pteris venusta*）；E：硫磺粉背蕨（*Aleuritopteris duclouxii* var. *sulphurea*）；F：篦齿蕨（*Metapolypodium manmeiense*）；G：小槲蕨（*Drynaria parishii*）；H：抱石莲（*Lemmaphyllum drymoglossoides*）。

图 磨盘山地区几种保护物种。A~C：千果榄仁（*Terminalia myriocarpa*）；D：石丁香（*Neohymenopogon parasiticus*）；E：异腺草（*Anisadenia pubescens*）；F：水青树 (*Tetracentron sinense*)；G：秀丽珍珠花 (*Lyonia compta*)。

图 A：马缨杜鹃（*Rhododendron delavayi*）；B：睫毛萼杜鹃（*Rhododendron ciliicalyx*）；C：滇南杜鹃（*Rhododendron hancockii*）； D：棒柄花（*Cleidion brevipetiolatum*）； E：红河橙（*Citrus cavaleriei*）；F：长序虎皮楠（*Daphniphyllum longeracemosum*）；G：灯台树（*Cornus controversa*）。

野外调查

新平磨盘山县级自然保护区功能区边界坐标示意图

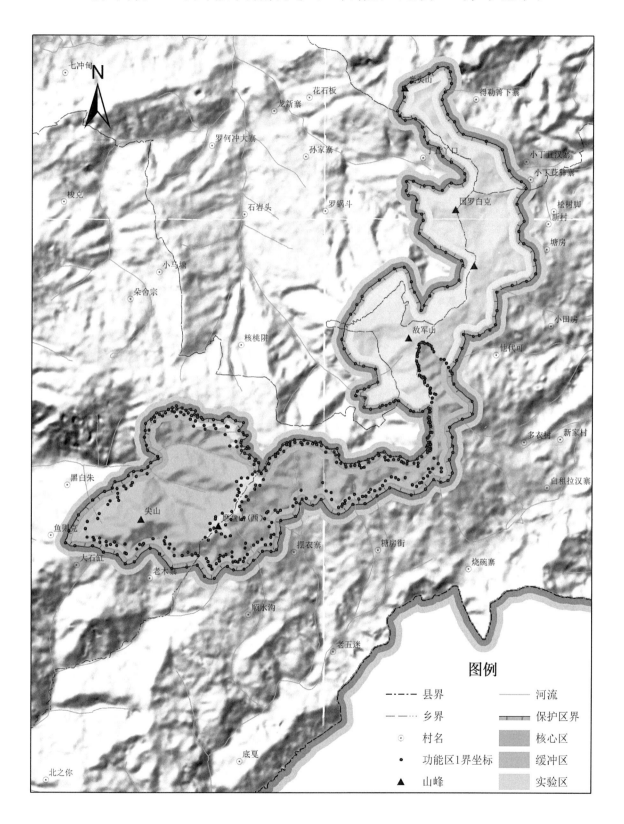

图例

—·—·—	县界	——	河流
———	乡界		保护区界
⊙	村名		核心区
•	功能区1界坐标		缓冲区
▲	山峰		实验区

新平磨盘山县级自然保护区功能区划示意图

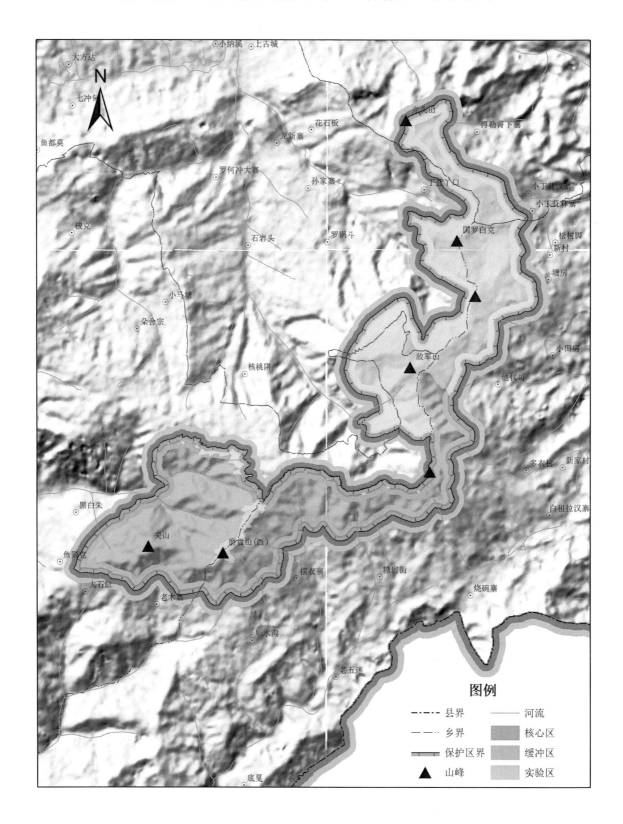

新平磨盘山县级自然保护区基础设施规划布局示意图

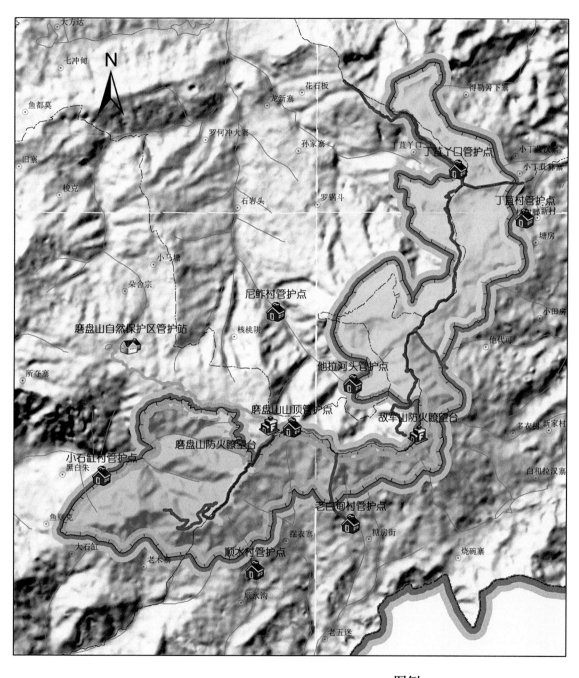

图例

-··-··- 县界	🏠 瞭望台	核心区	一般公路
-··-··- 乡界	🏠 管护点	缓冲区	巡护步道
⊙ 村名		实验区	防火通道
保护区界	🏠 管护站		河流

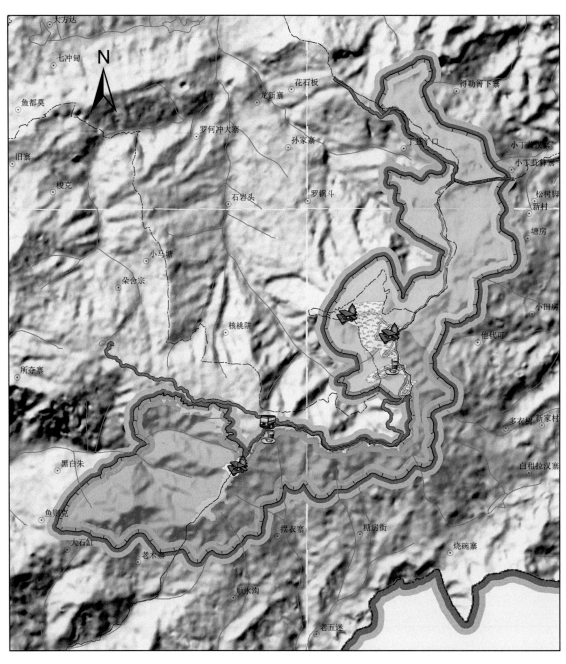

新平磨盘山县级自然保护区旅游规划示意图

图例

---·--- 县界	—— 主干道	服务区		核心区	
——·--- 乡界	—— 观光步道	观景台		缓冲区	
—— 保护区界	森林观光区	主公路		实验区	
停车区	灌丛草地观光				

新平磨盘山县级自然保护区土地利用现状示意图

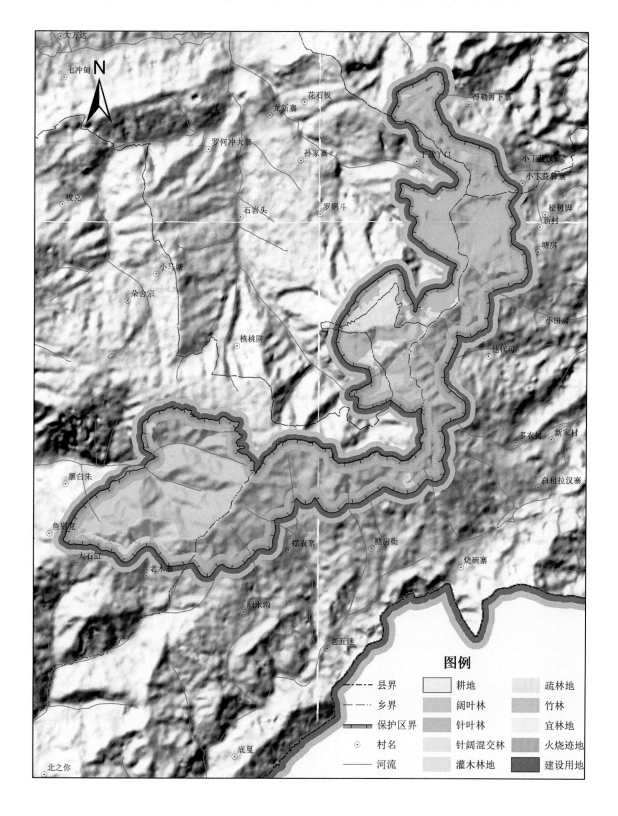

图例

- ----- 县界
- ------ 乡界
- —— 保护区界
- ⊙ 村名
- —— 河流

- 耕地
- 阔叶林
- 针叶林
- 针阔混交林
- 灌木林地

- 疏林地
- 竹林
- 宜林地
- 火烧迹地
- 建设用地

新平磨盘山县级自然保护区植被分布示意图

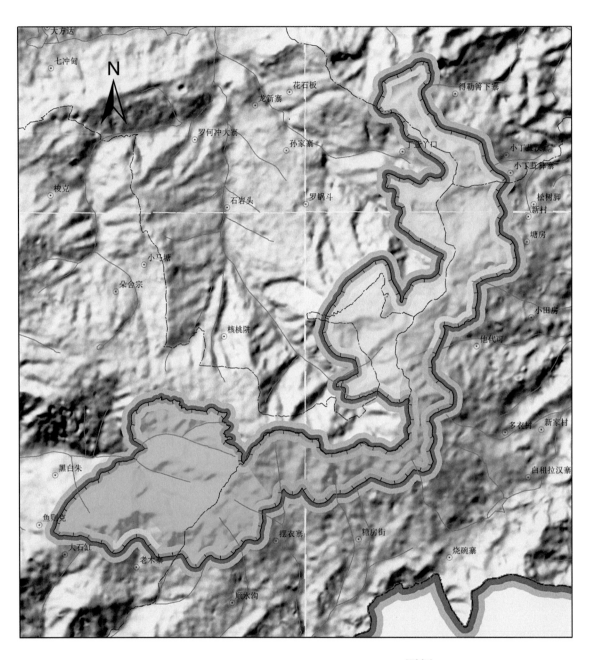

图例

-·-·-· 县界	中山湿性阔叶林	华山松林
--- 乡界	云南松林	季风常绿阔叶林
▅▅ 保护区界	亚高山草甸	寒温性灌丛
⊙ 村名	半湿性常绿阔叶林	山地苔藓矮林
—— 河流		

编 委 会

主　　任：张子翼（云南省林业调查规划院院长）
　　　　　普超云（新平县林业和草原局局长）
副 主 任：吴　霞（云南省林业调查规划院党委书记）
　　　　　温庆忠（云南省林业调查规划院总工程师）
　　　　　张冲平（云南省林业调查规划院副院长）
　　　　　施化云（云南省林业调查规划院副院长）
　　　　　何文斌（新平县林业和草原局副局长）
委　　员：杨光照　李永宁　张绍军　陈文昌　杨建光

编写组

主　　编：杨光照
副 主 编：黄运荣　文勇军　杨建光
编写人员：（以姓氏笔画为序）
　　　　　王　平　文勇军　刘　鸿　刘永祥　刘泽铭　李　娜　李永宁
　　　　　李国松　杨士剑　杨光照　杨建光　杨建祥　余开学　张绍军
　　　　　陈　丽　陈文昌　赵文军　赵英国　袁国安　黄运荣　彭　华
　　　　　普超云　普智清
制　　图：杨建祥
审　　稿：李永宁
审　　定：温庆忠　陶晶　杨光照

前　言

　　新平县磨盘山县级自然保护区（以下简称"保护区"），是以中山湿性常绿阔叶林、半湿润常绿阔叶林生态系统及珍稀濒危动植物资源为主要保护对象的森林生态系统自然保护区。随着国家实施以生态建设为主的林业发展战略，实施林业重点工程和森林生态效益补偿，带动了保护区和周边社区的生态建设，使保护区建设得到快速发展，保护区周边的森林植被和生态得到全面恢复，维持了保护区生物多样性和森林植被类型的多样性特征。同时，保护区及周边森林，发挥着不可替代的水源涵养功能，是当地人民生产、生活的良好生态屏障。

　　保护区特殊的地理环境，复杂的地貌类型，多样的山地气候，优越的土壤条件，为野生动植物的栖息和繁衍保持了良好的自然生态环境，形成了除了哀牢山外的又一动植物种类丰富的集中分布区域。保护区地带性植被主要为滇中典型的半湿润常绿阔叶林，山体中上部还保存有较为原始的中山湿性常绿阔叶林，低海拔河谷陡峭地带还保存有一定面积的落叶季雨林，整个磨盘山自然山体的基带和季风常绿阔叶林，其植被垂直带发育较为典型，同时还有杂草类草甸等湿地植被景观，是滇中高原边缘保存较为完好的代表性植被。

　　森林在涵养水源、保育土壤、固碳释氧、积累营养物质、净化大气环境、森林防护、生物多样性保护和森林游憩等方面提供的生态服务功能，有着重要的生态价值和经济价值。

　　野生动植物及其栖息环境是大自然赋予人类的最为宝贵的可持续利用资源，是人类社会生产力起源和发展的基础，是绿色文化的主体，是构成生态系统的主体。建立保护区是国家保护自然资源和自然环境，维护生态安全，促进生态文明，实现经济社会全面、协调、可持续发展，构建和谐社会的重要保障和有效措施。加强保护区建设管理是实施以生态建设为主的林业发展战略和全面建设小康社会的迫切需要。

　　为了深入贯彻落实党中央、国务院生态文明建设的重要战略部署，根据国家林业和草原局保护区建设发展的相关文件和要求，由新平县林业和草原局组织开展了保护区总体规划编制工作。2017年12月—2018年4月，新平县林业和草原局牵头组织了有云南省林业调查规划院、中国科学院昆明植物研究所、云南师范大学等相关专家及学者参加的保护区科学考察。在野外实地考察的基础上，结合室内数据统计分析、样品实验测定以及前人研究成果，开展了保护区地质、地貌、气候、水文、土壤、自然景观等方面的专项调查研究，形成了保护区科学考察报告。该报告为保护区总体规划提供了基础资料和研究理论。

在保护区考察中，各位教授、专家、学者和技术人员等，大家团结协作、翻山越岭、不畏艰辛，付出了辛勤的劳动和汗水。考察工作也得到了新平县林业和草原局领导和各部门的密切配合及支持，在此，表示衷心感谢！

编制项目组

2019 年 8 月

目　录

1 总 论

1.1 地理位置

新平县磨盘山县级自然保护区（以下简称"保护区"）位于滇中玉溪市新平县东南部，县城南部，距县城 19km，距玉溪市 113km，距省会昆明市 195km。地跨新平县桂山街道办事处、平甸乡、扬武镇和古城街道办事处，地理位置为东经 101°55′14″~102°3′54″，北纬 23°54′6″~24°2′29″，最高点为保护区内的敌军山，海拔 2614.32m，最低点位于黑白租河与保护区边界交汇处，海拔 1351m，保护区相对高度 1263.32m。属云南亚热带北部与亚热带南部的气候过渡地区。

1.2 自然地理环境概况

1.2.1 地质地貌

保护区位于"西南亚高山中山大区（V）"西部的"川西南、滇中亚高山盆地区（VD）"的西南部，在云南地貌区划中，位于"滇东盆地山原区（I）"内的"滇中红层高原亚区（I3）"南部，以残留高原地貌为主，地貌由大起伏中山和大起伏亚高山以及深切峡谷组合而成，山地是基本地貌类型，主要属于砂页岩山地。山脉呈东北西南走向。

1.2.2 土壤分布

保护区土壤为铁铝土、淋溶土、初育土 3 个土纲，湿热铁铝土、湿暖淋溶土、湿暖温淋溶土、石质初育土 4 个亚纲，红壤、黄棕壤、棕壤、紫色土 4 个土类，红壤、山原红壤、黄红壤、红壤性土、暗黄棕壤、棕壤、酸性紫色土 7 个亚类。

1.2.3 气候特征

保护区位于南亚热带季风气候区大起伏亚高山中上部，低纬高原季风气候特点显著，气候垂直分异明显，气候类型为南亚热带（海拔 1351~1561m）、中亚热带（海拔 1561~2312m）、北亚热带

（海拔 2312～2500m）和暖温带（海拔 2500～2614.32m）等山地季风气候。年太阳总辐射为 5261.2MJ/m²，日照时数为 2494.4h，平均气温为 8.75～17.47℃，降水量为 853.0～1571.0mm。平均相对湿度为 70%～85%，蒸发量为 1942.51mm。

1.2.4 水 文

保护区属元江上游汇水区，处于元江干流及其一级支流小河底河的分水岭部位，水系呈放射状向四周分流。保护区直接汇入元江的河流有西拉河、玉支河、南渡河等，汇入大开门河的河流主要有新平河、拉咩河、高梁冲河等。保护区是清水河、尼鲊等小（一）型水库，以及他拉河头、阿梅则可、费拉莫、麻栗湾、罗锅头、母租鲁、丁苴塘房等多座小（二）型水库的水源区。

1.3 自然资源概况

1.3.1 森林植被

保护区所处位置属东亚植物区中的中国–喜马拉雅森林植物亚区的云南高原地区，在《云南省植物分区图》中位于的澜沧江红河中游区（第Ⅴ区）的东边界线附近，按"中国植被"分区系统，它属于我国西部（半湿润）常绿阔叶林亚区域。按照上述植被分类的原则和方法，磨盘山保护区的植被类型可以划分为 4 个植被型、7 个植被亚型、10 个群系组和 13 个群系。

1.3.2 植物资源

通过野外考察，整理获取维管束植物 186 科 723 属 1380 种包含种下等级，其中：蕨类植物 25 科 50 属 89 种、裸子植物 3 科 4 属 5 种、被子植物 161 科 673 属 1291 种。包括珍稀濒危保护植物 30 种，其中国家 Ⅰ 级保护植物 2 种、省级保护植物 8 种；CITES 附录 Ⅱ 收录 16 种；中国特有种 238 种、云南特有种 75 种；重点植物 8 种。

1.3.3 动物资源

通过野外考察、社区访谈调查和文献查阅，记录到陆栖脊椎动物动物 26 目 72 科 175 属 251 种。其中：哺乳动物 9 目 26 科 50 属 71 种）、鸟类有 13 目 32 科 85 属 130 种、两栖动物 2 目 7 科 17 属 22 种、爬行动物 28 种 2 目 7 科 23 属。珍稀濒危保护动物 35 种、国家级保护物种 25 种、CITES 附录收录 24 种、IUCN 受胁物种 6 种、特有物种 19 种。

1.3.4 土地利用现状

保护区林业用地面积 5794.36hm²，占总面积的 99.27%；非林地面积 42.44hm²，占总面积的 0.73%。森林覆盖率为 88.63%。在林业用地中，针叶林面积 1631.26hm²，占林业用地面积的 28.15%；阔叶林面积 3400.19hm²，占林业用地面积的 58.68%；乔木经济林面积 8.31hm²，占林业用地面积的 0.14%；灌木林地面积 675.48hm²，占林业用地面积的 11.66%；疏林地面积 13.93hm²，占林业用地面积的 0.24%；其他无立木林地面积 65.19hm²，占林业用地面积的 1.13%。在非林地中，耕地面积 24.4hm²，占非林地面积的 57.49%；未利用地面积 18.06hm² 占非林地面积的 42.51%。

1.4 社会经济

保护区周边共涉及 4 个乡镇（街道）、8 个村（居）委会、92 个村（居）民小组。社区总户数 3736 户，总人口 14770 人，男性 7530 人，女性 7240 人，按民族分：汉族 1123 人，苗族 2 人，彝族 13319 人，其他民族 326 人。社区农村经济总收入 86719 万元，其中农业收入 56146 万元，林业收入 3021 万元，养殖业收入 20985 万元，其他（外出务工）收入 6566 万元；人均纯收入 9737.25 元。

1.5 保护区范围及功能区划

1.5.1 保护区范围

保护区按行政区划，东面、东北部与该县桂山街道办事处接壤，东南部与扬武镇接壤；西面、西北部与古城街道办事处接壤，西南部与平甸乡和磨盘山国家森林公园毗邻。保护区界线沿山腰或山脊包围，图形由南向北呈不规则月牙弯形。

1.5.2 功能区划

保护区总面积为 5836.73hm²，其中：核心区 2130.92hm²，占总面积的 36.51%；缓冲区 851.24hm²，占总面积的 14.58%；实验区 2854.57hm²，占总面积的 48.91%。

2 自然地理环境

保护区位于滇中玉溪市新平县东部，云南高原西部中亚热带与南亚热带气候过渡区域。地理位置为东经 101°55′14″~102°3′54″，北纬 23°54′6″~24°2′29″，总面积 5663.00hm²，最高点敌军山，海拔 2614.32m，最低点位于黑白租河与保护区边界交汇处，海拔 1351m，相对高度 841.32m。行政区划上，西、西北部属该县平甸乡和桂山街道办事处，东、东南部属扬武镇。始建于 1990 年 11 月，保护对象为中山湿性常绿阔叶林、半湿性常绿阔叶林生态系统及珍稀濒危动植物资源，为生态系统类别森林生态系统类型县级自然保护区。西部与磨盘山国家森林公园毗邻。以 2017 年 12 月上旬野外实地考察为基础，结合室内数据统计分析、样品实验测定以及前人研究成果，就该保护区地质、地貌、气候、水文、土壤、自然景观等作了专项研究。

2.1 地质地貌

2.1.1 调查研究方法

以 1∶5 万的卫星影像图为工作底图，在野外考察基础上，以 1∶20 万玉溪幅（云南省地质局第二区域地质测量队，1969）和墨江幅（云南省地质局第二区域地质测量队，1973）区域地质图为主要线索，确定保护区及附近地区出露的地层及中小地质构造（褶皱、断裂等），绘制地质简图；结合野外考察，综合分析地层接触关系、沉积建造、附近地区岩浆活动、构造空间分布及其与地貌发育的关系、地壳演化历史等；依据中国陆地基本地貌类型分类系统（李炳元等，2008）及《中国地貌》（尤联元等，2013）、《中国 1∶100 万地貌图制图规范（试行）》中的地貌成因类型分类方案，以 1∶5 万地形图为工作底图，拟定保护区地貌类型，编绘基本地貌类型图，统计其面积；运用 3D 分析工具，生成地势剖面图；采用 ASTER GDEM V2-30m 的 DEM 数据，以 ArcGIS10.2 为技术平台，按何文秀等（2015）的坡度分级、秦松等（2008）的坡向分级方法，绘制了坡度、坡向图，并统计各级坡度、坡向面积；在上述工作基础上，分析地貌特征及其对其他自然地理要素、生境、生物多样性的影响。

沿调查线路，观察、测量、判断以下内容：①在公路和沟谷、河流等天然露头好的地段，观测确定岩石种类和第四纪沉积物的类型和分布；②现代地貌外营力类型、主要地貌类型及其形态特征与分布；③主要地质灾害类型及其成因和危害表现；④新构造运动表现及其对现代地貌发育的影响；⑤主要地质地貌遗迹、景观及其价值；⑥拍摄代表性岩石、典型地貌类型、地质遗迹等照片；⑦采集代表性岩石、矿物、沉积物等标本、样品。

2.1.2 地质背景

2.1.2.1 地　层

保护区出露的地层较单一，只有中生代侏罗系和新生代第四系（云南省地质局第二区域地质测量队，1969，1973）。

（1）侏罗系

包括中统张河组、上统蛇甸组，出露面积大，均为内陆河流相、湖泊相沉积。张河组（J_2z）分布于保护区的东北部、东部和东南部及附近地区（图2-1），保护区内仅见上段（J_2z^b），下部为紫红色泥岩夹灰绿、黄绿色细砂岩、泥岩，偶夹碳质页岩，上部为紫红、鲜红色砂岩、钙质泥岩，夹多层灰、深灰色泥灰岩，形成杂色层，向上变为紫红色泥岩夹多层细砂岩。厚度为285m左右。泥灰岩中除了产 *Darwinula* sp. 外，尚有螺及鱼化石碎片。上与蛇甸组（J_3s）下与冯家河组（J_1f）整合接触。

蛇甸组（J_3s）大面积出露于保护区及西部、西南部附近地区（图2-1），以黄白、紫灰色块状细至中粒石英砂岩为主，夹砂质、钙质泥岩、砾岩、砂砾岩，局部夹钙质泥岩。厚度为1200m左右。上与妥甸组（J_3t）下与张河组整合接触。

（2）第四系（Q）

零星分布于河流部分河段及山体的下部、剥夷面上、山体的顶部和地势平缓的地区。按其成因大致可分为冲积、残坡积、残积等类型，构成相应的冲积层和残坡积层，均为现代松散堆积。

冲积类型：主要分布于河谷，于河漫滩地带形成松散的堆积层。以细砂、粉砂、黏土构成向河床倾斜的舒缓坡地，常呈带状沿河床边缘展布，厚0~10m，宽几米至几十米不等。

残积类型：广泛见于山体的顶部、剥夷面上和地势平缓的地区，为风化残积物构成的风化壳，全、强风化层厚度具有随海拔增加而变薄的明显趋势，大致1300m以下地区厚度为10~30m，1300m以上地区厚度为5~20m。

残坡积类型：广泛见于山体中下部，为泥土、砂和岩石碎块的混合物，其颜色、成分随各地基岩性质的不同而异。在山体的下部，以残坡积物为主，由大量岩石碎块、泥土杂以巨石组成，厚可达数十米。

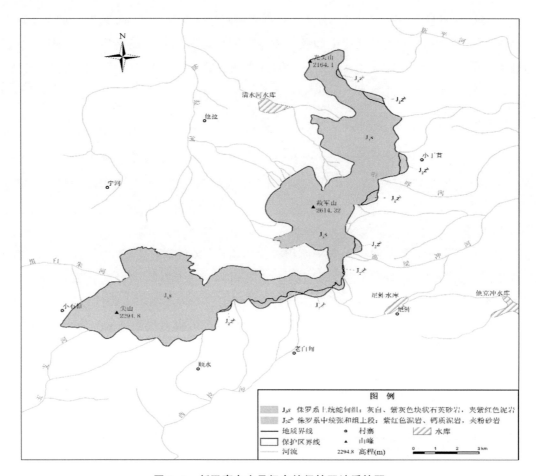

图 2-1 新平磨盘山县级自然保护区地质简图

(依据《1：20 万玉溪幅（G-48-XXI）地质图》

《1：20 万墨江幅（F-47-VI）地质图》编绘，有改动)

（3）附近地区其他地层

附近地区除了以上地层之外，还出露有三叠系上统舍资组（T_3s）、侏罗系上统妥甸组、下统冯家河组等。舍资组（T_3s）：分布于保护区东北部，为一套河湖相沉积，为灰绿、黄绿色砂岩、粉砂岩、泥岩、碳质页岩，上部夹紫红色泥岩，底部粗砂岩，与下伏三叠系上统干海子组（T_3g）砂页岩呈整合接触，顶部杂色砂泥岩与冯家河组（J_1f）紫红色泥岩呈整合接触。冯家河组（J_1f）：分布于保护区东部和南部，为一套湖泊相红色砂泥岩沉积，岩性为紫红、暗紫红色泥岩、砂质泥岩，夹多层灰绿、黄绿色石英砂岩、钙质细砾岩。妥甸组（J_3t）：分布在保护区西部，为一套湖泊相沉积，下部紫色、暗紫红色泥岩、粉砂质泥岩，夹泥质粉砂岩、细砂岩；上部为暗红、紫红色块状钙质泥岩、泥灰岩，夹黄、灰绿、黄绿等杂色泥岩、泥灰岩。

2.1.2.2　岩　石

保护区内仅出露沉积岩，没有岩浆岩和变质岩。沉积岩以碎屑岩类为主，黏土岩类其次。碎屑岩类有砾岩、砂岩、粉砂岩等。砂岩有粗粒砂岩、中粒砂岩、细砂岩、粉砂岩、泥质砂岩等。黏土岩类有泥岩、黏土等，面积较小。

2.1.2.3　大地构造位置

按板块构造-地球动力学理论，依据《中国大地构造图》（潘桂堂等，2016），保护区位于一级构造单元"扬子陆块区"、二级构造单元"上扬子陆块"的西南边缘，三级构造单元"楚雄前陆盆地"东南缘。东、西分别与相同一级、二级构造单元内的三级构造单元"康滇基底断隆带（又称攀西上叠裂谷）"和"哀牢山变质基底杂岩带"毗邻。按槽台学说观点，据《云南省区域地质志》在云南大地构造分区（云南省地矿局，1990）中，保护区位于一级构造单元"扬子准地台"西南部，二级构造单元"川滇台背斜"南部，三级构造单元"滇中中台陷"南部，四级构造单元"楚雄凹陷"南部。东与相同一级构造单元内的三级构造单元"武定-石屏隆断束"系南部的四级构造单元"峨山台穹"邻接，西与相同一级构造单元内的二级构造单元"丽江台缘褶皱带"南部三级构造单元"点苍山-哀牢山断褶束"中部的四级构造单元"哀牢山断块"毗邻。"楚雄前陆盆地"或"楚雄凹陷"广泛出露中生代地层，内陆湖泊沉积厚度很大。

2.1.2.4 构造形迹

保护区内没有褶皱和断层，但受到附近的新平向斜、溪泥河背斜、磨柯山构造盆地、西拉河断层、漠沙断层和上丙习断层（云南省地质局第二区域地质测量队，1969，1973）的影响较大。

（1）褶　皱

新平向斜：大向斜轴出露于北邻 1：20 万新平幅的新平县城附近。其构造轴向近东-西，轴长 >40km。向斜主要在三叠-侏罗纪地层中发育，轴心为侏罗系妥甸组，向两翼依次为蛇甸组、张河组和冯家河组，以及上三叠系舍资组和干海子组。枢纽向西扬起，是一个平宽舒展的大向斜。岩层倾角大部分在 10°~30°，>30° 的只占极少数。为印支运动所形成。

溪泥河背斜：出露于漠沙农场东南的溪泥河中下游。构造轴北西-南东向，由于其上被舍资组底砾岩超覆遮盖，轴长出露仅 5km。背斜主要由元古界"大红山群"变质岩组成，枢纽向南倾伏。翼部发育情况，以东翼较完整，幅宽 6km，西翼由于被上丙习断层破坏，仅出露极少部分。另在中段硅化灰岩中，发育有次级向斜褶曲，其倾角较为平缓。

磨柯山构造盆地：本盆地分布范围广阔，盆地总的是呈北西-南东方向。中心位于磨柯山处，出露地层为中侏罗系蛇甸组，向外依次为中侏罗统张河组、下侏罗统冯家河组及上三叠系一平浪群。小褶皱的岩层倾角为 30°~45°。与这些背、向斜平行的尚有一些短小的走向断层。总的来说，本盆地南部比北部褶皱强度大，北部岩层倾角一般 25°~35°，盆地中心近 5°~10° 直至水平；而南部，即化念农场一带，次级褶皱发达，岩层倾角达 35°~50°，造成南部褶皱强度大的原因可能是这里居于盆地构造集聚转折端。

（2）断　层

西拉河断层：大致沿红河支流西拉河延伸，北东-南西向。昆阳群与冯家河组呈断层接触，为正断层。沿断层带能见到构造角砾岩和十分清晰的断层三角面（云南省地质局第二区域地质测量队，1973）。

漠沙断层：出露于红河东岸，自漠沙农场至元江二塘桥附近，长约 30km。断层走向北西-南东，倾向南西，倾角 40°~50°，为逆断层（云南省地质局第二区域地质测量队，1973）。

上丙习断层：于红河东岸发育，始于漠沙农场以北，终于红光农场以南，长约 30km，与漠沙断层呈交叉状产出。断层走向北西-南东，倾向南西。其北段西侧上盘张河组与东侧下盘元古界接触，为正断层；南段西侧干海子组逆冲于东侧舍资组之上，故断层已转为逆断层。南北两段产生如此不协调现象，主要受相邻漠沙断层的影响（云南省地质局第二区域地质测量队，1973）。

2.1.2.5 地 震

据已有研究成果，保护区在云南新构造运动分区中位于一级构造单元"滇中断块隆起区"南部，二级构造单元"昆明–石屏断块差异隆起区"南部，通海–石屏地震带西部，红河断裂和石屏–建水断裂之间，曲江断裂西部。自 1420 年始有地震记载以来，记有 M≥6 级地震 14 次，最强为 1970 年 1 月 5 日通海发生的 7.7 级地震，强震主要沿曲江断裂和石屏–建水断裂展布（玉溪市防震减灾局，2009）。石屏–建水断裂和红河断裂是离保护区相对最近的两条断裂带，呈北西向分别位于保护区的东部和西部，近乎平行。红河断裂属于超壳断裂，活动时代为晚更新世至全新世，是大型走滑活动断裂，断裂形成于古生代以前，印支–燕山期显左旋压扭性质，喜山期至今具强烈的右旋水平运动特征，保护区位于该断裂带中段的东部，断层结构单一，地貌上为线性槽谷，第四纪以来右旋剪切运动较为强烈，平均水平滑动速率每年达 7.0~8.0mm，历史上未记载过破坏性地震。石屏–建水断裂属于壳断裂，活动时代为晚更新世至全新世，具右行走滑特征，受其控制，构造地貌发育，水系变形多见，错断更新统（云南省国土资源厅，2004）。保护区位于石屏–建水断裂的西段，地震活动较为强烈。保护区所在磨盘山地区，历史地震烈度Ⅶ度区，对应的区域地壳稳定性等级为次稳定，未来抗震设防烈度为Ⅷ度（云南省国土资源厅，2004）。

2.1.2.6 地壳运动简史

（1）元古代阶段

早元古代，地槽广泛发育，早元古代末期吕梁运动产生了元谋–绿汁江断裂，断裂以西为隆起区，以东为拗陷区，保护区位于东部拗陷区。中元古代的晋宁运动，使本区的基底基本固结。晋宁运动后，本区发育地台型沉积，晚震旦世南沱期随气候变暖，冰川消融，引起大范围海侵，沉积区以沿海–浅海相沉积为主。

（2）古生代阶段

寒武纪、奥陶纪、志留纪都处于海侵时期，到中志留世晚期海侵有所扩大，沉积区以滨海–浅海相沉积为主，属地台型沉积建造。早泥盆世至中泥盆世早期，本区被古陆和古岛所占据，中泥盆世晚期及晚泥盆世，沉积区略有扩大。早石炭世大塘期以后，海侵一直持续到中晚石炭世。二叠纪本区为隆起剥蚀区，发生陆相的火山喷发活动，形成了厚薄不一的玄武岩，局部地区有碱性玄武岩及碱玄岩，他们都属碱性岩系。

（3）中生代阶段

早三叠世主要发育了海陆过渡相的岩石，中三叠世海侵扩大，滇中古陆开始收缩，晚三叠世，由于印支运动的影响，古地理面貌发生了较大变化，滇中古陆大部分收缩。侏罗纪至白垩纪地壳相对稳定，大规模的火山活动已经结束，大部分为内陆盆地沉积，岩浆的侵入活动和区域变质作用虽仍有发生，但范围和规模已大不如前。

（4）新生代阶段

中–晚始新世，印度板块与欧亚板块碰撞使本区进入陆内造山运动。中新世–上新世，本区以差异性的升降运动为主，并在区内沉积了上新统三营地层，并角度不整合于下伏地层之上。在上新世末期，差异性的升降运动致使上新统地层发生岩层倾斜、小规模的褶皱、断层、节理等构造现象。新近纪末期以来的新构造运动在本区主要表现为大面积强烈的差异隆升和早期断裂的重新复活。该地区隆升幅度累计超过 1500~2000m，形成保护区及周边地区的中山、亚高山。构造隆升导致流水侵蚀、剥蚀作用强烈，致使该地区地势起伏不断加大，河谷深切，地表日益崎岖破碎，河流阶地、古夷平面和剥蚀面发育。断裂的重新复活，导致构造地震频发，地热活动明显。出露有紫红岩系的地区，经长期地表水的侵蚀作用，发育一定面积的丹霞地貌。

2.1.3 地 貌

2.1.3.1 地貌类型划分

依据我国地貌学界目前将全国陆地地貌类型划分为基本地貌类型和地貌成因类型两大类的方案（李炳元等，2008；尤联元等，2013），将保护区地貌做如下划分。

（1）基本地貌类型

基本地貌类型是以内营力为主，内、外营力综合作用形成的地貌类型，有山地、平原等，保护区仅有山地。依据陆地基本地貌类型分类系统（李炳元等，2008）中的海拔高度（H）和起伏高度（$\triangle H$）分级指标，将保护区山地划分为中海拔山地（H 1351~2000m，即中山）和亚高海拔山地（H 2000~2614.32m，即亚高山），中起伏山地（$\triangle H$ 500~1000m）和大起伏山地（$\triangle H$ 1000~2500m）。按照大多数学者认可的将海拔高度和起伏高度两个指标组合起来划分陆地基本地貌类型的原则（李炳元等，2008），将保护区山地划分为中起伏中山、大起伏中山、大起伏亚高山3个基本类型（表2-1）。

表2-1 新平磨盘山县级自然保护区基本地貌类型分类表

海拔高度（m）	起伏高度（m）	基本地貌类型	面积（hm²）	比例（%）
1351~2000	900~1000	中起伏中山	53.00	1
	1000~2500	大起伏中山	1395.00	25
2000~2614.32	1000~2500	大起伏亚高山	4184.00	74

保护区山地都是新构造抬升和流水侵蚀切割作用下所形成的，均属于侵蚀剥蚀山地。构成保护区山地的岩性以紫红色砂岩、泥岩为主，因此将保护区山地划分为砂页岩类山地。由于内外营力强度及对比关系的不同，侵蚀剥蚀山地具有不同的海拔高度和起伏高度（表2-1）。

（2）地貌成因类型

地貌成因类型是以某种（或2~3种）具体的内营力、或外营力作用为主，在基本地貌类型基础上塑造形成的各种具体地貌形态。按《中国1：100万地貌图制图规范（试行）》（中国科学院地理研究所，1987）中的地貌成因类型分类方案，保护区可划分出构造地貌（如断块山、夷平面、断层崖、断层谷、单斜山等）、河流地貌（如峡谷、河流阶地、冲积扇等）、沟谷地貌（如切沟、冲沟、坳沟、洪积扇等）、重力地貌（如崩塌、滑坡等）、丹霞地貌（如丹霞孤石、丹霞石芽、丹霞单斜峰等）、夷平面地貌等，它们均从属、分布于基本地貌类型之上。

2.1.3.2 主要地貌类型及其分布

（1）山地地貌

中起伏中山：海拔1351~1500m，主要分布于保护区西部黑白朱河上游地区（图2-2），面积0.53hm²，仅占保护区总面积的1%，是保护区面积最小的山地类型。山顶和山脊与元江河谷之间的起伏高度为900~1000m（表2-1）。保护区内中起伏中山有多座，其山峰都无名，如海拔1411.6m、1467.5m、1487.2m等。

大起伏中山：海拔1500~2000m，分布于保护区南端西拉河上游、西南部玉支河上游、西部黑白朱河上游和东北部边缘地区（图2-2），面积13.95hm²，占保护区总面积的25%。山顶和山脊与元江河谷之间的起伏高度在1000~1500m（表2-1）。主要山峰近10座，海拔多数1800~2000m，都是无名山峰。

大起伏亚高山：海拔2000~2614.32m，集中分布于保护区中部地带（图2-2），面积40.68hm²，占保护区总面积的72%，是保护区面积最大、分布最广的山地类型。山顶和山脊与元江河谷之间的起伏高度1500~2200m（表2-1）。主要山峰有敌军山（2614.32m）、磨盘山（中）（2603.4m）、磨盘山（西）（2456.3m）、国罗白克（2343.3m）、塔里莫白利（2204.7m）、莫傲达白克（2204.0m）、尖山（2294.8m）、黑子白克（2239.2m）、光头山（2164.1m）等。

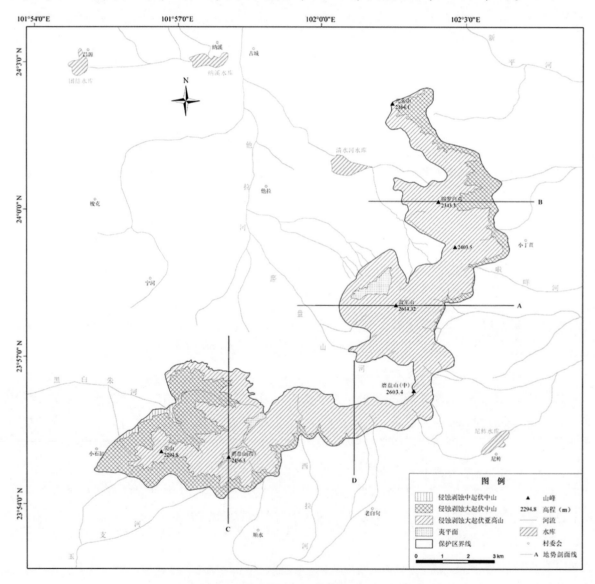

图2-2 新平磨盘山县级自然保护区主要地貌类型分布示意图

（2）河流地貌

保护区河流均为上游源头河段，河谷窄，河床比降大（例如黑白朱河平均比降 241.1‰；磨盘山河平均比降 145.5‰），呈阶梯状，多岩槛、跌水，甚至瀑布，河床主要由粗砂、砾石和基岩组成，没有边滩、河漫滩、阶地的发育，河谷横剖面大多呈"V"型，例如拉咩河、高粱冲河、黑白租河、他拉河、磨盘山河等河谷。

（3）沟谷地貌

有切沟、冲沟、坳沟、洪积扇等，以冲沟最常见，分布于河流的源头地区（如黑白租河、拉咩河、高粱冲河等源头），由暂时性的沟谷流水侵蚀、堆积作用形成。因植被覆盖率高，泥石流很少发生。

（4）重力地貌

有崩塌、滑坡等，以崩塌为主，主要发生在雨季中后期，常见于公路沿线、河流沿岸、水库库岸等地区，以公路尤其是新修公路沿线的高陡边坡雨季发生频率最高。崩塌和滑坡会对保护区的管护、社区居民的生产生活造成不利影响。保护区岩层产状平缓，森林覆盖率高，森林植被茂盛，山坡大多较稳定，崩塌等发生频率很低。

（5）丹霞地貌

保护区位于滇中红层分布区南部，出露的岩石以紫红色砂岩、泥岩为主，经流水沿垂直节理面侵蚀、搬运、磨蚀、风化后，形成系列丹霞地貌类型，有丹霞平顶山峰、丹霞单斜峰、丹霞崖壁、丹霞峡谷、丹霞沟谷、丹霞瀑布、丹霞石芽、丹霞孤石等。

（6）构造地貌

保护区西部为盐边-双柏断裂带，东部为磨盘山-绿汁江断裂带，受其控制，经新构造运动抬升、河流侵蚀切割，形成磨盘山这列典型的断块山。山体顶部残留有夷平面，其下有 3 级剥蚀面。受褶皱、断裂等地质构造控制，还发育有断层崖、断层谷、单斜山等。

夷平面分布于保护区西南部磨盘山（西）附近以及敌军山西北部等，地面较为平坦开阔，局部有基岩裸露。面积很小，仅 1.16hm²，约占保护区总面积的 3%。是地壳在长期稳定条件下，经外力风化、剥蚀、夷平后形成，后经构造抬升，流水等侵蚀残留下来的近似平坦的地面。

2.1.3.3　地貌特征

（1）区域地貌由大起伏亚高山、大起伏中山和深切峡谷组成

以大起伏亚高山、中山为主，区域地貌格局系大起伏亚高山峡谷山原保护区位于元江上游漠沙江段东岸磨盘山中上部，最高点位于敌军山，海拔 2614.32m，最低点位于黑白租河与保护区边界交汇处，海拔 1351m，相对高度 1263.32m。莫沙江河谷海拔 422~552m，整列山脉呈向东南突出的弧形，沿东北西南向展布，主山脊线呈反"L"型，山顶和山脊的海拔高度大多 2100~2600m，与西部元江河谷（漠沙江段，海拔 422~552m）之间的岭谷高差 1800~2200m，是一列典型的大起伏亚高山。在中国地貌区划（尤联元等，2013）中，位于"西南亚高山中山大区"西部的"川西南、滇中亚高山盆地区"的西南部，基本地貌类型主要是大起伏的亚高山（海拔 2000~2614.32m）和中山（海拔 1500~2000m），分别占保护区总面积的 71% 和 25%，合占 96%。垂直于磨盘山主山脊，发育了多条河流和相应的深切峡谷，将山体分割形成多条次级山脊（山岭），次级山脊（山岭）与各级支流峡谷相间分布。区域地貌由大起伏亚高山、大起伏中山和深切峡谷组合而成，区域地貌结

构系大起伏亚高山峡谷山原。

（2）河谷切割深，地势起伏大，地表破碎，放射状水系发育

新生代中新世以来，特别是第四纪以来，在新构造抬升过程中，坡面流水的侵蚀、剥蚀，尤其是元江及其支流玉支河、南渡河、西拉河等，以及大开门河（下游称小河底河）及其支流他拉河（下游称新平河）、高梁冲河、拉咩河等的长期强烈侵蚀切割，导致夷平面解体，所见较典型的夷平面仅小面积残留于山顶，海拔2400~2600m，周边多深切河谷，地势起伏大，地表破碎，河网密度较大。受磨盘山地势影响，发源于保护区的河流呈放射状向四周分流，向北流的有他拉河等，向东流的有拉咩河、高梁冲河、尼鲊河等，向南流的有西拉河等，向西和西南流的有玉支河、南渡河（上游称黑白朱河）、西尼河等，磨盘山反"L"型山脊成为这些河流的分水岭。

（3）层状地貌发育

层状地貌是地貌演化研究的重要对象，它们记录了区域地貌、地质、环境及气候变化等地球内外动力的演变（周德全等，2005）。通过地势剖面图（图2-3）可以看出，保护区层状地貌发育，山顶有夷平面（Ⅰ级，海拔2300~2500m），之下有三级剥蚀面（Ⅱ级，海拔2200~2350m；Ⅲ级，海拔1800~2150m，Ⅳ级，海拔1650~1900m）。图2-3a发育有Ⅰ级、Ⅱ级、Ⅲ级，海拔高度分别为2500m、2350m、1800m；图2-3b发育有Ⅰ级、Ⅱ级、Ⅲ级、Ⅳ级，海拔高度分别为2300m、2200m、1850m、1650m；图2-3c发育有Ⅰ级、Ⅱ级、Ⅲ级、Ⅳ级，海拔高度分别为2400m、2250m、2050m、1650m；图2-3d发育有Ⅰ级、Ⅱ级、Ⅲ级、Ⅳ级，海拔高度分别为2400m、2350m、2150m、1900m。这是该地区在中新世尤其是第四纪以来伴随青藏高原隆升而经历多次抬升剥蚀夷平过程的结果。

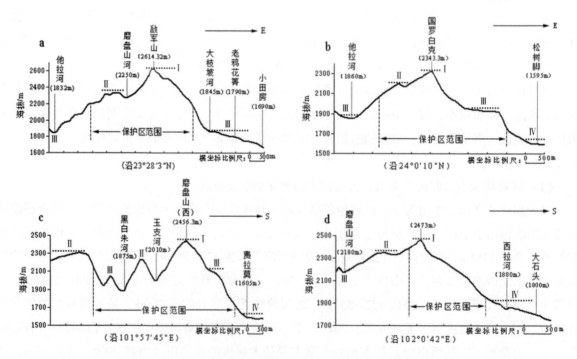

图2-3　新平磨盘山县级自然保护区地势剖面图

（4）中生代红层广布，高原-山地型丹霞地貌发育

保护区在云南地貌区划（陈永森，1998）中，位于"滇东盆地山原区"内的"滇中红层高原

亚区"南部，在中国丹霞地貌分区（尤联元等，2013）中归属于"西南部湿润红层高原-山地型丹霞地貌区"。构成山体的岩石主要为中生代紫红色砂岩、泥岩发育有丹霞平顶山、丹霞单斜峰、丹霞崖壁、丹霞峡谷、丹霞沟谷、丹霞瀑布、丹霞石芽、丹霞孤石等，系红层高原-山地型丹霞地貌。

保护区主要受磨盘山是受红河断裂、磨盘山-绿汁江断裂、盐边-双柏断裂控制，经新构造隆升及流水侵蚀切割作用下形成的，亦是一列典型的丹霞断块山，其走向与该地区构造单元、褶皱、断裂、地层的走向基本一致。

（5）山体坡度大，以陡坡、急坡、险坡为主

坡度对水分、土壤厚度、土壤养分等具有分异作用，从而影响着植被的分布。保护区坡度范围0°~74.07°，平均坡度26.98°，其中急坡所占面积比例最大，高达29.89%，其次为陡坡（表2-2）。由图2-4可以看出，磨盘山（中）以北的西侧大部分区域较东侧平缓，东侧险坡比例较大；磨盘山（中）以西到磨盘山（西）坡度要小于磨盘山（西）西部的区域，磨盘山（中）西部比其北部更陡。总体而言，保护区坡度大，以急坡、陡坡、险坡为主，三者合占保护区总面积的82.95%，表明保护区约83%的山坡地段，坡面流水、重力等作用普遍较强烈，自然生态环境具有潜在的敏感脆弱性。

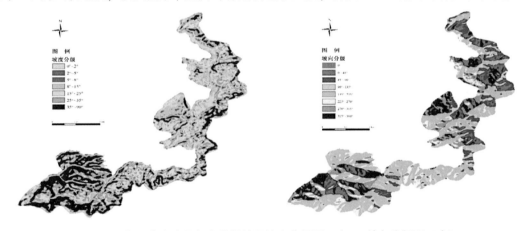

图2-4　新平磨盘山县级自然保护区坡度分级图（左）、坡向分级图（右）

表2-2　保护区各级坡度面积和比例

级别	分级	坡度（°）	面积（hm²）	比例（%）
1	极缓坡	0~2	11.61	0.21
2	缓坡	2~5	66.15	1.17
3	中等坡	5~8	150.93	2.66
4	斜坡	8~15	736.2	13.01
5	陡坡	15~25	1657.17	29.28
6	急坡	25~35	1691.01	29.89
7	险坡	35~90	1345.86	23.78

表2-3　保护区各类坡向面积和比例

级别	分级	坡向（°）	面积（hm²）	比例（%）
1	平地	0	10.17	0.17
2	阳坡	135~225	1730.34	30.58
3	半阳坡	90~135，225~270	1329.84	23.5
4	阴坡	45~90，270~315	1200.15	21.21
5	半阴坡	0~45，315~360	1388.43	24.54

（6）山体坡向类型完整，各类坡向面积比例适宜

坡向是决定地表局部地面接受阳光和重新分配太阳辐射能量的重要地形因子，也是直接造成局部地区气候特征差异的主要因素（烟贯发等，2012）。保护区内平地面积比例最小，阳坡、半阳坡、阴坡、半阴坡四类坡向的面积和所占比例差异不大（表2-3），因此而形成的小气候和生境类型比例适宜，各个坡向的分布位置见图2-4。

2.1.3.4　主要地质地貌遗迹

以下地质地貌遗迹，既有一定的美学观赏价值，又有重要的科学研究和地学科普教育价值，是不可再生的自然遗产。

（1）夷平面：保留于保护区西南部磨盘山北部和敌军山西北部，海拔2400~2600m。夷平面的夷平阶段起于燕山运动而完成于中新世，是长期剥蚀夷平的一个产物。保护区夷平面出露面积较小，但对于研究云贵高原的发育演化提供了物质依据，具有一定的科学研究意义。

（2）丹霞地貌景观：保护区位于云南高原与横断山区过渡区域，中生代紫红色砂岩、泥岩大面积出露，丹霞地貌发育。在中国丹霞地貌分区（尤联元等，2013）中位于"西南部湿润红层高原-山地型丹霞地貌区"。受元江及其支流的强烈侵蚀切割，地势起伏大，发育有丹霞平顶山、丹霞单斜山、丹霞崖壁、丹霞峡谷、丹霞沟谷、丹霞石芽等，系红层高原-山地型丹霞地貌。

（3）峡谷地貌景观：保护区内的峡谷均为元江各级支流的上游河谷，流量虽小，因河床比降大，水流湍急，下切侵蚀强烈，形成许多峡谷，掩隐在繁茂的森林中。其横剖面大多呈"V"型，两岸山峰绵延，谷坡陡峭，地层和岩石以及地质构造（层面构造、褶皱构造）等现象出露清晰，谷底水流湍急，多岩槛、跌水和瀑布，河床上基岩裸露，多巨砾，具有"雄、险、奇、秀"等特点。

2.1.3.5　地貌生态环境效应

（1）对水系和水情的影响

磨盘山呈反"L"型主山脊走向及其高耸地势，成为他拉河、新平河、西拉河等小流域的分水岭，水系结构呈放射状，河谷走向与磨盘山山脊近似垂直。起伏高度大、坡度大致使保护区河流中上游河床比降大，水流湍急，山区河道特征明显，水位随降雨补给陡涨陡落，下游山麓易发生洪涝灾害。山体坡度大，以急坡、陡坡、险坡为主，坡面流水、重力等作用普遍较强烈，自然生态环境敏感脆弱。

（2）对气候的影响

保护区相对高度大（1263.32m），气候垂直分异明显。经推算分析，由最低点至最高点，年均温由17.47℃降低至8.75℃，年≥10℃积温由5000℃左右降低至1700℃左右，年降水量由1390.0mm左右递增至2035.0mm左右，水热组合由暖热半湿润向温暖半湿润、温凉湿润、冷凉潮湿过渡，气候垂直带谱为南亚热带（海拔1351～1560m）、中亚热带（海拔1560～2310m）、北亚热带（海拔2310～2500m）、暖温带（海拔2500～2614.32m）。

（3）对植被的影响

受垂直气候的影响和控制，保护区植被垂直地带性表现十分明显。植被专题的调查结果表明，从最低点至最高点，随海拔高度增加，植被带依次为季风常绿阔叶林（以小果锥林 Form. *Castanopsis fleuryi* 为主）、半湿润常绿阔叶林（滇青冈林 Form. *Cyclobalanopsis glaucoides*、元江锥林 Form. *Castanopsis orthacantha*）、中山湿性常绿阔叶林（马缨杜鹃林 Form. *Rhododendron delavayi*、麻子壳柯林 Form. *Lithocarpus variolosu*）和山顶苔藓矮林（主要为杜鹃矮林 From. *Rhododendron simsii*，有睫毛萼杜鹃林 Form. *Rhododendron ciliicalyx*、露珠杜鹃林 Form. *Rhododendron irroratum*、大喇叭杜鹃林 Form. *Rhododendron excellens*、云上杜鹃林 Form. *Rhododendron pachypodum*），因人为干扰，山体中下部的季风常绿阔叶林和半湿润常绿阔叶林仅残留于局部地段，大部分地区已为云南松林（Form. *Pinus yunnanensis*）代替。原始常绿阔叶林大面积分布于山体中上部，磨盘山保护区因此成为目前距离昆明最近的原始常绿阔叶林分布面积最大的自然保护区地。敌军山山顶的杜鹃矮林，也因为人为干扰，部分演变为了寒温灌丛（帽斗栎灌丛 Form. *Quercus guyavifolis*）和寒温草甸（刺芒西南野古草草甸 Form. *Arundinella setosa*）。保护区缓坡、平地分布区，自然植被覆盖度、植物群落高度、密度、生物量等一般都大于陡坡、急坡、险坡分布区。保护区相同海拔高度上，阴坡、半阴坡发育的植被，其覆盖度、植物群落高度、密度、生物量等一般都高于阳坡、半阳坡，地被层普遍比阳坡厚。

（4）对土壤的影响

受大起伏地势的影响，保护区土壤垂直分带明显。海拔2100～2200m以下的中亚热带半湿润、湿润中缓坡地区，土壤脱硅富铝化作用较强烈，发育分布湿热富铝土。在2100～2300m的局部出露黄灰色粉砂岩平缓地段，排水不畅，土壤潮湿，脱硅富铝化过程较弱，黄化过程较强烈，形成湿暖富铝土。2100～2500m中缓坡地区，富铝化过程减弱，而淋溶黏化及腐殖质累积过程较强烈，形成黄棕壤。约2500m以上至最高点，土壤淋溶黏化和腐殖质累积过程显著，形成棕壤。相同海拔高度上，阴坡、半阴坡发育的土壤，其水分状况一般好于阳坡、半阳坡，植被覆盖度也更高，生物累积过程更强，土壤质地结构更好。保护区平均坡度大，陡、险坡分布区，土壤发育程度低，剖面上母岩母质特征表现明显，土体普遍浅薄，粗骨性强，抗蚀能力差，具有潜在的敏感性和脆弱性。平地、缓坡分布区特别是夷平面、剥蚀面上，土壤发育程度高，土体普遍深厚。

（5）对生态系统的影响

随着海拔高度的增大，山体坡度相应增大，陡坡、急坡、险坡比例逐渐增大，人为干扰显著降低，山体中上部残留了大面积连片完整的原始常绿阔叶林生态系统，山地生态环境潜在的敏感性和脆弱性逐渐增强。保护区的阳坡、半阳坡、阴坡、半阴坡所占面积比例大致相当，表明生境类型齐全，阳坡由于接受太阳辐射能多于阴坡，致使温度状况比阴坡好，但由于蒸发量大使土壤水分状况比阴坡差，植被的覆盖度要低于阴坡。

2.2 气　候

2.2.1　资料来源和调查研究方法

选取保护区和附近地区有代表性的新平国家基本气象站、扬武和磨盘山 2 个自动气象站，应用新平县气象局提供的新平气象站 2007—2016 年各气候要素统计资料以及扬武（气温、降水量，2013—2017 年）和磨盘山（气温、降水量、相对湿度，2012—2016 年）自动气象站观测统计资料（表 2-4），模拟出气温、降水随海拔梯度变化方程，得到气温、降水垂直递变率，进而推算得到不同海拔高度气温、降水数值，分析保护区主要气候特征、气候要素时空分布特点、主要气象灾害。应用《云南省农业气候资料集》（云南省气象局，1983）中新平站太阳辐射、日照时数（1957—1980 年）统计资料分析、确定保护区太阳辐射、日照时数时空分布特征。应用《云南省农业气候资料集》（云南省气象局，1984）中新平站各月平均最高气温（1957—1980 年）统计资料和《云南省地面气候资料三十年整编（1961—1990 年）》（云南省气象档案馆，1993）中新平站各月极端最高、最低气温统计资料，分析、确定保护区极端最高、极端最低气温时空分布特征。根据新平县气象局提供的磨盘山顶、新平、扬武、漠沙等地日平均气温稳定 ≥10℃ 的日数，模拟出保护区日平均气温稳定 ≥10℃ 的日数随海拔高度变化的方程，得到日平均气温稳定 ≥10℃ 日数垂直递减率，参照《中国气候》（丁一汇，2013）中划分温度带的指标体系及其划分标准，确定磨盘山垂直气候带。

表 2-4　磨盘山自然保护区及附近地区气象站点参数

站名	东经	北纬	海拔（m）	资料年代序列（年）	代表的区域
新平气象站	101°58′	24°04′	1497.2	2007—2016	磨盘山西部、北部山麓
扬武自动气象站	102°09′36″	23°56′13″	1410	2013—2017	磨盘山东部、南部山麓
磨盘山自动气象站	101°59′	23°56′	2494	2012—2016	磨盘山山顶

2.2.2　气候特征

2.2.2.1　太阳辐射强，日照充足

保护区位于滇中高原南部，属于全省太阳辐射和日照时数高值区之一。年太阳总辐射 5300.0MJ/m² 左右，日照时数为 2500.0h 左右，日照百分率为 50% 左右，太阳辐射强，日照充足，属于全省太阳辐射和日照时数高值区之一。以新平站为例，年太阳总辐射 5261.2MJ/m²，年日照时数 2494.4h，日照百分率为 52%，与代表滇中高值区的玉溪、昆明等站点相近。

2.2.2.2　高海拔有冬，低海拔有夏，春秋相连，四季不分明

按气候四季标准（即候均温 >22℃ 为夏季，10～22℃ 为春秋季，<10℃ 为冬季），保护区下部及附近地区，5 月上旬至 9 月上旬，候均温 >22℃，为夏季，长 90～110d，9 月中旬至次年 4 月下旬，候均温为 10～22℃，为春秋季，两季相连长 250～275d，四季分配为"有夏无冬，春秋相连"

型。保护区上部3月下旬至11月上旬，候均温为10~22℃，为春秋季，两季相连长约240d，其余时段候均温＜10℃，为冬季，长125d左右，四季分配为"长冬无夏，春秋相连"型。保护区海拔1500m左右的地区，四季分配基本上为"四季如春"。随海拔高度增加，夏季日数由长变短至无，冬季则由无至有并变长。

2.2.2.3　气温年较差小，日较差大，低纬高原气候特点显著

保护区相同海拔高度上各季节气温变化不大，气温年较差小，表现出高原气候的一般特点。以新平站为例，最冷月（1月）平均气温10.6℃，最热月（6月）平均气温22.9℃，气温年温差只有12.3℃，远小于同纬度的我国东部丘陵平原地区和贵州高原。昼夜温差大，尤其是冬、春季节，一日可分四季，这是低纬气候的显著特征。新平站年平均气温日较差10.4℃，夏秋季（6—11月）日较差8.2~10.0℃，冬、春季（12月至翌年5月）日较差10.4~13.8℃。1月午后最高气温可达20.6℃左右，而清晨最低气温低至0.1℃左右，气温日较差为20.5℃。可见，保护区气温日较差大，年较差小，低纬高原气候特征十分显著。

2.2.2.4　降水较丰富，干湿季分明，季风气候显著

保护区年降水量较丰富，为853.0~1571.0mm，山体下部为半湿润地区，中上部为湿润地区。由于冬、夏半年该地区受两种不同性质的大气环流影响，降水季节分配非常不均匀，干季、雨季非常分明，表现出显著的西南季风气候的特点。冬半年11月—次年4月，受来自西亚和印度北部大陆上空的干暖气流（属热带大陆气团）控制，降水稀少，干季降水量仅占全年降水量的15%~20%，形成长达半年的干季，晴天多，蒸发量大，空气土壤干燥。夏半年5—10月，主要受来自印度洋的西南和太平洋的东南暖湿气流（属热带海洋气团）控制，多云雨，降水量占全年的80%~85%，空气土壤潮湿，日照少，形成雨季。

2.2.2.5　气候垂直分异明显，气候类型较多

保护区最高点敔军山海拔2614.32m，最低点黑白租河流出保护其边界处，海拔1351.0m，相对高度1263.32m，各气候要素随海拔的变化很大，气候垂直分异较显著，气候类型较多样。从黑白租河河谷最低点到最高点敔军山，年平均气温由19.4℃降低至11.5℃，6月均温由24.5℃降低至15.7℃，1月均温由12.5℃降低至5.2℃，日平均气温稳定≥10℃的日数由302.0d降低至201.0d，≥10℃积温由6123.0℃降低至2964.0℃，年降水量由853.0mm左右递增至1571.0mm左右。以日平均气温稳定≥10℃的日数为主要指标，将保护区划分为南亚热带（海拔1351~1560m）、中亚热带（海拔1560~2310m）、北亚热带（海拔2310~2500m）和暖温带（海拔2500~2614.32m）等山地季风气候。

2.2.3　气候要素时空分布特征

2.2.3.1　太阳辐射和日照时数

（1）太阳辐射

太阳辐射是地面气候系统的能源，是大气中一切物理过程和现象的基本动力。以距离保护区最近的新平站为例，年太阳总辐射量5261.2MJ/m²，属云南省高值区之一。季节变化显著，春季最高为1692.8MJ/m²，各月均高于550.0 MJ/m²，4月最高为578.1MJ/m²（表2-5）；秋季最低为1096.7MJ/m²，各月均低于390.0MJ/m²，11月最低为350.6MJ/m²；夏季次高为1264.3MJ/m²，冬

季次低为1207.2MJ/m²（图2-5），夏、冬两季差别不大。干季（11月至次年4月）太阳总辐射略多于雨季（5—10月），干季为2698.9MJ/m²，雨季为2562.1MJ/m²。

生理有效辐射量是太阳光中不同光对植物的光合作用、色素形成、向光性、形态建成的诱导影响是不同的。其中，红橙光能够被叶绿素吸收，蓝紫光能被叶绿素和胡萝卜素吸收，这部分光辐射被称为生理有效辐射。保护区年生理辐射量为2581.9MJ/m²左右，季节变化显著，春、夏季高，春季最高为815.8MJ/m²，夏季次高为639.8MJ/m²（图2-5）。秋、冬季低，秋季最低为550.8MJ/m²，冬季次低为575.5MJ/m²。春季各月都很高，均大于260MJ/m²，4月最高为277.8MJ/m²（表2-5）。秋末11月最低仅为172.5MJ/m²。雨季（5—10月）生理辐射量多于干季（11月至次年4月），雨季为1288.9MJ/m²，干季仅为1293MJ/m²。

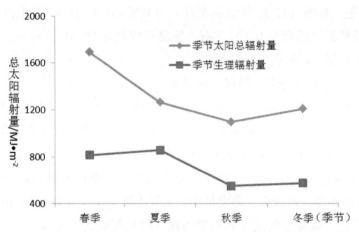

图2-5　新平磨盘山县级自然保护区太阳辐射变化图

表2-5　新平站各月、年太阳总辐射量、生理有效辐射量和日照时数

项目	1月	2月	3月	4月	5月	6月	7月	8月	9月	10月	11月	12月	全年
a（MJ/m²）	405.5	437.9	563	578.1	551.7	427.5	417.5	419.3	388.3	357.8	350.6	363.8	5261.2
b（MJ/m²）	192.9	207.4	267.2	277.8	270.8	210.3	215	214.5	197.3	181	172.5	175.2	2581.9
c（h）	228.9	249.1	262.7	261.3	248.4	195.2	147.9	163.5	157.3	163.6	212.1	204.5	2494.4

注：表中a代表总辐射量，b代表生理有效辐射量，c代表日照时数

（2）日照时数

日照时数可以说明，晴朗时数的多少，其大小取决于纬度和云量的多寡。新平站年日照时数为2494.4MJ/m²，属云南省高值区之一，季节变化显著，冬、春季高，以春季最高，夏、秋季低，以秋季最低（图2-6）。春季最高为773.0h，占全年的31.0%，冬季次高为645.42h，占全年的25.9%，秋季最低为484.4h，仅占全年的19.4%，夏季次少为591.51h占全年的23.7%。干季日照时数显著高于雨季，干季为1418.5h，占全年的56.9%，雨季为1076.0h，占全年的43.1%。2—5月各月日照时数均高于245h，3月最高为262.71h（表2-5），7—10月各月日照时数均低于165.0h，7月最低为147.9h（图2-6）。磨盘山相对高度不是太大，年日照时数随海拔高度的分布很可能呈单调递减的线性变化形式，最小值可能出现在年降水量和总云量最多的山顶。

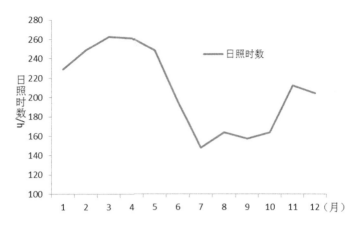

图 2-6 新平磨盘山县级自然保护区日照时数变化图

2.2.3.2 气温

（1）垂直分布

根据新平站、磨盘山站、扬武站年、月平均气温统计值推算出了保护区年、1月和7月平均气温随海拔高度变化的方程。

年平均气温随海拔高度变化方程：

$$T_{年} = -0.0041h + 24.033 \qquad (R^2 = 0.9372)$$

1月平均气温随海拔高度变化方程：

$$T_{1月} = -0.0038h + 17.081 \qquad (R^2 = 0.9903)$$

6月平均气温随海拔高度变化方程：

$$T_{6月} = -0.0052h + 31.064 \qquad (R^2 = 0.9592)$$

根据以上方程，以磨盘山站气温为基数，推算得到敌军山山顶气温值，以扬武站气温为基数，推算得到最低点气温值。结果是随海拔高度增加，保护区年平均气温由19.4℃递减至11.5℃，垂直递减率为0.41℃/100m，最冷月（1月）平均气温由12.5℃递减至5.2℃，垂直递减率为0.38℃/100m，最热月（6月）平均气温变化由24.5℃递减至15.7℃，垂直递减率为0.52℃/100m。

（2）时间变化

保护区最热月出现在6月，月均温为15.7~24.5℃，最冷月出现在1月，月均温为5.2~12.5℃（表2-6），气温年较差随海拔升高而降低，由12.0℃递减至10.0℃。春温明显高于秋温，春季升温和秋季降温都较快。春末夏初（雨季前）气温最高，雨季开始后各月气温缓慢降低。该保护区一天中，最高气温一般出现在午后，最低气温出现在清晨日出前。

表 2-6 新平磨盘山县级自然保护区及附近气象站各月平均气温

单位：℃

站名	1月	2月	3月	4月	5月	6月	7月	8月	9月	10月	11月	12月	年
新平	10.62	13.18	16.94	19.74	22.11	22.86	22.03	21.43	20.52	18.05	14.24	11.16	17.7
扬武	12.3	15.4	19.5	21.4	23.3	24.2	23.3	22.3	21.9	18.9	16.0	12.1	19.2
磨盘山	5.7	8.6	11.8	13.8	15.1	15.7	15.3	15.3	14.3	12.1	10.2	6.1	12.0

（3）气温极端值

保护区山麓月平均最高气温和极端最高气温因坡向不同存在明显差异，相同海拔高度上，西部、西北部、北部明显低于、早于东部、东南部、南部。保护区西北部的新平站月平均最高气温和极端最高气温均出现在5月，分别为27.1℃和33.2℃（表2-7、表2-9），东部的扬武站月平均最高气温和极端最高气温都出现在7月，分别为33.1℃和37.7℃。山顶、山脊月平均最高气温出现在5月或6月，约23.0℃，极端最高气温出现在6月，约25.0℃。海拔2494m的磨盘山站月平均最高气温出现在5月或6月，为23.8℃，极端最高气温出现在6月为25.5℃。新平站月平均最高气温出现在5月，为27.1℃，极端最高气温为33.2℃（1989年5月11日）。

保护区山麓月平均最低气温和极端最低气温因坡向不同而存在明显差异，相同海拔高度上，西部、西北部、北部明显高于东部、东南部、南部。保护区西北部的新平站月平均最低气温出现在1月和极端最低气温均出现在12月，分别为5.4℃和-2.7℃（表2-8、表2-10），东部的扬武站月平均最低气温和极端最低气温都出现在12月，分别为1.9℃和0.9℃。山顶、山脊月平均最低气温出现在1月或12月，约-3.0℃，极端最低气温出现在1月，约-9.0℃。海拔2494m的磨盘山站月平均最低气温出现在12月，为-2.6℃，极端最低气温出现在1月为-8.6℃。新平站月平均最低气温出现在1月，为5.4℃，极端最低气温为-2.7℃（1982年12月27日）。

表2-7　磨盘山自然保护区及附近气象站各月平均最高气温

单位：℃

站名	1月	2月	3月	4月	5月	6月	7月	8月	9月	10月	11月	12月	年
新平	17.4	19.7	24.2	26.6	27.1	26.3	26.2	26.1	25.4	22.6	19.8	17.4	23.2
扬武	19.3	26.0	29.1	31.5	32.8	32.8	33.1	30.9	30.3	27.8	25.9	21.5	28.4
磨盘山	14.3	17.0	20.2	22.3	23.8	23.8	22.6	23.0	22.2	19.5	18.6	14.7	20.2

表2-8　磨盘山自然保护区及附近气象站各月平均最低气温

单位：℃

站名	1月	2月	3月	4月	5月	6月	7月	8月	9月	10月	11月	12月	年
新平	5.4	6.9	10.4	13.5	16.7	18.1	18.4	17.7	16.5	14.1	9.8	6.3	12.8
扬武	3.6	5.4	9.4	11.2	14.0	16.6	17.8	17.5	15.2	10.7	7.4	1.9	10.9
磨盘山	-2.4	1.4	3.8	6.5	8.3	11.4	11.8	11.7	9.1	6.3	4.1	-2.6	5.8

表2-9　磨盘山自然保护区及附近气象站各月极端最高气温

单位：℃

站名	1月	2月	3月	4月	5月	6月	7月	8月	9月	10月	11月	12月	年
新平	23.4	26.2	30.1	32.9	33.2	32.1	31.4	31.2	30.8	29.0	26.1	23.5	33.2
扬武	23.0	27.4	29.7	33.2	33.6	34.4	37.7	32.5	30.9	28.4	27.0	21.9	37.7
磨盘山	17.5	18.9	20.7	24.2	24.9	25.5	23.7	24.9	23.1	20.3	24.5	16.2	25.5

表 2-10　磨盘山自然保护区及附近气象站各月极端最低气温

单位:℃

站名	1月	2月	3月	4月	5月	6月	7月	8月	9月	10月	11月	12月	年
新平	-1.8	0.9	-0.8	3.5	9.0	11.4	13.9	12.3	10.1	5.1	1.7	-2.7	-2.7
扬武	1.2	5.0	8.6	10.6	13.3	12.3	16.5	16.3	10.1	7.9	6.6	0.9	0.9
磨盘山	-8.6	-1.9	1.8	3.4	5.4	8.3	10.3	10.5	6.9	3.5	1.3	-5.9	-8.6

2.4.3.3　降水

（1）空间分布

保护区年降水量随海拔升高而递增。根据新平站、磨盘山站、扬武站年降水量统计值推算出了保护区年降水量随海拔高度变化的下列方程:

$$R_{年} = 0.4287h + 242.22 \qquad (R^2 = 0.9919)$$

根据以上方程，以磨盘山站年降水量为基数，推算得到敌军山山顶年降水量，以扬武站年降水量为基数，推算得到最低点年降水量。结果是随海拔高度增加，自然保护区最低点到最高点，年降水量由853.0mm递增至1571.0mm，年降水量垂直递增率为42.87mm/100m。

（2）时间变化：保护区降水量年内变化显著，6—10月山麓各月降水量为85.0~165.0mm，8月最多约165mm，山顶6—10月各月降水量在180.0~300.0mm，7月最多约为300.0mm（表2-11）。季节上，夏季（6—8月）最多，秋季（9—11月）次多，冬季（12月至次年2月）最少，春季（3—5月）次少，有一个十分明显的干季（5—10月）和雨季（11月至次年4月），干季降水量仅占全年的16%~25%。以新平站为例，夏季降水量最多为512.3mm，占全年降水量的54.0%，秋季次多为246.4mm，占全年的26.0%，冬季最少为51mm占全年的5.4%，春季次少为140mm，占全年的14.7%，雨季降水量多达790.7mm，占全年的83.3%，干季仅占16.7%（表2-12）。冬季磨盘山顶和山脊会出现降雪，但不会积雪。

表 2-11　磨盘山自然保护区及附近地区气象站平均降水量及比例

站名	1月	2月	3月	4月	5月	6月	7月	8月	9月	10月	11月	12月	年
新平	13.2	12.7	17.7	36.1	86.2	151.2	171.0	190.1	103.1	89.1	54.2	25.1	949.6
扬武	45.3	13.7	27.1	42.4	64.6	104.5	144.0	170.5	93.3	84.7	55.7	32.1	877.9
磨盘山	37.6	15.2	26.0	52.7	125.4	249.9	287.8	239.4	192.5	178.2	81.6	32.5	1518.9

表 2-12　磨盘山自然保护区及附近地区气象站各季降水量及比例

站名	春季		夏季		秋季		冬季		干季		雨季		年 (mm)
	数值 (mm)	比例 (%)	数值 (mm)	比例 (%)	数值 (mm)	比例 (%)	数值 (mm)	比例 (%)	数值 (mm)	比例 (%)	数值 (mm)	比例 (%)	
新平	140.0	14.7	512.3	54.0	246.4	26.0	51.0	5.4	159.0	16.7	790.7	83.3	949.6
扬武	134.2	15.3	419.0	47.7	233.7	26.6	91.1	10.4	216.3	24.6	661.6	75.4	877.9
磨盘山	204.1	13.4	777.2	51.2	452.3	29.8	85.3	5.6	245.7	16.2	1273.3	83.8	1518.9

2.4.3.4 相对湿度、蒸发量、干燥度

（1）相对湿度

保护区年平均相对湿度为70%~85%，具有随海拔升高而逐渐递增的变化特点。山麓新平站年平均相对湿度71.8%，山顶磨盘山站较高为83.5%。年内月际、季节变化显著，下半年6—12月各月相对湿度大，上半年1—5月各月相对湿度小。山麓新平站6—12月各月相对湿度为74.0%~83%，8月最大为82.6%（表2-13），1—5月各月相对湿度为53.0%~73.0%，3月最小为53.3%。山顶磨盘山站6—12月为87.0%~96.0%，7月最大为95.8%，1—5月各月相对湿度为58.0%~80.0%，3月最小为58.6%。

季节上，夏（6—8月）、秋季（9—11月）湿度大，以夏季或秋季最大，冬、春季湿度小，以春季最小。以山麓的新平站为例，春、夏、秋、冬季平均相对湿度分别为58.17%、79.10%、80.20%、69.83%，干季湿度小，平均值66.3%，雨季湿度大，平均值77.3%（表2-14）。

表2-13　磨盘山自然保护区及附近地区气象站相对湿度

单位:%

站名	1月	2月	3月	4月	5月	6月	7月	8月	9月	10月	11月	12月	年
新平	73.1	60.0	53.3	57.4	63.8	73.9	80.8	82.6	81.8	80.7	78.1	76.1	71.8
磨盘山	79.6	65.6	58.6	64.2	80.0	93.2	95.8	94.4	95.2	92.8	88.4	86.8	83.5

表2-14　磨盘山自然保护区及附近地区气象站各季相对湿度

单位:%

站名	春季	夏季	秋季	冬季	干季	湿季	年
新平	58.2	79.1	80.2	69.7	66.3	77.3	71.8
磨盘山	67.6	94.5	92.1	77.3	73.9	91.9	83.5

（2）蒸发量

以保护区附近新平站年蒸发量为1942.51mm，其中4月蒸发量最大为259.19mm，12月蒸发量最少为99.12mm（表2-15），各季蒸发量相比，春季、夏季、秋季、冬季蒸发量分别为占全年的38.1%、23.1%、18.0%、21.2%，干季、雨季分别占全年的52.14%、47.86%。随海拔高度增加，蒸发量随降水量增多、气温降低而相应减少。山脊、山顶因地势高耸，风速大，尤其是冬春季节，蒸发量远大于缓坡和谷地。

表2-15　新平站蒸发量及干燥度表

站名	1月	2月	3月	4月	5月	6月	7月	8月	9月	10月	11月	12月	年
蒸发量（mm）	119.01	185.27	242.36	259.19	237.70	178.10	135.91	135.37	126.59	116.00	107.80	99.21	1942.51
干燥度	3.77	5.20	6.29	4.28	1.77	0.85	0.65	0.52	0.92	0.86	1.14	1.86	1.24

注：干燥度计算公式 $K=W_0/R$，其中 K 为干燥度，W_0 水面可能蒸发量，R 为同期降水量

（3）干燥度

依据全国气候区划干燥度划分标准，即干燥度＜1.0为湿润，1.0～1.49为半湿润，1.5～3.49为半干旱，＞3.5为干旱。以保护区附近新平站为例，年干燥度1.24，表明保护区位于半湿润地区；6—10月干燥度0.5～0.9（表2-14），为湿润；11月干燥度1.14，为半湿润；12月、5月干燥度在1.7～1.9，为半干旱；1—4月干燥度3.7～6.3，为干旱。随磨盘山海拔高度增加，气温降低，降水量增多，蒸发量减少，干燥度逐渐降低，湿润期增长，半干旱、干旱期相应缩短。山体上部森林覆盖率高的缓坡地段和山谷，基本上各月干燥度都＜1.0，为湿润地区，夏、秋季土壤空气潮湿。山脊、山顶因风速大，蒸发量大，尤其是冬、春季节，干燥度也较大，会出现半干旱甚至干旱现象。

2.4.3.5 垂直气候带划分

根据《中国气候》（丁一汇等，2013）中划分温度带的指标体系及划分标准，即以日平均气温稳定≥10℃的日数为主要指标，最冷月平均气温为参考指标，当日平均气温稳定≥10℃的日数在285～365d为南亚热带，在225～285d为中亚热带，在210～225d为北亚热带，在170～210d为暖温带。根据新平县气象局提供的磨盘山顶、新平、扬武、漠沙等地日平均气温稳定≥10℃的日数，模拟出保护区日平均气温稳定≥10℃的日数随海拔高度变化的方程：

$$d = -0.0799h + 409.77 \quad (R^2 = 0.9941)$$

根据方程，保护区日平均气温稳定≥10℃日数垂直递减率为7.99d/100m，经推算得到保护区不同海拔高度日平均气温稳定≥10℃的日数，进而确定各温度带的海拔范围。

（1）山地南亚热带

分布于保护区海拔1351～1560m范围内，日平均气温稳定≥10℃的日数在285.0～302.0d，≥10℃积温为5598.0～6123.0℃，年平均气温18.6～19.4℃，1月平均气温为11.7～12.5℃，6月平均气温23.4～24.5℃，年降水量为853.0～942.0mm。植被以云南松林为主，地带性土壤为红壤。

（2）山地中亚热带

分布于保护区海拔1560～2310m范围内，日平均气温稳定≥10℃的日数为225～285d，≥10℃积温为3720～5600.0℃，年平均气温12.8～18.6℃，6月平均气温16.7～23.4℃，1月平均气温6.4～11.7℃，年降水量942.0～1440.0mm。中下部植被以云南松林、半湿润常绿阔叶林为主，上部以中山湿性常绿阔叶林为主，中下部地带性土壤以红壤为主，上部以黄棕壤为主。

（3）山地北亚热带

分布在保护区海拔2310～2500m范围内，日平均气温稳定≥10℃的日数在210～225d，≥10℃积温为3250～3720℃，年平均气温12.0～12.8℃，6月平均气温15.7～16.7，1月平均气温5.7～6.4℃，年降水量1440.0～1519.0mm。植被以中山湿性常绿阔叶林为主，地带性土壤为黄棕壤。

（4）山地暖温带

分布在保护区海拔2500～2614.32m范围内，日平均气温稳定≥10℃的日数201.0～210d，≥10℃积温为2964.0～3250℃，年平均气温11.5～12.0℃，6月平均气温15.2～15.7℃，1月平均气温5.2～5.7℃，年降水量1519.0～1571.0mm。植被以山顶苔藓矮林为主，地带性土壤为棕壤。

2.4.4 灾害性天气

灾害性天气的发生与控制保护区的天气系统密切相关。影响保护区的天气系统较为复杂，冬半年主要受南支西风急流（热带大陆气团）控制，偶受昆明准静止锋影响，夏半年主要受南亚季风和东亚季风环流的共同控制。保护区主要灾害性天气有干旱、洪涝、冰雹、低温、冷冻、霜冻、大风等[5]。

2.4.4.1 干　旱

保护区干旱灾害发生频繁，大旱出现的频率41%，约5年两遇，中旱出现频率11%，10年一遇，轻旱出现频率4%；干旱灾害在山区出现更为严重。干旱对保护区附近社区农作物影响严重，尤其是以江东片的苟苴、太桥、罗柴冲、太和和新化区老五斗米尺莫、代味、白达莫及平甸区的弥勒、费贾、小石缸等干旱山区更严重。因地制宜，兴修水利，合理灌溉，推广节水栽培，有效防旱避旱。

2.4.4.2 低　温

保护区低温有两种，一是春季"倒春寒"，二是夏末秋初的"八月低温"。"倒春寒"指在春播期间，使日平均气温连续3d或以上低于10℃，造成水稻死苗烂秧的天气。"八月低温"是指大春作物抽穗扬花期间，日平均气温连续3d或以上低于18℃，使社区水稻、玉米花粉的发育及授粉授精作用受到影响，造成减产的低温天气。根据新平气象站27年资料，"倒春寒"有4年出现于2月下旬，约7年一遇，有3年出现在3月上旬，约9年一遇。"八月低温"多出现在8月下旬，约13年一遇，对山区晚栽的水稻、玉米影响较大。

2.4.4.3 霜　冻

霜冻强度一般以极端最低气温来衡量，最低气温降至0℃以下就会出现冻害。通常以年极端最低气温为衡量标准，极端最低气温降至0~4.0℃为轻霜冻，−2.1~−4.0℃为重霜冻，≤−4.1℃为严重霜冻。据此，附近的新平坝区，霜冻约5年一遇，重霜冻约13年一遇，严重霜冻未出现过。霜冻大多出现在12月至次年1月，以马鹿、建新、贾费、白鹤等山区较为严重。根据新平气象站多年观测数据，初霜平均日期为12月15日，最早出现于11月16日，最晚1月20日。终霜平均日期为2月5日，最早是1月5日，最晚3月15日。有霜日数年平均12d，最多28d，最少2d。霜期平均53d，最长102d，最短2d。无霜期平均312d，最长354d，最短262d。在霜冻发生前应积极采取应急防冻措施。

2.4.4.4 洪　灾

据新平县气象站记载，1682—1983年的301年中，洪涝灾害多出现于雨季中的7—9月，历史上本县洪灾共出现过16次；最重的一次是1979年9月8日，者竜大荒地一带降特大暴雨，山洪暴发，农田被淹，损失粮食150万斤，死13人，冲走牲畜92头。涝灾出现过5次，其中较为严重的是1996年9月22日—10月16日，连续阴雨25d，降水量达200.7mm，农作物损失严重。

2.4.4.5 冰　雹

保护区冰雹发生频率为50%，约两年一遇，多出现在3—4月，7、8、9月也会出现。当地降雹时间虽短，但来势凶猛，往往伴有暴雨和大风，对农业生产危害极大，严重时作物叶片被砸掉，茎秆被砸烂，致使农作物颗粒无收或砸伤人、畜等。根据调查，保护区附近地区冰雹路径有四条：一是哈科低山顶—大寨—大田房；二是瓦白果山顶—昌源—古城—大塔扒；三是光头山—桃孔—白鹤；四是马鹿塘—仓房—梭山。其中，瓦白果山顶—昌源—古城—大塔扒这条线最为严重，如1967年4月12日降冰雹，雹大如卵，导致作物损失严重。

2.3　水　文

2.3.1　调查研究方法

（1）应用 1∶5 万和 1∶10 万地形图以及 1∶20 万玉溪幅区域地质图，考察分析保护区基岩性质、地质构造、地势起伏与河谷发育、河网结构的关系、河流几何特征、保护区森林水文生态功能与水库水质、水量、泥沙淤积的关系等，编绘保护区水系图。选择主要河流，就上、中、下游河道特征、水情要素及其季节变化等做对比观察，选取有代表性的平甸河下游麻木水文站，利用该站观测所得水情数据，分析河川径流季节变化特征。

（2）应用 1∶20 万玉溪幅区域水文地质图和水文地质普查报告（中国人民解放军建字 00939 部队，1979），观察分析岩性、地质构造、地势起伏、雨水补给与地下水类型、含水层水文地质特征、含水层富水性、泉水特别是温泉出露等的关系，编绘保护区水文地质图。

2.3.2　地表水

2.3.2.1　流域和水系

保护区及附近山地均属元江上游汇水区，处于元江干流及其一级支流小河底河（上游称化念河，保护区附近称大开门河）的分水岭部位。受宏观地势的影响和控制，水系呈放射状向四周分流。发源于保护区直接汇入元江的河流有西拉河、玉支河、南渡河（上游称黑白朱河）等，汇入大开门河的主要有新平河（上游称他拉河）、拉咩河、高粱冲河等。这些河流的中上游建有清水河、尼鲊等小（一）型水库及他拉河头、阿梅则可、费拉莫、麻栗弯、罗锅头、母租鲁、丁苴塘房等多座小（二）型水库（图 2-7），保护区都是这些水库的水源区，土壤-森林系统涵养的水源为这些水库的补给、水质和水量的安全等提供了保障。

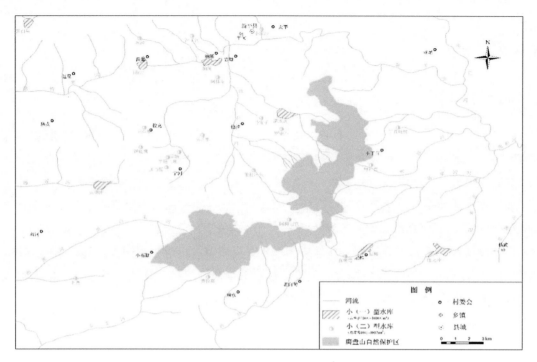

图 2-7　磨盘山自然保护区水系图

2.3.2.2　河道特征

保护区及附近地区的河流，其发育深受附近深切的元江河谷、磨盘山高耸地势、地质构造和岩石性质的影响和控制，河网结构呈放射状，河流较多，河网密度较大。河流都发源于保护区及附近山地，发育时间短，大多流程短，虽然流域海拔高，降水较丰富，但因流域面积小，河流流量小，水温较低。因流域坡度较大，汇水速度普遍较快，许多河流水位和流量随降雨变化而急剧涨落的现象十分显著。

控制河流下切侵蚀的元江河谷侵蚀基准面很低，以致河流纵比降大，流速快，下切侵蚀强烈，切割较深，河谷窄，河床主要由基岩、砾石和粗砂构成，常见岩槛和跌水，没有河漫滩和阶地发育，谷坡大多陡峻，横剖面多呈 "V" 形，属峡谷型河谷，表现出典型的山区性河流的河道特点。例如黑白朱河在保护区内河长 4616m，落差 1113m，平均比降 241.1‰（图 2-8）。磨盘山河在保护区内河长 2509m，落差 365m，平均比降为 145.5‰（图 2-9）。

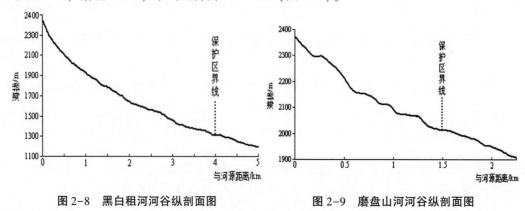

图 2-8　黑白租河河谷纵剖面图　　　　图 2-9　磨盘山河河谷纵剖面图

2.3.2.3 径流特征

（1）年径流深。依据云南省地表水资源图和年径流深分带标准（徐才俊，1990），保护区年径流深 300~700mm，属云南东部平水带分布区之一，显著高于海拔更低的保护区附近河谷及盆地（年径流深 100~300mm），是西部深切的元江河谷和东部的大开门河谷的 2~3 倍，为滇中降水量最多、径流深最大的山地之一。磨盘山上部气温较低，蒸发较弱，单位面积产水量较高，地表水资源较丰富，土壤、空气全年湿度较大，有利于保护区亚热带山地森林生态系统和动植物生长发育。

（2）径流季节变化。受滇中低纬高原季风气候的深刻影响，保护区及附近地区河川径流量季节变化很大，年内分配极不均匀，表现出显著的季风性河流的特点。夏、秋雨季降水丰富，河流补给以雨水为主，保护区各河流流量大，形成汛期（6—10 月），径流量占全年径流量的 74%~83%。7—9 月三个月水量最大，为主汛期，其径流量占全年径流量的 52.0%~61%。冬、春干季降水稀少，河流补给以地下水为主，为各河流枯水期（11 月至翌年 5 月）。多数年份 8 月水量最大，占全年的 21%~30%，4 月水量最少，仅占 0.4%~2.0%。河流四季水量相比较，夏水最多，秋水充足，冬水很少，春水最少。以保护区附近平甸河（也称亚尼河）下游麻木水文站为例，汛期（6—10 月）径流量占全年径流量的 81.2%（表 2-16），7—9 月三个月水量最大，为主汛期，其径流量占全年径流量的 60.3%，夏、秋、冬、春季径流量占全年比例分别为 52.4%、36.5%、7.8%、3.3%，8 月水量最大，占全年的 29.4%，4 月水量最少，仅占 0.4%。

表 2-16　麻木水文站 1959—1981 年多年平均月径流量及占全年比例统计表

项目	1 月	2 月	3 月	4 月	5 月	6 月	7 月	8 月	9 月	10 月	11 月	12 月	年
径流量（百万 m³）	3.2	1.7	1.1	0.7	3.5	13.0	24.0	47.1	25.7	20.5	12.3	7.6	160.4
比例（%）	2.0	1.1	0.7	0.4	2.2	8.1	14.9	29.4	16.0	12.8	7.7	4.7	100

注：麻木水文站位于新平县扬武镇丁苴村委会麻木树寨子，E102°25′，N23°52′，控制径流面积 692km²

2.3.2.4 河流、水库简介

流经保护区的河流均属元江水系，主要有元江一级支流南渡河、玉支河、西拉河等，汇入元江一级支流亚尼河（也称大开门河）的二级支流有新平河、毛木树河、拉咩河、高粱冲河等。保护区主要位于磨盘山中上部，海拔较高，降水量比低海拔的山麓、平甸坝区、扬武坝区、元江河谷丰富得多，年产水量更大，水塔效应显著。加之森林覆盖率高，原始半湿润、湿润常绿阔叶林面积大，森林涵养水源、净化水质、调节流量等天然水文生态功能显著。为了充分发挥保护区这些优势，满足、保障附近社区尤其是县城生产生活用水及生态安全的需要，当地政府曾在保护区及边缘地区，修建了多个中、小型水库。

（1）新平河。又称平甸河，元江二级支流。上游称他拉河，源于保护区磨盘山主峰西麓，自南向北流，纳梭克河、清水河后，进入平甸坝子，转向东流，再接纳乙本甲河后向东汇入亚尼河。流域面积 265.8km²，河长 59.5km，落差 806m，河床平均比降 13.5‰。枯水流量 0.32m³/s，年产地下水 3.9 万 m³/km²，年产地表水 30 万 m³/km²。干流中游河段上建有平甸河中型水库。源头河段上建有他拉河头水库，支流上建有小（一）型清水河水库，小（二）型的新马厩、羊场二坝、羊场一坝、锅底塘、龙潭坝等，以及罗锅斗、马道子、扒芝里等水库。

（2）高粱冲河。元江二级支流。高粱冲系彝语，意为几道溪流归拢的河，因该河上游源头较多而得名。发源于保护区磨盘山东麓，有北、中、南三条源头河流。自西南向东北接纳赵米克河后，汇入龟枢河。流域面积 100km²，河长 22.4km，落差 1216m，河床平均比降 13.5‰。枯水流量 0.15m³/s，年产地下水 4.5 万 m³/km²，年产地表水 30 万 m³/km²。南源头河流上建有小（二）型麻栗湾和小（一）型尼鲊水库。下游支流赵米克河上建有小（一）型他克冲水库。

（3）拉咩河。拉咩系彝语，拉意为河，咩意为尾。因该河主要河段流经拉咩村而得名。发源并流经保护区磨盘山东麓，自西南向东北接纳土主河后，汇入龟枢河。上游建有母租鲁水库，支流土主河源头建有丁苴塘房水库。

（4）南渡河。元江一级支流。南渡是傣语，意为汇水河之意，因该河雨季洪水流量大，均汇于河内并向南流而得名。发源流经保护区西南部，磨盘山小石缸以东地区，上游位于平甸乡内，称黑白朱河。流域面积 151.4km²，河长 28.2km，落差 2012m，河床平均比降 1401.6‰。枯水流量 0.12m³/s，年产地下水 2.4 万 m³/km²，年产地表水 28 万 m³/km²。上游支流上建有小（一）型上寨水库。

（5）玉支河。元江一级支流。玉支也译为玉者，系彝语，意为清水河，因该河河水清澈而得名。发源流经保护区西南部，流经老白甸、顺水、马鹿寨三个村委会后，经漠沙镇南甘河汇入元江。长约 20km。为附近社区灌溉、饮用水源。

（6）西拉河。元江一级支流。意为森林繁茂的河流，因沿河两岸森林繁茂得名。发源并流经保护区中南部，接纳老鹰凹子箐后汇入元江。长约 15km。为附近社区灌溉、饮用水源。

（7）清水河水库。位于平甸乡他拉村委会他拉河支流清水河上，库水由清水河补给，保护区东北部为其水源区。控制径流面积 26.8 km²，总库容 245.9 万 m³，正常蓄水位　 m，兴利库容 172.8 万 m³，防洪库容 69.2 万 m³，死库容 4.0 万 m³，属小（一）型水库。坝高 43m，坝顶长 235m，坝顶高程 1773m。以灌溉为主，兼顾防洪、供水，有效灌溉面积 276.07 hm²。

（8）尼鲊水库。位于扬武镇尼鲊村委会高粱冲河南部源头支流上，库水由该源头支流补给，保护区东部为其水源区。控制径流面积 21.7 km²，总库容 164.5 万 m³，正常蓄水位　 m，兴利库容 123.0 万 m³，防洪库容 41.5 万 m³，死水位　 m，死库容 4.0 万 m³，属小（一）型水库。坝高 25m，坝顶长 230m，坝顶高程 1638m。以灌溉为主，兼顾防洪、供水，有效灌溉面积 80.87 hm²。　年　月建成蓄水。

（9）磨盘山水库。位于平甸乡他拉村委会，保护区西部边缘他拉河上。库水由他拉河补给，保护区西部为其水源区。控制径流面积　 km²，总库容 67.1 万 m³，正常蓄水位 2170.5m，兴利库容 59.5 万 m³，死水位 2154.0m，平均水深 30m，属小（二）型水库。坝高 29m，坝顶长 143m，坝顶高程 2174m。以灌溉为主，兼顾防洪、供水，有效灌溉面积 143hm²。1995 年 4 月建成蓄水。

（10）他拉河头水库。位于平甸乡他拉村委会，保护区西部边缘，他拉河上。库水由他拉河补给，保护区西部为其水源区。控制径流面积 18.6 km²，总库容 70.6 万 m³，正常蓄水位 1770.5m，兴利库容 47.8 万 m³，死水位 1757.1m，属小（二）型水库。坝高 29m，坝顶长 153m，坝顶高程 1773.1m。以灌溉为主，兼顾防洪、供水等，有效灌溉面积 365hm²。1984 年 12 月建成蓄水。

（11）玉烟水库。位于平甸乡他拉村委会，保护区西部边缘，他拉河上。库水由他拉河补给，保护区西部为其水源区。控制径流面积 1.0 km²，总库容 23.6 万 m³，正常蓄水位 2005.0m，兴利库容18万 m³，死水位1985.5m，属小（二）型水库。坝高29.8m，坝顶长103m，坝顶高程2007.30m。以灌溉为主，兼顾景观用水、供水、防洪等，有效灌溉面积100hm²。1994年1月建成蓄水。

（12）羊场一坝和二坝水库。位于平甸乡宁河村委会，保护区西部边缘，他拉河支流梭克河上，系梯级水库，上游为一坝，下游为二坝。库水均由梭克河补给，保护区西部为其水源区。一坝和二坝水库控制径流面积分别为0.42km²、0.59km²，总库容分别为17.3万 m³、11.65万 m³，正常蓄水位分别为2064.62m、2057.3m，兴利库容分别为16.66万 m³、11.34万 m³，死水位分别为2057.55m、2050m，水面面积分别为0.02万 km²、0.03万 km²，均属小（二）型水库。一坝水库坝高14.5m，坝顶长83m，坝顶高程2065.9m，1979年9月建成蓄水。二坝水库坝高16.3m，坝顶长130.8m，坝顶高程2058.6m，1987年7月建成蓄水。均以供水为主，兼顾景观用水、灌溉、防洪等，有效灌溉面积分别为26hm²、25hm²。

（13）阿德则克水库。位于桂山镇小石缸村委会，保护区中西部边缘，他拉河源头。库水由他拉河源头河段补给，保护区中西部为其水源区。控制径流面积0.4km²，总库容11.55万 m³，正常蓄水位1823.0m，兴利库容9.4万 m³，死水位1812m，属小（二）型水库。坝高20m，坝顶长58m，坝顶高程1825m。以灌溉为主，兼顾景观用水、供水、防洪等，有效灌溉面积16.6hm²。1985年4月建成蓄水。

（14）小水阱水库。位于平甸乡宁河村委会，保护区中西部他拉河左岸支流源头。库水由该支流源头河水补给，保护区西部为其水源区。控制径流面积0.69km²，总库容11.08万 m³，正常蓄水位2300m，兴利库容9.35万 m³，死水位2295m，水面面积0.02万 km²，属小（二）型水库。坝高12m，坝顶长80m，坝顶高程2301m。以供水为主，兼顾景观用水、防洪等，有效灌溉面积16.6hm²。1991年4月建成蓄水。

2.3.3　地下水

2.3.3.1　地下水类型及含水层富水性

根据含水层岩性、地下水赋存条件、水理性质及水力特征，将保护区及临近地区的地下水划分为松散岩类孔隙水、基岩裂隙水两种基本类型。

（1）松散岩类孔隙水。主要赋存于保护区第四系的松散堆积物（Q_p、Q_h），以河谷中的冲积物、洪积物、谷坡残积物为主，岩性为砂砾石、砂石、粗砂、粉砂、砂质黏土层，分选性较差。分布面积很小。地貌上多组成冲积-洪积扇，Ⅰ、Ⅱ级河流阶地。含水层厚度上游较薄，下游较厚，略向河流及下游倾斜。地下水位埋深自扇顶到前缘渐浅，远离河流较深，靠近河流较浅，上游较深，下游较浅。在地貌有利部位，如冲积扇、洪积扇前缘以及河谷谷底与谷坡交接地段，溢出成泉或泉群，或以沟流形式排泄。动态变化受季节控制明显，雨季流量偏大，旱季偏小，甚至干涸。由于地下水补给条件、含水层厚度、岩性、结构各地有别，富水性亦不均匀。在结构疏松的含水层中，水量丰富，单井计算涌水量＞1000.0t/d；在结构比较疏松的含水层中，水量中等，单井计算涌水量100.0~1000.0t/d；在结构比较密实的含水层中，水量贫乏，单井计算涌水量＜100.0t/d。主要接受上游河水、基岩裂隙水和大气降水的补给。水化学类型为 HCO_3-Ca 型、HCO_3-Ca·Na 型或 HCO_3-Na·Ca 型，矿化度一般0.1~0.46g/L，物理性质良好，符合工农业用水和生活饮用水要求。就埋藏条件而言，该类地下水大多属于潜水类型，局部为承压自流水。

（2）碎屑岩裂隙水。广泛分布于保护区侏罗系地层中，是保护区及附近地区面积最大的地下水类型。其中，上统蛇甸组（J_2s）、中统张和组（J_2z）含水层，附近地区上统妥甸组（J_3t）、下统冯家河组（J_1f）和三叠系上统舍资组（T_3s），富水性中等。在向斜山核部及地貌有利部位形成富水地段，地下径流模数 $4.28\sim7.01L/s\cdot km^2$，泉流量在 $1.0\sim5.5L/s$。

2.3.3.2 地下水特点

（1）地下水形成和分布特点

岩性是地下水赋存的基本条件，地质构造则起主导作用，控制了地下水类型和含水层的展布，地貌条件则直接影响地下水的补给、径流和排泄。保护区砂岩、泥岩夹层，相对富水。J_2s、J_2z、J_3t、J_1f、T_3s 在保护区及附近地区分布较广，但因岩性差异较大，砂岩所占比例不同，地下径流模数和泉流量存在明显差异，导致富水性亦不相同。在岩性基础上，地质构造则起主导作用，并控制了地下水类型和含水层的展布。压性、压扭性断裂面基本上起阻水作用，次一级的张扭性断裂带及断裂交汇部位，宽缓对称的向斜和褶皱的缓翼等部位，地下水相对富集。保护区沟谷切割强烈，地形较陡峻，含水层多被切割破坏，大气降雨易形成地表径流顺沟谷排泄，许多地段仅有少量地表径流渗入地下补给地下水。但因保护区海拔较高，降水量大，补给量也大。另外，森林覆盖率高，水源涵养能力强等，致使地下水相对富集。仅在断裂带和裂隙发育处，或沟谷及坡脚的残坡积层中见有少量的小流量泉水。地下水常以接触泉水的形式沿砂、泥岩界面出露。

（2）地下水动态变化特点

保护区地下水主要接受大气降雨的下渗补给，其次是侧向地下水的补给，动态变化与降雨量密切相关，季节变化极为明显。由于降雨量在季节上、不同海拔高度上分配的不均匀。地下水流量在雨季剧增，枯季骤减，甚至干涸，地下水水位埋深在雨季较高，枯季较低，变化幅度较大。风化壳薄和分水岭部位的地下水，汇水面积小，水源涵养功能弱，流量动态变化大，变化幅度 $8\sim13$ 倍，枯季个别泉点甚至干涸；而出露在沟谷等低洼部位的泉水和沟水，四季从不断流，动态都较为稳定。

（3）地下水化学特征

保护区地下水化学类型的形成与保护区出露的地层岩性密切相关。由于区内地表水系发育，地形切割强烈，地下水循环途径短，更替迅速，水化学类型比较简单。松散岩类孔隙水（第四系含水层中的地下水），水化学类型为 HCO_3-Ca 型或 $HCO_3-Ca\cdot Na$ 型，属重碳酸盐水，矿化度一般 $0.1\sim0.46g/L$，pH 值 $6.5\sim7.5$，总硬度 $3.03\sim13.95$ 德国度。碎屑岩类裂隙水，广泛分布于保护区构造侵蚀和构造剥蚀区，地下水接受大气降雨补给后，就迅速排泄，径流路径短，更替迅速，矿物成分及含量随径流路径的长短而异，水化学类型以 HCO_3-Ca 型为主，次为 $HCO_3-Ca\cdot Mg$ 型或 $HCO_3-Ca\cdot Na$ 型等，属重碳酸盐水，山体中下部矿化度 $0.1\sim0.5g/L$，分水岭地带则 $<0.1g/L$，pH 值 $6.5\sim7.5$，总硬度 $0.4\sim14.0$ 德国度。

2.4　土　壤

2.4.1　调查研究方法

（1）野外调查和采样

2017 年 12 月上旬，应用野外常规土壤调查方法，沿确定的调查线路，观察成土的环境条件及其对土壤发育和分布的影响。应用土壤发生学原理，在综合分析成土环境的基础上，借助所挖土壤主要剖面和对照剖面，依据中国土壤分类系统（全国土壤普查办公室，1998），结合云南省第二次土壤普查成果（王文富，1996），确定保护区土壤所属类型及其分布范围和界限。遵循典型性和代表性原则，选择不同土壤类型的典型地段，按照野外土壤剖面描述的要求和方法（刘光崧等，1996），设置、挖掘土壤主要剖面 9 个，现场观察、测定每个土壤剖面的环境因子，描述和记载每个土壤剖面的形态特征（表 2-17），分层采集土壤分析样品 26 袋，每袋 0.5kg 左右，带回实验室风干、去杂、过筛后制备为待测土样。

（2）室内分析项目和分析方法

选择土壤有机质、土壤颗粒组成等共 9 项，采用表 2-17 中的方法进行测定。

表 2-17　保护区土壤分析项目和分析方法

分析项目	分析方法	方法来源	分析单位	分析人员
土壤颗粒组成	比重计法	GB7845—87	云南师范大学旅游与地理科学学院生物与土壤地理实验室	李璐杉 高大威 王　平
土壤 pH	电位法	GB7856—87		
土壤有机质	$K_2Cr_2O_7$ 氧化-外加热法	GB7857—87		
土壤全氮	半微量开氏法	GB7173—87		
土壤全磷	氢氧化钠碱熔-钼锑抗比色法	GB7852—87		
土壤全钾	氢氧化钠碱熔-火焰光度法	GB7854—87		
土壤速效磷	盐酸-氟化铵法	GB7853—87		
土壤速效钾	NH_4OAc 浸提-火焰光度法	GB7856—87		
土壤碱解氮	碱解扩散法 ＊＊	鲍士旦，2003		

（3）土壤理化性质类型或含量判断标准

保护区土壤质地类型依据美国农业部制订的土壤质地分类标准（刘光崧，1996）来确定，土壤酸碱度依据《中国土壤》（熊毅等，1987）一书中的五级划分标准来判断，土壤有机质、全氮等全量养分含量和速效养分含量的丰歉则以全国第二次土壤普查土壤养分含量分级标准（全国土壤普查办公室，1998）为判别依据。

2.4.2 成土因素分析

2.4.2.1 地 形

保护区位于磨盘山中上部，山顶、山脊与西部元江河谷之间的岭谷高差在 1800～2200m，起伏地势，地表破碎，最高点海拔 2614.32m，最低点海拔 1351m，相对高度 1263.32m。基本地貌类型以大起伏的亚高山（海拔 2000～2614.32m）和中山（海拔 1500～2000m）为主，分别占保护区总面积的 71% 和 25%。垂直于磨盘山主山脊，发育了多条河流（他拉河、黑白朱河、西拉河、拉咩河、高梁冲河等）和相应的深切峡谷，峡谷、沟谷之间是被分割形成的多条次级山脊（山岭）。山顶和山脊上残留有夷平面和多级剥蚀面。

受大起伏山地地势的影响，保护区土壤垂直带谱发育。海拔 2100～2200m 以下中、缓坡地区，发育分布红壤土类，2100～2500m 中缓坡地区，富铝化过程减弱，而淋溶黏化及腐殖质累积过程显著增强，形成黄棕壤土类，约 2500m 以上至最高点，土壤淋溶黏化和腐殖质累积过程显著，形成棕壤土类。保护区平均坡度大，急、陡坡分布区，土壤发育程度低，剖面上母岩母质特征表现明显，土体普遍浅薄，具有潜在的敏感性和脆弱性。中、缓坡分布区特别是夷平面、剥蚀面上，土壤发育程度高，土体普遍深厚。相同海拔高度上，阴坡、半阴坡发育的土壤，其水分状况一般好于阳坡、半阳坡，植被覆盖度也更高，生物累积过程更强，土壤质地结构更好。

2.4.2.2 母岩和母质

保护区出露的地层以中生界侏罗系为主。岩石以中生代砂岩、粉砂岩、泥岩为主。按土壤剖面描述规范（刘光崧，1996），成土母岩类型以紫红岩类（紫红砂岩、紫红泥岩、紫红砾岩等）为主，其次是泥质岩类。成土母质类型有残积物、坡积物、崩积物、红色黏土等，以残积物分布面积最大，残坡积物、坡积物次之。出露紫红岩类的平缓坡地段，残积母质风化程度高，土体较深厚，紫色母岩母质特征仅在母质层有明显残留，剖面层次完整，已发育为地带性的红壤、黄红壤、暗黄棕壤等土壤亚类。崩积物上发育的土壤，剖面分异差，土层薄，粗骨性强。红色黏土亦即古红色风化壳主要出露于缓坡地段，受其深刻影响，发育为土体深厚颜色暗红、棕红的山原红壤。在 2100～2300m 的局部出露黄灰色粉砂岩残积物平缓地段，排水不畅，土壤终年潮湿，脱硅富铝化过程减弱，黄化过程较强烈，形成黄红壤。出露紫红岩类的陡、急陡坡地段，土体浅薄，紫色母岩母质特征残留明显，土壤发育还停留在幼年的紫色土阶段，呈斑状、点状镶嵌在红壤带、黄棕壤带之中。

2.4.2.3 气 候

保护区位于南亚热带季风气候区大起伏亚高山（磨盘山）中上部，低纬高原季风气候特点显著，气候垂直分异明显，气候类型较多样。由最低点（海拔 1351m）至最高点（海拔 2614.32m），随海拔高度增加，年均温由 19.4℃ 降低至 11.5℃，最热月（6 月）均温由 24.5℃ 降低至 15.7℃，最冷月（1 月）均温由 12.5℃ 降低至 5.2℃，日平均气温稳定 ≥10℃ 的日数由 302.0d 降低至 201.0d，年≥10℃ 积温由 6123.0℃ 降低至 2964.0℃，年降水量由 853.0mm 左右递增至 1571.0mm 左右。气候垂直带谱为山地南亚热带（海拔 1351～1560m）－中亚热带（海拔 1560～2310m）－北亚热带（海拔 2310～2500m）－暖温带（海拔 2500～2614.32m）。水热组合由暖热半湿润向温暖半湿润、温凉湿润、冷凉潮湿过渡，影响之下，土壤脱硅富铝化过程由中等强度逐渐递变为弱度，淋溶、黏化及生物累积过程则逐渐增强，地带性土类由红壤逐渐过渡为黄棕壤、棕壤，形成明显的土壤垂直带谱。优越的亚热带和暖温带水热条件致使岩石风化和土壤发育程度普遍较高，土体较深厚，尤其是缓坡、平地地段，土壤发育大多处于成熟或老年发育阶段。随海拔升高，表土层颜色由红壤的暗棕红（2.5YR3/6）→黄棕壤的暗黄棕（10YR 4/3）→棕壤的黑棕（7.5YR 2/2）；心土层颜色由红壤的淡棕红（2.5YR 5/8）→黄棕壤的淡黄棕（10YR 7/6）→棕壤的暗黄棕（10YR 4/3），表土层有机质含量也相应增加。2017 年 12 月上旬野外调查结果表明，随海拔升高，从山体中下部的红壤到山体上部的黄棕壤、棕壤，土壤自然水分含量相应增大，由润逐渐变为潮湿。

同一海拔高度上，因坡向、小地形（如沟谷、山脊）等不同，小气候差异显著，土壤类型上下交错分布，同一土壤类型阳坡一般比阴坡高 50~100m。

2.4.2.4　植　被

植被是影响土壤发育和演化最活跃的因素，也是确保土壤生态系统平衡、稳定最重要的条件。不同的植被带内，所发育的土壤类型迥然不同。受垂直气候的影响和控制，保护区植被类型较多，垂直分带十分明显。从最低点至敌军山山顶，植被类型依次为季风常绿阔叶林、半湿润常绿阔叶林、中山湿性常绿阔叶林和山顶苔藓矮林。其中，季风常绿阔叶林主要分布于附近 1300m 以下地区，保护区内面积很小，仅见于黑白租至大瀑布之间海拔的地段，以小果锥林（Form. *Castanopsis fleuryi*）为主。1300~1500m 以次生和人工性质的云南松林（Form. *Pinus yunnanensis*）为主。1500~2000m 为半湿润常绿阔叶林，以滇青冈林（Form. *Cyclobalanopsis glaucoides*）、元江锥林（Form. *Castanopsis orthacantha*）为主，几乎都是连片的原生林，仅下部部分地段为人工云南松林、滇油杉林。2000~2500m 为中山湿性常绿阔叶林，有马缨杜鹃林（Form. *Rhododendron delavayi*）、麻子壳柯林（Form. *Lithocarpus variolosu*）等，均为原生林。2500m 以上的敌军山山顶为山顶苔藓矮林，主要为杜鹃矮林（Form. *Rhodod-endron simsii*），有睫毛萼杜鹃林（Form. *Rhododendron ciliicalyx*）、露珠杜鹃林（Form. *Rhododendron irroratum*）、大喇叭杜鹃林（Form. *Rhododendron excellens*）、云上杜鹃林（Form. *Rhododendron pachypodum*）等。因人为干扰，部分地段已演替为寒温灌丛（帽斗栎灌丛 Form. *Quercus guyavifolis*）和寒温草甸（刺芒野古草草甸 Form. *Arundinella setosa*）。

暖温性针叶林、半湿润常绿阔叶林下发育的地带性土壤为红壤，中山湿性常绿阔叶林下发育的主要为黄棕壤，山顶苔藓矮林下发育的土壤为棕壤。原始森林分布区，枯枝落叶归还量大，生物小循环过程正常，土壤-植被系统稳定。部分实验区以及边缘地区，20 世纪60—80 年代，砍伐、樵采薪柴、过度放牧等人为干扰活动较频繁，这是保护区边缘人工林、次生林面积较大，土壤侵蚀等退化过程明显的主要原因。

2.4.3　土壤分类与分布

2.4.3.1　土壤分类

土壤是气候、地貌、母质、生物、时间和人为活动等因素长期综合作用的产物，它既是独立的历史自然体，又是生态环境的一个重要组成要素。成土因素和成土过程不同，土壤类型及其土体构型、内在性质和肥力水平也不相同。根据土壤形成因素、成土过程及其性态特征，对照《中国土壤分类系统》（全国土壤普查办公室，1998），保护区土壤可划分为以下 3 个土纲、4 个亚纲、4 个土类、7 个亚类。磨盘山自然保护区土壤分类见表 2-18。

表2-18　磨盘山自然保护区土壤分类表

土纲	亚纲	土类	亚类
铁铝土	湿热铁铝土	红壤	红壤、山原红壤、黄红壤、红壤性土
淋溶土	湿暖淋溶土	黄棕壤	暗黄棕壤
	湿暖温淋溶土	棕壤	棕壤
初育土	石质初育土	紫色土	酸性紫色土

2.4.3.2　土壤垂直分布

该地区地势起伏大，土壤垂直地带性表现明显。保护区位于山体中上部，跨越的海拔范围为1351~2614.32m。保护区1351~2100m，高温多雨，干湿分明，土壤脱硅富铁铝化作用较为强烈，发育有红壤、山原红壤等亚热带地区代表性土壤；在保护区相对平缓、雨量较多的地方发育有黄红壤；保护区2100m以上的部分地区，所处气候温凉，植被繁茂，淋溶作用明显，土体发育较为深厚，形成地带性的黄棕壤（图2-10）。保护区出露紫红岩类的陡坡地段，土壤发育程度低，形成非地带性的紫色土，呈斑状、点状镶嵌在红壤地带、黄棕壤地带中。

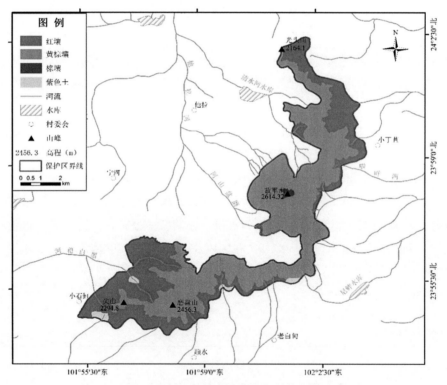

图2-10　磨盘山自然保护区土壤分布图

2.4.4　土壤基本性状特征

以土壤亚类为主，分析其主要性状特征。红壤性土因面积很小，本文不赘述。

2.4.4.1　红壤亚类

主要分布在海拔1351~2100m（图2-10）的中山地区。气候类型以山地中亚热带季风气候为主。植被主要以暖温性针叶林（云南松林等）、半湿润常绿阔叶林（滇青冈林、元江栲林）为主。母岩以紫红岩类（紫红色砂岩、紫红色泥岩等）为主，母质以风化残积物、残坡积物为主。土体较深厚，腐殖质层颜色为暗黄橙（7.5YR 6/8）、暗棕红（2.5YR 3/6）等，质地多为砂质黏土，团粒状、团块状结构。心土层为淡棕红（2.5YR 5/8）、棕红（2.5YR 4/8）、红（10YR 4/8），质地多为砂质黏土，大块状结构。全剖面深受砂岩、粉砂岩的深刻影响，多半风化砂岩石块、石砾，土体疏松至较疏松。通体呈酸性，pH 值 4.8~6.0，随深度酸性增强。表土层、亚表土层有机质、全氮、速效钾含量很高或高，随深度降至低或很低，全钾含量中等，全磷、碱解氮、速效磷含量低或很低，向下随深度逐渐减少。

以小石缸附近 04 号、阿得则克（后山）05 号红壤剖面为例，其形态特征如表 2-19，土壤理化性质如表 2-20、表 2-21。

表2-19 磨盘山自然保护区土壤剖面环境因子和剖面主要形态特征

剖面编号	土壤类型	位置、海拔、经纬度、坡度、坡位、坡向	母岩、母质类型、侵蚀情况	土层符号	土层深度（cm）	颜色	结构、松紧度	植被现状、人类活动等
01	暗黄棕壤	阴阳界附近；2416m；23°；101°58'E，23°58'N；中山中坡；西北312°	紫灰色粉砂岩；残积物；弱度侵蚀	A	0~35	黑棕 7.5YR 2/2	团粒状；疏松	植被由滇石栎、山茶、木荷组成，乔木层发达，总盖度达90%；O层厚约5cm
				BA	35~56	棕 7.5YR 4/4	中块状；较紧实	
				B	56~79	浓黄棕 10YR 7/6	中、大块状；紧实	
				C	79以下	浓橙红 10R 6/3	中、大块状；较紧实	
02	暗黄棕壤	野猪塘；2122m；20°；101°57'E，23°55'N；中山上坡；东南167°	紫色砂岩；残坡积物；弱度侵蚀	A	0~26	黑棕 7.5YR 2/2	团粒状；疏松	植被为多变石栎林。C层石砾较多，直径10cm×10cm~2cm×30cm，O层厚约3cm
				BA	26~53	红棕 5YR 4/6	团粒状、小团块状；疏松	
				B	53~120	紫棕 5YR 5/4	中、小团块状；较紧实	
				C	120以下	紫 5YR 6/3	中、大块状；紧实	
03	暗黄棕壤	河头附近；2480m；5°；101°58'E，23°55'N；亚高山；东南123°	黄灰色细粒砂岩；残积物；弱度侵蚀	A	0~30	黑棕 7.5YR 2/2	团粒状、小团块；疏松	地势平坦、低洼，土壤终年潮湿，淀积层具有明显的潜育化、黄化特点，植被为杜鹃灌草丛，O层厚约2cm
				Bg	30~53	浓灰黄 2.5YR 7/3	中、大块状；紧实、极紧实	
				B	53~96	浓黄棕 10YR 7/6	中、大块状；紧实	
04	红壤	小石缸附近；1374m；10°；101°55'E，23°55'N；中山坡麓；西北315°	紫色砂岩；残积物；中度侵蚀	A	0~25	暗棕红 2.5YR 3/6	小、团块状；疏松	土体薄，发生层不明显，砾石碎屑含量高，砾石直径1cm×20cm×20cm，植被主要由滇青冈、紫茎泽兰构成，O层厚约2cm
				B	25~40	棕红 2.5YR 4/8	小、团块状、单粒状；疏松	

续表 2-19

剖面编号	土壤类型	位置、海拔、坡度、经纬度、坡位、坡向	母岩、母质类型；侵蚀情况	土层符号	土层深度（cm）	颜色	结构、松紧度	植被现状、人类活动等
05	红壤	阿得则克（后山）；2034m；25°；101°56'E，23°57'N；中山；西北330°	紫灰色粉砂岩；残积物；弱度侵蚀	A	0~20	暗黄橙 7.5YR 6/8	团粒状、团块状；较紧实	植被主要由云南松、麻栎、槲栎、杨梅、紫茎泽兰构成；O层厚约3cm
				B₁	20~59	淡棕红 2.5YR 5/8	大块状；极紧实	
				B₂	59~104	红 10YR 4/8	大块状；极紧实	
				C	104~200	红 10YR 4/8	大块状；极紧实	
06	山原红壤	阿得则克（紫下）附近；1726m；20°；101°55'E，23°56'N；中山；酉北340°	古红色风化壳；残积物；弱度侵蚀	A	0~30	暗棕 7.5YR 3/4	团粒、小团块状；较疏松	植被主要由滇油杉、滇青冈等构成；O层厚约3cm
				BA	30~52	暗棕红 2.5YR 3/6	小、中团块状；紧实	
				B	52~90	棕红 2.5YR 4/8	中团块状；紧实	
				CB	90~110	棕红 2.5YR 4/8	中、大块状；极紧实	
				C	110以下	棕红 2.5YR 4/8	中、大块状；极紧实	
07	黄红壤	管理所（房后）附近；2100m；5°；101°56'E，23°27'N；阴坡、西南201°	紫色砂页岩；残积物；弱度侵蚀	A	0~24	暗红棕 5YR 2/4	团粒、小团块状；较紧实	植被主要由旱冬瓜、锥栎、紫茎泽兰等构成；O层厚约4cm
				B	24~56	淡棕 7.5YR 5/6	中块状；较紧实	
				BC	56~75	黄棕 10YR 5/8	中、大块状；紧实	
				C	75以下	黄棕 10YR 5/8	中、大块状；紧实	
08	棕壤	敌军山（瞭望台）；2570m；5°；102°2'E，23°56'N；西北349°	紫色砂岩；残积物；中度侵蚀（水蚀、风蚀）	A	0~10	暗黄棕 10YR 4/3	团块粉状结构；疏松	植被为杜鹃灌丛、黄背栎灌丛；C层含有大量紫色粉砂岩、砂质页岩半风化石砾、砾石，径1cm×1cm~10cm×10cm；O层厚1~2cm
				B	10~21	暗黄橙 7.5YR 6/8	中团块状结构；较紧实	
				C	21~27	紫棕 5YR 5/4	中、大块状结构；紧实	
				R	27以下	紫棕 5YR 5/4	中、大块状结构；紧实	
09	棕壤	敌军山；2535m；10°；102°2'E，23°56'N；亚高山；西南215°	紫灰色砂页岩；残积物；弱度侵蚀	A	0~18	黑黄棕 7.5YR 2/2	团粒状；较疏松	植被由杜鹃灌丛、人工华山松林构成，B层含有较多砾石，径1cm×1cm~10cm×10cm；O层厚约3~4cm
				AB	18~42	暗黄棕 10YR 4/3	中块状；较紧实	
				B	42~72	淡黄棕 10YR 7/6	中、大块状；紧实	
				C	72以下	淡黄棕 10YR 7/6	中、大块状；紧实	

表2-20 保护区土壤颗粒组成测定结果

| 土壤亚型 | 剖面编号 | 采样深度（cm） | 各粒级（mm）土粒质量比例（%） | | | 石砾（>2） | 质地类型（美国制） | 母岩类型 |
			砂粒（0.05~2.0）	粉粒（0.002~0.05）	黏粒（<0.002）			
暗黄棕壤	01	0~35	63.42	32.76	5.96	18.61	少砾石黏壤土	紫灰色粉砂岩
		35~56	60.23	30.86	10.98	57.80	少砾石黏壤土	
		56~79	62.57	17.27	22.21	248.68	多砾石砂质黏土	
	02	0~26	61.84	33.20	7.12	99.36	中砾石黏壤土	紫色砂岩
		26~53	63.84	30.28	7.99	137.15	中砾石黏壤土	
		53~120	59.75	29.14	13.21	210.62	多砾石黏壤土	
	03	0~30	84.33	14.04	3.66	7.20	少砾石砂质黏土	黄灰色砂岩
		30~53	79.45	13.90	8.66	77.05	多砾石砂质黏土	
		53~96	78.28	9.95	13.80	203.50	中砾石砂质黏土	
红壤	04	0~25	77.22	16.07	8.75	241.42	多砾石砂质黏土	紫色砂岩
		25~40	78.29	14.00	9.74	421.58	多砾石砂质黏土	
	05	0~20	68.79	13.14	20.12	67.26	少砾石砂质黏土	紫灰色粉砂岩
		20~59	69.03	14.06	18.95	127.01	中砾石砂质黏土	
		59~104	66.76	14.16	21.13	213.66	多砾石砂质黏土	
山原红壤	06	0~30	65.04	20.81	16.23	16.72	少砾石砂质黏土	古红色风化壳土
		30~52	65.19	16.58	20.31	14.28	少砾石砂质黏土	
		52~90	64.29	16.51	21.26	34.79	少砾石砂质黏土	
		90~110	65.50	15.40	21.15	408.52	多砾石砂质黏土	
黄红壤	07	0~24	48.21	31.32	22.55	100.83	中砾石黏壤土	紫色砂页岩
		24~56	50.59	22.84	28.65	122.13	中砾石黏壤土	
		56~75	47.22	21.90	32.96	193.58	多砾石黏壤土	
棕壤	08	0~10	68.01	16.73	17.35	60.11	少砾石砂质黏土	紫色砂岩
		10~21	55.34	18.87	27.89	153.96	多砾石砂质黏土	
	09	0~18	67.38	24.78	9.91	29.90	少砾石砂质黏土	紫灰色砂页岩
		18~42	65.36	16.50	20.21	25.41	少砾石砂质黏土	
		42~72	46.87	28.83	26.36	181.4	多砾石黏壤土	

表 2-21 保护区土壤化学性质测定结果

土壤亚类	剖面编号	采样深度（cm）	pH 值	有机质（g/kg）	全量养分（g/kg）			速效养分（mg/kg）		
					全氮	全磷	全钾	氮	磷	钾
黄棕壤	01	0~35	4.8	105.33	6.77	0.54	8.59	38.33	31.90	190.96
		35~56	5.0	27.02	2.03	0.33	15.79	34.83	41.57	60.71
		56~79	5.4	16.68	0.72	0.24	21.20	24.33	27.86	44.73
	02	0~26	6.2	70.13	7.55	0.76	4.85	36.58	21.40	101.22
		26~53	5.8	49.47	3.09	0.36	5.67	38.33	8.68	56.33
		53~120	6.0	35.10	2.20	0.39	9.41	31.33	14.73	19.19
	03	0~30	4.8	29.05	1.57	0.14	8.22	40.08	57.06	69.90
		30~53	5.4	30.01	0.28	0.10	0.92	15.58	46.28	23.52
		53~96	5.2	16.04	0.14	0.16	1.84	12.08	74.58	28.81
红壤	04	0~25	6.2	25.27	2.63	0.63	10.04	27.83	93.88	136.49
		25~40	5.8	20.21	2.20	0.61	18.19	24.33	81.88	85.03
	05	0~20	6.0	44.51	1.29	0.20	11.97	17.33	5.50	127.43
		20~59	5.4	27.84	0.71	0.19	12.80	22.58	3.99	80.27
		59~104	4.8	23.44	0.57	0.20	17.48	15.58	4.01	65.31
山原红壤	06	0~30	6.2	50.25	2.62	0.24	13.07	29.58	22.17	118.68
		30~52	4.8	37.25	1.02	0.25	4.66	26.08	10.06	76.41
		52~90	4.6	11.65	0.72	0.26	13.89	22.58	4.04	44.89
		90~110	4.6	11.59	0.57	0.21	10.14	20.83	6.99	34.32
黄红壤	07	0~24	5.8	28.53	4.39	0.62	48.66	38.33	14.68	124.35
		24~56	6.0	14.28	1.89	0.64	41.87	12.08	16.10	71.32
		56~75	5.6	10.48	1.75	0.78	38.33	13.83	17.68	97.93
棕壤	08	0~10	6.2	55.63	3.07	0.49	1.89	22.58	7.12	92.88
		10~21	5.8	48.04	2.64	0.44	7.53	29.58	8.66	72.02
	09	0~18	5.4	80.42	3.90	0.26	6.49	47.08	41.44	112.55
		18~42	6.0	21.81	2.31	0.22	6.48	19.08	17.48	55.25
		42~72	5.2	32.75	1.73	0.15	0.94	31.33	18.95	39.61
紫土*	10	0~30	5.3	11.6	0.71	0.32	17.1	45.0	6.0	184.0
		30~84	5.2	5.4	0.64	0.30	23.99	28.0	痕迹	99.0
		84~119	5.0	5.0	0.64	0.31	27.25	27.0	痕迹	87.0

注：*紫色土数据为新平彝族傣族自治县土壤肥料工作站提供，剖面所在地：新平平甸

2.4.4.2 山原红壤亚类

分布在海拔 2000m 以下出露有古红色风化壳的区域，地形一般为山地中、缓坡及山顶剥夷面等。气候类型以山地中亚热带半湿润季风气候为主。植被以暖温性针叶林（云南松林等）、半湿润常绿阔叶林为主。成土母质为深厚的古红色风化壳。曾经历过湿热古气候环境条件下强烈的脱硅富铝化和淋溶作用，黏粒的硅铁铝率＜1.6，最低为 0.8，黏粒矿物组成以高岭石为主，其次是伊利石、三水铝石和少量蛭石等，表现出明显的砖红壤特性。在现代山原生物气候影响下，土壤风化淋溶作用和生物累积过程相对较弱，与红壤其他亚类相比较，酸性更弱，阳离子交换量［10～13cmol（+）/kg］和盐基饱和度（＞60%）更高，复盐基现象明显。

土体深厚，通常为 1～1.5m，发生层分异明显。腐殖质层一般呈暗棕（7.5YR 3/4）、暗红（10YR 3/4）色，团粒状、团块状结构，较疏松，质地多为黏壤土、壤土；心土、底土层多呈暗棕红（2.5YR 3/6）、棕红（2.5YR 4/8）或红橙（2.5YR 7/8）等，块状或棱块状结构，紧实、极紧实，质地黏重，有褐色胶膜及铁锰结核，部分剖面下部有红黄交错的网纹。全剖面粒径＜0.002mm 的黏粒含量一般＜40%，粉/黏比 0.5 左右。通体呈酸性至微酸性反应，pH 值 4.8～6.2，随深度降低，酸性增强。表土层、亚表土层有机质、全氮、速效磷、速效钾含量高，随深度降至低或很低，全钾、全磷含量中等或较低，向下随深度逐渐减少。

以阿得则克（寨下）06 号剖面为例，其剖面形态特征如表 2-19，土壤理化性质如表 2-20、表 2-21。

2.4.4.3 黄红壤亚类

是红壤向黄棕壤过渡的类型，主要分布在海拔 1900～2200m 的缓坡地段（图 2-10），面积较大。气候类型为山地中亚热带半湿润、湿润季风气候。植被以半湿性常绿阔叶林（滇青冈林、元江锥林等）、中山湿性常绿阔叶林（麻子壳柯林等）为主。母岩为紫红砂岩、泥岩等紫红岩类，母质以风化残积物、残坡积物为主。分布区土壤湿度高于红壤亚类，而热量略低，富铝化过程弱于红壤亚类，黄化过程不及黄壤强，局部平缓坡麓地带土壤终年潮湿，黄化过程较显著。土体较深厚，腐殖质层颜色为暗红棕（5YR 2/4）或黑棕（7.5YR 2/2）等，质地多为黏壤土、砂壤土或壤土，团粒状、团块状结构，疏松或较紧实。淀积层为淡棕（7.5YR 5/6）、黄棕（10YR 5/8）色，少数为淡灰黄（2.5YR 7/3）、淡黄棕（10YR 7/6）色，质地为黏壤土、砂黏土、粉黏土等，中至大块状结构，紧实或极紧实。若母质为坡积物，则淀积层和母质层质地多为壤质砂土，含有半风化砂岩石砾、石块，土体疏松至较疏松。通体呈酸性，pH 值 4.8～6.0，随深度降低，酸性减弱。表土层、亚表土层有机质、全氮、全钾、速效钾、含量很高或高，随深度降至低或很低，速效磷含量中等，全磷、碱解氮含量低或很低。

以保护区管理所房后的 07 号、03 号黄红壤剖面为例，其剖面形态特征如表 2-19，土壤理化性质如表 2-20、表 2-21。

2.4.4.4 暗黄棕壤亚类

相当于中国土壤系统分类中的铁质湿润淋溶土，主要分布在保护区海拔 2100～2500m 的亚高山下部（图 2-10），气候类型以山地北亚热带湿润季风气候为主，植被为原生中山湿性常绿阔叶林（麻子壳柯林、马缨杜鹃林等）。成土母质主要为紫色砂岩类的风化残积物、坡积物。成土特点表现为较强烈的腐殖化过程、明显的淋溶黏化过程和弱富铝化过程。土壤发育程度普遍较高，土体较深厚，大多为 0.6~1m，仅山顶、山脊和陡坡部位较浅薄，大多厚 30~50cm。由腐殖质层至母质层，颜色由黑棕（7.5YR 2/2）、棕（7.5YR 4/4）逐渐变为淡黄棕（10YR 7/6）、淡橙红（10R 6/3），质地由黏壤土、砂质黏土、壤土逐渐变为砂壤土，结构由团粒状逐渐变为块状，紧实度由疏松、较疏松变为较紧实、紧实。局部缓坡地段，淀积层潜育化现象明显，例如河头 03 号暗黄棕壤剖面。土壤通体呈酸性反应，pH 值 4.8~6.2，随深度增加酸性增强。腐殖质层深厚，一般 25~40cm，有机质、全氮、速效磷含量都很高或高，向下随深度逐渐降低，速效钾含量中等，全磷、全钾、碱解氮含量低或很低，向下随深度逐渐减少。

以阴阳界 01 号、野猪塘 02 号、河头 03 号暗黄棕壤剖面为例，其剖面形态特征如表 2-19，土壤理化性质如表 2-20、表 2-21。

2.4.4.5 棕壤亚类

相当于土壤系统分类中的简育湿润淋溶土，分布于保护区海拔 2500m 至最高点（2614.32m）左右的范围内，分布面积很小（图 2-10）。气候主要为山地暖温带季风气候，年≥10℃积温在 2300~4500℃，年平均气温在 8.7~9.5℃，年降水量为 1976.6~2035.2mm。植被以山顶苔藓矮林（杜鹃矮林）为主，局部为寒温灌丛（帽斗栎灌丛）和寒温草甸（刺芒野古草草甸）。成土母质主要为紫色、紫红色的砂岩、粉砂岩、泥岩的风化残积物、残坡积物。成土特点主要表现为明显的淋溶和黏化过程及较强的生物富集作用。土体较疏松，全剖面颜色深暗，由腐殖质层至母质层，颜色由黑棕（7.5YR 2/2）、暗黄棕（10YR 4/3）逐渐转变为淡黄棕（10YR 7/6）、暗黄橙（7.5YR 6/8）等，质地由壤土、黏壤土逐渐变为黏土，结构由团粒状逐渐变为块状、棱块状结构，紧实度由较疏松变为较紧实、紧实。通体呈酸性反应，pH 值 5.2~6.0，随深度降低，酸性增强。土壤腐殖质层有机质、全氮、速效磷、速效钾含量都很高或高，向下随深度逐渐降低，土壤全磷、全钾、碱解氮含量低或很低，向下随深度逐渐减少。总的来说，棕壤是保护区肥力最高的土壤类型之一。

以瞭望台 08 号、敌军山 09 号棕壤剖面为例，其剖面形态特征如表 2-19，土壤理化性质如表 2-20、表 2-21。

2.4.4.6 酸性紫色土

相当于土壤系统分类中的紫色湿润雏形土，分布于陡、急陡坡地段，呈斑状、点状镶嵌在红壤带、黄棕壤带之中。成土母质为侏罗系紫色、紫红色砂岩、粉砂岩的风化残积物、残坡积物。由于岩性松脆，抗风化、抗侵蚀能力弱，物理风化强烈，成土过程常因周期性侵蚀过程而延缓或中断，土壤发育程度低，处于幼年阶段。全剖面颜色无明显变化，与母岩母质色泽相近，多呈紫色（5YR 6/3）、紫棕色（5YR 5/4）、紫灰色（2.5YR 6/2）。土体浅薄，腐殖质层较薄，淀积层不明显，剖面中下部常夹有半风化母岩碎块、砾石，质地轻粗，多为砂土、砂壤土，片蚀、沟蚀普遍较强烈，山脊、陡坡处，基岩埋藏浅，甚至有大块岩石出露地表。pH 值 5.0~6.0，通体无石灰反应。土壤养分贫瘠，速效钾含量丰富，速效氮含量中等，全量氮、磷、钾及速效磷含量低，具有较高的潜在肥力。需要指出的是，紫色土分布区植被一旦受到破坏，极易发生土壤侵蚀，而且恢复植被极不容易，应重点加以保护。其土壤化学性质如表 2-21。

2.4.5 土壤利用与保护

2.4.5.1 土壤资源特点和利用存在问题

保护区，从海拔 1351m 的最低点到海拔 2614.32m 的最高点，发育分布有红壤、黄壤、黄棕壤、棕壤四个土壤垂直带，有红壤、山原红壤、黄红壤、暗黄棕壤、棕壤、紫色土等亚类。除了保护区边缘村庄附近部分地段曾经被开垦为旱耕地，几乎都是自然土壤。除了陡坡、山脊、山顶等地段，因成土环境不稳定，土体较薄，土壤发育较差外，大多土层深厚，结构、质地、通气、透水等物理性质良好，有机质、N、P、K含量丰富，自然综合肥力普遍较高甚至很高，都适宜半湿润和湿润常绿阔叶林及暖温性针叶林的生长。所形成的良好土壤-植被系统还维持了土壤中丰富的微生物和动物区系以及磨盘山自然景观的空间异质性，促进、维持了土壤的发育，涵养了水源，调节了气候，减缓降低了附近地区泥石流、滑坡、洪灾等发生的频率和强度，保障了附近社区的生态安全和用水安全，改善、协调了区域生态环境。

土壤利用存在的主要问题有：

（1）保护区及附近地区的成土母岩主要为紫红岩类（紫红砂岩、紫红泥等）、泥质岩类。这些母岩结构性差，易崩解破碎，形成松散的碎屑型母质，土壤质地轻粗，普遍为砂质黏土、黏壤土，砾石含量大多较高，土体普遍较疏松，黏结性差，抗侵蚀冲刷能力弱，具有潜在的脆弱性。保护区所处海拔高，降水较丰富，在坡度大的地段，风化壳和土体浅薄，植被稀疏，遇到强度大的降雨，极易诱发强度不等的土壤自然侵蚀。

（2）保护区边缘村庄附近，经历过20世纪后半叶的毁林开荒、樵菜薪柴、过度放牧等人为活动的干扰，部分天然林地被开垦为耕地，部分半湿润常绿阔叶林演变为次生的或人工的云南松林，组成和结构较差，枯落物少，灌草层不发达。放牧（山羊、牛等）现象、采集林下副产品、游客践踏等干扰活动至今仍然突出，不利于森林植被尤其是林下灌草层的恢复，土壤加速侵蚀依然存在。

2.4.5.2　土壤保护建议

植被是影响土壤发育和演化的最活跃的因素，也是确保土壤生态系统平衡、稳定最重要的条件。针对突出的过度放牧，采集林下副产品等活动，应加强自然保护宣传教育，加强管护，严格执行自然保护区管理条例及有关法规，确保现有各类森林植被不受人为干扰，退化植被能正常恢复、更新，以维持、稳定林下土壤，促进退化土壤的逐渐恢复。

政府主导，增加投入，发展社区经济，增加社区群众的收入，改善和提高社区居民生活水平，帮助保护区内及周边社区脱贫致富，使社区与保护区之间建立一种非过度消耗保护区资源的新型依赖关系，取得社区对保护区管护工作的支持。

参考文献：

[1] 云南省地质局第二区域地质测量队. 1：20万玉溪幅（G-48-XXI）区域地质测量报告 [R]. 1969：65-66.

[2] 云南省地质局第二区域地质测量队. 1：20万墨江幅（F-47-VI）区域地质调查报告 [R]. 1973：38.

[3] 云南省地质矿产局. 云南省岩石地层 [M]. 武汉：中国地质大学出版社，2010：270-271.

[4] 中国人民解放军00933部队. 1：20万建水幅 [F-48-（1）] 区域水文地质普查报告 [R]. 1978：11.

[5] 潘桂堂，肖庆辉，尹福光，等. 中国大地构造图 [M]. 北京：地质出版社，2016.

[6] 云南省地质矿产局. 云南省区域地质志 [M]. 北京：地质出版社，1990：572-576.

[7] 玉溪市防震减灾局. 玉溪市地震志 [M]. 昆明：云南科技出版社，2009：29.

[8] 云南省国土资源厅. 云南国土资源遥感综合调查 [M]. 昆明：云南科技出版社，2004：194-195，200-201，204，215.

[9] 李炳元，潘保田，韩嘉福. 中国陆地基本地貌类型及其划分指标探讨 [J]. 第四纪研究，2008，28 (4)：535-543.

[10] 中国科学院地理研究所. 中国 1：100 万地貌图制图规范 (试行) [M]. 北京：科学出版社. 1987：33-37.

[11] 陈永森，郭荫卿，王霞斐，等. 云南省志·地理志 [M]. 昆明：云南人民出版社，1998：244-246，

[12] 尤联元，杨景春. 中国自然地理系列专著·中国地貌 [M]. 北京：科学出版社，2013：568-569，574-577.

[13] 周德全，刘秀明，姜立君，等. 贵州高原层状地貌与高原抬升 [J]. 地球与环境，2005，33 (2)：79-84.

[14] 烟贯发，万鲁河，温智虹，等. 基于 RS 和 DEM 的长白山天池植被分布的坡度坡向分析 [J]. 测绘通报，2012，(S1)：233-239.

[15] 周爱霞，马泽忠，周万村. 大宁河流域坡度与坡向对土地利用/覆盖变化的影响 [J]. 水土保持学报，2004，18 (2)：126-129.

[16] 秦松，樊燕，刘洪斌，等. 地形因子与土壤养分空间分布的相关性研究 [J]. 水土保持研究，2008，15 (1)：46-52.

[17] 王宇. 云南山地气候 [M]. 昆明：云南科技出版社，2006：274-280.

[18] 丁一汇，王绍武，郑景云，等. 中国自然地理系列专著·中国气候 [M]. 北京：科学出版社，2013：398-411.

[19] 云南省气象局. 云南省农业气候资料集 [M]. 昆明：云南人民出版社，1984.

[20] 刘光崧. 土壤理化分析与剖面描述 [M]. 北京：中国标准出版社，1996：96-109，126-127，141-151，154-167.

[21] 熊毅，李庆逵. 中国土壤 (第2版) [M]. 北京：科学出版社，1987.

[22] 鲍士旦. 土壤农化分析 (第3版) [M]. 北京：中国农业出版社，2003：56-58.

[23] 全国土壤普查办公室. 中国土壤 [M]. 北京：中国农业出版社，1998.

[24] 王文富. 云南土壤 [M]. 昆明：云南科技出版社，1996：228-254，305-308，323-326.

3 植物群落及植被类型

3.1 植被调查方法

3.1.1 样方调查

本次调查根据保护区实际情况，主要使用样线法结合样方法调查。首先沿磨盘山保护区核心区为主要路线沿海拔自下而上进行踏查，确定主要植被类型。在踏查的基础上，根据不同植被类型采取典型取样的方式设置方形样地。样方面积据不同的植被采用不同的设置方式：设置 9 个 20m×30m 的大样方以调查森林群落乔木层（胸径 ≥ 5cm）种类，局部地区由于群落物种结构单一，则设置为 12 个 20m×20m 的大样方；在大样方的左下角及右上角分别设置 2 个 10m×10m 次级样方以调查群落中的灌林层种类；在大样方四角和对角线交叉点分别设置 5 个 1m×1m 的小样方以调查草本植物种类。灌木群落设置 15 个 10m×10m 样方调查群落中的灌木种类，与森林群落类似，下设 5 个小样以调查群落中草本层种类。对于中山（当地称亚高山）草甸群落，则只设置 3 个 1m×1m 的样方调查其中的植物种类。记录样地中出现所有植物种类的株数（丛数）及盖度。而对于在样地中出现但未达到相应生态频度的植物，则只记录其种类，以供编目使用。

3.1.2 样方统计

重要值反映了每个物种在群落中的生态重要程度；物种多样性指数与均匀度指数是用以衡量一个植物群落种类组成的丰富程度，以及各物种的个体数目分配状况的数量指标。它们是群落结构的重要特征的重要指标。基于所获得的样地资料分析群落主要物种的重要值及物种多样性特征。具体方法如下：

物种的重要值 ＝（相对株数＋相对盖度＋相对频度）／100

其中：相对株数＝某个物种的株数/样地总株数

相对盖度＝某个物种的盖度/样地总盖度

相对频度＝某个物种出现的样地数/总样地数

3.2   植被类型划分

3.2.1   植被划分原则与系统单位

按照《云南植被》（吴征镒、朱彦丞主编，1987）和《中国植被》（中国植被编辑委员会，1980）关于植被分类的原则和系统，即以群落本身的综合特征为分类依据，群落的外貌和结构、种类组成、地理分布、动态演替、生态环境等特征在不同的分类等级中均做了相应的反映。主要分类单位分3级，即植被型（高级单位）、群系（中级单位）和群丛（基本单位）。需要时每一等级之上和之下又可各设一个辅助单位，如植被亚型、群系组等。高级单位的分类依据侧重于群落外貌、结构和生态地理特征，中级和中级以下的单位则侧重于种类组成。

植被型：凡建群种生活型（一级或二级）相同或相似，同时对水热条件的生态关系一致的植物群落联合为植被型。如常绿阔叶林、硬叶常绿阔叶林、温性针叶林、灌丛、草甸等。

植被亚型：在植被型内根据优势层片或指示层片的差异划分植被亚型。这种层片结构的差异一般是由于气候条件的差异或一定的地貌、基质条件的差异而引起。

群系组：将优势种或建群种亲缘关系近似（同属或相近属）、生活型（三级和四级）近似或生境相近的群系连合为群系组。

群系：凡是优势种或建群种相同的植物群落联合为群系。

群丛：是植物群落分类的基本单位，犹如植物分类中的种。凡是层片结构相同，各层片的优势种或共优种相同的植物群落联合为群丛。

项目考察主要地磨盘山的生境前期受人为干扰较为严重，山顶地势条件大都是陡壁、断崖，加上磨盘山森林公园的建立，近几十年保护得比较好，受人为干扰活动较小，相邻地段上的植被类型的组成成分和优势种、建群种的过渡情况和交叉情况比较突出，植物群落之间的过渡和镶嵌频繁，连片的从外貌到组成完全相同的植物群落的面积较小，所以群系之下很难再划分群丛。因此，此处的植被类型暂时划分到群系，不严格划分到群丛，有时会笼统地称之为群落，既是群丛的个体，也是一种权宜之计的取舍。

3.2.2   植物群落的命名

目前，植物群落的名称如何命名，国内和国际上都没有完全统一。本次考察地植物群落的命名主要参照《中国植被》《云南植被》和《植被生态学》等专著中使用和倡导的方法，充分考虑到植物群落命名的传统性和科学性，具体说明如下。

3.2.2.1   植被型和植被亚型的命名

植被型和植被亚型的命名，与《云南植被》中的相应名称保持一致。即：植被型的命名以群落主要层次的建群种的一级或二极生活型类型来命名，如常绿阔叶林、硬叶常绿阔叶林、草甸等。植被亚型，在植被型名称之前，将该植被亚型所在的气候特征或垂直带特征放到其所属于的植被型之前构成，如中山湿性常绿阔叶林、半湿润常绿阔叶林、干热河谷硬叶常绿阔叶林、石灰山季雨林、寒温草甸等。

3.2.2.2　群系（群系组）的命名

对群系（群系组）的命名采用群落中主要层次的优势种或建群种的拉丁学名，前面加上"Form."（群系）或"Form. Group"（群系组）构成，而不考虑构成群落的次要层次的物种。如：密枝杜鹃灌丛（Form. *Rhododendron fastigiatum*）（群系）。

如果主要层次中有2个或更多的建群种，在前面的两个建群种之间用"+"联结，后面的建群种省略，以免名称太长。如果主要层次中的建群种包括同属的几个物种，而且难以区分哪一种更优势时，其植物名称处只写出属名加 spp.（多种之意），不具体写出同属中的每个建群种的学名。

3.2.2.3　群丛的命名

群丛的命名，将各层最主要的优势种的拉丁学名连接起来表示。不同层次间的优势种用"−"联结，同层间如果有几个共优种（建群种），则用"+"联结。如果某个层次的物种数量少（如草本层十分稀疏），不存在明显的优势种，则该层次可以不命名。例如：清溪杨−黑穗箭竹群落（Ass. *Populus rotundifolia* var. *duclouxiana*−*Fargesia melanostachys*）。

3.3　主要植被类型

研究区域所处位置属东亚植物区中的中国−喜马拉雅森林植物亚区的云南高原地区，在《云南省植物分区图》中位于的澜沧江红河中游区（第Ⅴ区）的东边界线附近，刘振稳和彭华（1996）通过结合特有种子植物的分布、植被组成、地质历史和气候变化的数据分析，提出了一个新的云南省植物区系体系，在这个体系中研究区域属于澜沧江−红河中游亚区的新平小区。

滇中高原四周河流纵横切割，山地连绵，地形复杂，植被发育的生境类型丰富，各种植被类型交错分布，植被具有过渡性的特点。由于历史上对区域内植被的不同程度的人为干扰，部分地区植被多为人工林或者次生林。

本次的植被考察主要是在磨盘山保护区范围内完成的。按"中国植被"分区系统，它属于我国西部（半湿润）常绿阔叶林亚区域。按照上述植被分类的原则和方法，磨盘山保护区的植被类型可以划分为4个植被型、7个植被亚型、10个群系组和13个群系，其植被分类系统如表3-1。

表 3-1　磨盘山植被分类系统

植被型		植被亚型	群系/群系组	群落/群落	样方编号	占比（%）
自然植被	1. 常绿阔叶林	1. 季风常绿阔叶林	1. 小果锥林	1. 小果锥林群落	MPS-07、MPS-08、MPS-09	/
		2. 半湿润常绿阔叶林	2. 滇青冈林	2. 滇青冈群落	MPS-10、MPS-11、MPS-12	/
			3. 元江锥林	3. 元江锥群落	MPS-16、MPS-17、MPS-18	/
		3. 中山湿性常绿阔叶林	4. 马缨杜鹃林	4. 马缨杜鹃＋厚皮香群落	MPS-04、MPS-05、MPS-06	/
			5. 麻子壳柯	5. 麻子壳柯群落	MPS-01、MPS-02、MPS-03	/
		4. 山顶苔藓矮林	6. 杜鹃矮林	6. 睫毛萼杜鹃群落	MPS-19、MPS-20、MPS-21	/
				7. 露珠杜鹃群落	MPS-22、MPS-23、MPS-24	/
				8. 大喇叭杜鹃群落	MPS-25、MPS-26、MPS-27	/
				9. 云上杜鹃群落	MPS-28、MPS-29、MPS-30	/
	2. 灌丛	5. 寒温性灌丛	7. 帽斗栎灌丛	10. 帽斗栎群落	MPS-40、MPS-41、MPS-42	/
	3. 草甸	6. "亚高山"草甸	8. 野古草草甸	11. 野古草群落	MPS-31、MPS-32、MPS-33	/
人工植被	4. 暖性针叶林	7. 暖温性针叶林	9. 华山松林	12. 华山松群落	MPS-37、MPS-38、MPS-39	/
			10. 云南松林	13. 云南松群落	MPS-34、MPS-35、MPS-36	/

3.4　主要植被类型概述

3.4.1　自然植被

3.4.1.1　常绿阔叶林

常绿阔叶林是亚热带区域的地带性森林，在北半球主要分布于中国的长江流域、珠江流域至朝鲜半岛、日本列岛南部。其植物组成以壳斗科、茶科、樟科和木兰科中常绿种类为主（林业上俗称四大金刚）。在外貌和群落组成结构上，林冠较整齐，多呈菜花状外貌，缺少大型叶种类，革质叶和中小型叶的种类多，乔木上层中缺乏羽状复叶的高大乔木类型。林层结构较简单，缺少大型藤本植物，缺少老茎生花、板根、花叶、滴水叶尖及种子植物附生现象。

云南常绿阔叶林的分布极广。根据群落所在区域的热量水平、群落的物种组成、结构和生态特点，云南的常绿阔叶林可划分为4个植被亚型，即季风常绿阔叶林、半湿润常绿阔叶林、中山湿性常绿阔叶林和山顶苔藓矮林。有的是水平地带的，而更多是体现在山地垂直带上。

磨盘山自然保护区海拔范围为1500～2300m，而常绿阔叶林占据的海拔区间为1600～2100m。在该垂直带内，依次分布着季风常绿阔叶林、半湿润常绿阔叶林、中山湿性常绿阔叶林和山顶苔藓矮林4个植被亚型。由于范围较小且热量差异复杂，很多情况下，是上下错落分布乃至同一高度下的镶嵌分布。

（1）季风常绿阔叶林

季风常绿阔叶林在云南省分布于滇中南、滇西南和滇东南一带的低海拔地区，包括文山、西畴、红河、元阳、普洱、思茅、景东、景谷、临沧、耿马、龙陵一带的宽谷丘陵低山，其分布的海拔高度范围为1000~1500m。它是反映云南省亚热带南部气候条件的植被类型，过去称之为"南亚热带常绿阔叶林"或"南亚热带常绿栎类林"。季风常绿阔叶林的外貌，表现为林冠浓郁、暗绿色，稍不平整，多作波状起伏，以常绿树为主体，掺杂少量落叶树。全年的季相变化为在深绿色背景上，干季带灰棕色，雨季带油绿色，特别在优势树种的换叶期更为明显。本类型的乔木树种亦以壳斗科、樟科、茶科的种类为主。其中，以锥属（*Castanopsis*）、柯属（*Lithocarpus*）、木荷属（*Schima*）、茶梨属（*Anneslea*）、润楠属（*Machilus*）、楠属（*Phoebe*）等为常见。一般，偏干的地段以壳斗科树种为优势；半湿润处为壳斗科和茶科；湿润处为壳斗科、茶科、樟科；而在潮湿的地段则壳斗科、茶科、樟科、木兰科齐全。还有杜英科、金缕梅科、冬青科、五加科参与其中。

①小果锥林（Form. *Castanopsis fleuryi*）

本群系主要分布于芒市、镇康、勐海、澜沧、临沧、凤庆、普洱、景东、元江、新平、绿春等地；常生于海拔1100~1900（~2300）m的阔叶混交林中；越南亦有。西段偏干，且干湿季分明，东段偏湿。基质多砂页岩、变质岩，亦有石灰岩散布其中。土壤为红壤或山地黄壤。

本次调查在黑白租河至大瀑布途中，即磨盘山后山中部发现面积稍大的小果锥林分布，海拔1600~1700m，针对该群系野外调查3个样方（MPS-07、MPS-08、MPS-09），如表3-2。

②小果锥群系（Ascc. *Castanopsis fleuryi*）

乔木层盖度为78.3%。优势种为小果锥，盖度约为31.8%，重要值为84.88；麻子壳柯（*Lithocarpus variolosus*），盖度约为20.8%，重要值为68.99。伴生种有茶梨（*Anneslea fragrans*）、银木荷（*Schima argentea*）、尼泊尔水东哥（*Saurauia napaulensis*）等种。

灌木层盖度为21.7%。优势种为楤木（*Aralia elata*），盖度8.3%，重要值为45.68；多毛玉叶金花（*Mussaenda mollissima*），盖度4.5%，重要值为34.97。伴生物种还有羽叶参（*Pentapanax fragrans*）、红河橙（*Citrus hongheensis*）、大果山香圆（*Turpinia pomifera*）、羽萼木（*Colebrookea oppositifolia*）等物种。

草本层盖度13.3%。优势种为多芒萁（*Dicranopteris pedata*），盖度7.8%，重要值为69.00；海金沙（*Lygodium japonicum*），盖度3.4%，重要值为43.53；素方花（*Jasminum officinale*），盖度3%，重要值为36.21。伴生物种还有广州蛇根草（*Ophiorrhiza cantonensis*）、绒毛鸡矢藤（*Paederia lanuginosa*）、水麻（*Debregeasia orientalis*）、锐齿楼梯草（*Elatostema cyrtandrifolium*）等。

表 3-2 小果栲群落林样方

样地号　　时间	MPS-07，2017-12-02	MPS-08，2017-12-02	MPS-09，2017-12-02
样地面积	20m×20m	20m×20m	20m×20m
调查人	陈丽、李永宁、赵越、王立彦等	陈丽、李永宁、赵越、王立彦等	陈丽、李永宁、赵越、王立彦等
地点	黑白租-大瀑布	黑白租-大瀑布	黑白租-大瀑布
经纬度	E101°56′47.47″ N23°54′40.96″	E101°56′47.23″ N23°54′50″	E101°56′35.86″ N23°54′36.89″
海拔　　坡向 坡位　　坡度	1550m，西北，山脚，15°	1480m，西北，山脚，20°	1520m，西北，山脚，15°
生境	石/土山	石/土山	石/土山
干扰	轻微	轻微	轻微
乔木层盖度	75%	80%	80%
灌木层盖度	20%	20%	25%
草本层盖度	15%	10%	15%

乔木层：7 种　54 株　盖度 78.3%

编号	层次	物种	学名	株数	盖度（%）	频度	重要值
1	乔木	小果锥	*Castanopsis fleuryi*	16	31.8	3	84.88
2	乔木	麻子壳柯	*Lithocarpus variolosus*	14	20.8	3	68.99
3	乔木	茶梨	*Anneslea fragrans*	9	13.5	3	51.63
4	乔木	银木荷	*Schima argentea*	4	6.5	2	27.95
5	乔木	尼泊尔水东哥	*Saurauia napaulensis*	4	5.4	2	26.73
6	乔木	毒药树	*Sladenia celastrifolia*	2	3.2	1	13.92
7	乔木	大白杜鹃	*Rhododendron decorum*	5	9	1	25.90
		总计		54	90.2	15	300

灌木层：10 种　109 株　盖度 21.7%

编号	层次	物种	学名	株数	盖度（%）	频度	重要值
1	灌木	楤木	*Aralia elata*	15	8.3	2	45.68
2	灌木	多毛玉叶金花	*Mussaenda mollissima*	14	4.5	2	34.97
3	灌木	羽叶参	*Pentapanax fragrans*	25	5.3	3	52.39

续表 3-2

编号	层次	物种	学名	株数	盖度（%）	频度	重要值
4	灌木	红河橙	*Citrus hongheensis*	8	5.9	2	33.07
5	灌木	大果山香圆	*Turpinia pomifera*	15	1.7	2	28.67
6	灌木	羽萼木	*Colebrookea oppositifolia*	10	4.2	1	25.26
7	灌木	米团花	*Leucosceptrum canum*	7	2.2	2	22.62
8	灌木	大花野茉莉	*Styrax grandiflorus*	8	1.9	2	22.76
9	灌木	秀丽火把花	*Colquhounia elegans*	5	2.1	2	20.53
10	灌木	大花香水月季	*Rosa odorata* var. *gigantea*	2	2.7	1	14.06
		总计		109	38.8	19	300

草本层：10 种 311 株 盖度 13.3%

编号	层次	物种	学名	株数	盖度（%）	频度	重要值
1	草本	芒萁	*Dicranopteris pedata*	86	7.8	3	69.00
2	草本	海金沙	*Lygodium japonicum*	53	3.4	3	43.53
3	草本	素方花	*Jasminum officinale*	50	3	2	36.21
4	草本	广州蛇根草	*Ophiorrhiza cantonensis*	5	2.6	2	20.39
5	草本	绒毛鸡矢藤	*Paederia lanuginosa*	33	3	2	30.75
6	草本	水麻	*Debregeasia orientalis*	28	2.2	2	26.44
7	草本	锐齿楼梯草	*Elatostema cyrtandrifolium*	28	2.1	2	26.10
8	草本	黑龙骨	*Periploca forrestii* Schlechter	8	2.8	2	22.03
9	草本	风轮菜	*Clinopodium chinense*	6	1.1	1	10.65
10	草本	刺蕊草	*Pogostemon glaber* Bentham	14	1.6	1	14.91
		总计		311	29.6	20	300

（2）半湿润常绿阔叶林

半湿润常绿阔叶林是滇中高原地区垂直基带上最重要的地带性植被，与滇中高原面的起伏高度基本一致，海拔 1700~2500（~2700）m。其生境具有"四季如春、干湿季分明"的季风高原气候特点。但是，由于长期的农业生产、土地开发、城镇扩展等人类活动的影响，目前原始状态的森林已很少见，残存呈岛屿状星散分布，多在阴坡和陡坡等不易利用的地段保留较好。

据本次调查，磨盘山自然保护的半湿润常绿阔叶林和中山湿性常绿阔叶林和山顶阴阳界一带至野猪塘、防火通到保存一片保存较好，中下部的已基本为人工林云南松林、华山松林取代。针对该植被型，3次野外调查共计6个样方，涉及2个群系，2个群落。

①滇青冈林（Form. *Cyclobalanopsis glaucoides*）

滇青冈林是磨盘山自然保护区最主要的自然植被之一，故本次调查对其最为详细，野外共记录3个样方表，其中MPS-10、MPS-11、MPS-12位于消防通至野猪塘下部，如表3-3。

②滇青冈群落（Ass. *Cyclobalanopsis glaucoides*）

乔木层盖度为81.7%。优势种为滇青冈，盖度约为31%，重要值为82.82。伴生种有麻子壳柯（*Lithocarpus variolosus*）、白柯（*Lithocarpus dealbatus*）等。

灌木层盖度为25%。优势种山鸡椒（*Litsea cubeba*），盖度8.3%，重要值为50.82；岗柃（*Eurya groffii*），盖度为4.5%，重要值为38.58。其他还有紫金牛（*Ardisia japonica*）、四川冬青（*Ilex szechwanensis*）等。

草本层盖度15%。优势种为多羽凤尾蕨（*Pteris decrescens*），盖度为7.8%，重要值为60.55；沿阶草（*Ophiopogon bodinieri*），盖度为3.4%，重要值37.3。其他还有乌蔹莓（*Cayratia japonica*）、浆果薹草（*Carex baccans*）、大籽獐牙菜（*Swertia macrosperma*）、狭叶兔儿风（*Ainsliaea angustifolia* var. *angustifolia*）、楔叶葎（*Galium asperifolium* var. *asperifolium*）、滇龙胆草（*Gentiana rigescens*）和破坏草（*Ageratina adenophora*）等。

表3-3　滇青岗林样方

样地号 时间	MPS-10, 2017-12-02	MPS-11, 2017-12-02	MPS-12, 2017-12-02
样地面积	20m×20m	20m×20m	20m×20m
调查人	陈丽、杨光照、李永宁、王立彦、赵越	陈丽、杨光照、李永宁、王立彦、赵越	陈丽、杨光照、李永宁、王立彦、赵越
地点	消防通道	消防通道	消防通道
经纬度	E101°58′15.84″, N23°55′37.01″	E101°58′2.39″, N23°55′13.51″	E101°58′6.13″, N23°54′58.46″
海拔 坡向 坡位 坡度	1820m，东，山腰，10°	1800m，东南，山腰，15°	1900m，东南，山腰，10°
生境	石/土山	石/土山	石/土山
干扰	轻微	轻微	轻微
乔木层盖度	85%	80%	80%
灌木层盖度	25%	20%	30%
草本层盖度	15%	10%	20%

乔木层：5种　50株　盖度81.7%

编号	层次	物种	学名	株数	盖度（%）	频度	重要值
1	乔木	滇青冈	*Cyclobalanopsis glaucoides*	16	31	3	90.33
2	乔木	白柯	*Lithocarpus dealbatus*	14	20	3	73.24

续表 3-3

编号	层次	物种	学名	株数	盖度（%）	频度	重要值
3	乔木	麻子壳柯	*Lithocarpus variolosus*	9	15	3	57.29
4	乔木	壶壳柯	*Lithocarpus echinophorus*	6	9	3	44.14
5	乔木	尼泊尔桤木	*Alnus nepalensis*	5	9	2	35.00
总计				50	84	14	300

灌木层：10 种　108 株　盖度 25%

编号	层次	物种	学名	株数	盖度（%）	频度	重要值
1	灌木	山鸡椒	*Litsea cubeba*	15	8.3	2	45.32
2	灌木	岗柃	*Eurya groffii*	14	4.5	2	34.82
3	灌木	紫金牛	*Ardisia japonica*	25	2.3	3	44.73
4	灌木	白瑞香	*Daphne papyracea*	8	5.9	2	32.80
5	灌木	滇南杜鹃	*Rhododendron hancockii*	4	6	2	29.34
6	灌木	厚皮香	*Ternstroemia gymnanthera*	15	1.7	2	28.70
7	灌木	南烛	*Vaccinium bracteatum*	10	4.2	1	25.10
8	灌木	石楠	*Photinia serratifolia*	7	2.2	2	22.55
9	灌木	四川冬青	*Ilex szechwanensis*	8	1.9	2	22.72
10	灌木	栘	*Docynia indica*	2	2.7	1	13.92
总计				108	39.7	19	300

草本层：12 种 319 株 盖度 15%

编号	层次	物种	学名	株数	盖度（%）	频度	重要值
1	草本	多羽凤尾蕨	*Pteris decrescens*	86	7.8	3	60.55
2	草本	沿阶草	*Ophiopogon bodinieri*	53	3.4	3	37.30
3	草本	乌蔹莓	*Cayratia japonica*	50	3	3	35.19
4	草本	浆果薹草	*Carex baccans*	5	2.6	2	16.33
5	草本	大籽獐牙菜	*Swertia macrosperma*	33	3	2	26.29
6	草本	白绒草	*Leucas mollissima*	28	2.2	2	22.37
7	草本	狭叶兔儿风	*Ainsliaea angustifolia* var. *angustifolia*	28	2.1	2	22.08

续表3-3

编号	层次	物种	学名	株数	盖度（%）	频度	重要值
8	草本	楔叶葎	*Galium asperifolium* var. *asperifolium*	8	2.8	2	17.86
9	草本	滇龙胆草	*Gentiana rigescens*	6	1.1	3	15.82
10	草本	破坏草	*Ageratina adenophora*	14	1.6	2	16.22
11	草本	求米草	*Oplismenus undulatifolius*	3	1.4	2	12.19
12	草本	水蓼	*Polygonum hydropiper*	5	2.1	2	14.87
总计				319	34.1	28	300

③元江锥林（Form. *Castanopsis orthacantha*）

元江锥林是磨盘山自然保护区最典型的自然植被，在自然保护区中部保存较好，未受到人为干扰，本次野外调查共记录3个样方表，其中MPS-16、MPS-17、MPS-18位于消防通至野猪塘中下部位，如表3-4。

④元江锥群落（Ass. *Castanopsis orthacantha*）

乔木层盖度为73.3%。优势种为元江锥，盖度约为40.5%，重要值为98.73。伴生种有滇青冈（*Cyclobalanopsis glaucoides*），盖度21.2%，重要值为60.36；银木荷（*Schima argentea*），盖度为10.8%，重要值为42.2。其他还有马缨杜鹃（*Rhododendron delavayi*）和麻子壳柯（*Lithocarpus variolosus*）等。

灌木层盖度为41.3%。优势种为山矾（*Symplocos sumuntia*），盖度约为10.3%，重要值为48.97；水红木（*Viburnum cylindricum*），盖度约为8.5%，重要值为29.83；白瑞香（*Daphne papyracea*），盖度约为2.3%，重要值为21.83。其他还有丽江柃（*Eurya handel-mazzettii*）、四川冬青（*Ilex szechwanensis*）和褐毛花楸（*Sorbus ochracea*）等。

草本层盖度20%。优势种为多冷水花（*Pilea notata*），盖度约为3.8%，重要值为44.12；水麻（*Debregeasia orientalis*），盖度约为6.4%，重要值为43.11；细尾楼梯草（*Elatostema tenuicaudatum*），盖度约为4%，重要值为22.31。其他还有仙茅（*Curculigo orchioides*）、竹叶吉祥草（*Spatholirion longifolium*）、爪哇凤尾蕨（*Pteris venusta*）等。

表3-4　元江锥样方

样地号 时间	MPS-16，2017-12	MPS-17，2017-12	MPS-18，2017-12
样地面积	20m×20m	20m×20m	20m×20m
调查人	陈丽、李永宁、杨光照、赵越等	陈丽、李永宁、杨光照、赵越等	陈丽、李永宁、杨光照、赵越等
地点	阴阳界	阴阳界	阴阳界
经纬度	E101°56′50.82″，N23°55′6.61″	E101°56′40.99″，N23°55′9.61″	E101°56′36.31″，N23°55′13.91″

续表 3-4

海拔　坡向 坡位　坡度	1890m，北，山腰，15°	1890m，北，山腰，10°	1890m，西北，山腰，20°
生境	石/土山	石/土山	石/土山
干扰	轻微	轻微	轻微
乔木层盖度	75%	70%	75%
灌木层盖度	45%	40%	40%
草本层盖度	20%	20%	20%

乔木层：7 种 83 株　盖度 73.3%

编号	层次	物种	学名	株数	盖度（%）	频度	重要值
1	乔木	元江锥	*Castanopsis orthacantha*	30	40.5	3	98.73
2	乔木	滇青冈	*Cyclobalanopsis glaucoides*	15	21.2	3	60.36
3	乔木	银木荷	*Schima sinensis*	9	10.8	3	42.20
4	乔木	马缨杜鹃	*Rhododendron delavayi*	10	9.1	2	34.95
5	乔木	麻子壳柯	*Lithocarpus variolosus*	8	6	2	29.28
6	乔木	麻栎	*Quercus acutissima*	9	5.2	1	22.98
7	乔木	窄叶枇杷	*Eriobotrya henryi*	2	2.3	1	11.49
		总计		83	95.1	15	300

灌木层：18 种　245 株　盖度 41.7%

编号	层次	物种	学名	株数	盖度（%）	频度	重要值
1	灌木	山矾	*Symplocos sumuntia*	59	10.3	3	48.97
2	灌木	水红木	*Viburnum cylindricum*	26	8.5	2	29.83
3	灌木	白瑞香	*Daphne papyracea*	24	2.3	3	21.83
4	灌木	丽江柃	*Eurya handel-mazzettii*	20	5.9	3	25.98
5	灌木	四川冬青	*Ilex szechwanensis*	20	1.7	2	16.45
6	灌木	褐毛花楸	*Sorbus ochracea*	10	4.2	2	16.39
7	灌木	紫金牛	*Ardisia japonica*	20	2.2	2	17.26
8	灌木	密花树	*Myrsine seguinii*	8	1.9	2	11.88
9	灌木	大白杜鹃	*Rhododendron decorum*	6	2.7	2	12.35
10	灌木	翅柄紫茎	*Stewartia pteropetiolata*	6	3.8	2	14.11
11	灌木	红花木莲	*Manglietia insignis*	2	7.2	1	15.17

续表 3-4

编号	层次	物种	学名	株数	盖度（%）	频度	重要值
12	灌木	石楠	*Photinia serratifolia*	2	2.2	1	7.13
13	灌木	川梨	*Pyrus pashia*	5	2	2	10.81
14	灌木	厚皮香	*Ternstroemia gymnanthera*	12	3.4	3	18.70
15	灌木	十大功劳	*Mahonia fortunei*	5	1.1	2	9.36
16	灌木	秀叶箭竹	*Fargesia yuanjiangensis*	12	1	1	9.28
17	灌木	白花树萝卜	*Agapetes mannii*	3	0.5	1	4.81
18	灌木	薄叶鼠李	*Rhamnus leptophylla*	5	1.3	2	9.69
合计				245	62.2	36	300

草本层：15 种　414 株　盖度 20%

编号	层次	物种	学名	株数	盖度（%）	频度	重要值
1	草本	冷水花	*Pilea notata*	125	3.8	2	44.12
2	草本	水麻	*Debregeasia orientalis*	86	6.4	3	43.11
3	草本	仙茅	*Curculigo orchioides*	53	3	3	28.10
4	草本	竹叶吉祥草	*Spatholirion longifolium*	5	7.6	3	26.03
5	草本	细尾楼梯草	*Elatostema tenuicaudatum*	33	4	2	22.31
6	草本	爪哇凤尾蕨	*Pteris venusta*	28	3.2	2	19.45
7	草本	绢毛蓼	*Polygonum molle*	28	3.1	2	19.24
8	草本	密花艾纳香	*Blumea densiflora*	8	2.8	2	16.82
9	草本	山菅	*Dianella ensifolia*	6	2.1	2	14.89
10	草本	芒萁	*Dicranopteris pedata*	14	1.6	2	12.75
11	草本	近蕨薹草	*Carex subfilicinoides*	3	2.4	2	11.75
12	草本	火炭母	*Polygonum chinense*	5	2.1	2	11.62
13	草本	野扇花	*Sarcococca ruscifolia*	5	1.5	2	10.37
14	草本	异被赤车	*Pellionia heteroloba*	11	2.1	1	10.04
15	草本	石筋草	*Pilea plataniflora*	4	2.6	1	9.38
总计				414	48.3	33	300

（3）中山湿性常绿阔叶林

中山湿性常绿阔叶林主要分布于滇中高原及其南北两侧的几条大山脉的中山地带，是遍布全云南省亚热带中山山地，并且是山地垂直带上最重要的植被类型。构成群落的植物种类丰富，乔木以常绿阔叶树种为主，混生少量落叶阔叶树种和针叶树种。由于本类植被经常处于山地云雾之中，故林内普遍出现苔藓地衣等附生植物，也有蕨类和种子植物的附生植物。

该群系中具有 2 个群落，即马缨杜鹃（Ass. *Rhododendron delavayi*）＋厚皮香（*Ternstroemia gymnanthera*）群落、麻子壳柯群落（Ass. *Lithocarpus variolosus*）。

①马缨杜鹃林（Form. *Rhododendron delavayi*）

马缨杜鹃广布全省，分布的海拔高度范围为 1200～3200m，生于常绿阔叶林或云南松林下，局部地区成马缨杜鹃纯林，此物种在磨盘山保护区犹如找到了根据地一样，在一个环境体现了它的绝对优势。

本次调查在磨盘山保护区半山腰、阴阳界分布，共 3 个样方 MPS-04、MPS-05、MPS-06，调查并做如实的记录，如表 3-5。

②马缨杜鹃（Ass. *Rhododendron delavayi*）＋厚皮香（*Ternstroemia gymnanthera*）群落

乔木层盖度为 91.7%。优势种为马缨杜鹃（*Rhododendron delavayi*），盖度约为 55.1%，重要值为 122.75；厚皮香（*Ternstroemia gymnanthera*），盖度约为 50.5%，重要值为 117.39；银木荷（*Schima argentea*），盖度为 6.7%，重要值为 35.37。其他还有石楠（*Photinia serratifolia*）、麻子壳柯（*Lithocarpus variolosus*）等。

灌木层盖度为 25%。优势种为岗柃（*Eurya groffii*），盖度约为 15.4%，重要值为 89.06；厚皮香（*Ternstroemia gymnanthera*），盖度约为 12.5%，重要值为 77.68。其他还有白瑞香（*Daphne papyracea*）和云南连蕊茶（*Camellia forrestii*）等。

草本层盖度 16.7%。优势种为茅莓（*Rubus parvifolius*），盖度约为 15.4%，重要值为 108.92；细穗兔儿风（*Ainsliaea spicata*），盖度约为 9.5%，重要值为 77.48。其他还有报春花（*Primula malacoides*）、短柄草（*Brachypodium sylvaticum*）等。

表 3-5　马缨杜鹃＋厚皮香林样方

样地号 时间	MPS-04，2017-12-02	MPS-05，2017-12-02	MPS-06，2017-12-02
样地面积	20m×20m	20m×20m	20m×20m
调查人	杨光照、李园园、姜利琼、陈丽	杨光照、李园园、姜利琼、陈丽	杨光照、李园园、姜利琼、陈丽
地点	阴阳界	阴阳界	阴阳界
经纬度	E101°59′48.15″，N23°55′41.34″	E102°0′3.35″，N23°55′37.57″	E102°0′19.72″，N23°55′40.26″
海拔　坡向 坡位　坡度	2150m，东，山腰，15°	2200m，西南，山腰，15°	2190m，东，山腰，15°
生境	石/土山	石/土山	石/土山
干扰	轻微	轻微	轻微
乔木层盖度	90%	95%	90%
灌木层盖度	30%	25%	20%
草本层盖度	15%	15%	20%

续表 3-5

乔木层：5 种 211 株 盖度 91.7%

编号	层次	物种	学名	株数	盖度（%）	频度	重要值
1	乔木	马缨杜鹃	*Rhododendron delavayi*	102	55.1	3	122.75
2	乔木	厚皮香	*Ternstroemia gymnanthera*	99	50.5	3	117.39
3	乔木	石楠	*Photinia serratifolia*	3	2.1	1	12.31
4	乔木	麻子壳柯	*Lithocarpus variolosus*	2	2.5	1	12.18
5	乔木	银木荷	*Schima argentea*	5	6.7	3	35.37
总计				211	116.9	11	300

灌木层：5 种 89 株 盖度 25%

编号	层次	物种	学名	株数	盖度（%）	频度	重要值
1	灌木	岗柃	*Eurya groffii*	32	15.4	3	89.06
2	灌木	厚皮香	*Ternstroemia gymnanthera*	27	12.5	3	77.68
3	灌木	金丝桃	*Hypericum monogynum*	21	3.3	3	51.65
4	灌木	滇瑞香	*Daphne feddei*	11	8	2	43.93
5	灌木	云南连蕊茶	*Camellia forrestii*	7	7	2	37.68
总计				98	46.2	13	300

草本层：6 种 326 株 盖度 16.7%

编号	层次	物种	学名	株数	盖度（%）	频度	重要值
1	草本	茅莓	*Rubus parvifolius*	132	15.4	3	108.92
2	草本	细穗兔儿风	*Ainsliaea spicata*	90	9.5	3	77.48
3	草本	鱼眼草	*Dichrocephala benthamii*	23	2.7	3	35.55
4	草本	华北剪股颖	*Agrostis clavata*	33	0.9	2	26.29
5	草本	短柄草	*Brachypodium sylvaticum*	28	2.1	2	28.53
6	草本	报春花	*Primula malacoides*	20	1.2	2	23.24%
总计				326	31.8	15	300

③麻子壳柯林（*Form. Lithocarpus variolosus*）

麻子壳柯产龙陵、镇康、凤庆、云龙、景东、大理、丽江、华坪、宁蒗等地；常生于海拔 1900～3000m 山坡、山顶或松栎林中。我国四川也有分布。

本次调查在磨盘山的中部有块状麻子壳柯林，野外调查共涉及 9 个样方 MPS-01～03、MPS-12～14 和 MPS-13～15，如表 3-6。

④麻子壳柯群落（Ass. *Lithocarpus variolosus*）

乔木层盖度为70%。优势种麻子壳柯，盖度约为53%，重要值为158.79。伴生种有银木荷（*Schima argentea*）、麻栎（*Quercus acutissima*）等。

灌木层盖度为26.7%。优势种为露珠杜鹃（*Rhododendron irroratum*），盖度10.3%，重要值为54.54；红花杜鹃（*Rhododendron spanotrichum*），盖度8.5%，重要值为43.28。其他还有水红木（*Viburnum cylindricum*）、马缨杜鹃（*Rhododendron delavayi*）等。

草本层盖度31.7%。优势种为竹叶吉祥草（*Spatholirion longifolium*），盖度为3.8%，重要值为43.3；细尾楼梯草（*Elatostema tenuicaudatum*），盖度为6.4%，重要值41.91。其他还有银近蕨薹草（*Carex subfilicinoides*）、火炭母（*Polygonum chinense*）、大羽鳞毛蕨（*Dryopteris wallichiana*）、红毛虎耳草（*Saxifraga rufescens*）、沿阶草（*Ophiopogon bodinieri*）、溪畔落新妇（*Astilbe rivularis*）、对马耳蕨（*Polystichum tsus-simense*）、薄叶蹄盖蕨（*Athyrium delicatulum*）等物种。

表3-6　麻子壳柯林样方

样地号 时间	MPS-01~03, 2018-03	MPS-12~14, 2018-03	MPS-13~15, 2018-03
样地面积	20m×30m	20m×30m	20m×30m
调查人	陈丽、杨光照、赵越等	陈丽、杨光照、赵越等	陈丽、杨光照、赵越等
地点	野猪塘	野猪塘	野猪塘
经纬度	E101°59′38.79″, N23°55′49.40″	E101°59′23.00″, N23°55′54.78″	E101°58′58.44″, N23°55′51.54″
海拔 坡位 坡度	2230m，山顶，10°	2230m，山顶，10°	2230m，山顶，10°
生境	石/土山	石/土山	石/土山
干扰	轻微	轻微	轻微
乔木层盖度	70%	70%	70%
灌木层盖度	25%	30%	25%
草本层盖度	30%	30%	35%

乔木层：4种　53株　盖度70%

编号	层次	物种	学名	株数	盖度（%）	频度	重要值
1	乔木	麻子壳柯	*Lithocarpus variolosus*	34	53	3	158.79
2	乔木	滇青冈	*Cyclobalanopsis glaucoides*	9	30	3	86.62
3	乔木	银木荷	*Schima argentea*	6	5	1	29.18
4	乔木	麻栎	*Quercus acutissima*	4	5	1	25.4
		总计		53	93	8	300

续表 3-6

灌木层：12 种 149 株 盖度 26.7%

编号	层次	物种	学名	株数	盖度（%）	频度	重要值
1	灌木	露珠杜鹃	*Rhododendron irroratum*	31	10.3	3	54.54
2	灌木	红花杜鹃	*Rhododendron spanotrichum*	26	8.5	2	43.28
3	灌木	水红木	*Viburnum cylindricum*	24	2.3	3	32.98
4	灌木	马缨杜鹃	*Rhododendron delavayi*	8	5.9	3	29.89
5	灌木	珍珠花	*Lyonia ovalifolia*	20	1.7	2	24.97
6	灌木	假小檗	*Berberis fallax*	10	4.2	2	23.56
7	灌木	光叶蔷薇	*Rosa luciae*	7	2.2	2	17.36
8	灌木	新樟	*Neocinnamomum delavayi*	8	1.9	2	17.3
9	灌木	翅柄紫茎	*Stewartia pteropetiolata*	3	2.7	2	15.68
10	灌木	白瑞香	*Daphne papyracea*	3	3.8	1	14.13
11	灌木	丽江柃	*Eurya handel-mazzettii*	2	2	2	13.54
12	灌木	多脉冬青	*Ilex polyneura*	7	1.9	1	12.76
总计				149	47.4	25	300

草本层：17 种 417 株 盖度 31.7%

编号	层次	物种	学名	株数	盖度（%）	频度	重要值
1	草本	竹叶吉祥草	*Spatholirion longifolium*	125	3.8	2	43.3
2	草本	细尾楼梯草	*Elatostema tenuicaudatum*	86	6.4	3	41.91
3	草本	爪哇凤尾蕨	*Pteris venusta*	53	3	3	27.29
4	草本	绢毛蓼	*Polygonum molle*	5	7.6	3	24.99
5	草本	密花艾纳香	*Blumea densiflora*	33	4	2	21.64
6	草本	山菅	*Dianella ensifolia*	28	3.2	2	18.74
7	草本	芒萁	*Dicranopteris pedata*	28	3.1	2	18.64
8	草本	近蕨薹草	*Carex subfilicinoides*	8	2.8	3	16
9	草本	火炭母	*Polygonum chinense*	6	2.1	3	14.21
10	草本	大羽鳞毛蕨	*Dryopteris wallichiana*	14	1.6	2	12.17
11	草本	红毛虎耳草	*Saxifraga rufescens*	3	2.4	2	11.14
12	草本	沿阶草	*Ophiopogon bodinieri*	5	2.1	2	11.12
13	草本	溪畔落新妇	*Astilbe rivularis*	5	1.5	2	9.82
14	草本	对马耳蕨	*Polystichum tsus-simense*	11	2.1	1	9.7

续表3-6

编号	层次	物种	学名	株数	盖度（%）	频度	重要值
15	草本	薄叶蹄盖蕨	*Athyrium delicatulum*	4	2.6	1	8.92
16	草本	阔叶骨碎补	*Davallia solida*	2	1	1	5.34
17	草本	杯盖阴石蕨	*Humata griffithiana*	1	1	1	5.1
总计				417	49.9	35	300

（4）山顶苔藓矮林

山顶苔藓矮林主要分布于云南省热带或亚热带山地的山顶和山脊生境，分布海拔一般都在2500m以上。生境的共同特点是多盛行强风，土壤浅薄，使得群落树木低矮，树干粗大弯曲，分枝低而多，树冠向顺风一面斜生等。此外，生境的湿度极大，经常处于浓雾笼罩之中，树干、树丫、树冠、地表、岩面均厚厚地覆盖着一层苔藓植物（云南植被编写组，1987）。《云南植被》中记载的山顶苔藓矮林只有杜鹃矮林类型。

磨盘山自然保护区的山顶苔藓矮林据本次调查发现，主要在花烽火台-敌军山方向200m海拔段左右的陡山坡上。建群种睫毛萼杜鹃（*Rhododendron ciliicalyx*）、露珠杜鹃（*Rhododendron irroratum*）、大喇叭杜鹃（*Rhododendron excellens*）、云上杜鹃（*Rhododendron pachypodum*），乔木层伴生有珍珠花（*Lyonia ovalifolia*）、红荚蒾（*Viburnum erubescens*）等，灌木层主要为鬼吹箫（*Leycesteria formosa*）及多种杜鹃（*Rhododendron* spp.）。草本层较稀疏，有茅膏菜（*Drosera peltata*）、戟叶堇菜（*Viola betonicifolia*）、西南野古草（*Arundinella hookeri*）、笄石菖（*Juncus prismatocarpu*）、长柄象牙参（*Roscoea debilis*），较多的还有多种禾本科植物。

①睫毛萼杜鹃林（Form. *Rhododendron ciliicalyx*）

睫毛萼杜鹃产洱源、禄劝、景东、蒙自、砚山、麻栗坡、广南等地，生于海拔1000（~1750）~2400（~3100）m的混交林、石山灌丛、干燥山坡；可能分布至四川。越南北部也有。

本次调查在磨盘山有睫毛萼杜鹃的分布主要在敌军山山顶，有一大片以杜鹃构成片纯林几种杜鹃镶嵌成群落。因群落面积有限，仅调查了3个样方MPS-19、MPS-20、MPS-21，如表3-7。

②睫毛萼杜鹃群落（Ass. *Rhododendron ciliicalyx*）

灌木层盖度为88.3%。优势种为睫毛萼杜鹃（*Rhododendron ciliicalyx*），盖度为43.3%，重要值为124.04；厚皮香（*Ternstroemia gymnanthera*），盖度为11.0%，重要值为55.21；马缨杜鹃（*Rhododendron delavayi*），盖度为15.0%，重要值为27.04。其他的还有高山栎（*Quercus semecarpifolia*）、矮越橘（*Vaccinium chamaebuxus*）、云南桤叶树（*Clethra delavayi*）等物种。

草本层盖度18.3%。优势种为竹贵州远志（*Polygala dunniana*），盖度为1.5%，重要值为28.85；草血竭（*Polygonum paleaceum*），盖度为1.0%，重要值为22.49；黄毛草莓（*Fragaria nilgerrensis*），盖度为4.5%，重要值为35.71。其他有还有假朝天罐（*Osbeckia crinita*）、西南野古草（*Arundinella hookeri*）、蓝花参（*Wahlenbergia marginata*）、紫花新耳草（*Neanotis calycina*）、昆明龙胆（*Gentiana duclouxii*）等物种。

表3-7 睫毛萼杜鹃群落样方

样地号 时间	MPS-19，2017-06	MPS-20，2017-06	MPS-21，2017-06
样地面积	10m×10m	10m×10m	10m×10m
调查人	杨光照、陈丽等	杨光照、陈丽等	杨光照、陈丽等
地点	敌军山顶	磨盘山顶	磨盘山顶
经纬度	E102°2′12.02″，N23°56′53.35″	E102°2′9.67″，N23°56′4421″	E102°2′6.16″，N23°56′45.29″
海拔 坡向 坡位 坡度	2500m，西，山顶，5°	2483m，西南，山顶，5°	2486m，东北，山顶，12°
生境	石/土山	石/土山	石/土山
干扰	较弱	较弱	较弱
乔木层盖度	/	/	/
灌木层盖度	90%	85%	90%
草本层盖度	20%	20%	15%

灌木层：6种　38株　盖度88.3%

编号	层次	物种	学名	株数	盖度（%）	频度	重要值
1	灌木	睫毛萼杜鹃	*Rhododendron ciliicalyx*	20	43.3	3	124.04
2	灌木	厚皮香	*Ternstroemia gymnanthera*	7	11.0	3	55.21
3	灌木	矮越橘	*Vaccinium chamaebuxus*	5	6.0	2	36.26
4	灌木	高山栎	*Quercus semecarpifolia*	4	8.0	2	35.77
5	灌木	马缨杜鹃	*Rhododendron delavayi*	1	15.0	1	27.04
6	灌木	云南桤叶树	*Clethra delavayi*	1	10.0	1	21.68
		总计		38	93.3	12	300

草本层：21种　227株　盖度18.3%

编号	层次	物种	学名	株数	盖度（%）	频度	重要值
1	草本	茅膏菜	*Drosera peltata* Smith	39	0.5	3	25.82
2	草本	贵州远志	*Polygala dunniana*	35	1.5	3	28.85
3	草本	草血竭	*Polygonum paleaceum*	26	1.0	3	22.49
4	草本	黄毛草莓	*Fragaria nilgerrensis*	18	4.5	3	35.71
5	草本	星毛金锦香	*Osbeckia stellata*	17	3.0	2	26.01
6	草本	西南野古草	*Arundinella hookeri*	16	1.5	3	20.48
7	草本	蓝花参	*Wahlenbergia marginata*	11	0.1	3	11.57

续表 3-7

编号	层次	物种	学名	株数	盖度（%）	频度	重要值
8	草本	紫花新耳草	*Neanotis calycina*	9	0.2	2	9.09
9	草本	昆明龙胆	*Gentiana duclouxii*	8	0.2	2	8.65
10	草本	笄石菖	*Juncus prismatocarpus*	6	0.5	3	11.29
11	草本	葱状灯心草	*Juncus allioides*	6	1.2	3	14.63
12	草本	华北剪股颖	*Agrostis clavata*	6	0.5	2	9.20
13	草本	尼泊尔老鹳草	*Geranium nepalense*	6	1.5	2	13.99
14	草本	长柄象牙参	*Roscoea debilis*	5	0.5	2	8.76
15	草本	毛萼山梗菜	*Lobelia pleotricha*	5	1.0	3	13.24
16	草本	细叶金丝桃	*Hypericum gramineum*	5	1.5	3	15.63
17	草本	蕨状薹草	*Carex filicina*	4	0.5	2	8.32
18	草本	叉唇角盘兰	*Herminium lanceum*	2	0.1	1	3.44
19	草本	大籽獐牙菜	*Swertia macrosperma*	1	0.5	1	4.92
20	草本	厚柄茜草	*Rubia crassipes*	1	0.5	1	4.92
21	草本	云南独蒜兰	*Pleione yunnanensis*	1	0.1	1	3.00
总计				227	20.9	48	300

③露珠杜鹃林（Form. *Rhododendron irroratum*）

露珠杜鹃分布昆明、禄丰、武定、禄劝、大姚、宾川、大理、漾濞、鹤庆、剑川、丽江、永平、巍山、凤庆、镇康、临沧、景东、元江、易门等地，生于海拔 1800~3000（~3600）m 的常绿阔叶林、松林或杂木林中；四川西南部也有。

本次调查在磨盘山有露珠杜鹃的分布主要在敌军山山顶，有一大片以杜鹃构成片纯林几种杜鹃镶嵌成群落。因群落面积有限，仅调查了 3 个样方 MPS-22、MPS-23、MPS-24，如表 3-8。

④露珠杜鹃群落（Ass. *Rhododendron irroratum*）

灌木层盖度为 83.3%。优势种为露珠杜鹃（*Rhododendron irroratum*），盖度为 58.2%，重要值为 149.34；帽斗栎（*Quercus guyavifolia*），盖度为 6.3%，重要值为 34.99；厚皮香（*Ternstroemia gymnanthera*），盖度为 11.1%，重要值为 42.82。其他还有苍山越橘（*Vaccinium delavayi*）、云南杨梅（*Myrica nana*）等物种。

草本层盖度 10%。优势种为星毛金锦香（*Osbeckia stellata*），盖度为 5.4%，重要值为 57.27；西南野古草（*Arundinella hookeri*），盖度为 2.2%，重要值为 31.33；灯心草（*Juncus effusus*），盖度为 0.6%，重要值为 15.78。其他还有茅膏菜（*Drosera peltata*）、草血竭（*Polygonum paleaceum*）、长柄象牙参（*Roscoea debilis*）、黑穗画眉草（*Eragrostis nigra*）、锈毛过路黄（*Lysimachia drymarifolia*）、楔叶葎（*Galium asperifolium* var. asperifolium）等物种。

表3-8　露珠杜鹃群落样方

样地号 时间	MPS-22，2017-12	MPS-23，2017-12	MPS-24，2017-12
样地面积	10m×10m	10m×10m	10m×10m
调查人	杨光照、陈丽等	杨光照、陈丽等	杨光照、陈丽等
地点	敌军山山顶	敌军山山顶	敌军山山顶
经纬度	E102°2′2.66″，N23°56′48.51″	E102°2′0.32″，N23°56′55.5″	E102°1′53.89″，N23°57′6.25″
海拔 坡向 坡位 坡度	2545m，西北，山顶，7°	2507m，西北，山顶，5°	2564m，北，山顶，10°
生境	石/土山	石/土山	石/土山
干扰	较弱	较弱	较弱
乔木层盖度	/	/	/
灌木层盖度	90%	80%	95%
草本层盖度	10%	10%	10%

灌木层：6种　64株　盖度88.3%

编号	物种	学名	株数	温度（%）	频度	重要值
1	露珠杜鹃	Rhododendron irroratum	39	58.2	3	149.34
2	帽斗栎	Quercus guyavifolia	2	6.3	3	34.99
3	苍山越橘	Vaccinium delavayi	5	5.0	1	21.59
4	云南杨梅	Myrica nana	7	8.9	2	37.30
5	厚皮香	Ternstroemia gymnanthera	9	11.1	2	42.82
6	高山栎	Quercus semecarpifolia	2	2.3	1	13.96
	总计		64	91.8	12	300

草本层：15种　194株　盖度10%

编号	物种	学名	株数	温度（%）	频度	重要值
1	星毛金锦香	Osbeckia stellata	18	5.4	2	57.27
2	西南野古草	Arundinella hookeri	14	2.2	2	31.33
3	灯心草	Juncus effusus	7	0.6	2	15.78
4	茅膏菜	Drosera peltata	44	0.5	3	37.95
5	草血竭	Polygonum paleaceum	29	0.5	2	26.37
6	长柄象牙参	Roscoea debilis	9	0.5	1	12.22

续表 3-8

编号	物种	学名	株数	温度（%）	频度	重要值
7	黑穗画眉草	*Eragrostis nigra*	8	0.5	2	15.55
8	锈毛过路黄	*Lysimachia drymarifolia*	6	0.5	2	14.52
9	楔叶葎	*Galium asperifolium* var. *asperifolium*	4	0.5	1	9.64
10	竹叶草	*Oplismenus compositus*	10	0.3	2	15.09
11	华北剪股颖	*Agrostis clavata*	6	0.8	1	12.91
12	地耳草	*Hypericum japonicum*	15	0.2	2	16.92
13	笄石菖	*Juncus prismatocarpus*	11	0.2	2	14.85
14	繁缕	*Stellaria media*	8	0.2	1	9.46
15	蛛丝毛蓝耳草	*Cyanotis arachnoidea*	5	0.5	1	10.15
	总计		194	13.4	26	300

⑤大喇叭杜鹃林（Ass. *Rhododendron excellens*）

大喇叭杜鹃分布于绿春、元江、蒙自、金平、屏边、文山、西畴、马关、麻栗坡、广南等地，生于常绿、落叶混交林地或灌丛中，海拔 1100～2400m；贵州贞丰也有。模式标本采自蒙自红河以南。

本次调查在磨盘山有大喇叭杜鹃的分布主要在敌军山山顶，有一大片以杜鹃构成片纯林几种杜鹃镶嵌成群落。因群落面积有限，仅调查了 3 个样方 MPS-25、MPS-26、MPS-27，如表 3-9。

⑥大喇叭杜鹃群落（Ass. *Rhododendron excellens*）

灌木层盖度为 89%。优势种为大喇叭杜鹃（*Rhododendron excellens*），盖度为 23.1%，重要值为 63.35；百山祖玉山竹（*Yushania baishanzuensis*），盖度为 5.3%，重要值为 35.99；云南杨梅（*Myrica nana*），盖度为 5.3%，重要值为 20.54；厚皮香（*Ternstroemia gymnanthera*），盖度为 5.2%，重要值为 21.22；樟叶越橘（*Vaccinium dunalianum*），盖度为 4.5%，重要值为 22.80。其他还有蝶花杜鹃（*Rhododendron aberconwayi*）、白瑞香（*Daphne papyracea*）、珍珠花（*Lyonia ovalifolia*）、露珠杜鹃（*Rhododendron irroratum*）等物种。

草本层盖度 17.3%。优势种为星毛金锦香（*Osbeckia stellata*），盖度为 4.5%，重要值为 37.83；戟叶堇菜（*Viola betonicifolia*），盖度为 0.5%，重要值为 10.93；西南野古草（*Arundinella hookeri*），盖度为 2.2%，重要值为 27.62；笄石菖（*Juncus prismatocarpus*），盖度为 1.8%，重要值为 14.98。其他还有长柄象牙参（*Roscoea debilis*）、流苏龙胆（*Gentiana panthaica*）、贵州远志（*Polygala dunniana*）、云南独蒜兰（*Pleione yunnanensis*）、灯心草（*Juncus effusus*）、蛛丝毛蓝耳草（*Cyanotis arachnoidea*）等物种。

表 3-9 大喇叭杜鹃群落样方

样地号 时间	MPS-25，2017-6	MPS-26，2017-6	MPS-27，2017-6
样地面积	10m×10m	10m×10m	10m×10m
调查人	杨光照、陈丽等	杨光照、陈丽等	杨光照、陈丽等
地点	磨盘山顶	圣火台附近	圣火台至阴阳界
经纬度	E102°2′17.28″，N23°57′3.58″	E102°2′17.28″，N23°57′8.93″	E102°2′13.78″，N23°57′19.15″
海拔 坡向 坡位 坡度	2513m，东南，山顶，6°	2501m，东南，山顶，11°	2481m，东南，山顶，8°
生境	石/土山	石/土山	石/土山
干扰	较弱	游客参观	较弱
乔木层盖度	/	/	/
灌木层盖度	88%	90%	89%
草本层盖度	18%	15%	19%

灌木层：14 种　194 株　盖度89%

编号	层次	物种	学名	株数	盖度（%）	频度	重要值
1	灌木	大喇叭杜鹃	*Rhododendron excellens*	20	23.1	3	63.35
2	灌木	百山祖玉山竹	*Yushania baishanzuensis*	14	5.3	3	35.99
3	灌木	云南杨梅	*Myrica nana*	7	3.3	2	20.54
4	灌木	厚皮香	*Ternstroemia gymnanthera*	6	5.2	2	21.22
5	灌木	樟叶越橘	*Vaccinium dunalianum*	5	4.5	3	22.80
6	灌木	蝶花杜鹃	*Rhododendron aberconwayi*	4	9.7	2	23.32
7	灌木	白瑞香	*Daphne papyracea*	4	2.0	2	15.04
8	灌木	珍珠花	*Lyonia ovalifolia*	3	12.6	2	25.07
9	灌木	露珠杜鹃	*Rhododendron irroratum*	2	3.1	2	13.48
10	灌木	滇西桃叶杜鹃	*Rhododendron annae*	2	6.2	1	13.11
11	灌木	亮毛杜鹃	*Rhododendron microphyton*	2	4.5	1	11.28
12	灌木	水红木	*Viburnum cylindricum*	2	10.1	2	21.01
13	灌木	细脉冬青	*Ilex venosa*	1	2.3	1	7.55
14	灌木	鬼吹箫	*Leycesteria formosa*	1	1.1	1	6.26
		总计		73	93.0	27	300

续表3-9

草本层：18种　164株　盖度17.3%

编号	层次	物种	学名	株数	盖度（%）	频度	重要值
1	草本	星毛金锦香	*Osbeckia stellata*	25	4.5	3	37.83
2	草本	戟叶堇菜	*Viola betonicifolia*	6	0.5	2	10.93
3	草本	西南野古草	*Arundinella hookeri*	20	2.2	3	27.62
4	草本	笄石菖	*Juncus prismatocarpus*	6	1.8	2	14.98
5	草本	长柄象牙参	*Roscoea debilis*	3	0.5	1	6.24
6	草本	流苏龙胆	*Gentiana panthaica*	12	0.8	2	15.52
7	草本	贵州远志	*Polygala dunniana*	12	0.5	2	14.59
8	草本	云南独蒜兰	*Pleione yunnanensis*	1	0.2	1	4.09
9	草本	灯心草	*Juncus effusus*	6	1.9	2	15.29
10	草本	蛛丝毛蓝耳草	*Cyanotis arachnoidea*	2	1.5	1	8.75
11	草本	茅膏菜	*Drosera peltata*	8	3.4	2	21.18
12	草本	锈毛过路黄	*Lysimachia drymarifolia*	2	2.5	1	11.86
13	草本	毛萼山梗菜	*Lobelia pleotricha*	8	3.8	2	22.43
14	草本	大籽獐牙菜	*Swertia macrosperma*	2	1.5	1	8.75
15	草本	黄毛草莓	*Fragaria nilgerrensis*	22	2.3	3	29.15
16	草本	细叶金丝桃	*Hypericum gramineum*	15	1.5	3	22.39
17	草本	地耳草	*Hypericum japonicum*	8	1.2	2	14.33
18	草本	大姚老鹳草	*Geranium christensenianum*	6	1.5	2	14.05
总计				164	32.1	35	300

⑦云上杜鹃林（Ass. *Rhododendron pachypodum s*）

云上杜鹃分布于产腾冲、保山、大理、漾濞、云龙、巍山、弥渡、凤庆、景东、双江、临沧、楚雄、双柏、新平、元江、思茅、昆明、江川、蒙自、金平、屏边、砚山、文山、西畴、麻栗坡、广南等地，生于干燥山坡灌丛或山坡杂木林下、石山阳处，海拔1200~2800（~3100）m。

本次调查在磨盘山有云上杜鹃的分布主要在敌军山山顶，有一大片以杜鹃构成片纯林几种杜鹃镶嵌成群落。因群落面积有限，仅调查了3个样方MPS-28、MPS-29、MPS-30，如表3-10。

⑧云上杜鹃群落（Ass. *Rhododendron pachypodum*）

灌木层盖度为79%。优势种为云上杜鹃（*Rhododendron pachypodum*），盖度为5.4%，重要值为57.27；樟叶越橘（*Vaccinium dunalianum*），盖度为5.4%，重要值为57.27；云南杨梅（*Myrica nana*），盖度为5.4%，重要值为57.27。其他还有滇西桃叶杜鹃（*Rhododendron annae*）、百山祖玉山竹（*Yushania baishanzuensis*）、厚皮香（*Ternstroemia gymnanthera*）、露珠杜鹃（*Rhododendron irroratum*）等物种。

草本层盖度 15.3%。优势种为西南野古草（*Arundinella hookeri*），盖度为 4.3%，重要值为 50.19；地耳草（*Hypericum japonicum*），盖度为 1%，重要值为 22.37；假朝天罐（*Osbeckia crinita*），盖度为 2%，重要值为 23.87；长柄象牙参（*Roscoea debilis*），盖度为 0.5%，重要值为 14.54。其他还有贵州远志（*Polygala dunniana*）、黄毛草莓（*Fragaria nilgerrensis*）、十字薹草（*Carex cruciata*）、毛萼山梗菜 *Lobelia pleotricha*、黑穗画眉草（*Eragrostis nigra*）等物种。

表 3-10 云上杜鹃群落样方

样地号 时间	MPS-28，2017-06	MPS-29，2017-06	MPS-30，2017-06
样地面积	10m×10m	10m×10m	10m×10m
调查人	杨光照、陈丽等	杨光照、陈丽等	杨光照、陈丽等
地点	圣火台附近	圣火台至阴阳界	圣火台至阴阳界
经纬度	E102°1′53.30″ N23°57′17.54″	E102°2′4.42″ N23°57′24.52″	E102°2′16.12″ N23°57′22.91″
海拔 坡向 坡位 坡度	2497m，东，山顶，9°	2507m，西北，山顶，5°	2564m，北，山顶，15°
生境	石/土山	石/土山	石/土山
干扰	较弱	较弱	较弱
乔木层盖度	无	无	无
灌木层盖度	80%	75%	82%
草本层盖度	14%	17%	15%

灌木层：11 种　72 株　盖度 79%

编号	物种	学名	株数	温度（%）	频度	重要值
1	云上杜鹃	*Rhododendron pachypodum*	14	17.9	3	54.29
2	樟叶越橘	*Vaccinium dunalianum*	10	11.5	3	40.94
3	云南杨梅	*Myrica nana*	8	6.3	3	31.83
4	滇西桃叶杜鹃	*Rhododendron annae*	8	9.2	2	31.01
5	百山祖玉山竹	*Yushania baishanzuensis*	8	2.3	2	22.61
6	厚皮香	*Ternstroemia gymnanthera*	6	8.6	3	31.85
7	露珠杜鹃	*Rhododendron irroratum*	4	4.0	2	19.12
8	珍珠花	*Lyonia ovalifolia*	4	5.0	1	15.99
9	南烛	*Vaccinium bracteatum*	4	7.4	2	23.26
10	大白杜鹃	*Rhododendron decorum*	4	7.8	1	19.40
11	帽斗栎	*Quercus guyavifolia*	2	2.1	1	9.68
总计			72	82.1	23	300

续表 3-10

草本层：19 种　217 株　盖度15.3%

编号	物种	学名	株数	盖度（%）	频度	重要值
1	西南野古草	*Arundinella hookeri*	37	4.3	3	50.19
2	茅膏菜	*Drosera peltata*	36	0.2	3	25.47
3	地耳草	*Hypericum japonicum*	19	1	3	22.37
4	星毛金锦香	*Osbeckia stellata*	15	2	2	23.87
5	长柄象牙参	*Roscoea debilis*	14	0.5	2	14.54
6	贵州远志	*Polygala dunniana*	13	0.5	2	14.08
7	黄毛草莓	*Fragaria nilgerrensis*	13	1.5	2	19.99
8	十字薹草	*Carex cruciata*	11	0.5	3	15.72
9	毛萼山梗菜	*Lobelia pleotricha*	11	1	2	16.11
10	黑穗画眉草	*Eragrostis nigra*	9	0.5	2	12.23
11	珠光香青	*Anaphalis margaritacea*	8	1	3	17.30
12	灯心草	*Juncus effusus*	7	1.5	2	17.23
13	葱状灯心草	*Juncus allioides*	6	0.1	2	8.48
14	蛛丝毛蓝耳草	*Cyanotis arachnoidea*	5	0.2	2	8.62
15	细穗兔儿风	*Ainsliaea spicata*	5	0.2	2	8.62
16	锈毛过路黄	*Lysimachia drymarifolia*	4	0.3	1	6.18
17	厚柄茜草	*Rubia crassipes*	2	1	1	9.40
18	叉唇角盘兰	*Herminium lanceum*	1	0.1	1	3.62
19	楔叶葎	*Galium asperifolium* var. *asperifolium*	1	0.5	1	5.98
	总计		217	16.9	39	300

3.4.1.2　灌丛

灌丛多指一些无明显主干，不能形成乔木，高度一般在5m以下，具有丛生或集生结构的木本植物群落。划分灌丛，其覆盖度必须达到40%以上，具有丛林状的外貌，并且占有一定的面积。磨盘山保护区内的灌丛主要是原生植被中山湿性常绿阔叶林被人为破坏后所形成的次生植被。

寒温灌丛在云南主要分布在几座高山上部，诸如玉龙雪山、哈巴雪山、苍山、乌蒙山等的森林线以上部分，分布海拔都在3800m以上，但也有下延至3200m左右者，则具一定的次生性质。

磨盘山保护区的灌丛可划分为寒温性灌丛1个植被亚型，区域内明显成小块状分布的仅帽斗栎的灌木丛一个群系，野外调查了1个样方MPS-40。

①帽斗栎群系（Form. *Quercus guyavifolia*）

帽斗栎主要分布于产大姚、宾川、下关、漾濞、鹤庆、丽江和香格里拉等地，生于海拔2500~3900m的开旷山坡、栎林或松林中。

本次调查在磨盘山保护区内山顶见到小斑块状分布的帽斗栎群落，海拔2300m，其边上可见残留的麻子壳柯分布，可见是当地中山湿性常绿阔叶林被破坏后形成的次生植被类型。因分布面积较小，野外调查1个样方MPS-40~42，如表3-11。

②帽斗栎群落（Ass. *Quercus pannosa*）

就调查样方而言，无明显的乔木层分布，仅1株云南松（*Pinus yunnanensis*），高5m，盖度10%。灌木层盖度85%，帽斗栎占绝对优势，平均高度1~1.5m，其间夹杂有厚皮香和云南杨梅（*Myrica nana*）。草本层不明显，盖度10%，常见优势植物主要有西南委陵菜，其他还有紫雀花、箐姑娘、尼泊尔老鹳草、黄毛草莓（*Fragaria nilgerrensis*）、天胡荽（*Hydrocotyle sibthorpioides*）等。

灌木层盖度为86.7%。优势种为帽斗栎（*Quercus guyavifolia*），盖度为40.9%，重要值为116.84；厚皮香（*Ternstroemia gymnanthera*），盖度为35.3%，重要值为94.00；云南含笑（*Michelia yunnanensis*）盖度为11.2%，重要值为49.42。其他还有云南杨梅（*Myrica nana*）等物种。

草本层盖度16.7%。优势种为西南委陵菜（*Potentilla lineata*），盖度为12.1%，重要值为115.81；倒提壶（*Cynoglossum amabile*），盖度为1%，重要值为47.84；尼泊尔老鹳草（*Geranium nepalense*），盖度为4.5%，重要值为35.71。其他还有毛花附地菜（*Trigonotis heliotropifolia*）、竹叶草（*Oplismenus compositus*）、紫雀花（*Parochetus communis*）等物种。

表 3-11 帽斗栎灌丛群落样方表

样地号 时间	MPS-40，2017-12-02	MPS-41，2017-12-02	MPS-42，2017-12-02
样地面积	10m×10m	10m×10m	10m×10m
调查人	陈丽、赵越、王立彦	陈丽、赵越、王立彦	陈丽、赵越、王立彦
地点	观测塔	观测塔	观测塔
经纬度	E101°59′26.15″，N23°56′21.03″	E101°59′28.07″，N23°56′21.89″	E101°59′31.76″，N23°56′22.33″
海拔 坡向 坡位 坡度	2480m，东，山顶，9°	2500m，西北，山顶，5°	2569m，北，山顶，15°
生境	石/土山	石/土山	石/土山
干扰	轻微	轻微	轻微
乔木层盖度	10%	/	/
灌木层盖度	85%	90%	85%
草本层盖度	15%	15%	20%

乔木层：1种 1株 盖度10%

编号	层次	物种	学名	株数	盖度（%）	频度	重要值
1	乔木	云南松	*Pinus yunnanensis*	1	10	1	/

续表 3-11

灌木层：4 种　123 株　盖度 86.7%

编号	层次	物种	学名	株数	盖度（%）	频度	重要值
1	灌木	帽斗栎	*Quercus guyavifdia*	55	40.9	3	116.84
2	灌木	厚皮香	*Ternstroemia gymnanthera*	34	35.3	3	94.00
3	灌木	云南含笑	*Michelia yunnanensis*	22	11.2	2	49.42
4	灌木	云南杨梅	*Myrica nana*	12	9.7	2	39.75
		总计		123	97.1	10	300

草木层：8 种　345 株　盖度 16.7%

编号	层次	物种	学名	株数	盖度（%）	频度	重要值
1	草本	西南委陵菜	*Potentilla lineata*	112	12.1	3	115.81
2	草本	倒提壶	*Cynoglossum amabile*	31	1.4	2	29.65
3	草本	尼泊尔老鹳草	*Geranium nepalense*	78	1	3	47.84
4	草本	毛花附地菜	*Trigonotis heliotropifolia*	12	0.5	1	12.76
5	草本	竹叶草	*Oplismenus compositus*	21	0.8	2	23.61
6	草本	紫雀花	*Parochetus communis*	33	0.3	2	24.47
7	草本	獐牙菜	*Swertia bimaculata*	35	2.4	1	29.38
8	草本	云南蔓龙胆	*Crawfurdia campanulacea*	23	0.6	1	16.47
		总计		345	19.1	15	300

3.4.1.3　草甸

草甸是以多年生、中生的地面芽和地下芽植物为主的草本植被类型，主要生长在寒冷潮湿的地带。我国的草甸主要分布在青藏高原、川西和云南等地。草甸的植物组成主要以北温带常见的科和属为主，如菊科、禾本科、莎草科、蔷薇科、毛茛科、豆科、龙胆科、石竹科。云南的草甸主要集中在滇西北和滇东北的亚高山和高山地带，分布的海拔大致在 2800~4500m。根据群落的物种种类、结构和生态特点，云南的草甸可以划分为三个植被亚型：寒温草甸，高寒草甸和沼泽化草甸。

寒温草甸一般是由分布于亚高山上的寒温针叶林被破坏后经长期放牧利用而形成的，又称亚高山草甸。其垂直分布的海拔范围 2800~4000m，云南的寒温草甸主要分布于滇东北和滇西北的香格里拉、丽江等地，所占据的面积是四个草甸植被亚型中最大的。寒温草甸一般植物种类比较丰富，常常带有附近森林或者灌丛的植物成分，例如，杜鹃（*Rhododendron*）、箭竹（*Fargesia*）、小檗（*Berberis*）等。一些处在海拔比较低的寒温草甸常常带有一些亚热带的成分。寒温草甸的季相变化比较明显，在春夏季由于各类植物都开花，草甸外貌华丽，10 月以后，由于植物过了结实期，开始出现枯萎的灰绿色外貌。云南的寒温草甸一般可以分为 3 个群系组，禾草草甸，矮竹禾草草甸，杂类草草甸。

磨盘山保护区的亚高山草甸主要夹杂分布在山顶测风塔处，海拔2300~240m。在调查范围内，只有野古草一个群系组，是认为破坏后形成的。

①刺芒野古草草甸（Form. *Arundinella setosa*）

全省海拔2500m以下的山坡草地、灌丛、松林或松栎林下常见。西南、华南、华中及华东也常见。亚洲热带及亚热带都有。野古草群落在磨盘山主要是分布在山顶测风塔有一有块，主是破坏后无法恢复，一种退化的草甸，如表3-12。

②刺芒野古草群落（Ass. *Arundinella setosa*）

草本层盖度83.3%。优势种为西南野古草（*Arundinella hookeri*），盖度为3.4%，重要值为79.84；刺芒野古草（*Arundinella setosa*），盖度为35.2%，重要值为82.51；拂子茅（*Calamagrostis epigeios*），盖度为13.5%，重要值为35.00。其他还有华北剪股颖（*Agrostis clavatal*）、丛毛羊胡子草（*Eriophorum comosum*）、紫雀花（*Parochetus communis*）、獐牙菜（*Swertia bimaculata*）、倒提壶（*Cynoglossum amabile*）等物种。

表3-12　西南野古草群落草甸群落样方

样地号　时间	MPS-04，2017-12-02	MPS-05，2017-12-02	MPS-06，2017-12-02
样地面积	1m×1m	1m×1m	1m×1m
调查人	杨光照、陈丽、赵越、王立彦	杨光照、陈丽、赵越、王立彦	杨光照、陈丽、赵越、王立彦
地点	观测塔	观测塔	观测塔
经纬度	E101°59′20.96″，N23°56′24.78″	E101°59′21.52″，N23°56′25.72″	E101°59′19.93″，N23°56′25.81″
海拔　坡向　坡位　坡度	2580m，东，山顶，3°	255m，东，山顶，3°	2520m，东，山顶，3°
生境	石/土山	石/土山	石/土山
干扰	轻微	轻微	轻微
乔木层盖度	/	/	/
灌木层盖度	/	/	/
草本层盖度	80%	85%	80%

草木层：8种　942株　盖度83.3%

编号	层次	物种	学名	株数	盖度（%）	频度	重要值
1	草本	西南野古草	*Arundinella hookeri*	230	33.4	3	79.84
2	草本	刺芒野古草	*Arundinella setosa* Trinius	300	35.2	2	82.51
3	草本	华北剪股颖	*Agrostis clavata*	127	5.1	3	38.89
4	草本	拂子茅	*Calamagrostis epigejos*	132	13.5	1	35.00
5	草本	丛毛羊胡子草	*Eriophorum comosum*	111	3.8	2	29.15

续表3-12

编号	层次	物种	学名	株数	盖度（%）	频度	重要值
6	草本	紫雀花	*Parochetus communis*	13	0.3	2	15.03
7	草本	獐牙菜	*Swertia bimaculata*	21	2.4	1	11.44
8	草本	云南蔓龙胆	*Crawfurdia campanulacea*	8	0.6	1	8.15
总计				942	94.3	15	300

3.4.2 人工植被

人工植被故名思义就是人为种植的植被，一般是由单优种构成的群落。野外调查磨盘山保护区附近山体的人工种植植被主要有暖性针叶林植被型。由于分布地气候的特点，和群落建群种的生态生物学特性的不同，暖温性针叶林可分划为云南松群落和华山松群落。

本植被亚型主要分布于云南亚热带北部地区，以滇中高原山地为主体。主要分布海拔段1500~2800m，但在一些个别的干热河谷附近地区，如红河河谷、南盘江河谷和金沙江河谷的边缘山地，常见分布至海拔1500m以下，甚至1000m左右。磨盘山保护区及附近的暖性针叶林主要是暖温性针叶林植被亚型中的华山松林。在云南，这类森林都分布于亚热带中山上部和亚高山中上部，是亚热带山地植被垂直带中重要的类型。

①华山松林（Form. *Pinus armandii*）

云南及西藏雅鲁藏布江下游海拔1000~3300m地带。在气候温凉而湿润、酸性黄壤、黄褐壤土或钙质土上，组成单纯林或与针叶树阔叶树种混生。稍耐干燥、瘠薄的土地，能生于石灰岩石缝间。此群落主要分布于磨盘山保护区主通往城方向的海拔1500m左右的区域。故做3个群落样方MPS-34、MPS-35、MPS-36，如表3-13。

②华山松群落（Ass. *Pinus armandii*）

乔木层盖度为80%。优势种华山松（*Pinus armandii*），盖度约为70%，重要值为196.36；头状四照花（*Cornus capitata*），盖度约为9.3%，重要值为57.97。伴生种有云南移桴（*Docynia delavayi*）等。

灌木层盖度为21.7%。优势种为山鸡椒（*Litsea cubeba*），盖度8.3%，重要值为50.82；小木通（*Clematis armandii*），盖度8.3%，重要值为50.82。其他还有十大功劳（*Mahonia fortunei*）、荷包山桂花（*Polygala arillata*）等物种。

草本层盖度21.7%。优势种为破坏草（*Ageratina adenophora*），盖度8.4%，重要值为30.84；细穗兔儿风（*Ainsliaea spicata*），盖度3.5%，重要值为20.69；西南委陵菜（*Potentilla lineata*），盖度4%，重要值为20.40。其他还有茅莓（*Rubus parvifolius*）、金丝梅（*Hypericum patulum*）、遍地金（*Hypericum wightianum*）等物种。

表 3-13 华山松群落样方

样地号 时间	MPS-34，2017-06-16	MPS-35，2017-06-16	MPS-36，2017-06-16
样地面积	20m×30m	20m×30m	20m×30m
调查人	陈丽、李园园、姜利琼等	陈丽、李园园、姜利琼等	陈丽、李园园、姜利琼等
地点	磨盘山	磨盘山	磨盘山
经纬度	E102°2′44.08″，N23°58′49.35″	E102°2′58.69″，N23°58′57.60″	E102°3′23.96″，N23°59′6.37″
海拔 坡向 坡位 坡度	1850m，南，山脚，10°	1840m，东，山脚，10°	1802m，东南，山脚，15°
生境	石/土山	石/土山	石/土山
干扰	轻微	轻微	轻微
乔木层盖度	85%	80%	75%
灌木层盖度	20%	25%	20%
草本层盖度	20%	20%	25%

乔木层：3 种　218 株　盖度 80%

编号	层次	物种	学名	株数	盖度（%）	频度	重要值
1	乔木	华山松	*Pinus armandii*	176	70	3	196.36
2	乔木	头状四照花	*Cornus capitata*	22	9.3	3	57.97
3	乔木	云南栘柠	*Docynia delavayi*	20	10.3	2	45.67
		总计		218	89.6	8	300

灌木层：11 种　115 株　盖度 21.7%

编号	层次	物种	学名	株数	盖度（%）	频度	重要值
1	灌木	山鸡椒	*Litsea cubeba*	15	8.3	3	42.93
2	灌木	小木通	*Clematis armandii*	15	6.7	3	39.31
3	灌木	十大功劳	*Mahonia fortunei*	18	5.9	2	36.41
4	灌木	荷包山桂花	*Polygala arillata*	13	5	3	33.73
5	灌木	茶梨	*Anneslea fragrans*	8	3.3	3	25.53
6	灌木	岗柃	*Eurya groffii* Merrill	10	2.2	2	21.08
7	灌木	厚皮香	*Ternstroemia gymnanthera*	8	2.5	3	23.72
8	灌木	金丝桃	*Hypericum monogynum*	11	2.3	3	25.88

续表3-13

编号	层次	物种	学名	株数	盖度（%）	频度	重要值
9	灌木	沙针	*Osyris quadripartita*	8	2	2	18.89
10	灌木	滇瑞香	*Daphne feddei*	4	2	2	15.41
11	灌木	云南连蕊茶	*Camellia forrestii*	5	4	1	17.10
总计				115	44.2	27	300

草本层：23种 1342株 盖度21.7%

编号	层次	物种	学名	株数	盖度（%）	频度	重要值
1	草本	茅膏菜	*Drosera peltata*	224	1	3	23.81
2	草本	乌蔹莓	*Cayratia japonica*	143	3.2	3	22.44
3	草本	金丝梅	*Hypericum patulum*	124	7	3	29.07
4	草本	遍地金	*Hypericum wightianum*	109	3.5	3	20.54
5	草本	破坏草	*Ageratina adenophora*	108	8.4	3	30.84
6	草本	细穗兔儿风	*Ainsliaea spicata* Vaniot	111	3.5	3	20.69
7	草本	西南委陵菜	*Potentilla lineata*	93	4	3	20.40
8	草本	茅莓	*Rubus parvifolius*	76	3.9	3	18.93
9	草本	白车轴草	*Trifolium repens*	20	0.9	2	6.73
10	草本	糯米团	*Gonostegia hirta*	85	2.5	2	14.96
11	草本	小柴胡	*Bupleurum hamiltonii*	54	1.5	3	12.20
12	草本	绒毛鸡矢藤	*Paederia lanuginosa*	37	0.9	3	9.66
13	草本	鱼眼草	*Dichrocephala integrifolia*	17	0.6	3	7.54
14	草本	马鞭草	*Verbena officinalis*	14	0.5	3	7.10
15	草本	中华苦荬菜	*Ixeris chinensis*	14	0.3	3	6.68
16	草本	近蕨薹草	*Carex subfilicinoides*	40	1	2	8.43
17	草本	华北剪股颖	*Agrostis clavata*	11	0.3	3	6.46
18	草本	小花剪股颖	*Agrostis micrantha*	12	0.3	3	6.53
19	草本	弓果黍	*Cyrtococcum patens*	11	1.1	2	6.48
20	草本	短柄草	*Brachypodium sylvaticum*	7	0.2	3	5.95
22	草本	葛	*Pueraria montana*	8	0.6	2	5.20
23	草本	黄褐珠光香青	*Anaphalis margaritacea* var. *cinnamomea*	24	2	2	9.36
总计				1342	47.2	60	300

③云南松林（Form. *Pinus yunnanensis*）

云南松广泛分布于全省，海拔700~1600m之河谷地带及青衣江流域天全河谷海拔1600m上下，常散生林内。在云南西北部石鼓地区及丽江、永北、华坪三角地带及东部邱北、南盘江流域尚有大面积的老林。模式标本采自云南鹤庆大坪子。为喜光性强的深根性树种，适应性能强，能耐冬春干旱气候及瘠薄土壤，能生于酸性红壤、红黄壤及棕色森林土或微石灰性土壤上。但以生于气候温和、土层深厚、肥润、酸质砂质壤土、排水良好的北坡或半阴坡地带生长最好。在干燥阳坡或山脊地带则生长较慢。在强石灰质土壤及排水不良的地方生长不良。

云南松为西南林区的主要树种之一，树干连树皮多扭转生长，木材淡红黄色，材质较轻软，细密，纹理不直，力学性质不均，富树脂。此群落在磨盘山中下部都有分布，且面积还很大。对此我们记录了3个MPS-37、MPS-38、MPS-39样方，如表3-14。

④云南松群落 Ass.（*Pinus yunnanensis*）

乔木层盖度为71.7%。优势种为云南松（*Pinus yunnanensis*），盖度55.2%，重要值为152.84；华山松（*Pinus armandii*），盖度20%，重要值为65.33。其他还有乔木茵芋（*Skimmia arborescens*）、尼泊尔桤木（*Alnus nepalensis*）、云南移枌（*Docynia delavayi*）等物种。

灌木层盖度为18.3%。优势种岗柃（*Eurya groffii*）盖度12.4%，重要值为86.58；厚皮香（*Ternstroemia gymnanthera*）盖度9.5%，重要值为74.26。其他还有金丝桃（*Hypericum monogynum*）、滇瑞香（*Daphne feddei*）、云南连蕊茶（*Camellia forrestii*）等物种。

草本层盖度15%。优势种为破坏草（*Ageratina adenophora*）盖度10.1%，重要值为72.28；细穗兔儿风（*Ainsliaea spicata*），盖度9.5%，重要值为54.06；地果（*Ficus tikoua*）盖度11.7%，重要值为47.19；西南委陵菜（*Potentilla lineata*）盖度4.0%，重要值为35.88。其他还有白车轴草（*Trifolium repens*）、黄褐珠光香青（*Anaphalis margaritacea* var. *cinnamomea*）、鱼眼草（*Dichrocephala integrifolia*）等物种。

表3-14 云南松群落样方

样地号 时间	MPS-37，2017-12	MPS-38，2017-12	MPS-39，2017-12
样地面积	20m×20m	20m×20m	20m×20m
调查人	杨光照、李永宁、陈丽、赵越、王立彦	杨光照、李永宁、陈丽、赵越、王立彦	杨光照、李永宁、陈丽、赵越、王立彦
地点	防火通道—县城	防火通道—县城	防火通道—县城
经纬度	E102°3′24.55″，N24°0′13.44″	E102°3′12.19″，N24°0′21.70″	E102°3′16.69″，N24°0′6.74″
海拔 坡向 坡位 坡度	1535m，东南，山腰，10°	1520m，东西，山脚，10°	1580m，南，山脚，10°
生境	石/土山	石/土山	石/土山
干扰	轻微	轻微	轻微
乔木层盖度	70%	75%	70%
灌木层盖度	20%	15%	20%
草本层盖度	10%	15%	20%

续表3-14

乔木层：5种 182株 盖度71.7%

编号	层次	物种	学名	株数	盖度（%）	频度	重要值
1	乔木	云南松	*Pinus yunnanensis*	80	55.2	3	152.84
2	乔木	华山松	*Pinus armandii*	30	20	2	65.33
3	乔木	乔木茵芋	*Skimmia arborescens*	4	9.3	2	32.99
4	乔木	尼泊尔桤木	*Alnus nepalensis*	7	7.7	2	33.75
5	乔木	云南移㭎	*Docynia delavayi*	2	3.3	1	15.08
		总计		123	95.5	10	300

灌木层：6种 80株 盖度18.3%

编号	层次	物种	学名	株数	盖度（%）	频度	重要值
1	灌木	岗柃	*Eurya groffii* Merrill	32	12.4	3	86.58
2	灌木	厚皮香	*Ternstroemia gymnanthera*	27	9.5	3	74.26
3	灌木	金丝桃	*Hypericum monogynum*	21	3.3	3	52.71
4	灌木	滇瑞香	*Daphne feddei*	11	8	2	46.51
5	灌木	云南连蕊茶	*Camellia forrestii*	7	7	2	39.94
		总计		98	40.2	13	300

草本层：11种 269株 盖度15%

编号	层次	物种	学名	株数	温度（%）	频度	重要值
1	草本	破坏草	*Ageratina adenophora*	90	10.1	3	72.28
2	草本	细穗兔儿风	*Ainsliaea spicata* Vaniot	45	9.5	3	54.06
3	草本	西南委陵菜	*Potentilla lineata*	33	4.0	3	35.88
4	草本	地果	*Ficus tikoua*	24	11.7	2	47.19
5	草本	白车轴草	*Trifolium repens*	20	0.9	2	18.77
7	草本	黄褐珠光香青	*Anaphalis margaritacea* var. *cinnamomea*	12	2.0	2	18.54
8	草本	鱼眼草	*Dichrocephala integrifolia*	10	0.6	2	14.30
9	草本	华北剪股颖	*Agrostis clavata*	20	0.4	2	17.52
10	草本	鼠尾粟	*Sporobolus fertilis*	12	0.4	2	14.55
11	草本	皱叶狗尾草	*Setaria plicata*	3	0.5	1	6.91
		总计		269	40.1	22	300

4 植物分布及区系分析

据前期已收集资料显示，磨盘山地区的标本采集工作始于 20 世纪 30 年代：蔡希陶先生曾于 1932—1933 年在此地采集过标本，之后大量的采集工作从 1957 年开始，研究区域内标本采集较多的为新平县普查队 2012 年，玉溪植物考察队 1990 年、朱维明、金振洲、武素功、杨增宏、徐廷志等。自磨盘山县级自然保护区建立开始，有关人员就对磨盘山植被有过不同程度的调查；1984 年 3 月—1986 年 12 月，新平县聘请西南林学院的专家做指导进行了全县植被调查。

本次调查基于 2017 年 6 月、8 月、12 月及 2018 年 3 月先后 4 次，历时 30d 左右。磨盘山自然保护区的植被专题野外考察与植物专题共同开展，是由中国科学院昆明植物研究所彭华研究员及其研究团队，对磨盘山自然保护区，选择了不同的路线进行实地踏查和样方调查，调查涵盖了本区域所有的植被类型。共采集到维管束植物标本共计 1250 号，3000 余份，同时记录常见种 300 余种大部分都有影像凭证。

本次对磨盘山保护区区域调查共整理获取维管束植物 186 科 723 属 1380 种，包含种下等级，如表 4-1，其中蕨类植物 25 科 50 属 89 种，裸子植物 3 科 4 属 5 种，被子植物 161 科 673 属 1291 种。属、种概念依据 *Flora of China*，科的概念沿用哈钦松系统。因蕨类植物本次调查包含较少，故下面仅对种子植物进行比较详细的物种多样性分析。

表 4-1 磨盘山自然保护区区域维管植物统计

植物类群		科数	属数	种数
蕨类植物		25	50	89
种子植物	裸子植物	3	4	5
	被子植物	158	669	1286
	小计	161	673	1291
维管植物合计		186	723	1380

4.1 维管植物数量结构分析

磨盘山自然保护区共计有野生维管植物 186 科。在科一级的组成中，含 30 种以上的科共有 7 个，共包含 216 属 432 种；含 10~30 种的科共有 33 个，共包含 227 属 493 种；含 5~9 种的科共有 35 个，共包含 125 属 242 种；含 4 种的科共有 9 个，共包含 20 属 36 种；含 3 种的科共有 22 个，共包含 45 属 66 种；含 2 种的科共有 31 个，共包含 41 属 62 种；含 1 种的科共有 49 个，共包含 49 属 49 种，如表 4-2。

表 4-2　磨盘山国家级自然保护区维管植物科的数量结构

包含种数＞30 的科			
禾本科 Poaceae 57：87	蝶形花科 Papilionaceae 34：82	菊科 Asteraceae 44：76	蔷薇科 Rosaceae 26：64
唇形科 Lamiaceae 26：47	大戟科 Euphorbiaceae 23：43	杜鹃花科 Ericaceae 6：33	
包含种数 10~30 的科			
茜草科 Rubiaceae16：29	壳斗科 Fagaceae4：27	山茶科 Theaceae9：27	莎草科 Cyperaceae9：22
荨麻科 Urticaceae11：21	紫金牛科 Myrsinaceae5：18	百合科 Liliaceae11：17	蓼科 Polygonaceae4：17
马鞭草科 Verbenaceae8：17	兰科 Orchidaceae11：16	水龙骨科 Polypodiaceae9：16	玄参科 Scrophulariaceae10：16
越橘科 Vacciniaceae3：15	爵床科 Acanthaceae11：14	苦苣苔科 Gesneriaceae9：14	菝葜科 Smilacaceae1：13
萝藦科 Asclepiadaceae11：13	毛茛科 Ranunculaceae4：13	芸香科 Rutaceae8：13	樟科 Lauraceae8：13
中国蕨科 Sinopteridaceae7：13	报春花科 Primulaceae2：12	木犀科 Oleaceae6：12	漆树科 Anacardiaceae8：12
锦葵科 Malvaceae6：11	茄科 Solanaceae4：11	桑科 Moraceae3：11	堇菜科 Violaceae1：10
忍冬科 Caprifoliaceae4：10	卫矛科 Celastraceae4：10	苋科 Amaranthaceae7：10	旋花科 Convolvulaceae8：10
鸭跖草科 Commelinaceae5：10			
包含种数为 5~9 的科			
桑寄生科 Loranthaceae6：9	山矾科 Symplocaceae1：9	石竹科 Caryophyllaceae7：9	薯蓣科 Dioscoreaceae1：9
五加科 Araliaceae5：9	灯心草科 Juncaceae3：8	葫芦科 Cucurbitaceae7：8	楝科 Meliaceae5：8
龙胆科 Gentianaceae4：8	葡萄科 Vitaceae5：8	伞形科 Apiaceae6：8	鼠李科 Rhamnaceae6：8
铁角蕨科 Aspleniaceae1：8	紫草科 Boraginaceae4：8	半边莲科 Lobeliaceae1：7	金丝桃科 Hypericaceae1：7
十字花科 Brassicaceae4：7	天南星科 Araceae6：7	绣球花科 Hydrangeaceae4：7	榆科 Ulmaceae4：7
紫葳科 Bignoniaceae 6：7	冬青科 Aquifoliaceae 1：6	椴树科 Tiliaceae4：6	凤仙花科 Balsaminaceae1：6
鳞毛蕨科 Dryopteridaceae3：6	马钱科 Loganiaceae2：6	山茱萸科 Cornaceae2：6	桔梗科 Campanulaceae5：5

续表 4-2

木贼科 Equisetaceae2：5	柿科 Ebenaceae1：5	苏木科 Caesalpiniaceae3：5	小檗科 Berberidaceae2：5
野牡丹科 Melastomataceae4：5	虎耳草科 Saxifragaceae4：5	大风子科 Flacourtiaceae4：5	

包含 4 种的科			
防己科 Menispermaceae3：4	骨碎补科 Davalliaceae3：4	夹竹桃科 Apocynaceae4：4	卷柏科 Selaginellaceae 1：4
木兰科 Magnoliaceae3：4	铁线蕨科 Adiantaceae1：4	五味子科 Schisandraceae2：4	仙茅科 Hypoxidaceae2：4
远志科 Polygalaceae1：4			

包含 3 种的科			
败酱科 Valerianaceae2：3	车前科 Plantaginaceae1：3	凤尾蕨科 Pteridaceae1：3	含羞草科 Mimosaceae2：3
胡椒科 Piperaceae2：3	胡桃科 Juglandaceae3：3	胡颓子科 Elaeagnaceae1：3	姜科 Zingiberaceae3：3
金缕梅科 Hamamelidaceae3：3	金星蕨科 Thelypteridaceae2：3	里白科 Gleicheniaceae2：3	柳叶菜科 Onagraceae3：3
木通科 Lardizabalaceae1：3	千屈菜科 Lythraceae2：3	清风藤科 Sabiaceae2：3	秋海棠科 Begoniaceae1：3
瑞香科 Thymelaeaceae2：3	石松科 Lycopodiaceae3：3	松科 Pinaceae2：3	无患子科 Sapindaceae3：3
椴树科 Tiliaceae2：3	酢浆草科 Oxalidaceae2：3		

包含 2 种的科			
安息香科 Styracaceae2：2	芭蕉科 Musaceae1：2	白花菜科 Cleoma ceae1：2	翅子藤科 Hippocrateaceae2：2
海桐花科 Pittosporaceae1：2	虎皮楠科 Daphniphyllaceae1：2	桦木科 Betulaceae2：2	黄杨科 Buxaceae1：2
假叶树科 Ruscaceae1：2	旌节花科 Stachyuraceae1：2	景天科 Crassulaceae2：2	莲叶桐科 Hernandiaceae1：2
牻牛儿苗科 Geraniaceae1：2	美人蕉科 Cannaceae1：2	膜蕨科 Hymenophyllaceae2：2	七叶树科 Hippocastanaceae1：2
桤叶树科 Clethraceae1：2	槭树科 Aceraceae1：2	山龙眼科 Proteaceae1：2	石杉科 Huperziaceae2：2
石蒜科 Amaryllidaceae2：2	书带蕨科 Vittariaceae1：2	桃金娘科 Myrtaceae1：2	蹄盖蕨科 Athyriaceae1：2
铁青树科 Olacaceae1：2	菟丝子科 Cuscutaceae1：2	梧桐科 Sterculiaceae2：2	杨柳科 Salicaceae2：2
杨梅科 Myricaceae1：2	榛科 Corylaceae1：2	棕榈科 Arecaceae2：2	

包含 1 种的科			
八角枫科 Alangiaceae1：1	百部科 Stemonaceae1：1	柏科 Cupressaceae1：1	川续断科 Dipsacaceae1：1
醋栗科 Grossulariaceae1：1	杜英科 Elaeocarpaceae1：1	番木瓜科 Caricaceae1：1	谷精草科 Eriocaulaceae1：1
海金沙科 Lygodiaceae1：1	槲蕨科 Drynariaceae1：1	黄眼草科 Xyridaceae1：1	剑蕨科 Loxogrammaceae1：1
金粟兰科 Chloranthaceae1：1	金鱼藻科 Ceratophyllaceae1：1	蕨科 Pteridiaceae1：1	肋果茶科 Sladeniaceae1：1

续表 4-2

狸藻科 Lentibulariaceae1：1	藜科 Chenopodiaceae1：1	列当科 Orobanchaceae1：1	鳞始蕨科 Lindsaeaceae1：1
龙舌兰科 Agavaceae1：1	鹿蹄草科 Pyrolaceae1：1	露兜树科 Pandanaceae1：1	落葵科 Basellaceae1：1
马兜铃科 Aristolochiaceae1：1	马桑科 Coriariaceae1：1	茅膏菜科 Droseraceae1：1	猕猴桃科 Actinidiaceae1：1
山榄科 Sapotaceae1：1	商陆科 Phytolaccaceae1：1	蛇菰科 Balanophoraceae1：1	省沽油科 Staphyleaceae1：1
使君子科 Combretaceae1：1	鼠刺科 Iteaceae1：1	水东哥科 Saurauiaceae1：1	水马齿科 Callitrichaceae1：1
水青树科 Tetracentraceae1：1	苏铁科 Cycadaceae1：1	檀香科 Santalaceae1：1	碗蕨科 Dennstaedtiaceae1：1
乌毛蕨科 Blechnaceae1：1	小二仙草科 Haloragaceae1：1	亚麻科 Linaceae1：1	延龄草科 Trilliaceae1：1
岩蕨科 Woodsiaceae1：1	罂粟科 Papaveraceae1：1	雨久花科 Pontederiaceae1：1	雨蕨科 Gymnogrammitidaceae1：1
鸢尾科 Iridaceae1：1			

4.2　种子植物科数量结构分析

从科内属一级的分析来看表 4-3，在本地区仅出现 1 属的科有 77 科，占全部科数的 45.34%，共计 73 属，占全部属数的 10.85%；出现 2~5 属的科有 56 科，占全部科数的 34.78%，共计 173 属，占全部属数的 25.71%；出现 6~10 属的科有 20 科，占全部科数的 12.42%，共计 146 属，占全部属数的 21.69%；出现 11~20 属的科有 6 科，占全部科数的 3.73%，共计 71 属，占全部属数的 10.55；出现属数多于 21 属的科有 6 科，占全部科数的 3.73%，共计 210 属，占全部属数的 31.20%。

表 4-3　科内属一级的数量结构分析

类型	科数	占全部科数的比例（%）	含有属数	占全部属数的比例（%）
仅出现 1 属的科	73	45.34	73	10.85
出现 2~5 属的科	56	34.78	173	25.71
出现 6~10 属的科	20	12.42	146	21.69
出现于 11~20 属的科	6	3.73	71	10.55
出现多于 21 属的科	6	3.73	210	31.20
合计	161	100	673	100

从科内种一级的分析来看表 4-4，在本区仅出现 1 种的科有 40 科，占全部科数的 24.84%，计 40 种，占全部种数的 3.10%；出现 2~5 种的科有 58 科，占全部科数的 36.02%，计 167 种，占全部种数的 12.94%；出现 6~10 种的科有 31 科，占全部科数的 19.25%，共计 248 种，占全部种数的 19.21%；出现 11~20 种的科有 20 科，占全部科数的 12.42%，共计 278 种，占全部种数的 21.53%；种数多于 21 种的科有 12 科，占全部科数的 7.45%，计 558 种，占全部种数的 43.22%。

表 4-4 科内种一级的数量结构分析

类型	科数	占全部科数的比例（%）	含有种数	占全部种数的比例（%）
仅出现 1 种的科	40	24.84	40	3.10
出现 2~5 种的科	58	36.02	167	12.94
出现 6~10 种的科	31	19.25	248	19.21
出现 11~20 种的科	20	12.42	278	21.53
出现多于 21 种的科	12	7.45	558	43.22
合计	161	100	1291	100

4.2.1 科的分布区类型分析

根据吴征镒等（2003，2006）对种子植物科分布区类型的划分原则，本次调查区域的种子植物 161 科可划分为 9 个类型和 10 个变型，如表 4-5。

表 4-5 磨盘山自然保护区种子植物科的分布区类型

分布区类型	科数	占全部科的比例（%）
1 世界广布 Widespread	46	28.57
2 泛热带分布 Pantropic	48	29.81
2-1 热带亚洲、大洋洲和热带美洲南美洲和（或）墨西哥 Tropical Asia-Australasia & Tropical America South America or/and Mexico	1	0.62
2-2 热带亚洲、热带非洲、热带美洲南美洲 Tropical Asia to Tropical Africa to Tropical America South America	3	1.86
2S 以南半球为主的泛热带 Pantropic especially South Hemisphere	5	3.11
3 热带亚洲与热带美洲间断分布 East Asia Tropical & Subtropical & Tropical South America disjuncted	11	6.83
3b 热带、亚热带中美至南美含墨西哥中部及西印度群岛 Tropical & Subtropical Central to South America including Central Mexico & West Indies	1	0.62
4 旧世界热带分布 Old World Tropics	4	2.48
5 热带亚洲至热带大洋洲 Tropical Asia to Tropical Australasia Oceania	4	2.48
6 热带亚洲至热带非洲 Tropical Asia to Tropical Africa	1	0.62
7-3 缅甸、泰国至中国西南分布 Myanmar & Thailand to Southwest China	1	0.62
8 北温带分布 North Temperate	8	4.97
8-4 北温带和南温带间断分布 North Temperate & South Temperate disjuncted	18	11.18

续表4-5

分布区类型	科数	占全部科的比例（%）
8-5 欧亚和南美洲温带间断 Eurasia & Temperate South America disjuncted	1	0.62
8-6 地中海、东亚、新西兰和墨西哥—智利间断分布 Mediterranea & East Asia & New Zealand & Mexico-Chile disjuncted	1	0.62
9 东亚及北美间断 East Asia & North America disjuncted	3	1.86
10-3 欧亚和南非有时也在澳大利亚 Eurasia & South Africa sometimes also Australia disjuncted	1	0.62
14 东亚分布 East Asia	3	1.86
14SH 中国-喜马拉雅	1	0.62
总计	161	100

注：凡是本区未出现的科的分布区类型和变型，均未列入表中

1. 世界广布

指遍布于世界各大洲，没有明显分布中心的科。磨盘山自然保护区内该分布型科计有46科，占全部科的28.57%。其中种类较多的有禾本科（Poaceae）、菊科（Asteraceae）、蝶形花科（Papilionaceae）、茜草科（Rubiaceae）、唇形科（Lamiaceae）、蔷薇科（Rosaceae）、蓼科（Polygonaceae）、莎草科（Cyperaceae）。世界分布的大科大都在该区有很好的发展。

2. 泛热带分布及其变型

泛热带分布及其变型：包括普遍分布于东、西两半球热带和在全世界热带范围内有一个或几个分布中心，但在其他地区也有一些种类分布的热带科。有不少科不但广于热带，也延伸到亚热带甚至温带。本次调查区域属此分布型及其变型的科有57科，占全部科的35.40%。其中，代表的科有大戟科（Euphorbiaceae）、荨麻科（Urticaceae）、樟科（Lauraceae）、爵床科（Acanthaceae）、葫芦科（Cucurbitaceae）、紫金牛科（Myrsineaceae）、山茶科（Theaceae）、鸭跖草科（Commelinaceae）、苦苣苔科（Gesneriaceae）、马鞭草科（Verbenaceae）、凤仙花科（Balsaminaceae）、姜科（Zingiberaceae）等。

本分布型在此次调查区域还包括三个变型：2-1 热带亚洲、大洋洲及南美洲间断分布。本区属于该变型的有山矾科（Symplocaceae）1科；2-2 热带亚洲、非洲和南美洲间断分布。本区属于该变型的有苏木科（Caesalpiniaceae）、椴树科（Tiliaceae）和鸢尾科（Iridaceae）3科；2S 以南半球为主的热带分布。本区属于该变型的有商陆科（Phytolaccaceae）、山龙眼科（Proteaceae）、桃金娘科（Myrtaceae）、桑寄生科（Loranthaceae）、石蒜科（Amaryllidaceae）5科。

3. 热带亚洲与热带美洲间断分布

热带亚洲与热带美洲间断分布：指热带亚热带亚洲和热带亚热带美洲中、南美环太平洋洲际间断分布。本次调查区域属此分布型的有11科，占全部科数的6.83%。具体为木通科（Lardizabalaceae、清风藤科（Sabiaceae）、安息香科（Styracaceae）、水东哥科（Saurauiaceae）、杜英科（Elaeocarpaceae）、桤叶树科（Clethraceae）、五加科（Araliaceae）、冬青科（Aquifoliaceae）等。

本分布型在此次调查区域还包括三个变型：3b 热带、亚热带中美至南美含墨西哥中部及西印度群岛。本次调查区域属此分布型的只有美人蕉科（Cannaceae）1 个科分布。

4. 旧世界热带分布

旧世界热带分布：指分布于热带亚洲、非洲及大洋洲地区的科。本次调查区域属于此分布型的有海桐花科（Pittosporaceae）、八角枫科（Alangiaceae）、露兜树科（Pandanaceae）、假叶树科（Ruscaceae）4 科，占总科数 4 的 2.48%。其中海桐花科、露兜树科和海桑科是旧世界热带所特有的科，表明了保护区植物区系起源上与热带有着不可分割的联系。

5. 热带亚洲至热带大洋洲

热带亚洲至热带大洋洲的科。本次调查区域属此分布型的有姜科（Zingiberaceae）、百部科（Stemonaceae）、虎皮楠科（Daphniphyllaceae）、苏铁科（Cycadaceae）4 科，占总科数的 2.482%。虽然该分布区类型的科在本地区出现的数量不多，但为本地区种子植物区系与大洋洲植物区系在科一级水平上的历史联系提供了有力的证据。

6. 热带亚洲至热带非洲

分布于热带亚洲至热带非洲的科。在本次调查区域属此分布型的科仅芭蕉科（Musaceae）1 科。

7. 热带亚洲分布及其变型

热带亚洲分布范围为广义的，包括热带东南亚、印度-马来和西南太平洋诸岛。本地区没有热带亚洲分布正型出现，仅有 1 个变型：7-3 缅甸、泰国至中国西南分布。本次调查区域中仅肋果茶科（Sladeniaceae）属于此变型。

8. 北温带分布及其变型

北温带分布及其变型：指分布于北半球温带地区的科，部分科沿山脉南迁至热带山地或南半球温带，但其分布中心仍在北温带。本次调查区域属于此类型和变型的科有 8 科，占全部科数的 4.97%。种类比较丰富的科有杜鹃花科（Ericaceae）、忍冬科（Caprifoliaceae）、列当科（Orobanchacea）、百合科（Liliaceae）、松科（Pinaceae）、延龄草科（Trilliaceae）、金丝桃科（Hypericaceae）等。

北温带分布型在本地区出现三个变型：8-4 北温带和南温带间断分布。本地区属于此变型的有 18 科，如罂粟科（Papaveraceae）、茅膏菜科（Droseraceae）、亚麻科（Linaceae）、绣球花科（Hydrangeaceae）、金缕梅科（Hamamelidaceae）、壳斗科（Fagaceae）、桦木科（Betulaceae）、槭树科（Aceraceae）、鹿蹄草科（Pyrolaceae）、柏科（Cupressaceae）等。8-5 欧亚和南美温带间断分布。本地区属于此变型的仅有 1 科，即小檗科（Berberidaceae）。8-6 地中海、东亚、新西兰和墨西哥—智利间断分布。本地区仅马桑科（Coriariaceae）属于此变型。

北温带分布型及其变型在本地区共有 28 科，占全部科的 17.39%，是除世界广布种外仅次于泛热带分布型及其变型的分布区类型，对本地区种子植物区系组成和群落构建有着重要意义。

9. 东亚和北美洲间断分布

东亚和北美洲间断分布：指间断分布于东亚和北美温带地区的科。本次调查区域属此分布型的有木兰科（Magnoliaceae）、五味子科（Schisandraceae）、鼠刺科（Iteaceae）3 科，仅占全部科的 1.86%。

10. 旧世界温带分布及其变型

旧世界温带分布及其变型：指欧亚温带广布而不见于北美和南半球的温带科。本次调查区域没有属此分布正型的科。本区仅出现了本分布型的 1 个变型：10-3 欧亚和南非有时也在澳大利亚。本区属于此变型的仅川续断科 Dipsacaceae 1 科。

11. 东亚分布及其变型

指的是从东喜马拉雅一直分布到日本的科。本次调查区域属于此正型的科有旌节花科 Stachyuraceae、猕猴桃科（Actinidiaceae）、水东哥科（Saurauiaceae）3 科，仅占全部科的 1.86%。本区还有一个变型：14-1 中国-喜马拉雅分布。本区仅水青树科（Tetracentraceae）1 科属此变型。

综上所述，从科一级的统计和分析可知：

第一，本次调查区域种子植物 161 科可划分为 9 个类型和 10 个变型，显示出该区种子植物区系在科级水平上的地理成分较为复杂，联系较为广泛。

第二，保护区热带性质的科分布型 2~7 及其变型有 79 科，占全部科数不计世界广布科的 49.07%，温带性质的科分布型 8~14 及其变型有 36 科，占全部科数不计世界广布科的 22.36%。热带性质的科所占比例明显高于温带性质的科，这说明了本区植物区系与世界各洲热带植物区系较深的历史联系。

4.3 种子植物属的统计及分析

磨盘山自然保护区共有野生种子植物 673 属，属的数量结构分析，如表 4-6。在本区仅出现 1 种的属有 417 属，占全部属数的 61.96%，超过了所有属数的一半，但所含种数为 417 种，占全部种数的 32.30%；出现 2~5 种的属有 223 属，占全部属数的 33.14%，所含种数为 598 种，占全部种数的 46.32%；出现 6~10 种的属有 29 属，占全部属数的 4.31%，所含种数为 218 种，占全部种数的 16.89%；出现种数多于 11 种以上的属有 4 属，占全部属数的 0.59%，所含种数为 58 种，占全部种数 4.49%。

表 4-6 属的数量结构分析

类型	属数	占全部属数的比例（%）	含有的种数	占全部种比例（%）
仅出现 1 种的属	417	61.96	417	32.30
出现 2~5 种的属	223	33.14	598	46.32
出现 6~10 种的属	29	4.31	218	16.89
出现 11 种及以上的属	4	0.59	58	4.49
合计	673	100	1291	100

4.3.1 属的分布区类型分析

据吴征镒等对属分布区类型的划分原则（吴征镒，1991；吴征镒，1993；吴征镒等，2006；吴征镒等，2010），本次调查区域本地种子植物的 673 属可划分为 14 个类型和 8 个变型，如表 4-7。

表 4-7 磨盘山自然保护区种子植物属的分布区类型

分布区类型	属数	占全部属数比例%
1 世界分布 Widespread taxa	49	7.28
2 泛热带分布 Pantropical taxa	115	17.09
2-1 热带亚洲，大洋洲至新西兰和中至南美洲或墨西哥间断 Pantropical genera with a disjunct distribution in tropical Asia, Australasia to New Zealand and Central to South America	6	0.89
2-2 热带亚洲，非洲和中至南美洲间断 Pantropical genera with a disjunct distribution in tropical Asia, Africa and Central to South America	15	2.23
3 热带亚洲和热带美洲间断 Genera disjunct between tropical Asia and tropical	11	1.63
4 旧世界热带分布 Old World Tropics	57	8.47
4-1 热带亚洲，非洲或东非，马达加斯加和大洋洲间断 Genera disjunct between tropical Asia, Africa or eastern Africa and Madgascar and Australasia	7	1.04
5 热带亚洲和热带大洋洲分布 Tropical Asia and tropical Australasia	39	5.79
6 热带亚洲至热带非洲分布 Tropical Asia to tropical Africa	33	4.90
6-1 华南、西南到印度和热带非洲间断分布 Genera disjunct between southern and southwestern China, India and tropical Africa	2	0.30
6-2 热带亚洲和东非或马达加斯加间断 Genera disjunct between tropical Asia and eastern Africa or Madagascar	2	0.30
7 热带亚洲，印度、马来西亚分布 Tropical Asia	66	9.81
7-1 爪哇或苏门答腊，喜马拉雅至华南，西南间断或星散 Genera disjunct between Java/Sumatra and the Himalaya Shan to southern and southwestern China	4	0.59
7-2 热带印度至华南特别滇南 Tropical India to southern China particularly southern Yunnan	9	1.34
7-3 缅甸、泰国至华、西南分布 Myanmar and Thailand to southwestern China	4	0.59
7-4 越南或中南半岛至华南或西南 Indochinese peninsula to southern or southwestern China	8	1.19
8 北温带分布 Northern temperate	42	6.24
8-3 北温带和南温带间断泛温带 Genera disjunct between north-temperate and south-temperate regions	53	7.88
8-5 地中海，东亚，新西兰和墨西哥-智利间断 Genera disjunct between the Mediterranean, eastern Asia, New Zealand and Central and South America	1	0.15
9 东亚和北美间断分布 Genera disjunct between eastern Asia and North America	22	3.27

续表4-7

分布区类型	属数	占全部属数比例%
10 旧世界温带分布 Old World temperate taxa	17	2.53
10-1 地中海，西亚或中亚和东亚间断 Genera disjunct between the Mediterranean, western or central Asia and eastern Asia	2	0.30
10-2 地中海和喜马拉雅间断 Genera disjunct between the Mediterranean and Himalaya Shan	2	0.30
10-3 欧亚和南部非洲有时还有大洋洲间断 Genera disjunct between Eurasia and South Africa	6	0.89
11 温带亚洲分布 Temperate Asia	6	0.89
12 地中海区、西亚至中亚分布 Mediterranean and western to central Asia	1	0.15
12-2 地中海至中亚和墨西哥至美国南部间断 Genera disjunct between the Mediterranean to central Asia and Mexico to South America	1	0.15
12-3 地中海至温带，热带亚洲，大洋洲和南美洲间断 Genera disjunct between the Mediterranean to temperate and tropical Asia and Australasia and South America	1	0.15
13 中亚分布 Central Asia	1	0.15
14 东亚分布东喜马拉雅-日本 Eastern Asia	20	2.97
14-SH 中国-喜马拉雅 Sino-Himalayan taxa	26	3.86
14-SJ 中国-日本 Sino-Japanese taxa	6	0.89
15 中国特有分布 Chinese endemic genera	9	1.34
16 外来 Exotic genera	30	4.46
总计	673	100

1. 世界分布

指遍布世界各大洲而没有特殊分布中心，或虽有一个（数个）分布中心而包含世界分布种的属。

本次调查区域属于此分布型的有45属。含种数较多的有蓼属（*Polygonum*）13种、菝葜属（*Smilax*）13种、堇菜属（*Viola*）10种、悬钩子属（*Rubus*）8种、金丝桃属（*Hypericum*）7种、莎草属（*Cyperus*）5种、毛茛属（*Ranunculus*）4种等。此类分布型属的植物多数为草本，如繁缕属（*Stellaria*）、碎米荠属（*Cardamine*）、拉拉藤属（*Galium*）、毛茛属、黄芩属（*Scutellaria*）、早熟禾属（*Poa*）、老鹳草属（*Geranium*）、车前属（*Plantago*）、酸模属（*Rumex*）、琉璃草属（*Cynoglossum*）、马唐属（*Digitaria*）、千里光属（*Senecio*）、婆婆纳属（*Veronica*）、獐牙菜属（*Swertia*）等，它们一般是当地不同海拔段草丛以及亚高山草地的主要组成成分；仅有少数为灌木、半灌木或木质藤本，如悬钩子属、金丝桃属、鼠李属（*Rhamnus*）等，这些往往是该地林下或林缘灌丛的主要组成成分。

2. 泛热带分布及其变型

泛热带分布属指普遍分布于东、西两半球热带，和在全世界热带范围内有一个或数个分布中心，但在其他地区也有一些种类分布的热带属，有不少属广布于热带、亚热带甚至到温带。

本次调查区域属于此类型及其变型的有 136 属，占全部属世界广布属除外的 20.21%。这是本区最大分布区类型。主要有：木蓝属（*Indigofera*）9 种、薯蓣属（*Dioscorea*）9 种、茄属（*Solanum*）8 种、榕属（*Ficus*）9 种、山矾属（*Symplocos*）9 种、山蚂蝗属（*Desmodium*）6 种、大戟属（*Euphorbia*）6 种、冬青属（*Ilex*）6 种、凤仙花属（*Impatiens*）6 种、黄花稔属（*Sida*）4 种等。

此分布型中，木本属如冬青属、山矾属、榕属、山蚂蝗属、鹅掌柴属（*Schefflera*）、柿树属（*Diospyros*）、算盘子属（*Glochidion*）、朴属（*Celtis*）、苎麻属（*Boehmeria*）、红丝线属（*Lycianthes*）、叶下珠属（*Phyllanthus*）、山麻杆属（*Alchornea*）、金合欢属（*Acacia*）、合欢属（*Albizia*）等；草本属有冷水花属（*Pilea*）、秋海棠属（*Begonia*）、半边莲属（*Lobelia*）、狗尾草属（*Setaria*）、画眉草属（*Eragrostis*）、天胡荽属（*Hydrocotyle*）、鸭跖草属（*Commelina*）、柳叶箬属（*Isachne*）、雀稗属（*Paspalum*）、牛膝属（*Achyranthes*）、猪屎豆属（*Crotalaria*）、耳草属（*Hedyotis*）、母草属（*Lindernia*）、飘拂草属（*Fimbristylis*）、求米草属（*Oplismenus*）、孔颖草属（*Bothriochloa*）、节节菜属（*Rotala*）等；藤本植物有南蛇藤属（*Celastrus*）、薯蓣属、水竹叶属（*Murdannia*）等。众多泛热带属在本区的出现，充分表明其植物区系与泛热带各地植物区系在历史上的广泛而深刻的联系。

本区还有此类型的两个变型：2-1 热带亚洲，大洋洲至新西兰和中至南美洲或墨西哥间断分布。本区有木姜子属（*Litsea*）、薄柱草属（*Nertera*）、无患子属（*Sapindus*）、紫金牛属（*Ardisia*）和白珠树属（*Gaultheria*）为此变型；2-2 热带亚洲，非洲和中至南美洲间断分布。本区有安息香属（*Styrax*）、醉鱼草属（*Buddleja*）、紫珠属（*Callicarpa*）、黄檀属（*Dalbergia*）、斑鸠菊属（*Vernonia*）、雾水葛属（*Pouzolzia*）等 15 属为此变型。

3. 热带亚洲和热带美洲间断分布

指间断分布于美洲和亚洲温暖地区的热带属，在东半球从亚洲可能延伸到澳大利亚东北部或西南太平洋岛屿。

本次调查区域属于此分布型的有 11 属。代表有：泡花树属（*Meliosma*）、水东哥属（*Saurauia*）、野扇花属（*Sarcococca*）、山芝麻属（*Helicteres*）、扁蒴藤属（*Pristimera*）、桤叶树属（*Clethra*）和山香圆属（*Turpinia*）等，这些通常是当地常绿阔叶林乔、灌层的主要组成成分。

4. 旧世界热带分布

指分布于亚洲、非洲和大洋洲热带地区及其邻近岛屿的属。

本次调查区域属于此类型的有 57 属，占全部属世界广布属除外的 8.47%。代表有：杜茎山属（*Maesa*）、野桐属（*Mallotus*）、五月茶属（*Antidesma*）、杜英属（*Elaeocarpus*）、酸藤子属（*Embelia*）等。

本区还出现一个变型：4-1 热带亚洲，非洲或东非，马达加斯加和大洋洲间断分布。有绣球防风属（*Leucas*）、黄皮属（*Clausena*）和艾纳香属（*Blumea*）、乌口树属（*Tarenna*）等 7 属为此变型。

5. 热带亚洲至热带大洋洲分布

指旧世界热带分布区的东翼，其西端有时可达马达加斯加，但一般不到非洲大陆。

本次调查区域属于此分布型的有 39 属，占全部属世界广布属除外的 5.79%。代表有：柃木属（*Eurya*）、山龙眼属（*Helicia*）、栝楼属（*Trichosanthes*）、水锦树属（*Wendlandia*）、糯米团属（*Gonostegia*）、新耳草属（*Neanotis*）、崖爬藤属（*Tetrastigma*）、通泉草属（*Mazus*）、金发草属（*Pogonatherum*）等。该分布型的出现为该区植物区系与大洋洲植物区系在历史时期曾有过联系提供了证据。

6. 热带亚洲至热带非洲分布

指旧世界热带分布区的西翼，即从热带非洲至印度、马来西亚（特别是其西部），有的属也分布到斐济等南太平洋岛屿，但不见于澳大利亚大陆。

本次调查区域属于此分布型及变型的有 37 属，占全部属世界广布属除外的 5.50%。代表有：马蓝属（*Strobilanthes*）、香茶菜属（*Isodon*）、鱼眼草属（*Dichrocephala*）、六棱菊属（*Laggera*）、假楼梯草属（*Lecanthus*）、钟萼草属（*Lindenbergia*）、芒属（*Miscanthus*）等。

该区还出现了此分布型的两个变型：6-1 华南、西南到印度和热带非洲间断分布。本区属于此分布型的仅有南山藤属（*Dregea*）、三叶漆属（*Terminthia*）2 属；6-2 热带亚洲和东非或马达加斯加间断分布。本区属于此变型的仅有姜花属 *Hedychium*）、盾片蛇菰属（*Rhopalocnemis*）和虾子花属（*Woodfordia*）3 属。

7. 热带亚洲，印度、马来西亚分布

热带亚洲是旧世界热带的中心部分，热带亚洲分布的范围包括印度、斯里兰卡、中南半岛、印度尼西亚、加里曼丹、菲律宾及新几内亚等，东可达斐济等南太平洋岛屿，但不到澳大利亚大陆，其分布区的北部边缘，到达我国西南、华南及台湾，甚至更北地区。

本次调查区域属于此分布型及变型的有 91 属，占全部属世界广布属除外的 13.52%，是本区第三大的分布区类型。其中青冈属（*Cyclobalanopsis*）、楠属（*Phoebe*）、锥属（*Castanopsis*）、含笑属（*Michelia*）、牡竹属（*Dendrocalamus*）等为当地亚热带常绿阔叶林中具有显著群落学意义的乔木、灌木的代表；木荷属（*Schima*）、木莲属（*Manglietia*）、核果茶属（*Pyrenaria*）、黄肉楠属（*Actinodaphne*）、南五味子属（*Kadsura*）、清风藤属（*Sabia*）则为常见的藤本。

本区还出现了此分布型的三个变型：7-1 爪哇或苏门达腊、喜马拉雅间断或星散分布到华南、西南。本区属此变型的有茶梨属（*Anneslea*）、野靛棵属（*Mananthes*）、蛛毛苣苔属（*Paraboea*）、棕竹属（*Rhapis*）4 属；7-2 热带印度至华南尤其云南南部分布。本区属此变型的有羽萼木属（*Colebrookea*）、金叶子属（*Craibiodendron*）、长蕊木兰属（*Alcimandra*）、石蝴蝶属（*Petrocosmea*）、山桂花属（*Bennettiodendron*）、密脉木属（*Myrioneuron*）、独蒜兰属（*Pleione*）等 9 属；7-3 缅甸、泰国至华、西南分布。本区属此变型的有：苞叶藤属（*Blinkworthia*）、来江藤属（*Brandisia*）、肋果茶属（*Sladenia*）、猪腰豆属（*Afgekia*）4 属；7-4 越南或中南半岛至华南或西南分布。本区属此变型的有竹叶吉祥草属（*Spatholirion*）、舞草属（*Codoriocalyx*）、油杉属（*Keteleeria*）、偏瓣花属（*Plagiopetalum*）、马铃苣苔属（*Oreocharis*）、大头茶属（*Polyspora*）、栀子皮属（*Itoa*）、赤杨叶属（*Alniphyllum*）8 属。

8. 北温带分布及其变型

指广泛分布于欧洲、亚洲和北美洲温带地区的属，由于历史和地理的原因，有些属沿山脉向南延伸到热带山区，甚至到南半球温带，但其原始类型或分布中心仍在北温带。

本次调查区域属此类型和变型的属有96属，占全部属数世界广布属除外的14.26%，是本区第二大的分布区类型。木本属主要有：榆属（*Ulmus*）、胡颓子属（*Elaeagnus*）、荚蒾属（*Viburnum*）、松属（*Pinus*）、山楂属（*Crataegus*）、杨属（*Populus*）、忍冬属（*Lonicera*）、槭属（*Acer*）、绣线菊属（*Spiraea*）等，它们是本区乔、灌层的重要树种。草本属主要有：香青属（*Anaphalis*）、露珠草属（*Circaea*）、蓟属（*Cirsium*）、香薷属（*Elsholtzia*）、龙芽草属（*Agrimonia*）、紫菀属（*Aster*）、莴苣属（*Lactuca*）等。这些北温带分布型属在本次调查区域地区的出现，表明该地植物区系与北温带植物区系在历史上曾有着广泛的联系。

本区还出现了该分布型的两个变型：8-3北温带和南温带间断分布。属于该变型的有珍珠菜属（*Lysimachia*）、蒿属（*Artemisia*）、杜鹃属（*Rhododendron*）、越橘属（*Vaccinium*）、灯心草属（*Juncus*）、卫矛属（*Euonymus*）、委陵菜属（*Potentilla*）等53属。8-5地中海、东亚、新西兰和墨西哥–智利间断分布。仅马桑属（*Coriaria*）属此变型。

9. 东亚和北美洲间断分布及其变型

指间断分布于东亚和北美洲温带及亚热带地区的属。

本次调查区域属于此类型的有22属，占全部属数世界广布属除外的3.27%。代表有：石栎属（*Lithocarpus*）、山胡椒属（*Lindera*）、楤木属（*Aralia*）、绣球花属（*Hydrangea*）、胡枝子属（*Lespedeza*）、珍珠花属（*Lyonia*）、五味子属（*Schisandra*）等。

10. 旧世界温带分布及其变型

指广泛分布于欧洲、亚洲中高纬度的温带和寒温带，或最多有个别延伸到北非及亚洲–非洲热带山地或澳大利亚的属。

本次调查区域属此分布型及其变型的有17属，占全部属数世界广布属除外的2.53%。代表属有：天名精属（*Carpesium*）、筋骨草属（*Ajuga*）、风轮菜属（*Clinopodium*）、瑞香属（*Daphne*）、川续断属（*Dipsacus*）、阴行草属（*Siphonostegia*）等。

本分布型还包括三个变型：10-1地中海区、西亚或中亚和东亚间断分布。本区有山靛属（*Mercurialis*）、桃属（*Amygdalus*）2属；10-2地中海区和喜马拉雅间断分布。本区仅有蜜蜂花属（*Melissa*）、滇紫草属（*Onosma*）2属为此分布变型；10-3欧亚和南部非洲有时也在澳大利亚间断分布。本区有茜草属（*Rubia*）、女贞属（*Ligustrum*）、野芝麻属（*Lamium*）、苦苣菜属（*Sonchus*）、旋覆花属（*Inula*）、苜蓿属（*Medicago*）6属为此变型。

11. 温带亚洲分布

指分布区主要局限于亚洲温带地区的属，其分布区范围一般包括从中亚至东西伯利亚和东北亚，南部界限至喜马拉雅山区，我国西南、华北至东北，朝鲜和日本北部。也有一些属种分布到亚热带，个别属种到达亚洲热带，甚至到新几内亚。

本次调查区域属此类型的属有黄鹌菜属（*Youngia*）、羊耳菊属（*Duhaldea*）、虎杖属（*Reynoutria*）、狼毒属（*Stellera*）、杭子梢属（*Campylotropis*）5属。此分布型的属大多是古北大陆起源，它们的发展历史并不古老，可能是随着亚洲，特别是其中部温带气候的逐渐旱化，一些北温带或世界广布大属继续进化和分化的结果，而有些属在年轻的喜马拉雅山区获得很大的发展。

12. 地中海区、西亚至中亚分布及其变型

指分布于现代地中海周围，经过西亚和西南亚至中亚和我国新疆、青藏高原及蒙古高原一带的

属。其中，中亚中央亚细亚包括由巴尔喀什湖滨、天山山脉中部、帕米尔至大兴安岭、阿尔金山和西藏高原、我国新疆、青海、西藏、内蒙古西部等古地中海的大部分。

本次调查区域属此分布正型和变型的 3 属，仅占全部属的 0.45%，正型仅蜀葵属（*Alcea*）1 属，该类型的两个变型：12-2 地中海至中亚和墨西哥至美国南部间断分布。仅黄连木属（*Pistacia*）属此变型；12-3 地中海区至温带-热带亚洲、大洋洲和南美洲间断分布。仅木犀榄属（*Olea*）属此变型。

13. 中亚分布

这一分布区类型是指只分布于中亚特别是山地而不见于西亚及地中海周围的属，即约位于古地中海的东半部。本区属此分布类型的仅角蒿属（*Incarvillea*）1 属。

14. 东亚分布

指的是从东喜马拉雅一直分布到日本的属。其分布区一般向东北不超过俄罗斯境内的阿穆尔州，并从日本北部至萨哈林；向西南不超过越南北部和喜马拉雅东部，向南最远达菲律宾、苏门答腊和爪哇；向西北一般以我国各类森林边界为界。本类型一般分布区较小，几乎都是森林区系，并且其分布中心不超过喜马拉雅至日本的范围。

本次调查区域属此分布型及其变型的有 52 属，占该地总属数世界广布属除外的 7.73%。本分布型中，包括较多的单型属和少型属，这些往往是第三纪古热带植物区系的残遗或后裔。

本类型中，典型分布东亚全区的有 20 属。代表有：兔儿风属（*Ainsliaea*）、沿阶草属（*Ophiopogon*）、青荚叶属（*Helwingia*）、万寿竹属（*Disporum*）、旌节花属（*Stachyurus*）、茵芋属（*Skimmia*）、囊瓣芹属（*Pternopetalum*）、假福王草属（*Paraprenanthes*）、蜡瓣花（*Corylopsis*）、竹叶子属（*Streptolirion*）、小石积属（*Osteomeles*）等。

除了典型分布于东亚全区的类型外，本区还出现了东亚分布型的两个变型：14-1 中国-喜马拉雅分布变型。主要分布于喜马拉雅山区诸国至我国西南诸省，有的达到陕、甘、华东或台湾，向南延伸到中南半岛，但不见于日本。属此变型的有 26 属。代表有：石丁香属（*Neohymenopogon*）、扁核木属（*Prinsepia*）、鬼吹箫属（*Leycesteria*）、鞭打绣球属（*Hemiphragma*）、火把花属（*Colquhounia*）、八月瓜属（*Holboellia*）、移柀属（*Docynia*）、开口箭属（*Campylandra*），蓝钟花属（*Cyananthus*）等。14-2 中国-日本分布变型。指分布于滇、川金沙江河谷以东地区直至日本或琉球，但不见于喜马拉雅的属。本区属此变型的有：梧桐属（*Firmiana*）、雷公藤属（*Tripterygium*）、化香树属（*Platycarya*）、猫乳属（*Rhamnella*）、山桐子属（Idesia）、梧桐属（*Firmiana*）6 属。

15. 中国特有分布

特有属是指其分布限于某一自然地区或生境的植物属，是某一自然地区或生境植物区系的特有现象，以其适宜的自然地理环境及生境条件与邻近地区区别开来。关于中国特有属的概念，本文采用吴征镒的观点，即以中国境内的自然植物区（Floristic Region）为中心而分布界限不越出国境很远者，均列入中国特有的范畴。根据这一概念，本次调查区域属于此类型的有巴豆藤属（*Craspedolobium*）、茶条木属（*Delavaya*）、鹭鸶草属（*Diuranthera*）、牛筋条属（*Dichotomanthes*）、全唇花属（*Holocheila*）、石笔木属（*Tutcheria*）、四棱草属（*Schnabelia*）、同钟花属（*Homocodon*）、长冠苣苔属（*Rhabdothamnopsis*）9 属，占中国特有属的 1.34%。

综合上述,从属一级的统计和分析可知:

第一,本次调查区域种子植物 673 属可划分为 14 个类型和 18 个变型,涵盖了大多中国植物区系的属分布区类型,显示了本区种子植物区系在属级水平上地理成分的复杂性,以及同世界其他地区植物区系的广泛联系。

第二,该地区计有热带性质的属分布型 2~7 及其变型 378 属,占全部属数的 56.17;计有温带性质的属分布型 8~15 型及其变型 216 属,占全部属数的 32.10%。而在前面科的分布区类型分析中总结到:热带性质的科分布型 2~7 及其变型有 79 科,占全部科数不计世界广布科的 49.07%,温带性质的科分布型 8~14 及其变型有 36 科,占全部科数不计世界广布科的 22.36%。考虑到科的分布是由其所包含的所有属决定的,通过我们的分析发现:①在本区出现的不少热带性质的科还含有一定温带性质的属,如木通科 3 型在本区只有八月瓜属(*Holboellia*)和猫儿屎属(*Decaisnea*)2 属,它们均是中国喜马拉雅分布的温带属;樟科 2 型在本区有 8 属,其中山胡椒属(*Lindera*)9 型是温带性质的属;②某些世界广布科也含有较多温带属和热带属而世界广布科没有加入科分布型比例分析,如蔷薇科在本区有 12 属,有 9 个温带属,只有 3 个热带属;蝶形花科在本区有 34 属,其中 26 个热带属,2 个温带属,6 个世界分布属。以上分析说明用科级分析还不能很好地解释本地区系的地带性质。从属级分布型来看,本地植物区系具有强烈的热带性质,但也不乏温带性质的属。

第三,在本区所有属的分布类型中,居于前四位的是泛热带分布及其变型 136 属,20.21%,热带亚洲分布型及其变型 242 属,35.96%,北温带分布及其变型 96 属,14.26%,东亚分布型及其变型 52 属,7.3%。说明本区植物区系热带性质明显,但与温带植物区系也有较强的联系,同时也带有鲜明的东亚植物区系的烙印。

第四,本区与地中海、西亚、中亚等地共有的属仅有 6 属,说明其与广大地中海、西亚和中亚地区植物区系的联系较为微弱,这显然与喜马拉雅山脉的隆起及青藏高原的旱化及寒化有关。

第五,本区计有东亚分布类型的属 52 属,其中,中国-喜马拉雅 SH 分布变型的属有 24 属,占本区东亚分布类型的 46.15%,而中国-日本分布变型的仅 6 属,这在一定程度上为本区植物区系属于东亚植物区——中国-喜马拉雅森林植物亚区提供了佐证。

4.3.2 种子植物种的分布区类型分析

研究区域内种子植物的分布区类型共有 13 正型及 15 变型。各类型的分述,如表 4-8。

表 4-8 磨盘山自然保护区种子植物种的分布区类型

分布区类型 Distribution types	种数 Species	占全部种的比例 Percentage of total Species(%)
1 世界广布 Widespread	15	1.16
2 泛热带 Pantropic	30	2.32
2-1 热带亚洲—大洋洲和热带美洲南美洲和(或)墨西哥 Tropical Asia-Australasia & Tropical America South America or/and Mexico	4	0.31
2-2 热带亚洲—热带非洲—热带美洲南美洲 Tropical Asia to Tropical Africa to Tropical America South America	1	0.08

续表 4-8

分布区类型 Distribution types	种数 Species	占全部种的比例 Percentage of total Species（%）
3 东亚热带、亚热带及热带南美间断 East Asia Tropical & Subtropical & Tropical South America disjuncted	7	0.54
4 旧世界热带 Old World Tropics	17	1.32
4-1 热带亚洲、非洲或东非、马达加斯加和大洋洲间断分布 Tropical Asia & Tropical Africa & Tropical Australasia disjuncted or dispersed	2	0.15
5 热带亚洲至热带大洋洲 Tropical Asia to Tropical Australasia Oceania	51	3.95
6 热带亚洲至热带非洲 Tropical Asia to Tropical Africa	34	2.63
6-2 热带亚洲和东非或马达加斯加间断分布 Tropical Asia & East Africa or Madagasca disjuncted	2	0.15
7 热带东南亚至印度-马来西亚，太平洋诸岛热带亚洲 Tropical Southeast Asia to Indo-Malaya & Tropical Southwest Pacific Islands	265	20.53
7-1 爪哇或苏门答腊，喜马拉雅间断或星散分布到华南、西南 Java or Sumatra & Himalaya to South & Southwest China disjuncted or diffused	30	2.32
7-2 热带印度至华南尤其云南南部分布 Torpical India to South China especially Southern Yunnan	33	2.56
7-3 缅甸、泰国至中国西南分布 Myanmar & Thailand to Southwest China	45	3.49
7-4 越南或中南半岛至华南或西南分布 Vietnam or Indochinese Peninsula to South or Southwest China	48	3.72
8 北温带 North Temperate	20	1.55
8-2 北极-高山分布 Arctic-Alpine	1	0.08
8-4 北温带和南温带间断分布 North Temperate & South Temperate disjuncted	1	0.08
8-5 欧亚和南美洲温带间断 Eurasia & Temperate South America disjuncted	1	0.08
9 东亚及北美间断 East Asia & North America disjuncted	2	0.15
10 旧世界温带 Old World Temperate	17	1.32
10-3 欧亚和南非有时也在澳大利亚 Eurasia & South Africa sometimes also Australia disjuncted	1	0.08
11 温带亚洲 Temperate Asia	6	0.46
13 中亚分布 Central Asia	—	—
13-2 中亚东部至喜马拉雅和中国西南部 Eastern Central Asia to Himalaya & Southwestern China	1	0.08

续表4-8

分布区类型 Distribution types	种数 Species	占全部种的比例 Percentage of total Species（%）
14 东亚 East Asia	89	6.89
14-SH 中国-喜马拉雅 Sino-Himalaya	140	10.84
14-SJ 中国-日本 Sino-Japan	51	3.95
15 中国特有 Endemic to China	332	25.72
16 外来	45	3.49
总计	1291	100

1. 世界分布

本分布型种的特点是全为草本植物，且多为伴人杂草或水生、湿生的草本植物。磨盘山自然保护区属此类型的有15种，占总数的1.16%。常见种类如：繁缕（*Stellaria media*）、红蓼（*Polygonum orientale*）、沼生水马齿（*Callitriche palustris*）、酢浆草（*Oxalis corniculata*）、香附子（*Cyperus rotundus*）等，在本地区域内均为常见的种类。

2. 热带分布及其变型

本分布型种仍以草本居多。磨盘山属此类型和变型的有35种，占总数的2.71%。常见种类如：黄花草（*Arivela viscosa*）、鹅肠菜（*Myosoton aquaticum*）、豆瓣绿（*Peperomia tetraphylla*）等物种。

3. 热带亚洲和热带美洲间断分布

我国与热带美洲或南美洲共有的种不多，本分布型种大多属于自然扩散的外来种，有的甚至是入侵种。磨盘山属此类型的有7种，仅占总数的0.52%。如草龙（*Ludwigia hyssopifolia*）、过江藤（*Phyla nodiflora*）等。磨盘山自然保护区与热带美洲共有的物种并不丰富。

4. 旧世界热带分布及其变型

本地区内出现的此类型及变型的种共有20种，占总数的1.47%。黄荆（*Vitex negundo*）、双花草（*Dichanthium annulatum*）、菟丝子（*Cuscuta chinensis*）、长萼猪屎豆（*Crotalaria calycina*）、单叶木蓝（*Indigofera linifolia*）等17种。属于4-1变型：热带亚洲、非洲和大洋洲间断或星散分布。仅有长勾刺蒴麻（*Triumfetta pilosa*）和滇刺枣（*Ziziphus mauritiana*）2种。

5. 热带亚洲至热带大洋洲分布

磨盘山地区属此类型的有51种，占总数的3.95%。常见种如小二仙草（*Gonocarpus micranthus*）、五月茶（*Antidesma bunius*）、粗糠柴（*Mallotus philippensis*）等。这些类群是本地区植物区系与热带大洋洲植物区系联系的纽带，同时也反映了本地区区系相对古老的性质。

6. 热带亚洲至热带非洲分布及其变型

本地区出现该分布型36种，占研究区域总种数的2.79%。常见种如：飞龙掌血（*Toddalia asiatica*）、十字薹草（*Carex cruciata*）、小花琉璃草（*Cynoglossum clandestinum*）、荩草（*Arthraxon hispidus*）、青葙（*Celosia argentea*）等。此外本地区还出现该类型的一个变型即6-2热带亚洲和东非或马达加斯加间断分布：香橼（*Citrus medica*）和八角枫（*Alangium chinense*）2 种。

7. 热带亚洲分布

热带亚洲属古热带区域的印度——马来西亚亚域，包括印度半岛、中南半岛以及从西部的马尔代夫群岛至东部的萨摩亚群岛等广大地域。凡在整个或大部分热带亚洲区域内均有分布的种类，皆归入热带亚洲分布正型。

本地区属此类型的有 421 种，占总数的 32.61%，常见种如：红花木莲（*Manglietia insignis*）、山鸡椒（*Litsea cubeba*）、荷包山桂花（*Polygala arillata*）、石海椒（*Reinwardtia indica*）、虾子花（*Woodfordia fruticosa*）、清香藤（*Jasminum lanceolaria*）、假桂乌口树（*Tarenna attenuata*）、圆叶节节菜（*Rotala rotundifolia*）、云南连蕊茶（*Camellia forrestii*）等。

本地区还出现了该分布区类型的 4 个变型：

7-1 爪哇或苏门答腊、喜马拉雅间断或星散分布到华南、西南：研究区域内属此类型的有 30 种，如截叶铁扫帚（*Lespedeza cuneata*）、绢毛蓼（*Polygonum molle*）、珍珠花（*Lyonia ovalifolia*）、羽叶楸（*Stereospermum colais*）等；7-2 热带印度至华南尤其云南南部分布：本地区属此类型的有 33 种，如柄果海桐（*Pittosporum podocarpum*）、厚皮香（*Ternstroemia gymnanthera*）、地果（*Ficus tikoua*）等；7-3 缅甸、泰国至华南西南分布：本地区属此类型的有 45 种，如羊脆木（*Pittosporum kerrii*）、密蒙花（*Buddleja officinalis*）、多花含笑（*Michelia floribunda*）、西南栒子（*Cotoneaster franchetii*）等；7-4 越南或中南半岛至华南或西南分布：本地区属此类型的有 48 种，如小果锥（*Castanopsis fleuryi*）、毛杨梅（*Myrica esculenta*）、西桦（*Betula alnoides*）、黄檀（*Dalbergia hupeana*）、浆果楝（*Cipadessa baccifera*）等。

热带亚洲分布及其变型在本地区内共有 421 种，占所有种类的 32.61%，是该地区种子植物区系的主体。从这一数量上可以看出本地区与热带亚洲的紧密联系，有着很深远的古南大陆发生的背景。

8. 北温带分布及其变型

此分布型种的显著特点是全为草本植物。本地区属此类型的共有 23 种，占所有种类的 1.78%。常见种类如弯曲碎米荠（*Cardamine flexuosa*）、多花地杨梅（*Luzula multiflora*）、水蓼（*Polygonum hydropiper*）等。

包括三个变型共 3 种，即 8-2 北极-高山分布 1 种；8-4 北温带和南温带间断分布 1 种和 8-5 欧亚和南美洲温带间断分布 1 种，分别是看麦娘（*Alopecurus aequalis*）、绶草（*Spiranthes sinensis*）、凹头苋（*Amaranthus blitum*）。

9. 东亚及北美间断分布

本地区属此类型的仅有 2 种：珠光香青（*Anaphalis margaritacea*）和小蓬草（*Erigeron Canadensis*）。此分布型种虽然不多，但至少表明本地区与北美植物区系曾经有过联系。

10. 旧世界温带分布及其变型

本地区属此类型的共有 18 种，仅占总数的 1.39%。常见的有：狗筋蔓（*Silene baccifera*）、接骨木（*Sambucus williamsii*）、北水苦荬（*Veronica anagallis-aquatica*）、夏枯草（*Prunella vulgaris*）等。10-3 欧亚和南非有时也在澳大利亚分布型：仅土牛膝（*Achyranthes aspera*）1 种为此变型。

11. 温带亚洲分布

本地区属此类型的有6种，仅占物种总数的0.46%，且全部为草本，如高原露珠草（*Circaea alpine* subsp. *imaicola*）、竹叶子（*Streptolirion volubile*）、茴茴蒜（*Ranunculus chinensis*）、小藜（*Chenopodium ficifolium*）、平车前（*Plantago depressa*）等。

13. 中亚分布

本地区没有此分布正型出现，仅13-2中亚东部至喜马拉雅和中国西南部分变型：仅荞（*Fagopyrum tataricum*）1种。

14. 东亚分布：本地区属此类型的有280种，占全部种数的21.69%，是磨盘山自然保护区种子植物区系中居于第三位的分布类型。本类型中，全东亚分布的种有89种，占全部种类的6.89%。常见种类有青冈（*Cyclobalanopsis glauca*）、南蛇藤（*Celastrus orbiculatus*）、白檀（*Symplocos paniculata*）、黄连木（*Pistacia chinensis*）、紫金牛（*Ardisia japonica*）、叉唇角盘兰（*Herminium lanceum*）、一把伞南星（*Arisaema erubescens*）等。

本地区还有两个分布区类型的变型：

14-1 中国-喜马拉雅分布：本地区属此亚型的有140种。占全部种类的10.84%，许多东亚植物区系的特征或代表种类均属于此分布亚型。乔木种类如尼泊尔桤木（*Alnus nepalensis*）、长蕊木兰（*Alcimandra cathcartii*）、西域旌节花（*Stachyurus himalaicus*）、乔木茵芋（*Skimmia arborescens*）、青榨槭（*Acer davidii*）等，其中部分种类是植物群落的优势种和建群种；灌木如野香橼花（*Capparis bodinieri*）、白瑞香（*Daphne papyracea*）、马桑绣球（*Hydrangea aspera*）等，在本地区常绿阔叶林中都是比较常见的种类；藤本如薄叶栝楼（*Trichosanthes wallichiana*）、云南清风藤（*Sabia yunnanensis*）、八月瓜（*Holboellia latifolia*）等；草本植物如异叶楼梯草（*Elatostema monandrum*）、黄毛草莓（*Fragaria nilgerrensis*）、旋叶香青（*Anaphalis contorta*）等均较为常见。

14-2 中国-日本分布：本地区属此亚型的有51种，占所有物种数的3.95%。常见的如铁冬青（*Ilex rotunda*）、风轮菜（*Clinopodium chinense*）、何首乌（*Fallopia multiflora*）、金丝桃（*Hypericum monogynum*）等。

这些种类在指示本地区的区系性质方面具有重要意义。

15. 中国特有种：本地区属此类型的有332种，占全部种数的25.72%，是本地区第二大分布类型，同样也是组成本地区种子植物区系的主体之一。常见种类有云南含笑（*Michelia yunnanensis*）、香叶子（*Lindera fragrans*）、华中五味子（*Schisandra sphenanthera*）、轮环藤（*Cyclea racemosa*）、黄金凤（*Impatiens siculifer*）、金丝梅（*Hypericum patulum*）、灌丛溲疏（*Deutzia rehderiana*）、华西小石积（*Osteomeles schwerinae*）、球花石楠（*Photinia glomerata*）、大花香水月季（*Rosa odorata* var. *gigantea*）、老虎刺（*Pterolobium punctatum*）、尖齿木蓝（*Indigofera argutidens*）、白刺花（*Sophora davidii*）、云南杨梅（*Myrica nana*）、黄毛青冈（*Cyclobalanopsis delavayi*）、四川冬青（*Ilex szechwanensis*）、帽斗栎（*Quercus guyavifolia*）、帚枝鼠李（*Rhamnus virgata*）、滇南杜鹃（*Rhododendron hancockii*）、云南越橘（*Vaccinium duclouxii*）、亮叶素馨（*Jasminum seguinii*）、滇川山罗花（*Melampyrum klebelsbergianum*）、野拔子（*Elsholtzia rugulosa*）、近蕨薹草（*Carex subfilicinoides*）等。

特有种是某一地区植物区系特有现象的表现，它代表了该地植物区系的最重要特征。

从种一级的分析来看，第一，研究区域内种子植物的分布区类型共有13正型及15变型，显示出该地区植物区系在种一级水平上的地理成分十分复杂，来源较为广泛。

第二，研究区域的种子植物主体是热带亚洲分布型、中国特有分布型和东亚分布型，共有 1033 种，占所有数量的 80.02%。

第三，本地区与中国-喜马拉雅森林植物亚区的联系共有种数占东亚分布总种数的 50% 较中国-日本森林植物亚区联系更为密切共有种数占东亚分布总种数的 10.84%。

第四，本地区内热带性质的种共有 569 种，占比 44.07%；温带性质的种共有 662 种，占比 51.28%，热带性与温带性的比值约为 0.8。说明本地区植物区系的热带性质与温带性质均较强，但仍然以温带性质为主，同时受热带植物区系的影响较为深远。这种情况的出现与本地区所处的地理位置的气候和区域内河谷地区的干热环境有密切关系。

4.4 特有、珍稀濒危植物

4.4.1 珍稀濒危保护植物概述

随着现代工业的迅猛发展，人类对植物资源掠夺式的开发利用，人口、资源、环境问题日益严重，导致生物多样性急速下降，不少植物种类及其分布区面临威胁，以至受到灭绝的危险。因此，多年来珍稀濒危植物的保护问题一直受到高度重视。

国务院于 1999 年颁布了《国家重点保护野生植物名录第一批》，云南省人民政府于 1989 年颁布了《云南省第一批省重点保护野生植物名录》，这些颁布的重点保护植物名录体现了国家对珍稀濒危重点保护植物实行分级管理的原则。I 级重点保护野生植物是指具有极为重要的科研、经济和文化价值的稀有、濒危的种类；II 级重点保护野生植物是指在科研或经济上有重要意义的稀有、或濒危的种类；III 级重点保护野生植物是指在科研或经济上有一定意义的渐危或稀有的种类本报告中该级别仅为云南省重点保护物种。

在国际上《IUCN 物种红色名录》2017 中，濒危等级从高到低依次为绝灭、野外绝灭、极危、濒危、易危、近危、无危、数据缺乏、未予评估等 9 个等级。绝灭（Extinct，EX）是指如果没有理由怀疑一分类单元的最后一个个体已经死亡，即认为该分类单元已经绝灭。野外绝灭（Extinct in the Wild，EW）是指如果已知一分类单元只生活在栽培、圈养条件下或者只作为自然化种群或种群生活在远离其过去的栖息地时，即认为该分类单元属于野外绝灭。极危（Critically Endangered，CR）是指当一分类单元的野生种群面临即将绝灭的概率非常高，即符合极危标准中的任何一条标准时，该分类单元即列为极危。濒危（Endangered，EN）是指当一分类单元未达到极危标准，但是其野生种群在不久的将来面临绝灭的概率很高，即符合濒危标准中的任何一条标准时，该分类单元即列为濒危。易危（Vulnerable，VU）是指当一分类单元未达到极危或者濒危标准，但是在未来一段时间后，其野生种群面临绝灭的概率较高，即符合易危标准中的任何一条标准时，该分类单元即列为易危。近危（Near Threatened，NT）是指当一分类单元未达到极危、濒危或者易危标准，但是在未来一段时间后，接近符合或可能符合受威胁等级，该分类单元即列为近危。无危（Least Concern，LC）是指当一分类单元被评估未达到极危、濒危、易危或者近危标准，该分类单元即列为无危。广泛分布和种类丰富的分类单元都属于该等级。数据缺乏（Data Deficient，DD）是指如果没有足够的资料来直接或者间接地根据一分类单元的分布或种群状况来评估其绝灭的危险程度时，即认为该分类单元属于数据缺乏。未予评估（Not Evaluated, NE）是指如果一分类单元未经应用本标准进行评估，则可将该分类单元列为未予评估。

《濒危野生动植物物种国际贸易公约》（CITES）中，将其收录的种类分为附录Ⅰ、附录Ⅱ、附录Ⅲ等3个级别。附录Ⅰ包括所有受到和可能受到贸易影响而有灭绝危险的物种。附录Ⅱ包括：①所有那些目前虽未濒临灭绝，但如对其贸易不严加管理，以防止不利其生存的利用，就可能变成有灭绝危险的物种；②为了使本款第a项中指明的某些物种标本的贸易能得到有效的控制，而必须加以管理的其他物种。附录Ⅲ包括任一成员国认为属其管辖范围内，应进行管理以防止或限制开发利用而需要其他成员国合作控制贸易的物种。

4.4.2　调查方法

采用样地调查、线路调查，并结合询问向导、农户以及保护区工作人员进行调查。调查内容包括植物种类、分布、生境、所在群落特征、种群数量状况、更新及人为利用状况和受威胁的程度等。

珍稀濒危保护植物中，国家重点保护野生植物依据1999年国务院颁布的《国家重点保护野生植物名录第一批》确定，云南省重点保护野生植物依据1989年云南省人民政府颁布的《云南省第一批省重点保护野生植物名录》确定；另外，依据《濒危野生动植物物种国际贸易公约》（CITES）的附录和《IUCN濒危物种红色名录》www.iucnredlist.org 2017年10月登录确定珍稀濒危保护植物。

4.4.3　珍稀濒危保护植物名录

按照上述调查和评估依据，本次调查区域共有珍稀濒危保护植物30种，如表4-9。其中磨盘山自然保护区区域有2种国家Ⅰ级保护植物，长蕊木兰（*Alcimandra cathcartii*）、篦齿苏铁（*Cycas pectinata*）；国家Ⅱ级保护植物3种：水青树（*Tetracentron sinense*）、千果榄仁（*Terminalia myriocarpa*）、红椿（*Toona ciliata*）；省级保护植物8种：异腺草（*Anisadenia pubescens*）、毛尖树（*Actinodaphne forrestii*）、滇瑞香（*Daphne feddei*）、高盆樱桃（*Cerasus cerasoides*）、秀丽珍珠花（*Lyonia compta*）、红马银花（*Rhododendron vialii*）、异萼柿（*Diospyros anisocalyx*）、石丁香（*Neohymenopogon parasiticus*），无IUCN收录的濒危等级保护植物，CITES附录Ⅱ收录16种全为兰科植物。

表4-9　磨盘山自然保护区珍稀濒危保护植物

序号	中文名	学名	科中名	科拉丁名	保护等级
1	长蕊木兰	*Alcimandra cathcartii*	木兰科	Magnoliaceae	国家Ⅰ级
2	篦齿苏铁	*Cycas pectinata*	苏铁科	Cycadaceae	国家Ⅰ级
3	水青树	*Tetracentron sinense*	水青树科	Tetracentraceae	国家Ⅱ级
4	千果榄仁	*Terminalia myriocarpa*	使君子科	Combretaceae	国家Ⅱ级
5	红椿	*Toona ciliata*	楝科	Meliaceae	国家Ⅱ级
6	异腺草	*Anisadenia pubescens*	亚麻科	Linaceae	省3级

续表 4-9

序号	中文名	学名	科中名	科拉丁名	保护等级
7	毛尖树	*Actinodaphne forrestii*	樟科	Lauraceae	省 3 级
8	滇瑞香	*Daphne feddei*	瑞香科	Thymelaeaceae	省 3 级
9	高盆樱桃	*Cerasus cerasoides*	蔷薇科	Rosaceae	省 2 级
10	秀丽珍珠花	*Lyonia compta*	杜鹃花科	Ericaceae	省 3 级
11	红马银花	*Rhododendron vialii*	杜鹃花科	Ericaceae	省 3 级
12	异萼柿	*Diospyros anisocalyx*	柿科	Ebenaceae	省 3 级
13	石丁香	*Neohymenopogon parasiticus*	茜草科	Rubiaceae	省 3 级
14	多花兰	*Cymbidium floribundum*	兰科	Orchidaceae	CITES 附录 II
15	石斛属	*Dendrobium* sw.	兰科	Orchidaceae	CITES 附录 II
16	高斑叶兰	*Goodyera procera*	兰科	Orchidaceae	CITES 附录 II
17	小斑叶兰	*Goodyera repens*	兰科	Orchidaceae	CITES 附录 II
18	斑叶兰	*Goodyera schlechtendaliana*	兰科	Orchidaceae	CITES 附录 II
19	毛莛玉凤花	*Habenaria ciliolaris*	兰科	Orchidaceae	CITES 附录 II
20	叉唇角盘兰	*Herminium lanceum*	兰科	Orchidaceae	CITES 附录 II
21	羊耳蒜	*Liparis campylostalix*	兰科	Orchidaceae	CITES 附录 II
22	柄叶羊耳蒜	*Liparis petiolata*	兰科	Orchidaceae	CITES 附录 II
23	钗子股	*Luisia morsei*	兰科	Orchidaceae	CITES 附录 II
24	羽唇兰	*Ornithochilus difformis*	兰科	Orchidaceae	CITES 附录 II
25	独蒜兰	*Pleione bulbocodioides*	兰科	Orchidaceae	CITES 附录 II
26	大花独蒜兰	*Pleione grandiflora*	兰科	Orchidaceae	CITES 附录 II
27	云南独蒜兰	*Pleione yunnanensis*	兰科	Orchidaceae	CITES 附录 II
28	绶草	*Spiranthes sinensis*	兰科	Orchidaceae	CITES 附录 II
30	吉氏白点兰	*Thrixspermum tsii*	兰科	Orchidaceae	CITES 附录 II

4.5 特有植物

依据《云南植物志》和 *Flora of China* 的分布信息和标本查阅，确定磨盘山保护区中国特有种 238 种，其云南特有种 75 种，详见表 4-10。

表 4-10 磨盘山自然保护区特有植物名录

序号	中文名	学名	科名	云南特有	中国特有
1	多鳞粉背蕨	*Aleuritopteris pseudofarinosa*	中国蕨科 Sinopteridaceae		是
2	毛叶粉背蕨	*Aleuritopteris squamosa*	中国蕨科 Sinopteridaceae		是
3	硫磺粉背蕨	*Aleuritopteris veitchii*	中国蕨科 Sinopteridaceae		是
4	微凹膜叶铁角蕨	*Asplenium retusullum*	铁角蕨科 Aspleniaceae	是	是
5	细叶卷柏	*Selaginella labordei*	卷柏科 Selaginellaceae		是
6	鳞轴小膜盖蕨	*Araiostegia perdurans*	骨碎补科 Davalliaceae		是
7	杯盖阴石蕨	*Humata platylepis*	骨碎补科 Davalliaceae		是
8	拟鳞瓦韦	*Lepisorus suboligolepidus*	水龙骨科 Polypodiaceae		是
9	带叶瓦韦	*Lepisorus xiphiopteris*	水龙骨科 Polypodiaceae	是	是
10	中华盾蕨	*Neolepisorus sinensis*	水龙骨科 Polypodiaceae		是
11	华北石韦	*Pyrrosia davidii*	水龙骨科 Polypodiaceae		是
12	华山松	*Pinus armandii*	松科 Pinaceae		是
13	侧柏	*Platycladus orientalis*	柏科 Cupressaceae		是
14	云南含笑	*Michelia yunnanensis*	木兰科 Magnoliaceae		是
15	华中五味子	*Schisandra sphenanthera*	五味子科 Schisandraceae		是
16	心叶青藤	*Illigera cordata*	莲叶桐科 Hernandiaceae		是
17	毛尖树	*Actinodaphne forrestii*	樟科 Lauraceae		是
18	山鸡椒	*Litsea cubeba*	樟科 Lauraceae		是
19	新樟	*Neocinnamomum delavayi*	樟科 Lauraceae	是	是
20	滇楠	*Phoebe nanmu*	樟科 Lauraceae		是
21	柔毛青藤	*Illigera grandiflora* var. *pubescens*	莲叶桐科 Hernandiaceae	是	是
22	毛果绣球藤	*Clematis montana* var. *trichogyna*	毛茛科 Ranunculaceae		是
23	棱喙毛茛	*Ranunculus trigonus*	毛茛科 Ranunculaceae		是
24	爪哇唐松草	*Thalictrum javanicum*	毛茛科 Ranunculaceae	是	是
25	金鱼藻	*Ceratophyllum demersum*	金鱼藻科 Ceratophyllaceae		是
26	假小檗	*Berberis fallax*	小檗科 Berberidaceae	是	是

续表 4-10

序号	中文名	学名	科名	云南特有	中国特有
27	春小檗	*Berberis vernalis*	小檗科 Berberidaceae	是	是
28	长苞十大功劳	*Mahonia longibracteata*	小檗科 Berberidaceae		是
29	西南千金藤	*Stephania subpeltata*	防己科 Menispermaceae		是
30	黄叶地不容	*Stephania viridiflavens*	防己科 Menispermaceae		是
31	蒟子	*Piper yunnanense*	胡椒科 Piperaceae	是	是
32	地锦苗	*Corydalis sheareri*	罂粟科 Papaveraceae		是
33	深圆齿堇菜	*Viola davidii*	堇菜科 Violaceae		是
34	柔毛堇菜	*Viola fargesii*	堇菜科 Violaceae		是
35	悬果堇菜	*Viola pendulicarpa*	堇菜科 Violaceae		是
36	贵州远志	*Polygala dunniana*	远志科 Polygalaceae		是
37	芽生虎耳草	*Saxifraga gemmipara*	虎耳草科 Saxifragaceae		是
38	红毛虎耳草	*Saxifraga rufescens*	虎耳草科 Saxifragaceae		是
39	鹅肠菜	*Myosoton aquaticum*	石竹科 Caryophyllaceae		是
40	平卧蓼	*Polygonum strindbergii*	蓼科 Polygonaceae		是
41	白花苋	*Aerva sanguinolenta*	苋科 Amaranthaceae		是
42	小藜	*Chenopodium serotinum*	苋科 Amaranthaceae		是
43	分枝感应草	*Biophytum fruticosum*	酢浆草科 Oxalidaceae		是
44	水凤仙花	*Impatiens aquatilis*	凤仙花科 Balsaminaceae	是	是
45	红纹凤仙花	*Impatiens rubrostriata*	凤仙花科 Balsaminaceae	是	是
46	滇瑞香	*Daphne feddei*	瑞香科 Thymelaeaceae		是
47	山地山龙眼	*Helicia clivicola*	山龙眼科 Proteaceae	是	是
48	滇山茶	*Camellia reticulata*	山茶科 Theaceae		是
49	岗柃	*Eurya groffii*	山茶科 Theaceae		是
50	景东柃	*Eurya jintungensis*	山茶科 Theaceae		是
51	斜基叶柃	*Eurya obliquifolia*	山茶科 Theaceae	是	是
52	窄基红褐柃	*Eurya rubiginosa* var. *attenuata*	山茶科 Theaceae		是

续表 4-10

序号	中文名	学名	科名	云南特有	中国特有
53	半齿柃	*Eurya semiserrata*	山茶科 Theaceae		是
54	毛果柃	*Eurya trichocarpa*	山茶科 Theaceae		是
55	文山柃	*Eurya wenshanensis*	山茶科 Theaceae	是	是
56	云南柃	*Eurya yunnanensis*	山茶科 Theaceae	是	是
57	云南核果茶	*Pyrenaria sophiae*	山茶科 Theaceae	是	是
58	银木荷	*Schima argentea*	山茶科 Theaceae		是
59	尖萼厚皮香	*Ternstroemia luteoflora*	山茶科 Theaceae	是	是
60	蒙自猕猴桃	*Actinidia henryi*	猕猴桃科 Actinidiaceae	是	是
61	偏瓣花	*Plagiopetalum esquirolii*	野牡丹科 Melastomataceae	是	是
62	尖萼金丝桃	*Hypericum acmosepalum*	金丝桃科 Hypericaceae		是
63	一担柴	*Colona floribunda*	椴树科 Tiliaceae	是	是
64	小花扁担杆	*Grewia biloba* var. *parviflora*	椴树科 Tiliaceae		是
65	拔毒散	*Sida szechuensis*	锦葵科 Malvaceae		是
66	山麻杆	*Alchornea davidii*	大戟科 Euphorbiaceae		是
67	续随子	*Euphorbia lathylris*	大戟科 Euphorbiaceae		是
68	大果大戟	*Euphorbia wallichii*	大戟科 Euphorbiaceae		是
69	白背算盘子	*Glochidion wrightii*	大戟科 Euphorbiaceae		是
70	云南野桐	*Mallotus yunnanensis*	大戟科 Euphorbiaceae		是
71	马桑溲疏	*Deutzia aspera*	绣球花科 Hydrangeaceae		是
72	灌丛溲疏	*Deutzia rehderiana*	绣球花科 Hydrangeaceae		是
73	西南绣球	*Hydrangea davidii*	绣球花科 Hydrangeaceae		是
74	松潘绣球	*Hydrangea sungpanensis*	绣球花科 Hydrangeaceae		是
75	紫萼山梅花	*Philadelphus purpurascens*	绣球花科 Hydrangeaceae		是
76	蒙自樱桃	*Cerasus henryi*	蔷薇科 Rosaceae	是	是
77	木瓜	*Chaenomeles sinensis*	蔷薇科 Rosaceae		是
78	厚叶栒子	*Cotoneaster coriaceus*	蔷薇科 Rosaceae		是

续表 4-10

序号	中文名	学名	科名	云南特有	中国特有
79	云南山楂	*Crataegus scabrifolia*	蔷薇科 Rosaceae		是
80	牛筋条	*Dichotomanthes tristaniicarpa*	蔷薇科 Rosaceae		是
81	云南栘柺	*Docynia delavayi*	蔷薇科 Rosaceae	是	是
82	栎叶枇杷	*Eriobotrya prinoides*	蔷薇科 Rosaceae		是
83	云南绣线梅	*Neillia serratisepala*	蔷薇科 Rosaceae	是	是
84	华西小石积	*Osteomeles schwerinae*	蔷薇科 Rosaceae		是
85	球花石楠	*Photinia glomerata*	蔷薇科 Rosaceae		是
86	带叶石楠	*Photinia loriformis*	蔷薇科 Rosaceae		是
87	香水月季	*Rosa odorata*	蔷薇科 Rosaceae		是
88	大花香水月季	*Rosa odorata* var. *gigantea*	蔷薇科 Rosaceae	是	是
89	三叶悬钩子	*Rubus delavayi*	蔷薇科 Rosaceae		是
90	白叶莓	*Rubus innominatus*	蔷薇科 Rosaceae		是
91	多毛悬钩子	*Rubus lasiotrichos*	蔷薇科 Rosaceae		是
92	褐毛花楸	*Sorbus ochracea*	蔷薇科 Rosaceae		是
93	毛枝绣线菊	*Spiraea martinii*	蔷薇科 Rosaceae		是
94	川滇绣线菊	*Spiraea schneideriana*	蔷薇科 Rosaceae		是
95	绒毛绣线菊	*Spiraea velutina*	蔷薇科 Rosaceae		是
96	锈毛两型豆	*Amphicarpaea ferruginea*	蝶形花科 Papilionaceae		是
97	小雀花	*Campylotropis polyantha*	蝶形花科 Papilionaceae		是
98	钝叶黄檀	*Dalbergia obtusifolia*	蝶形花科 Papilionaceae	是	是
99	滇黔黄檀	*Dalbergia yunnanensis*	蝶形花科 Papilionaceae		是
100	亮叶中南鱼藤	*Derris fordii* var. *lucida*	蝶形花科 Papilionaceae		是
101	丽江镰扁豆	*Dolichos appendiculatus*	蝶形花科 Papilionaceae	是	是
102	云南山黑豆	*Dumasia yunnanensis*	蝶形花科 Papilionaceae		是
103	尖齿木蓝	*Indigofera argutidens*	蝶形花科 Papilionaceae	是	是
104	长齿木蓝	*Indigofera dolichochaeta*	蝶形花科 Papilionaceae	是	是

续表 4-10

序号	中文名	学名	科名	云南特有	中国特有
105	绿花崖豆藤	*Millettia championii*	蝶形花科 Papilionaceae		是
106	食用葛	*Pueraria edulis*	蝶形花科 Papilionaceae		是
107	中华狸尾豆	*Uraria sinensis*	蝶形花科 Papilionaceae		是
108	云南旌节花	*Stachyurus yunnanensis*	旌节花科 Stachyuraceae		是
109	滇蜡瓣花	*Corylopsis yunnanensis*	金缕梅科 Hamamelidaceae	是	是
110	清溪杨	*Populus rotundifolia* var. *duclouxiana*	杨柳科 Salicaceae		是
111	元江锥	*Castanopsis orthacantha*	壳斗科 Fagaceae		是
112	毛脉高山栎	*Quercus rehderiana*	壳斗科 Fagaceae	是	是
113	黄毛青冈	*Cyclobalanopsis delavayi*	壳斗科 Fagaceae		是
114	灰背石柯	*Lithocarpus hypoglaucus*	壳斗科 Fagaceae	是	是
115	帽斗栎	*Quercus guyavaefolia*	壳斗科 Fagaceae	是	是
116	帽斗栎	*Quercus guyavaefolia*	壳斗科 Fagaceae	是	是
117	毛脉高山栎	*Quercus rehderiana*	壳斗科 Fagaceae		是
118	羽脉山黄麻	*Trema levigata*	榆科 Ulmaceae		是
119	榆树	*Ulmus pumila*	榆科 Ulmaceae		是
120	对叶楼梯草	*Elatostema sinense*	荨麻科 Urticaceae		是
121	细尾楼梯草	*Elatostema tenuicaudatum*	荨麻科 Urticaceae		是
122	粗齿冷水花	*Pilea sinofasciata*	荨麻科 Urticaceae		是
123	红河冬青	*Ilex manneiensis*	冬青科 Aquifoliaceae	是	是
124	多脉冬青	*Ilex polyneura*	冬青科 Aquifoliaceae		是
125	细脉冬青	*Ilex venosa*	冬青科 Aquifoliaceae	是	是
126	纤齿卫矛	*Euonymus giraldii*	卫矛科 Celastraceae		是
127	翅子藤	*Loeseneriella merrilliana*	翅子藤科 Hippocrateaceae		是
128	薄叶鼠李	*Rhamnus leptophylla*	鼠李科 Rhamnaceae		是
129	纤细雀梅藤	*Sageretia gracilis*	鼠李科 Rhamnaceae		是
130	海南翼核果	*Ventilago inaequilateralis*	鼠李科 Rhamnaceae		是

续表 4-10

序号	中文名	学名	科名	云南特有	中国特有
131	鸡柏紫藤	*Elaeagnus loureiro*	胡颓子科 Elaeagnaceae		是
132	三裂蛇葡萄	*Ampelopsis delavayana*	葡萄科 Vitaceae		是
133	狭叶崖爬藤	*Tetrastigma serrulatum*	葡萄科 Vitaceae		是
134	葡萄	*Vitis vinifera*	葡萄科 Vitaceae		是
135	红河橙	*Citrus hongheensis*	芸香科 Rutaceae	是	是
136	香橼	*Citrus medica*	芸香科 Rutaceae		是
137	花椒	*Zanthoxylum bungeanum*	芸香科 Rutaceae		是
138	多叶花椒	*Zanthoxylum multijugum*	芸香科 Rutaceae		是
139	浆果楝	*Cipadessa baccifera*	楝科 Meliaceae		是
140	羽状地黄连	*Munronia pinnata*	楝科 Meliaceae		是
141	扇叶槭	*Acer flabellatum*	槭树科 Aceraceae		是
142	云南清风藤	*Sabia yunnanensis*	清风藤科 Sabiaceae		是
143	楤木	*Aralia elata*	五加科 Araliaceae		是
144	景东楤木	*Aralia gintungensis*	五加科 Araliaceae	是	是
145	红河鹅掌柴	*Schefflera hoi*	五加科 Araliaceae	是	是
146	普渡天胡荽	*Hydrocotyle hookeri*	伞形科 Apiaceae		是
147	囊瓣芹	*Pternopetalum davidii*	伞形科 Apiaceae		是
148	金叶子	*Craibiodendron stellatum*	杜鹃花科 Ericaceae		是
149	芳香白珠	*Gaultheria fragrantissima*	杜鹃花科 Ericaceae		是
150	大喇叭杜鹃	*Rhododendron excellens*	杜鹃花科 Ericaceae		是
151	滇南杜鹃	*Rhododendron hancockii*	杜鹃花科 Ericaceae	是	是
152	露珠杜鹃	*Rhododendron irroratum*	杜鹃花科 Ericaceae		是
153	蒙自杜鹃	*Rhododendron mengtszense*	杜鹃花科 Ericaceae	是	是
154	云上杜鹃	*Rhododendron pachypodum*	杜鹃花科 Ericaceae	是	是
155	大王杜鹃	*Rhododendron rex*	杜鹃花科 Ericaceae		是
156	红花杜鹃	*Rhododendron spanotrichum*	杜鹃花科 Ericaceae	是	是

续表 4-10

序号	中文名	学名	科名	云南特有	中国特有
157	爆杖花	*Rhododendron spinuliferum*	杜鹃花科 Ericaceae		是
158	长穗越橘	*Vaccinium dunnianum*	越橘科 Vacciniaceae	是	是
159	乌鸦果	*Vaccinium fragile*	越橘科 Vacciniaceae		是
160	矮越橘	*Vaccnimum chamaebuxus*	越橘科 Vacciniaceae	是	是
161	异萼柿	*Diospyros anisocalyx*	柿科 Ebenaceae	是	是
162	君迁子	*Diospyros lotus*	柿科 Ebenaceae		是
163	朱砂根	*Ardisia crenata*	紫金牛科 Myrsinaceae		是
164	百两金	*Ardisia crispa*	紫金牛科 Myrsinaceae		是
165	紫金牛	*Ardisia japonica*	紫金牛科 Myrsinaceae		是
166	密花树	*Myrsine seguinii*	紫金牛科 Myrsinaceae	是	是
167	赤杨叶	*Alniphyllum fortunei*	安息香科 Styracaceae		是
168	密花山矾	*Symplocos congesta*	山矾科 Symplocaceae		是
169	海桐山矾	*Symplocos heishanensis*	山矾科 Symplocaceae		是
170	山矾	*Symplocos sumuntia*	山矾科 Symplocaceae		是
171	巴东醉鱼草	*Buddleja albiflora*	马钱科 Loganiaceae		是
172	紫花醉鱼草	*Buddleja fallowiana*	马钱科 Loganiaceae		是
173	密蒙花	*Buddleja officinalis*	马钱科 Loganiaceae		是
174	白枪杆	*Fraxinus malacophylla*	木犀科 Oleaceae		是
175	丛林素馨	*Jasminum duclouxii*	木犀科 Oleaceae		是
176	清香藤	*Jasminum lanceolaria*	木犀科 Oleaceae		是
177	迎春花	*Jasminum nudiflorum*	木犀科 Oleaceae		是
178	多花素馨	*Jasminum polyanthum*	木犀科 Oleaceae		是
179	小蜡	*Ligustrum sinense*	木犀科 Oleaceae		是
180	长叶吊灯花	*Ceropegia longifolia*	萝藦科 Asclepiadaceae		是
181	青羊参	*Cynanchum otophyllum*	萝藦科 Asclepiadaceae		是
182	华宁藤	*Gymnema foetidum*	萝藦科 Asclepiadaceae	是	是

续表 4-10

序号	中文名	学名	科名	云南特有	中国特有
183	蓝叶藤	*Marsdenia tinctoria*	萝藦科 Asclepiadaceae		是
184	黑龙骨	*Periploca forrestii*	萝藦科 Asclepiadaceae		是
185	云南弓果藤	*Toxocarpus aurantiacus*	萝藦科 Asclepiadaceae	是	是
186	多毛玉叶金花	*Mussaenda mollissima*	茜草科 Rubiaceae		是
187	薄柱草	*Nertera sinensis*	茜草科 Rubiaceae		是
188	广州蛇根草	*Ophiorrhiza cantonensis*	茜草科 Rubiaceae		是
189	云南鸡矢藤	*Paederia yunnanensis*	茜草科 Rubiaceae		是
190	滇南九节	*Psychotria henryi*	茜草科 Rubiaceae	是	是
191	大叶茜草	*Rubia schumanniana*	茜草科 Rubiaceae		是
192	麻栗水锦树	*Wendlandia tinctoria* subsp. *Handelii*	茜草科 Rubiaceae		是
193	菰腺忍冬	*Lonicera hypoglauca*	忍冬科 Caprifoliaceae		是
194	忍冬	*Lonicera japonica*	忍冬科 Caprifoliaceae		是
195	淡红忍冬	*Lonicera acuminata*	忍冬科 Caprifoliaceae		是
196	珍珠荚蒾	*Viburnum foetidum* var. *ceanothoides*	忍冬科 Caprifoliaceae		是
197	川续断	*Dipsacus asper*	川续断科 Dipsacaceae		是
198	美形金钮扣	*Acmella calva*	菊科 Asteraceae	是	是
199	狭叶兔儿风	*Ainsliaea angustifolia*	菊科 Asteraceae		是
200	旋叶香青	*Anaphalis contorta*	菊科 Asteraceae		是
201	覆瓦蓟	*Cirsium leducii*	菊科 Asteraceae		是
202	黑花紫菊	*Notoseris melanantha*	菊科 Asteraceae	是	是
203	红果黄鹌菜	*Youngia erythrocarpa*	菊科 Asteraceae		是
204	卵裂黄鹌菜	*Youngia japonica*	菊科 Asteraceae		是
205	昆明龙胆	*Gentiana duclouxii*	龙胆科 Gentianaceae	是	是
206	流苏龙胆	*Gentiana panthaica*	龙胆科 Gentianaceae		是
207	滇龙胆草	*Gentiana rigescens*	龙胆科 Gentianaceae		是
208	云南龙胆	*Gentiana yunnanensis*	龙胆科 Gentianaceae		是

续表 4-10

序号	中文名	学名	科名	云南特有	中国特有
209	锈毛过路黄	*Lysimachia drymarifolia*	报春花科 Primulaceae		是
210	灵香草	*Lysimachia foenum-graecum*	报春花科 Primulaceae		是
211	铁梗报春	*Primula sinolisteri*	报春花科 Primulaceae	是	是
212	同钟花	*Homocodon brevipes*	桔梗科 Campanulaceae		是
213	三列飞蛾藤	*Dinetus duclouxii*	旋花科 Convolvulaceae	是	是
214	来江藤	*Brandisia hancei*	玄参科 Scrophulariaceae		是
215	长蔓通泉草	*Mazus longipes*	玄参科 Scrophulariaceae		是
216	滇川山罗花	*Melampyrum klebelsbergianum*	玄参科 Scrophulariaceae		是
217	云南玄参	*Scrophularia yunnanensis*	玄参科 Scrophulariaceae		是
218	腺毛长蒴苣苔	*Didymocarpus glandulosus*	苦苣苔科 Gesneriaceae	是	是
219	蒙自长蒴苣苔	*Didymocarpus mengtze*	苦苣苔科 Gesneriaceae	是	是
220	紫苞长蒴苣苔	*Didymocarpus purpureobracteatus*	苦苣苔科 Gesneriaceae	是	是
221	马铃苣苔	*Oreocharis amabilis*	苦苣苔科 Gesneriaceae	是	是
222	绵毛石蝴蝶	*Petrocosmea kerrii* var. *crinita*	苦苣苔科 Gesneriaceae	是	是
223	长冠苣苔	*Rhabdothamnopsis sinensis*	苦苣苔科 Gesneriaceae		是
224	滇菜豆树	*Radermachera yunnanensis*	紫葳科 Bignoniaceae	是	是
225	爵床	*Justicia procumbens*	爵床科 Acanthaceae		是
226	野靛棵	*Justicia patentiflora*	爵床科 Acanthaceae	是	是
227	四苞蓝	*Strobilanthes esquirolii*	爵床科 Acanthaceae		是
228	多脉紫云菜	*Strobilanthes polyneuros*	爵床科 Acanthaceae	是	是
229	木紫珠	*Callicarpa arborea*	马鞭草科 Verbenaceae		是
230	臭牡丹	*Clerodendrum bungei*	马鞭草科 Verbenaceae		是
231	腺茉莉	*Clerodendrum colebrookianum*	马鞭草科 Verbenaceae		是
232	柚木	*Tectona grandis*	马鞭草科 Verbenaceae	是	是
233	黄荆	*Vitex negundo*	马鞭草科 Verbenaceae		是
234	广防风	*Anisomeles indica*	唇形科 Lamiaceae		是

续表 4-10

序号	中文名	学名	科名	云南特有	中国特有
235	灯笼草	*Clinopodium polycephalum*	唇形科 Lamiaceae	是	是
236	秀丽火把花	*Colquhounia elegans*	唇形科 Lamiaceae		是
237	鸡骨柴	*Elsholtzia fruticosa*	唇形科 Lamiaceae		是
238	白香薷	*Elsholtzia winitiana*	唇形科 Lamiaceae		是
239	细锥香茶菜	*Isodon coetsa*	唇形科 Lamiaceae		是
240	线纹香茶菜	*Isodon lophanthoides*	唇形科 Lamiaceae	是	是
241	黄花香茶菜	*Isodon sculponeatus*	唇形科 Lamiaceae	是	是
242	米团花	*Leucosceptrum canum*	唇形科 Lamiaceae		是
243	蜜蜂花	*Melissa axillaris*	唇形科 Lamiaceae		是
244	近穗状冠唇花	*Microtoena subspicata*	唇形科 Lamiaceae		是
245	紫苏	*Perilla frutescens*	唇形科 Lamiaceae		是
246	黑刺蕊草	*Pogostemon nigrescens*	唇形科 Lamiaceae	是	是
247	硬毛夏枯草	*Prunella hispida*	唇形科 Lamiaceae		是
248	荔枝草	*Salvia plebeia*	唇形科 Lamiaceae		是
249	四裂花黄芩	*Scutellaria quadrilobulata*	唇形科 Lamiaceae	是	是
250	大果水竹叶	*Murdannia macrocarpa*	鸭跖草科 Commelinaceae		是
251	谷精草	*Eriocaulon buergerianum*	谷精草科 Eriocaulaceae		是
252	葱状灯心草	*Juncus allioides*	灯心草科 Juncaceae		是
253	滇姜花	*Hedychium yunnanense*	姜科 Zingiberaceae		是
254	长柄象牙参	*Roscoea debilis*	姜科 Zingiberaceae		是
255	灰鞘粉条儿菜	*Aletris cinerascens*	百合科 Liliaceae		是
256	星花粉条儿菜	*Aletris gracilis*	百合科 Liliaceae		是
257	短蕊万寿竹	*Disporum bodinieri*	百合科 Liliaceae		是
258	短药沿阶草	*Ophiopogon angustifoliatus*	百合科 Liliaceae		是
259	沿阶草	*Ophiopogon bodinieri*	百合科 Liliaceae		是
260	狭叶藜芦	*Veratrum stenophyllum*	百合科 Liliaceae		是

续表 4-10

序号	中文名	学名	科名	云南特有	中国特有
261	密齿天门冬	*Asparagus meioclados*	假叶树科 Ruscaceae		是
262	苍白菝葜	*Smilax retroflexa*	菝葜科 Smilacaceae		是
263	托柄菝葜	*Smilax discotis*	菝葜科 Smilacaceae		是
264	粉背菝葜	*Smilax hypoglauca*	菝葜科 Smilacaceae		是
265	马钱叶菝葜	*Smilax lunglingensis*	菝葜科 Smilacaceae	是	是
266	无刺菝葜	*Smilax mairei*	菝葜科 Smilacaceae		是
267	短梗菝葜	*Smilax scobinicaulis*	菝葜科 Smilacaceae		是
268	滇韭	*Allium mairei*	石蒜科 Amaryllidaceae		是
269	扁竹兰	*Iris confusa*	鸢尾科 Iridaceae		是
270	黄山药	*Dioscorea panthaica*	薯蓣科 Dioscoreaceae		是
271	多花兰	*Cymbidium floribundum*	兰科 Orchidaceae		是
272	独蒜兰	*Pleione bulbocodioides*	兰科 Orchidaceae		是
273	大花独蒜兰	*Pleione grandiflora*	兰科 Orchidaceae	是	是
274	灯心草	*Juncus effusus*	灯心草科 Juncaceae		是
275	近蕨薹草	*Carex subfilicinoides*	莎草科 Cyperaceae	是	是
276	云南莎草	*Cyperus duclouxii*	莎草科 Cyperaceae		是
277	异序虎尾草	*Chloris pycnothrix*	禾本科 Poaceae	是	是
278	椅子竹	*Dendrocalamus bambusoides*	禾本科 Poaceae	是	是
279	双花草	*Dichanthium annulatum*	禾本科 Poaceae	是	是
280	秀叶箭竹	*Fargesia yuanjiangensis*	禾本科 Poaceae	是	是
281	红山茅	*Miscanthus paniculatus*	禾本科 Poaceae		是
282	长柄七叶树	*Aesculus assamica*	七叶树科 Hippocastanaceae	是	是

4.6　重点植物兼顾调查发现

4.6.1　红河橙（*Citrus hongheensis*）

是芸香科柑橘属（*Cavaleriei*），大乔木，高10~20m，胸径周长2~6m；树皮灰黑色，冠幅14m×14m；嫩枝被稀疏短茸毛，长枝及隐芽具刺。单生复叶，叶片狭卵状披针形，长5.5cm，宽1.9cm，顶端渐尖，基部阔楔形，具叶柄，长12.5~18cm，翼叶阔长圆形，顶端近截形，基部楔形。总状花序由5~9朵花组成，偶有单花，花蕾长圆形，紫红，开放前长1.5cm，宽0.8cm。花大、白色、花径3~3.5cm；花萼浅杯状，5浅裂；花瓣4片或5片，外面紫色；雄蕊16~18枚，花丝分离，长短不等，长1cm；花柱细长，6~7mm，粗1.2mm，被疏柔毛，花柱与子房联结处无关节；子房近球形，横径12cm，长8~10cm。果表皮黄色，油胞突起；种子近圆球形，长1.2cm，宽1~1.3cm，厚6~7mm，单胚。花期3月，果期8—9月。产红河，生海拔1820m的山坡丛林。模式标本采自红河乐育乡小水井寨。红河橙在红河地区用作中药枳壳的代用品，当地叫枳壳；同时哈尼族人民用叶片用作香料的调料品。红河橙其翼叶宽而长，是本叶的2~3倍；总状花序具花5~9朵，偶有单花，花径3~3.5cm，花大型。红河橙的发现，充分说明云南省野生柑桔原生类型是十分丰富的，几乎拥有所有原生类型，如酸橙（*C. aurantium*）、红河橙、柠檬（*C. limon*）、枸橼（*C. medica*），以及近来不断发现的柑桔属的近缘属：箭叶金橘（*citrus hystrix*）、富民枳（*Poncirus polyandra*）等都表明云南是柑橘最古老的起源地。

4.6.2　黑眼石蝴蝶（*Petrocosmea melanophthalma*）

是发表于2013年的目前发现仅分布于磨盘山的苦苣苔科石蝴蝶属植物，花独具特色，因花冠内具两个黑色斑点如同一双眼睛而命名，叶片具有香味。但分布范围狭小，种群数量也较小，是磨盘山保护区内需要重点保护的物种之一。

4.6.3　金丝石蝴蝶（*Petrocosmea chrysotricha*

苦苣苔科（*Gesneriaceae*），石蝴蝶属（*Petrocosmea*），多年生小草本，莲座状，无茎，具短根状茎。叶12~50枚，基生，叶柄长约6cm，具柔毛；叶片草质，菱形至宽卵形，（0.5~3.5）×（0.5~3.5）cm，基部宽楔形至平截，边缘1/3以上有钝齿，先端钝至锐尖，两面具柔毛。花序轴3~15，长5~8cm，密被柔毛，花序有花1~2朵；苞片2片，线性，长约2mm，被微柔毛。花萼长6~7mm，左右对称，具长柔毛。花冠浅黄至白色，2唇形，长1.5~1.8cm，被微柔毛；花冠筒长约7mm，基部有深紫红色斑点，喉部有2个金黄色斑点；上唇长约7mm，2裂，裂片长圆形，先端圆形，下唇长约9mm，3裂，裂片近圆形，先端圆。雄蕊2，着生于花冠筒基部，长约3mm，曲膝状，密被金黄色长柔毛，花药卵形，长3~3.5mm，先端钝；退化雄蕊3枚，长约4mm，线形。雌蕊长约1.3cm，子房长约4mm，被微柔毛；花柱无毛。蒴果椭圆形，长约2.5cm，宽2.5~3.5mm，渐无毛。是我们在调查中发现的新种，是调查区域内独具特色的一种石蝴蝶属植物，蒴果较其他属内植物大许多。

4.6.4　千果榄仁（*Terminalia myriocarpa*）

使君子科（Combretaceae），榄仁树属（*Terminalia*），常绿高大乔木，叶对生，厚纸质，长椭圆形，长 10~18cm，宽 5~8cm，全缘或微波状，偶有粗齿，顶端有一短而偏斜的尖头。基部椭圆，除中脉两面被黄褐色毛外无毛或近无毛，侧脉 15~25 对，两面明显，平行；叶柄较粗，长 5~15mm，其顶端两侧通常各有具柄腺体 1 个。分布于我省西南部西北至泸水、南部北至景东、新平，东南部至屏边，海拔 600~1500（~2500）m 地带。为云南南部河谷及湿润土壤上的热带雨林上层习见树种之一。我国广西龙津和西藏东南部也有。锡金，印度东北部阿萨姆，缅甸北部，马来西亚，泰国，老挝，越南北部亦有分布。

木材白色、坚硬，可作车船和建筑用材。

此物种在磨盘山保护区在大瀑布往下至黑白租河处有 3 棵，长势很好，林下见到有小苗，群落很健康。

4.6.5　毒药树（*Sladenia celastrifolia*）

毒药树科（Sladeniaceae），毒药树属（*Sladenia*）常绿乔木，叶纸质，卵形至长圆状椭圆形，长 7~16.5cm，宽 3~5.5cm，先端渐尖至尾尖，花序腋生，二歧聚伞状，通常 3 次分枝，有花 15 朵，花序轴和花梗被柔毛或变无毛；花梗长 7~10mm；苞片披针形，长 2~3mm，早落；小苞片 2 片，长约 1mm，早落；萼片长圆形，长约 5mm，宽约 2mm，先端钝，两面无毛，边缘疏生睫毛；花瓣长圆形，长 5~6mm，宽 2~3mm，先端圆形，无毛；雄蕊通常 10 片，基部与花瓣贴生，花丝长约 1.5mm，宽约 1mm，先端细缩，无毛，花药线状披针形，长约 2mm，被柔毛，先端 2 裂，基部箭形，成熟后顶孔开裂；雌蕊圆锥形，长约 4mm，具纵向条纹，无毛，子房 3 室，先端渐狭而成花柱，顶端 3 裂。果长圆锥形或瓶状，先端细缩，长 7~8mm。种子三棱状膨大，具膜质翅，长约 3mm，宽约 1mm。花期 6 月，果期 9 月。分布于勐腊、景洪、勐海、澜沧、普洱、沧源、临沧、芒市、凤庆、景东、保山、大理、宾川、禄劝、富民、双柏、新平、元江、石林；生于海拔 760~1100（~1900）m 的沟谷常绿阔叶林中。贵州西部也有。分布缅甸北部和泰国北部。

毒药树在磨盘山保护区分布比较广，常绿阔叶林都有，比较大的 7~8 株在大瀑布下，沟谷里，林下只有零星幼苗，是也种子传播萌发的，树结实率很高，但种子败育率挺高的，所以群落健康状态为良，此生境很适合它生长。毒药树是受民众喜爱，而被大量利用的珍贵用材树种。近几十年来，该树种因遭大量采伐，数量急剧减少，已处于濒危状态。同时有研究表明：毒药树种群的各项特征与鹅掌楸（*Liriodendron chinense*）及其他几种濒危植物的相关特征相似，虽然毒药树还未被列为受威胁的物种，但它已具备 IUCN 所定义的受威胁物种的特点。因此，对它的保护已十分必要，对其进行就地保护和人工迁地保护也是十分必要的。毒药树在研究区域内分布与磨盘山保护区山谷中，保护区应该在一定程度上加强对此物种的保护。肋果茶虽然花果不明显，但是树形高大常绿，是颇具潜力的行道树种和植树造林树种，并且具有一定的作为天然药物开发利用的价值。目前也有针对其果实高比率的空瘪不育而进行的扦插实验研究对肋果茶的保护和开发利用也具有重要意义和价值。

4.6.6 香水月季（*Rosa odorata*）

蔷薇科（Rosaceae）蔷薇属（*Rosa*）常绿或半常绿攀援灌木。有长匍匐枝，枝粗壮，无毛，有散生而粗钩状皮刺。花单生或 2~3 朵，直径 5~8cm；花梗长 2~3cm，无毛或有腺毛；萼片全缘，稀有少数羽状裂片，花瓣芳香，白色或带粉红色，倒卵形；心皮多数，被毛；花柱离生，伸出花托口外，约与雄蕊等长。果实呈压扁的球形，稀梨形，外面无毛，果梗短。花期 6—9 月。产云南各地；生于海拔 700~3300m 的山坡林缘或路边灌丛中。

香水月季在磨盘山也是在野猪塘下大瀑布分布，群落健康。

4.6.7 大花香水月季（*Rosa odorata* var. *gigantea*）

蔷薇科（Rosaceae），蔷薇属 *Rosa* 常绿或半常绿攀援灌木。产维西、大理、丽江、昆明、镇康、普洱、蒙自模式标本产地、屏边；生于海拔 800~2600m 的山坡林缘或灌丛中。

两种都是月季属的原始类型，以研究此属的最好的种。

4.6.8 栀子皮（*Itoa orientalis*）

为大风子科（Flacourtiaceae）栀子皮属（*Itoa*），落叶乔木，高 8~20m；树皮灰色或浅灰色，光滑，叶大型，薄革质，椭圆形或卵状长圆形或长圆状倒卵形，长 13~40cm，宽 6~14cm，花单性，雌雄异株，稀杂性；花瓣缺；萼片 4 片，三角状卵形，长 0.6~1.5cm，蒴果大，椭圆形，长达 9cm，密被橙黄色绒毛，后变无毛，外果皮革质，内果皮为木质，开裂。花期 5—6 月，果期 9—10 月。产四川、云南、贵州和广西等省（自治区）。生于海拔 500~1400m 的阔叶林中。栀子皮是良好的材用树种，同时也是一种蜜源植物，此外，其叶片和蒴果具有很高的观赏价值，可以栽培供观赏。研究区域内分布于磨盘山保护区，植株高大挺拔，落叶后的果皮宿存，别具特色。

5 植物资源

磨盘山自然保护区区域植物种类丰富，有许多植物在不同程度被当地人们利用，或是入药，或是食用，或是栽培观赏，或是用材，或是用于寄托对祖先和神灵的祈愿或崇拜。在此区域内生活的少数民族传承下来的对当地一些植物的利用也是值得探索的，区域内除了被开发利用的农田农地用于生产粮食和蔬菜等经济作物，还有许多是生长在野外的，有许多野生药材、野果、野菜、香料等资源植物在一定程度上被当地的人们认识和采集利用。

参考《云南植物志——中名、拉丁名和经济植物总索引》《云南经济植物》《中国野菜图鉴》《中果油脂植物》《中蜜源植物》《中国木材志》《云南豆科牧草》《中国中药资源药志》《云南民族药志》《云南野生观果植物》《云南香料植物资源极其利用》《中国重要有毒有害植物名录》《禾本科牧草》《资源植物学》等资料中植物资源利用的分类，结合野外调查过程中的寻访调查等结果，对目前收集整理的植物名录进行归类统计，主要包括食用植物、药用植物、观赏植物、材用植物、纤维植物、香料植物、油脂植物、鞣料植物及其他类等几大类。对本区域内植物的统计主要针对野生植物。其中将重点介绍食用、药用和观赏植物资源。各种植物资源利用类型与本地区植物名录于附录I一并列出。

5.1 食用植物资源

本区域内共有食用植物可分为含淀粉、蛋白质类植物、果、蔬、饮料类植物、动物饲料类植物，经济昆虫寄主及蜜源植物。野生食用蔬菜初步统计有54科78属93种，主要食用部位有幼嫩的茎叶、花和果。食用茎叶类的最多，多为早春时节摘取幼嫩茎叶来炒食或煮食，如荠（*Capsella bursa-pastoris*）、酸苔菜（*Ardisia solanacea*）、白花酸藤果（*Embelia ribes*）、矮桃（*Lysimachia clethroides*）、扁核木（*Prinsepia utilis*）、厚壳树（*Ehretia acuminata*）和龙葵（*Solanum nigrum*）等；食用花的植物如芭蕉（*Musa basjoo*）、棕榈（*Trachycarpus fortunei*）、白刺花（*Sophora davidii*）和川梨（*Pyrus pashia*）等，一般摘取新鲜的花部经焯水后炒食、凉拌，或是煮食；食用果实的植物如翅果藤（*Myriopteron extensum*）等，傣族地区常用来炒食或凉拌。

野生食果植物初步统计有64种，多为蔷薇科、杜鹃花科等类群的植物，如多种悬钩子属植物、桃、梅（*Armeniaca mume*）、木瓜（*Chaenomeles sinensis*）、黄毛草莓、云南山楂（*Crataegus scabrifolia*）、苍山越橘、五月瓜藤（*Holboellia angustifolia*）、胡颓子（*Elaeagnus pungens*）、地果（*Ficus tikoua*）等。

饮料植物是指在其果实、根、茎、花和叶等植物器官中，有一种或多种可作为原料加工成饮料的植物，据初步统计研究区域内共 2 种，特色饮料植物如梁王茶代茶可清热去火；有甜味可代茶。

云南地区有丰富的野生淀粉植物资源，以含淀粉高的壳斗科植物种类最为突出，其果实淀粉含量一般在 50% 以上；其次是蕨类、棕榈科、天南星科、薯蓣科、旋花科、茄科和蝶形花科植物。在研究区域内，果实类淀粉植物约有 13 种，常见有深绿山龙眼（*Helicia nilagirica*）、青冈（*Cyclobalanopsis glauca*）、滇青冈（*Cyclobalanopsis glaucoides*）等，根茎类的如土茯苓（*Smilax glabra*）、滇黄精（*Polygonatum kingianum*）、木薯（*Manihot esculenta*）、毛轴蕨（*Pteridium revolutum*）和狗脊（*Woodwardia japonica*）等。人们采摘或挖取相应的部位进行处理和食用，如夏季非常受欢迎的凉拌蕨根粉即来自毛轴蕨。

研究区域内的动物饲料、饵料类植物种类丰富，数量相对较多，常见的木本饲料植物如羽叶金合欢（*Acacia pennata*）同时也是少数民族喜爱的蔬菜，臭菜即采自于其嫩尖、银合欢（*Leucaena leucocephala*）、构树（*Broussonetia papyrifera*）等；此外还有部分木本植物的幼嫩枝叶也可以作为动物的饲料；草本饲料植物如常见有多种禾草、菊科、蓼科、荨麻科和十字花科植物等。在传统养殖上，草本植物做饲料居多，但由于经济和畜牧业的发展，原生的植物数量远远不够，在传统野外放牧的基础上，种植牧草、开发新型牧草对一个地区的发展将会变得越来越重要；而传统放牧也要注意控制好度，减少过度放牧，造成环境被破坏的现象。

初步统计研究区域内主要有紫胶虫寄主 6 种分别属于 5 科 6 属，以蝶形花科和鼠李科植物为主。

主要蜜源植物 4 科 6 属 6 种。其中分布比较多的有白车轴草（*Trifolium repens*）、野拔子（*Elsholtzia rugulosa*）、广布野豌豆（*Vicia cracca*）和米团花（*Leucosceptrum canum*）等。据《中国蜜源植物》记载和有关刊物记录。

5.2 药用植物资源

云南的药用植物资源丰富，种类繁多，且种类特色鲜明，有明显的地域性，同时云南拥有众多的少数民族，他们在祖祖辈辈的生活中积累了许多具有各民族特色的医药经验和资料。云南地区的民族特色药丰富多彩，许多少数民族都有其传承下来的从祖先就开始积累的医学智慧，并在当今凝聚成书籍资料。

本区域内初步统计共有药用植物约 590 种，分别属于 135 科 395 属，如七叶一枝花（*Paris polyphylla*）是延龄草科（Trilliaceae）重楼属植物，在《中国中药资源志要》中是这样描述的：根状茎有清热解毒、消肿止痛、凉肝定惊的作用，可用于咽喉肿痛、小儿惊风、毒蛇咬伤、疔疮肿毒，外用于疖肿、痄腮（中国药材公司）。由于重楼属植物在医药中的重要价值，该属在野外的天然分布和蕴藏量已经很少，在我们的调查中该种仅发现于保护区内部人迹罕至的地方；麦冬的块根是著名中药，可用于清热润肺、养阴生津、清心除烦，在研究范围内分布较广，蕴藏量较多；雷公藤（*Tripterygium wilfordii*）的根、叶、花和果实具有祛风解毒、杀虫的作用，可用于风湿关节痛、腰腿痛、末梢神经炎、麻风、骨髓炎、手指疔疮，雷公藤在研究区域内也较为常见，常见于区域的防火通道两边，花果期具有一定的观赏价值；滇白珠（*Gaultheria leucocarpa var. erenulata*）则是祛风除湿，活血通络良药，在研究区域内分布较广，在向阳的山坡路旁常见，枝、叶含芳香油 0.5%~0.8%，为提取芳香油主要成分为水杨酸甲脂的良好原料。

总的来说，研究区域内野生药用植物种类多样，资源相对丰富，磨盘山自然保护区受到人为干扰相对较少，植被茂密物种丰富，许多地方人迹罕至，蕴藏有多种野生药材；低海拔地区土地受到人们的开发利用较多，有不少开发为农地，开发也存在一定的生境破坏。但是研究区域内相关的调查还有欠缺，药用植物资源利用与开发还需要进一步调查，获取更为准确的资源量数据，从而指导野生植物药材资源的合理开发利用。

5.3　观赏植物资源

观赏植物是具有观赏价值植物的总称，包括园林植物、花卉植物和绿化植物。本区域内初步统计共有观赏植物约 204 种部分栽培，分别属于 77 科 148 属。其中，草本 40 种，灌木 160 种，乔木 93 种，灌木 65 种，藤本 6 种。部分种类的花大而美丽，并具有芳香气味，具有很高的观赏价值，如许多木兰科（Magnoliaceae）、山茶科（Theaceae）、杜鹃花科（Ericaceae）、千屈菜科（Lythraceae）和百合科（Liliaceae）的植物。部分种类虽然花朵不大，但是是良好的观叶观果树种，如樟科的大部分常绿树种树形美观，而蔷薇科石楠属（*Photinia*）、红果树属（*Stranvaesia*）、冬青科部分冬青属植物等秋季火红的果实也具有较高的观赏价值。另外，还有许多草本植物也具有较大的开发利用价值：如莎草科和灯心草科的部分种类适应于生存在潮湿的水边，可开发利用在城市园林造景中，以增加城市绿化植物的多样性，并具有地方特色。其他禾本科的竹类则可用于营造清幽的园林氛围；秋季的鹅式长齿蔗茅（*Saccharum longesetosum*）等高大草本是河岸边路边不可多得的风景线，可以开发运用到河流湿地中种植，固沙保土。

白刺花（*Sophora davidii*）、地果（*Ficus tikoua*）、车桑子（*Dodonaea viscosa*）等植物是良好的水土保持物种，在研究区域内部分较干燥的河谷路边和一些遭到人为干扰的地方，可看到大片的车桑子，对干热贫瘠环境的适应性较强。

部分植物可运用于绿篱的建设，如栒子属（*Cotoneaster*）、带刺的灌木云实（*Caesalpinia decapetala*）、扁核木（*Prinsepia utilis*）等可以用作绿篱。

总而言之，区域内蕴藏有大量值得当地开发利用的观赏类植物资源。乡土树种在本地的应用具有很大的价值和优点，除了习性适应之外，同时更是当地生物多样性的体现。但是在开发利用时要注意对物种及生物多样性的保护、生态环境的保护。

5.4　材用植物资源

材用植物是指可提供木材资源的植物。根据用途大致可分为薪柴、建筑用材、家具用材、盆景用材、木雕用材等，但以建筑用材最为重要。

研究区域内初步统计共有材用植物约72种，分别属于35科61属。针叶木材5种，其中云南松和华山松在研究区域内分布较广，数量较多；阔叶木材有86种，以大戟科、壳斗科、漆树科、樟科和蔷薇科等科的高大乔木树种为主。研究区域内还分布有部分珍贵木材树种，如黄檀属（*Dalbergia*）、柿树属（*Diospyros*）等树种。

材用植物在利用过程中应该与其他的资源利用相结合，有规划有保护意识地进行利用，如与蜜源植物和香料植物等资源类型相结合综合利用等。

5.5 纤维植物资源

纤维植物指植物体内含有大量纤维组织的一类植物。纤维植物可为人类提供纤维，该类植物体某一部分的纤维细胞特别发达，能够产生生物纤维，并作为主要用途而被利用，它们广泛地用作编织、造纸、纺织等方面的原材料。提取纤维的部位主要是植物的茎皮、根皮、叶片和种子绒毛等。

本区域内初步统计共有纤维植物约52种，分别属于28科46属。其中，以禾本科、萝藦科、椴树科、锦葵科、荨麻科和梧桐科植物最多，约占所有种类的52.3%。

5.6 香料植物资源

香料植物又称芳香植物，是经济植物中一类含有香韵和重要用途的植物。精油又称芳香油，是香料植物的挥发性成分，是香气的根本，是由于植物细胞中存在的一中有效的酶系统催化作用而进行合成的次生产物。分布在植物体的根、茎、叶、花、果实种子等器官中，一般分布较多的器官是叶、花、果，其次为根、茎。本区域内初步统计共有香料物约50种，分别属于31科41属，其中，以唇形科、樟科、松科、杜鹃花科和桃金娘科植物种类最多，约占全部种类的50%。

许多种类既是芳香植物又有其他的利用价值，如云南含笑同时也是优良的观赏树种，樟科部分植物除了可以提取芳香油外，其优美的树形和常绿的性状也是优良的行道树树种，在开发利用香料植物时，可将这些植物综合利用起来。此外，对于一些还未很好开发的香料植物进行开发时要注意资源的保护，可以对一些具有开发价值的香料植物进行人工的驯化、改良和培植，减少直接的野外大量采伐。

5.7 油脂植物资源

植物体内含有油脂的植物称油脂植物。油脂植物的果实、种子、花粉、孢子、茎、叶、跟等器官都含有油脂，但一般以种子含油量最丰富。本区域内初步统计共有果实含油量10%以上的植物约31种，其中，种类较多的科为大戟科、樟科、唇形科、漆树科、蔷薇科、十字花科、楝科和锦葵科。此外在本区域内分布的松科植物云南松（*Pinus yunnanensis*）、华山松（*Pinus armandii*）、云南油杉（*Keteleeria evelyniana*）等植物的种子含油率也很高。

5.8 鞣料植物及其他类

鞣料植物是指体内含有丰富的鞣质物质的一类植物的总称，栲胶是从含鞣质的植物中提取出来的产品，其主要成分为单宁又称鞣质。单宁是一种复杂的有机物质，在很多植物的木材、树皮、根皮、叶、果皮、总苞及虫瘿中都含有。鞣料在皮革生产等工业中具有重要的作用，同时在其他产业和领域，具有重要的经济价值。

本区域内初步统计共有鞣料植物约 25 种，分别属于 21 科 23 属，其中，种类最多的是漆树科和大戟科，分别有 4 种。如大戟科余甘子，果实富含高达 45% 的鞣质，同时还有其他的用途，如果子在西南地区可用于食用、制作饮料或浸制果酒，部分地区用于绿化，余甘栲胶、杨梅栲胶是市面上常见的栲胶种类。

其他资源植物类别主要进行了有毒植物、指示植物的统计。

研究区域内初步统计有有毒植物 25 种，分别属于 21 科 23 属，含有毒植物的种类比较多的科有茄科、夹竹桃科、杜鹃花科、大戟科等。某些有毒植物同时也是药用植物，如杜鹃花科的云南金叶子（*Craibiodendron yunnanense*）既是药用植物全株有麻醉作用，根入药，治跌打损伤，同时叶有毒；部分有毒植物可作为土农药，如马桑全株含马桑碱，有毒，误食会导致中毒，但其含马桑毒素及其他的杀虫活性成分，而且作用方式多样，可作农药。

指示植物初步统计有 2 种：蜈蚣凤尾蕨（*Pteris vittata*）和半月形铁线蕨（*Adiantum philippense*），前者为钙质土及石灰岩的指示植物，其生长地土壤的 pH 值为 7.0~8.0，从不生长在酸性土壤上；后者是酸性红黄壤的指示植物，生长在 pH 值 4.5~5.0 的土壤上。

6 野生动物

6.1 调查方法

6.1.1 哺乳动物

课题组于 2017 年 12 月上旬到玉溪市新平县,对保护区的陆栖脊椎动物进行实地调查。哺乳动物调查方法主要为样线法、铗捕法和社区访谈法。野外样线调查中,共设置 4 条样线,每条长 2~5km。调查内容为样线上所遇到的动物实体,并对样线内野生动物留下的各种痕迹,如:动物足迹、动物粪便、卧迹、体毛、动物的擦痕和抓痕以及残留在树干上的体毛、动物的洞穴及残留在周围的体毛等遗留物进行观察和记录。此外,还观察了本保护区内影响哺乳动物分布的自然要素,如栖息地植被类型、海拔高度范围、坡度坡向、水源位置、人为干扰情况;铗捕法为在保护区内不同地点布放鼠铗,捕捉啮齿动物。共选择 3 个地点,每个地点布放 100 个铗日。同时,还采取了非诱导访谈法,对当地村民、保护区管理人员等进行走访调查。通过彩色图谱的辨认,确认当地哺乳动物的各种相关信息,以确定当地和周边地区哺乳动物的分布情况。

哺乳动物分布目录,根据本次野外样线调查和实地访问调查结果,查阅相关文献,结合现地生境状况,确定磨盘山保护区内的哺乳动物分布。

6.1.2 鸟 类

鸟类调查时间和区域同哺乳类。调查方法主要为样线法和社区访谈法。实地调查共设置 4 条样线,每条长 2~5km,与哺乳动物样线相同。以样线法、社区访谈法为主要调查方法。每条调查路线做 1 次往返调查。在上述区域内,对所有能见到或能通过叫声识别的鸟类进行了详细记录。调查时的行走速度约为 2km/h;使用 10mm×35mm 双筒望远镜对样线两侧和周围出现的鸟类进行观察。

社区访谈调查主要是对当地村民、保护区管理人员等进行访问,通过彩色图谱等的辨认,确定鸟类的分布状况等信息,尤其是珍稀濒危物种分布信息。针对调查对象的不同,分别采取形态、习性描述、图片确认等方法进行访问。

保护区鸟类分布目录,根据本次野外样线调查和实地访问调查结果,查阅相关文献,结合现地生境状况，确定自然保护区内鸟类分布。

6.1.3　两栖爬行类

调查期间，两栖爬行类调查样线是在哺乳动物和鸟类调查的基础上，对沿线的水沟、池塘及湿地等水体周边进行了扩展调查。在调查区域内，如遇到两栖、爬行动物，就地观察鉴定种类，予以记录。同时对调查区域的村民进行了走访调查。调查方法：请村民、林业部门工作人员、保护区管理局职工以图谱、照片等资料进行辨认。最后本保护区两栖爬行类分布目录，根据本次野外样线调查和实地访问调查结果，查阅相关文献，结合现地生境状况，确定自然保护区内两栖、爬行动物的分布名录。

6.2　物种多样性

新平磨盘山县级自然保护区野生动物调查，通过野外考察、社区访谈调查和文献查阅，记录到陆栖脊椎动物动物251种，分属175属，72科，26目（表6-1），即有尾目（CAUDATA）、无尾目（ANURA）、蜥蜴目（LACERTIFORMES）、蛇目（SERPENTES）、佛法僧目（CORACIIFORMES）、鸽形目（COLUMBIFORMES）、鹤形目（GRUIFORMES）、鸻形目（CHARADRIIFORME）、鸡形目（GALLIFORMES）、鹃形目（CUCULIFORMES）、鸮形目（STRIGIFORMES）、鹦形目（PSITTACIFORMES）、雨燕目（APODIFORMES）、䴕形目（PICIFORMES）、夜鹰目（CAPRIMULGIFORMES）、隼形目（FALCONIFORMES）、雀形目（PASSERIFORMES）、灵长目（PRIMATES）、食虫目（INSECTIVORA）、鳞甲目（PHOLIDOTA）、攀鼩目（SCANDENTIA）、翼手目（CHIROPTERA）、食肉目（CARNIVORA）、偶蹄目（ARTIODACTYLA）、啮齿目（RODENTIA）、兔形目（LAGOMORPHA）。

表6-1　磨盘山自然保护区各纲陆栖脊椎动物各阶元多样性

纲	目数	科数	属数	物种数	物种所占比例（%）
两栖纲 AMPHIBIA	2	7	17	22	8.76
爬行纲 REPTILIA	2	7	23	28	11.16
鸟纲 AVIS	13	32	85	130	51.79
哺乳纲 MAMMALIA	9	26	50	71	28.29
陆栖脊椎动物	26	72	175	251	100.00

在陆栖脊椎动物各纲中，鸟纲种类最多，有130种，分属13目，32科，85属，即佛法僧目（CORACIIFORMES）、鸽形目（COLUMBIFORMES）、鹤形目（GRUIFORMES）、鸻形目（CHARDRIFORME）、鸡形目（GALLIFORMES）、鹃形目（CUCULIFORMES）、鸮形目（STRIGIFORMES）、鹦形目（PSITTACIFORMES）、雨燕目（APODIFORMES）、䴕形目（PICIFORMES、夜鹰目（CAPRIMULGIFORMES）、隼形目（FALCONIFORMES）、雀形目（PASSERIFORMES）；其次为哺乳纲，共有71种，分属9目，26科，50属，即灵长目（PRIMATES）、食虫目（INSECTIVORA）、鳞甲目（PHOLIDOTA）、攀鼩目（SCANDENTIA）、翼手目（CHIROPTERA）、食肉目（CARNIVORA）、偶蹄

目（ARTIODACTYLA）、啮齿目（RODENTIA）、兔形目（LAGOMORPHA）；本纲物种数占全部陆栖脊椎动物种数的28.29%；物种多样性占第三位的是爬行纲（REPTILIA）动物，有28种，分属2目，7科，23属，即蜥蜴目（LACERTILIA）、蛇目（SERPENTES）；本纲物种数占全部陆栖脊椎动物种数的11.16%；物种多样性最少的是两栖纲，有22种，分属2目，7科，17属，即有尾目（CAUDATA）、无尾目（ANURA）；本纲物种数占全部陆栖脊椎动物种数的8.76%（图6-1）。

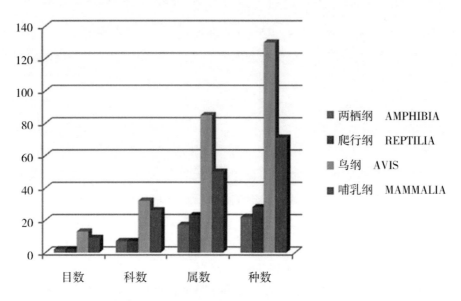

图6-1　磨盘山自然保护区陆栖脊椎动物各纲目、科、种数对比

保护区各纲物种构成比例与我省一般陆域的森林生态系统物种组成比例基本一致，鸟类是区系的主要成分，其次为哺乳动物，两栖爬行动物为较少类群。

6.2.1　哺乳动物

保护区野生动物调查，通过野外考察、社区访谈调查和文献查阅，记录到哺乳纲（MAMMA-LIA）动物71种，分属9目，26科，50属，即灵长目（PRIMATES）、食虫目（INSECTIVORA）、鳞甲目（PHOLIDOTA）、攀鼩目（SCANDENTIA）、翼手目（CHIROPTERA）、食肉目（CARNIVORA）、偶蹄目（ARTIODACTYLA）、啮齿目（RODENTIA）、兔形目（LAGOMORPHA）；本纲物种数占全部陆栖脊椎动物种数的28.29%。哺乳动物各类群种类多样性组成，如表6-2。

哺乳纲（MAMMALIA）中，最大的目为啮齿目（RODENTIA），含6科13属25种，占本纲物种数的35.21%。其次为食肉目（CARNIVORA），含4科11属13种，占本纲物种数的18.31%；翼手目（CHIROPTERA），含5科8属13种，占本纲物种数的18.31%。再其次为食虫目（INSECTIVO-RA），含3科8属10种，占本纲物种数的14.08%。第四位为偶蹄目（ARTIODACTYLA），含4科6属6种，占本纲物种数的8.45%。其余各目，均只有1种，各占本纲种类数的1.41%。

本纲中，最大的科为鼠科（MURIDAE），含4属13种，占本纲物种数的18.31%。其次为鼩鼱科（SORICIDAE），含5属7种，占本纲物种数的9.86%。再其次为鼬科（MUSTELIDAE），含4属6种，占本纲物种数的8.45%。第四位为灵猫科（VIVERRIDAE），含4属4种，占本纲物种数的5.63%；松鼠科（SCIURIDAE），含4属4种，占本纲物种数的5.63%；蝙蝠科（VESPERTILIONIDAE），含3属4

种，占本纲物种数的 5.63%。其余各科均只有 1~3 种，各占本纲种类数的 1.41%~4.23%。

表 6-2 磨盘山县级自然保护区分布的哺乳动物多样性

目	科	种数
灵长目 PRIMATES	猴科 CERCOPITHECIDAE	1
食虫目 INSECTIVORA	鼩鼱科 SORICIDAE	7
	鼹科 TALPIDAE	2
	猬科 ERINACEIDAE	1
鳞甲目 PHOLIDOTA	鲮鲤科 MANIDAE	1
攀鼩目 SCANDENTIA	树鼩科 TUPAIIDAE	1
翼手目 CHIROPTERA	蝙蝠科 VESPERTILIONIDAE	4
	菊头蝠科 RHINOLOPHIDAE	3
	长翼蝠科 MINIOPTERIDAE	3
	蹄蝠科 HIPPOSIDERIDAE	2
	狐蝠科 PTEROPODIDAE	1
食肉目 CARNIVORA	灵猫科 VIVERRIDAE	4
	猫科 FELIDAE	2
	熊科 URSIDAE	1
	鼬科 MUSTELIDAE	6
偶蹄目 ARTIODACTYLA	鹿科 CERVIDAE	2
	牛科 BOVIDAE	2
	麝科 MOSCHIDAE	1
	猪科 SUIDAE	1
啮齿目 RODENTIA	豪猪科 HYSTRICIDAE	2
	松鼠科 SCIURIDAE	4
	仓鼠科 CRICETIDAE	2
	鼯鼠科 PETAURISTIDAE	2
	竹鼠科 RHIZOMYIDAE	2
	鼠科 MURIDAE	13
兔形目 LAGOMORPHA	兔科 LEPORIDAE	1
合计		71 种

上述 71 种哺乳动物中，从区系成分上看，以广布种占优势。东洋种为 43 种，占 60.56%；广布种为 28 种，占 39.44%；古北种缺乏（图 6-2）。

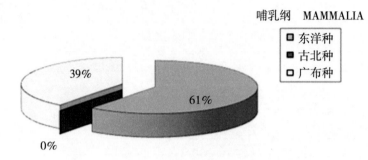

哺乳纲　MAMMALIA

- □ 东洋种
- ■ 古北种
- □ 广布种

图 6-2　磨盘山县级自然保护区分布的哺乳类地理区系组成示意图

①保护物种

保护区分布的珍稀濒危保护哺乳动物有 11 种，即穿山甲（*Manis pentadactyla*）、猕猴（*Macaca mulatta*）、巨松鼠（*Ratufa bicolor*）、斑羚（*Naemorhedus goral*）、鬣羚（*Capricornis sumatraensis*）、林麝（*Moschus moschiferus*）、毛冠鹿（*Elaphodus cephalophus*）、树鼩（*Tupaia belangeri*）、豹猫（*Felis bengalensis*）、黑熊（*Selenarctos thibetanus*）、云豹（*Neofelis nebulosa*），如表 6-3。

表 6-3　磨盘山县级自然保护区分布的哺乳类保护物种

目	物种	国内保护级别	CITES 附录	IUCN 红色名录
鳞甲目 PHOLIDOTA	穿山甲 *Manis pentadactyla*	Ⅱ	Ⅱ	EN
灵长目 PRIMATES	猕猴 *Macaca mulatta*	Ⅱ	Ⅱ	
啮齿目 RODENTIA	巨松鼠 *Ratufa bicolor*	Ⅱ	Ⅱ	
偶蹄目 ARTIODACTYLA	斑羚 *Naemorhedus goral*	Ⅱ	Ⅰ	
	鬣羚 *Capricornis sumatraensis*	Ⅱ	Ⅰ	
	林麝 *Moschus moschiferus*	Ⅰ	Ⅱ	VU
	毛冠鹿 *Elaphodus cephalophus*	YN		
攀鼩目 SCANDENTIA	树鼩 *Tupaia belangeri*		Ⅱ	
食肉目 CARNIVORA	豹猫 *Felis bengalensis*		Ⅱ	
	黑熊 *Selenarctos thibetanus*	Ⅱ	Ⅰ	VU
	云豹 *Neofelis nebulosa*	Ⅰ	Ⅰ	VU
合计		9 种	10 种	4 种

注 1：CITES 的附录依 2017 版

②国家级保护物种

保护区兽类中，国家级保护物种有 8 种，即穿山甲（*Manis pentadactyla*）、猕猴（*Macaca mulatta*）、巨松鼠（*Ratufa bicolor*）、斑羚（*Naemorhedus goral*）、鬣羚（*Capricornis sumatraensis*）、林麝（*Moschus moschiferus*）、黑熊（*Selenarctos thibetanus*）、云豹（*Neofelis nebulosa*）。其中，国家Ⅰ级保护物种 2 种，即林麝（*Moschus moschiferus*）、云豹（*Neofelis nebulosa*）；国家Ⅱ级保护物种 6 种，即穿山甲（*Manis pentadactyla*）、猕猴（*Macaca mulatta*）、巨松鼠（*Ratufa bicolor*）、斑羚（*Naemorhedus goral*）、鬣羚（*Capricornis sumatraensis*）、黑熊（*Selenarctos thibetanus*）。

③云南省级保护物种

保护区兽类中，有云南省级保护物种 1 种，即毛冠鹿（*Elaphodus cephalophus*）。

④CITES 附录物种

保护区分布的 CITES 附录哺乳类有 11 种，即穿山甲（*Manis pentadactyla*）、猕猴（*Macaca mulatta*）、巨松鼠（*Ratufa bicolor*）、斑羚（*Naemorhedus goral*）、鬣羚（*Capricornis sumatraensis*）、林麝（*Moschus moschiferus*）、毛冠鹿（*Elaphodus cephalophus*）、树鼩（*Tupaia belangeri*）、豹猫（*Felis bengalensis*）、黑熊（*Selenarctos thibetanus*）、云豹（*Neofelis nebulosa*）。其中，林麝（*Moschus moschiferus*）、云豹（*Neofelis nebulosa*）2 个种为 CITES 附录Ⅰ物种；穿山甲（*Manis pentadactyla*）、猕猴（*Macaca mulatta*）、巨松鼠（*Ratufa bicolor*）、林麝（*Moschus moschiferus*）、树鼩（*Tupaia belangeri*）、豹猫（*Felis bengalensis*）6 个种为 CITES 附录Ⅱ物种。

⑤IUCN 红色名录物种

保护区分布的哺乳动物中，有 IUCN 受胁物种 4 种，即穿山甲（*Manis pentadactyla*）、林麝（*Moschus moschiferus*）、黑熊（*Selenarctos thibetanus*）、云豹（*Neofelis nebulosa*）。其中，属濒危（EN）的物种 1 种，即穿山甲（*Manis pentadactyla*）；属易危（VU）的物种 3 种，即林麝（*Moschus moschiferus*）、黑熊（*Selenarctos thibetanus*）、云豹（*Neofelis nebulos*）

⑥特有物种

保护区分布的哺乳动物当中，有 8 种特有物种，均为中国特有物种，即云南缺齿鼩（*Chodsigoa paca*）、安氏白腹鼠（*Niviventer andersoni*）、川西白腹鼠（*Niviventer excelsior*）、大耳姬鼠（*Apodemus latronum*）、中华姬鼠（*Apodemus draco*）、大绒鼠（*Eothenomys miletus*）、黑腹绒鼠（*Eothenomys melanogaster*）、西南兔（*Lepus comus*）。

6.2.2 鸟 类

保护区野生动物调查，通过野外考察、社区访谈调查和文献查阅，记录到鸟纲 AVIS 动物 130 种，分属 13 目，32 科，85 属，即佛法僧目（CORACIIFORMES）、鸽形目（COLUMBIFORMES）、鹤形目（GRUIFORMES）、鸻形目（CHARADRIIFORME）、鸡形目（GALLIFORMES）、鹃形目（CUCULIFORMES）、鸮形目（STRIGIFORMES）、鹦形目（PSITTACIFORMES）、雨燕目（APODIFORMES）、䴕形目（PICIFORMES）、夜鹰目（CAPRIMULGIFORMES）、隼形目（FALCONIFORMES）、雀形目（PASSERIFORMES）；本纲物种数占全部陆栖脊椎动物种数的 51.79%（表 6-4）。

鸟类各类群种类多样性组成，如表 6-4。鸟纲 AVIS 中，最大的目为雀形目（PASSERIFORMES），含 15 科 51 属 87 种，占本纲物种数的 66.92%。其次为隼形目（FALCONIFORMES），含 2 科 6 属 7 种，占本纲物种数的 5.38%；䴕形目（PICIFORMES），含 2 科 4 属 7 种，占本纲物种数的 5.38%。再其次为鸡形目（GALLIFORMES），含 1 科 6 属 6 种，占本纲物种数的 4.62%。第四位为鸽形目（COLUMBIFORMES），含 1 科 3 属 5 种，占本纲物种数的 3.85%；鹃形目（CUCULI-FORMES），含 1 科 2 属 5 种，占本纲物种数的 3.85%；其余各目，均只有 1~3 种，各占本纲种类数的 0.77%~2.31%。

表 6-4　磨盘山县级自然保护区分布的鸟类多样性

目	科	种数
佛法僧目 CORACIIFORMES	戴胜科 UPUPIDAE	1
	蜂虎科 MEROPIDAE	1
鸽形目 COLUMBIFORMES	鸠鸽科 COLUMBIDAE	5
鹤形目 GRUIFORMES	秧鸡科 RALLIDAE	2
鸻形目 CHARADRIIFORME	鸻科 CHARADRIIDAE	1
	鹬科 SCOLOPACIDAE	1
鸡形目 GALLIFORMES	雉科 PHASIANIDAE	6
鹃形目 CUCULIFORMES	杜鹃科 CUCULIDAE	5
鸮形目 STRIGIFORMES	鸱鸮科 STRIGIDAE	2
	草鸮科 TYTONIDAE	1
鹦形目 PSITTACIFORMES	鹦鹉科 PSITTACIDAE	1
雨燕目 APODIFORMES	雨燕科 APODIDAE	2
䴕形目 PICIFORMES	须䴕科 CAPITONIDAE	1
	啄木鸟科 PICIDAE	6
夜鹰目 CAPRIMULGIFORMES	夜鹰科 CAPRIMULGIDAE	1
隼形目 FALCONIFORMES	隼科 FALCONIDAE	2
	鹰科 ACCIPITRIDAE	5
雀形目 PASSERIFORMES	鹎科 PYCNONTIDAE	7
	鹡鸰科 MOTACILLIDAE	4
	山椒鸟科 CAMPEPHAGIDAE	4
	山雀科 PARIDAE	4
	䴓科 SITTIDAE	3
	太阳鸟科 NECTARINIIDAE	3

续表 6-4

目	科	种数
	文鸟科 PLOCEIDAE	4
	鹟科 MUSCICAPIDAE	43
	绣眼鸟科 ZOSTEROPIDAE	2
	鸦科 CORVIDAE	2
	燕科 HIRUNDINIDAE	1
	啄花鸟科 DICAEIDAE	2
	河乌科 CINCLIDAE	1
	雀科 FRINGILLIDAE	6
	和平鸟科 IRENIDAE	1
合计		130

本纲中，最大的科为鹟科（MUSCICAPIDAE），含 24 属 43 种，占本纲物种数的 33.08%；其次为鹎科（PYCNONTIDAE），含 3 属 7 种，占本纲物种数的 5.38%；再其次为雉科（PHASIANI-DAE），含 6 属 6 种，占本纲物种数的 4.62%；雀科（FRINGILLIDAE），含 5 属 6 种，占本纲物种数的 4.62%；啄木鸟科（PICIDAE），含 3 属 6 种，占本纲物种数的 4.62%；第四位为鹰科（AC-CIPITRIDAE），含 5 属 5 种；鸠鸽科（COLUMBIDAE），含 3 属 5 种；杜鹃科（CUCULIDAE），含 2 属 5 种，此三科各占本纲物种数的 3.85%；其余各科均只有 1~4 种，各占本纲种类数的 0.77%~3.08%。

保护区分布的鸟类当中，可以区分为留鸟、夏候鸟、冬候鸟、旅鸟等居留类型。其中，留鸟 99 种，占 76.15%；夏候鸟 9 种，占 6.92%；冬候鸟 19 种，占 14.62%；旅鸟 2 种，占 1.54%（见图 6-3）

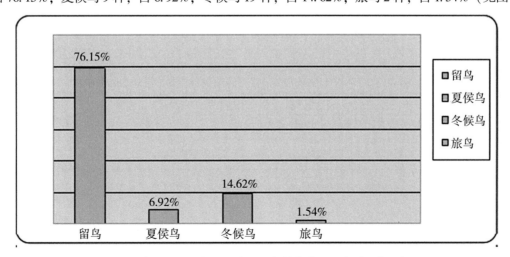

图 6-3 磨盘山县级自然保护区分布的鸟类居留类型组成示意图

在本纲的 130 种鸟类中，繁殖鸟为 108 种，占 83.08%。在繁殖鸟中，从区系成分上看，以东洋种占优势。东洋种为 77 种，占 71.3%；广布种为 27 种，占 25%；古北种为 4 种，占 3.7%（图 6-4）。

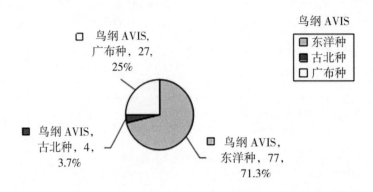

图 6-4　磨盘山县级自然保护区分布的繁殖鸟地理区系组成示意图

①保护物种

保护区分布的珍稀濒危保护鸟类有 21 种（表 6-5），即针尾绿鸠（*Treron apicauda*）、楔尾绿鸠（*Treron sphenura*）、棕背田鸡（*Porzana bicolor*）、白鹇（*Lophura nycthemera*）、原鸡（*Gallus gallus*）、白腹锦鸡（*Chrysolophus amherstiae*）、红隼（*Falco tinnunculus*）、普通鵟（*Buteo buteo*）、蛇雕（*Spilornis cheela*）、燕隼（*Falco subbuteo*）、凤头鹰（*Accipiter trivigatus*、凤头蜂鹰（*Pernis ptilorhynchus*）、林雕（*Ictinaetus malayensis*）、领鸺鹠（*Glaucidium brodiei*）、领角鸮（*Otus bakkamoena*）、草鸮（*Tyto capensis*）、绯胸鹦鹉（*Psittacula alexandri*）、红嘴相思鸟（*Leiothrix lutea*）、银耳相思鸟（*Leiothrix argentauris*）、滇鳾（*Sitta yunnanensis*）、巨鳾（*Sitta magna*）。

表 6-5　磨盘山县级自然保护区分布的鸟类保护物种

目	物种	国内保护级别	CITES 附录	IUCN 红色名录
鸽形目 COLUMBIFORMES	针尾绿鸠 *Treron apicauda*	II		
	楔尾绿鸠 *Treron sphenura*	II		
鹤形目 GRUIFORMES	棕背田鸡 *Porzana bicolor*	II		
鸡形目 GALLIFORMES	白鹇 *Lophura nycthemera*	II		
	原鸡 *Gallus gallus*	II		
	白腹锦鸡 *Chrysolophus amherstiae*	II		
隼形目 FALCONIFORMES	红隼 *Falco tinnunculus*	II	II	
	普通鵟 *Buteo buteo*	II	II	
	蛇雕 *Spilornis cheela*	II	II	

续表6-5

目	物种	国内保护级别	CITES 附录	IUCN 红色名录
	燕隼 *Falco subbuteo*	Ⅱ	Ⅱ	
	凤头鹰 *Accipiter trivigatus*	Ⅱ	Ⅱ	
	凤头蜂鹰 *Pernis ptilorhynchus*	Ⅱ	Ⅱ	
	林雕 *Ictinaetus malayensis*	Ⅱ	Ⅱ	
鸮形目 STRIGIFORMES	领鸺鹠 *Glaucidium brodiei*	Ⅱ	Ⅱ	
	领角鸮 *Otus bakkamoena*	Ⅱ	Ⅱ	
	草鸮 *Tyto capensis*	Ⅱ	Ⅱ	
鹦形目 PSITACIFORMES	绯胸鹦鹉 *Psittacula alexandri*	Ⅱ	Ⅱ	
雀形目 PASSERIFORMES	红嘴相思鸟 *Leiothrix lutea*		Ⅱ	
	银耳相思鸟 *Leiothrix argentauris*		Ⅱ	
	滇䴓 *Sitta yunnanensis*			VU
	巨䴓 *Sitta magna*			VU
保护种数		17 种	13 种	2 种

注：CITES 的附录"Ⅱ"依 2017 版。VU——易危

②国家级保护物种

保护区分布的鸟类中，国家级保护物种有 17 种，即针尾绿鸠（*Treron apicauda*）、楔尾绿鸠（*Treron sphenura*）、棕背田鸡（*Porzana bicolor*）、白鹇（*Lophura nycthemera*）、原鸡（*Gallus gallus*）、白腹锦鸡（*Chrysolophus amherstiae*）、红隼（*Falco tinnunculus*）、普通鵟（*Buteo buteo*）、蛇雕（*Spilornis cheela*）、燕隼（*Falco subbuteo*）、凤头鹰（*Accipiter trivigatus*）、凤头蜂鹰（*Pernis ptilorhynchus*）、林雕（*Ictinaetus malayensis*）、领鸺鹠（*Glaucidium brodiei*）、领角鸮（*Otus bakkamoena*）、草鸮（*Tyto capensis*）、绯胸鹦鹉（*Psittacula alexandri*），均为国家Ⅱ级保护物种，如表6-5。

③云南省级保护物种

保护区分布的鸟类中，无云南省级保护物种。

④CITES 附录物种

保护区分布的鸟类中有 13 种 CITES 附录物种，均为 CITES 附录Ⅱ物种，即红隼（*Falco tinnunculus*）、普通鵟（*Buteo buteo*）、蛇雕（*Spilornis cheela*）、燕隼（*Falco subbuteo*）、凤头鹰（*Accipiter trivigatus*）、凤头蜂鹰（*Pernis ptilorhynchus*）、林雕（*Ictinaetus malayensis*）、领鸺鹠（*Glaucidium brodiei*）、领角鸮（*Otus bakkamoena*）、草鸮（*Tyto capensis*）、绯胸鹦鹉（*Psittacula alexandri*）、红嘴相思鸟（*Leiothrix lutea*）、银耳相思鸟（*Leiothrix argentauris*）。

⑤IUCN 红色名录物种

保护区分布的鸟类中，有 2 种 IUCN 红色名录受胁物种，即滇䴓（*Sitta yunnanensis*）、巨䴓（*Sitta magna*），级别为易危（VU）。

⑤特有物种

保护区分布的鸟类当中，有6种特有物种，白腹锦鸡（*Chrysolophus amherstiae*）、领雀嘴鹎（*Spizixos semitorques*）、白领凤鹛（*Yuhina diademata*）、宝兴歌鸫（*Turdus mupinensis*）、棕头雀鹛（*Alcippe ruficapilla*）、滇䴓（*Sitta yunnanensis*）；均为中国特有物种。无保护区特有物种和云南省特有物种。

6.2.3　两栖爬行类

保护区野生动物调查，通过野外考察、社区访谈调查和文献查阅，记录到两栖纲（AMPHIBIA）动物22种，分属2目、7科、17属，即有尾目（CAUDATA）、无尾目（ANURA）；本纲物种数占全部陆栖脊椎动物种数的8.76%（表6-6）。

两栖纲（AMPHIBIA）中，最大的目为无尾目（ANURA），含6科15属20种，占本纲物种数的90.91%；本纲中，最大的科为蛙科（RANIDAE），含5属7种，占本纲物种数的31.82%；其次为角蟾科（MEGOPYRYIDAE），含4属5种，占本纲物种数的22.73%；再其次为蟾蜍科（BUFONIDAE），含2属4种，占本纲物种数的18.18%；第四位为蝾螈科（SALAMANDRIDAE），含2属2种，占本纲物种数的9.09%；其余各科均只有1种，各占本纲种类数的4.55%。

表6-6　磨盘山县级自然保护区分布的两栖爬行类多样性

纲	目	科	种数
两栖纲 AMPHIBIAN	有尾目 CAUDATA	蝾螈科 SALAMANDRIDAE	2
	无尾目 ANURA	蟾蜍科 BUFONIDAE	4
		姬蛙科 MICROHYLIDAE	2
		角蟾科 MEGOPHRYIDAAE	5
		树蛙科 RHACOPHORIDAE	1
		雨蛙科 HYLIDAE	1
合计			22
		蛙科 RANIDAE	7
爬行纲 REPTILIA	蜥蜴目 LACERTILIA	壁虎科 GEKKONIDAE	2
		鬣蜥科 AGAMIDAE	2
		蛇蜥科 AMGUIDAE	1
		石龙子科 SCINCIDAE	3
	蛇目 SERPENTES	蝰科 VIPERIDAE	3
		眼睛蛇科 ELAPIDAE	4
		游蛇科 COLUBRIDAE	13
合计			28

上述 22 种两栖动物中，从区系成分上看，以东洋种占优势。东洋种为 22 种，占 100%；广布种和古北种缺乏。

保护区野生动物调查，通过野外考察、社区访谈调查和文献查阅，记录到爬行纲（REPTILIA）动物 28 种，分属 2 目、7 科、23 属，即蜥蜴目（LACERTILIA）、蛇目（SERPENTES）；本纲物种数占全部陆栖脊椎动物种数的 11.16%。

爬行纲各类群种类多样性组成，如表 6-6。本类群中，最大的目为蛇目（SERPENTES），含 3 科 15 属 20 种，占本纲物种数的 71.43%；各科中，最大的科为游蛇科（COLUBRIDAE），含 9 属 13 种，占本纲物种数的 46.43%；其次为眼镜蛇科（ELAPIDAE），含 3 属 4 种，占本纲物种数的 14.29%；再其次为石龙子科（SCINCIDAE），含 3 属 3 种；蝰科（VIPERIDAE），含 3 属 3 种；各占本纲物种数的 10.71%；第四位为壁虎科（GEKKONIDAE），含 2 属 2 种；鬣蜥科（AGAMIDAE），含 2 属 2 种，占本纲物种数的 7.14%；其余各科均只有 1 种，各占本纲种类数的 3.57%。

上述 28 种爬行动物中，从区系成分上看，以东洋种占优势。东洋种为 23 种，占 82.14%；广布种为 5 种，占 17.86%；古北种缺乏（图 6-5）。

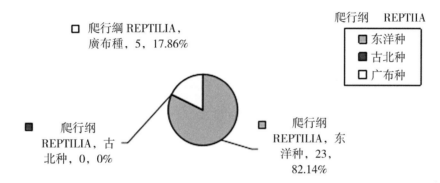

图 6-5　磨盘山县级自然保护区分布的爬行类地理区系组成示意图

①保护物种

保护区分布的珍稀濒危保护两栖爬行类有 3 种，即红瘰疣螈（*Tylototriton shanjing*）、眼镜蛇（*Naja naja*）、眼镜王蛇（*Ophiophagus hannah*）。

②国家级保护物种

保护区分布的两栖爬行类中，有 1 种国家 Ⅱ 级保护物种，即红瘰疣螈（*Tylotoriton shanjing*）。

③云南省级保护物种

保护区分布的两栖爬行类中，有 2 种云南省级保护物种，即眼镜蛇（*Naja naja*）、眼镜王蛇（*Ophiophagus hannah*）。

④CITES 附录物种

保护区分布的两栖爬行类中，有 1 种 CITES 附录 Ⅱ 物种，即眼镜王蛇（*Ophiophagus hannah*）。

⑤IUCN 红色名录物种

保护区分布的两栖爬行类中，无 IUCN 红色名录受胁物种。

⑥特有物种

在保护区分布的两栖爬行动物当中，有 5 种特有物种，其中 4 种中国特有物种，即细蛇蜥（*Ophisaurus gracilis*）、山滑蜥（*Scincella monticola*）、八线腹链蛇（*Amphiesma octolineata*）、黑领剑蛇（*Sibynophis collaris*）；还有 1 种云南省特有物种，即云南攀蜥（*Japalura yunnanensis*）；无本区域特有物种。

7　社会经济

7.1　全县社会经济

7.1.1　国民经济

新平县 2017 年全县实现生产总值 1396779 万元，按可比价计算比上年增长 12.5%。分产业看：第一产业增加值 203019 万元，比上年增长 6.7%，拉动 GDP 增长 1.0 个百分点，对 GDP 增长的贡献率达 7.8%；第二产业增加值 539234 万元，比上年增长 12.2%，拉动 GDP 增长 5.0 个百分点，对 GDP 增长的贡献率达 40.0%；第三产业增加值 654526 万元，比上年增长 14.5%，拉动 GDP 增长 6.5 个百分点，对 GDP 增长的贡献率达 52.2%。三次产业结构由上年的 14.9∶39.1∶46.0 调整为 14.5∶38.6∶46.9，经济结构呈三、二、一格局。全县人均生产总值达 47835 元，按可比价计算比上年增长 12.1%。实现非公经济增加值 567819 万元，按可比价计算比上年增长 12.3%，占全县生产总值的 40.7%，拉动全县经济增长 5.1 个百分点，对全县经济增长贡献率达 40.6%。

7.1.2　人　口

2017 年末，全县共设村（居）民委员会 123 个，村（居）民小组 1459 个。有户籍人口总户数 87966 户，其中：城镇户数 28007 户，比上年下降 1.5%；乡村户数 59959 户，比上年下降 0.4%。有户籍人口 278329 人，其中：城镇人口 62693 人，比上年增长 0.5%；乡村人口 215636 人，比上年增长 0.6%。有彝族、傣族人口 182783 人，比上年增长 0.8%，占全县总人口的 65.7%。年内出生人口 4596 人，出生率 16.60‰；死亡人口 2408 人，死亡率 8.70‰；人口自然增长率 7.90‰，比上年提高 1.29 个千分点。

全县常住人口为 29.2 万人，比上年增长 0.1%。人口自然增长率为 6.11‰，比上年提高 0.01 个千分点。年末全县城镇人口为 11.46 万人，城镇化水平达 39.24%，比上年提高 1.8 个百分点。

7.2 保护区周边社区经济

7.2.1 社区经济

保护区周边社区农村经济总收入 86719 万元，其中农业收入 56146 万元，林业收入 3021 万元，养殖业收入 20985 万元，其他（外出务工）收入 6566 万元；人均纯收入 9737.25 元。

7.2.2 社区人口现状

保护区其周边共涉及 4 个乡镇（街道）、8 个村（居）、委会 92 个村（居）民小组，保护区内无村民小组分布。

保护区周边社区总户数 3736 户，总人口 14770 人，男性 7530 人，女性 7240 人，按民族分：汉族 1123 人，苗族 2 人，彝族 13319 人，其他民族 326 人。按学历分：大专以上 222 人，高中或中专 937 人，初中 4840 人，小学 4638 人，文盲 4133 人。按年龄分：16 岁及以下 3039 人，≥17 岁且 < 60 岁 10016 人，60 岁及以上 1715 人。

7.2.3 教育、文化

保护区周边社区共有中小学 11 所，教师 513 人，学生 7162 人。

7.2.4 医疗卫生

保护区周边共有 13 个卫生室，医生 42 人，床位 48 个。乡镇（街道）医疗条件差异较大。

7.2.5 劳动就业

保护区周边社区在家务农人数 10190 人，占总人口数的 69%；外出务工 4580 人，占总人口数的 31%。

7.2.6 社会保障

为加快城乡居民的社会保险体系，近年来，新平县建立城镇职工基本医疗保险、城镇居民基本医疗保险、新型农村合作医疗等基本医疗保险体系。

7.2.7 交通和基础设施

保护区通车里程为 35km，大部分区域交通状况较差，一到雨季，路面泥泞不堪，几乎不能通车。

7.2.8 通 信

保护区所在的乡镇（街道）、村（居）委会程控电话及无线通信网络均已开通，但保护区内大部分管护房无通信讯号覆盖，与外界的信息交流不畅。

7.2.9　水　电

随着各行各业的快速发展，保护区及周边社区均已通电，各村（居）民小组全部具备安全饮水条件。

7.2.10　生活能源

通过对保护区及周边社区居民能源利用调查，使用薪材、煤炭、液化气、沼气、太阳能各占一定比例。为切实强化保护区内的林木资源保护，须加快引导和扶持社区进行能源工程建设，减少对薪材的消耗需求压力。

8　保护区建设与管理

8.1　重要性和必要性

保护区是生物多样性保护的核心区域，是推进生态文明、建设美丽中国的重要载体，在涵养水源、保持土壤、防风固沙、调节气候和保护珍稀特有物种资源、典型生态系统及珍贵自然遗迹等方面具有重要作用。党中央、国务院一直高度重视生态保护工作，将维护国家生态安全、改善生态环境作为生态文明建设的重要基础。国家重点生态功能区保护得到进一步加强。《全国主体功能区规划》《全国生态功能区划》《国家重点生态功能保护区规划纲要》和《全国生态脆弱区保护规划纲要》先后颁布实施，自然保护区是生态建设的重组成部分，加强生态保护和生态修复，将成为自然保护区的保护和管理的重要任务。

野生动植物影响着生态系统的稳定和平衡；野生动植物资源又是人类生产生活的重要物质基础，从人类的诞生到农牧业的出现，从农业社会发展到工业社会，人类的衣食住行都与野生动植物密切相关；野生动植物还是重要的战略资源，保存着丰富的遗传基因多样性，为今后人类的生存与发展提供了广阔的空间。此外，千姿百态的野生动植物及其构成的自然美景还是人类文化艺术的重要源泉。因此，保护野生动植物，就是保护人类赖以生存的生态环境，就是保护社会经济可持续发展的战略资源，就是保护人类自己。

8.2　自然环境及资源的特殊性

长期以来，哀牢山一直被认为是云南自然地理的东西分界线，所以有着特殊的地理环境。远古以前，哀牢山区还是汪洋大海，唯独山体的核心部位较早地崛起成陆地。几经海陆变迁，直到新生代喜马拉雅运动，不等量上升的结果，使中生代时一度夷平的地貌破裂。元江和川河两大断裂之间的地块强烈上升，河流断裂线相对下切，形成几组山地和几条深谷，从而奠定了哀牢山脉地貌的基本形态。从第四纪到现在，这种间歇性抬升仍在继续，目前所能见到的断层平台、古河道遗迹、剥蚀面上的河流相沉积物等，都是近期上升运动的标志。从地质构造看，哀牢山山体是一个完整的构造实体，为断块上升的中高山，岩石是经过长期构造变动形成的变质岩系统。但是以哀牢山东麓的元江河谷的元江深大断裂带为界，以东是波状起伏的云南高原，以西是切割剧烈的横断山地，哀牢山确实是处在这一地貌分界的边缘。

由于哀牢山正处在云贵高原、横断山地和青藏高原南缘三大自然地理区域的结合部。因地质构造的变迁，在总的山地地貌中，有不同切割程度的中山地貌，残留的高原面，以及侵蚀阶地，古河道、宽谷平原等相间分布。在气候上它是云南热带中部和北部的气候过渡地区，山体的东西坡分别受来自孟加拉湾西南季风和来自背部湾和东南季风的影响，高大的山体也有着明显的山地垂直气候特点。特殊的地理位置、复杂的地貌类型、多样的山地气候、优越的土壤条件，给哀牢山丰富的生物种类提供了良好的生存繁衍条件，同时，对全省环境也具有一定影响。

地质背景和地貌结构及其特点是形成磨盘山自然保护区内自然环境分异，生境、植被类型多样化的重要因素之一。磨盘山位于哀牢山东面，以元江为自然分界线，与哀牢山形成东西隔江相望的山形地貌。在哀牢山这一大的自然地理背景下，气候条件具有其相似性，动植物种类和分布也具有其相似性。但由于磨盘自然保护区内地形、地貌的自然环境分异，形成了相对独立的自然地理单元，使磨盘山自然保护区又具有特殊性。保护区西部为盐边-双柏断裂带，东部为磨盘山-绿汁江断裂带，受褶皱、断裂等地质构造控制，保护区地壳受抬升隆起，形成有断层崖、断层谷、剥蚀面、褶皱山等。受构造运动影响、地质构造的控制，致使保护区西部、西南部、南部和东部边界附近山地成为邻近的他拉河、西拉河、高梁冲河流域的分水岭，由丁苴山梁子、尖山、光头山、敌军山及其多条支脉（山岭）构成，主要属于砂页岩山地，山脊海拔大多在 2100～2614.32m。保护区位于他拉河、黑白朱河、西拉河、高梁冲河的分水岭部位，坡面流水的侵蚀、剥蚀以及沟谷流水、河流侵蚀切割作用强烈，导致古夷平面解体，地势起伏大，地表破碎，水系发育。保护区零星分布有海拔在 1300～1500m 的中山，与河谷之间的岭谷高差 800～1000m，属于中起伏中山。区域地貌由大起伏中山和大起伏亚高山以及深切峡谷组合而成，局部地区分布有中起伏中山，区域地貌结构系大起伏中山、亚高山峡谷山原。

受长期地质构造的变迁和影响，形成了多样的构造地貌（如断层崖、断层三角面、断块山、向斜谷、背斜山等）、河谷地貌（如峡谷、河流阶地、冲积扇等）、沟谷地貌（如切沟、冲沟、坳沟、洪积扇等）、重力地貌（如崩塌、滑坡等）、丹霞地貌（如丹霞孤石、丹霞石芽、丹霞单斜峰等）、夷平面地貌等，呈现出多彩的地质遗迹和地貌景观，构成了保护区特殊的地理环境。

在哀牢山这一大的自然地理背景下，特殊的地理环境，复杂的地貌类型，多样的山地气候，优越的土壤条件，为生物生存繁衍提供了良好条件。在植物种类的自然分布上，也处于滇中高原植物亚区、澜沧-红河中游植物亚区和滇-越植物亚区三大植物亚区的过渡地带，其区系组成丰富，来源复杂，具有重要的生态区位。

保护区发育有较为典型的垂直植被带和丰富的动植物资源，具有季风常绿阔叶林、半湿润常绿阔叶林、中山湿性常绿阔叶林、山顶苔藓矮林、寒温性灌丛、亚高山草甸、暖温性针叶林等森林植被类型。经本次调查和历史资料记载，磨盘山自然保护区域共记录维管束植物 186 科 723 属 1380 种，其中蕨类植物 25 科 50 属 89 种，裸子植物 3 科 4 属 5 种，被子植物 161 科 673 属 1291 种。很多是构成当地森林植被的关键物种和特征成分。

哺乳动物 9 目 26 科 50 属 71 种；鸟类 13 目 32 科 85 属 130 种；两栖动物 2 目 7 科 17 属 22 种；爬行动物 2 目 7 科 23 属 28 种。保护区植被具有种类丰富、类型多样，森林生态系统完整的特点。

在磨盘山自然保护区，有各类珍稀濒危保护植物 30 种，分布在不同的海拔和生境。保护好这些物种，能够自然生息繁衍，就是保护好物种基因库，具有重要的意义和作用；在人类发展的历史长河中，对植物资源的利用有悠久的文化传统。据不完全统计，磨盘山有各类资源植物 500 多种，几乎是"磨盘山无闲草"，具有重要的潜在保护价值和经济开发价值。

8.3 保护区类型和主要保护对象

保护区是 1989 年经新平彝族傣族自治县十届人大常委会第十八次全体会议决议批准建立，以保护中山湿性常绿阔叶林生态系统及其珍稀野生动植物，重要水源地为目的，依法划定并予以特殊保护和管理的自然区域。根据科学考察，依据中华人民共和国国家标准《自然保护区类型与级别划分原则》（GB/T 14529—93），新平县磨盘山自然保护区应属于自然生态系统类别，森林生态系统类型的小型自然保护区。

主要保护对象为：①具有代表性的半湿润常绿阔叶林和中山湿性常绿阔叶林为主的森林生态系统；②以林麝、黑熊、猕猴、普通鵟、凤头鹰、红瘰疣螈、眼镜蛇、千果榄仁、红河橙、黑眼石蝴蝶、金丝石蝴蝶等为代表的国家重点保护及珍稀濒危特有野生动植物资源及其栖息地。

8.4 建设发展目标

根据保护区科学考察和保护现状的调查分析，磨盘山这一特殊自然地理区域，因历史沿革，具有"磨盘山自然保护区"和"磨盘山森林公园"的双重身份和功能。保护区和森林公园，同属自然保护地，但在服务功能上各有侧重，本次自然保护区科学考察和调查区划，遵循原有功能分区，以原有划定为开展森林旅游的区域，按森林公园的保护和管理方式进行管理；划定为保护区为主导功能的区域，按保护区的管理模式进行建设和管理。其保护区的建设发展目标拟定为：认真贯彻国家及地方各项自然保护区建设管理的法律法规和方针政策，以生态环境建设及可持续发展的基本战略为指导，遵循自然规律，以资源保护管理，科研监测，宣传教育建设为重点努力提高科学保护与管理的能力和水平，确保主要保护对象安全，维护保护区内自然生态系统和自然景观资源的完整性，充分发挥保护区应有的生态服务功能和科学教育功能。在全面保护的前提下，探索自然资源可持续利用的有效途径，积极开展生态旅游、社区共管活动，增强自养能力，促进地方社会经济发展，使保护区与社区建设相互促进，协调发展。通过保护区的规划建设，把保护区逐步建成管理机构健全，人员结构合理，运行机制灵活，基础设施完善，管理科学高效科研监测手段先进的自然保护区。

8.5 当前存在的主要问题

保护区建立以来，成立了专职管理机构，围绕保护区的生物多样关性保护、保护区建设和发展，做了大量扎实的基础工作。使自然保护区得到有效管理，珍稀野生动物得到持续有效保护，生态环境进一步改善。使自然保护区生态服务功能、科普教育功能得到正常发挥。随着自然保护区的建设和发展，在新的历史条件下，磨盘山自然保护区也和全国其他保护区一样，仍然存在一些共性和个性问题，如面对全球气候变化的影响，生态环境整体恶化趋势未得到根本遏制，生物多样性面临严重威胁；在经济建设的大背景下，仍然存在保护与开发矛盾突出、生态保护监管能力薄弱、法规建设相对滞后等共性问题。需要通用过加强保护和管理，推进保护区的建设和发展。

从保护区建设和发展情况看，主要存在以下问题：

（1）资金投入不足，长期以来，磨盘山自然保护区机构及人员管理经费，已纳入财政预算，管理和管护人员的工资及办公得到基本保障，但在保护区基础设施建设投入，如对保护区开展科学研究、监测、宣传和培训教育、管护设备设施等建设费用等严重不足，已不能满足当前森林消防、巡护管理的基本需求。

（2）基础设施不完善，磨盘山自然保护区地处城镇近郊，周边人口密集，具有人为活动频繁的特点，人们对森林生态旅游的渴望和需求，在保护区基础设施建设和管理制度建设不完备的情况下，对保护区管理形成较大压力和挑战。如对保护区界桩、标示牌、管护点，森林生态旅游的设备设施建设等亟待建设完善。

（3）管理制度不健全，强有力的组织管理机构是自然保护区工作的保障，现有机构，既是磨盘山自然保护区的管理机构，又承担磨盘山森林公园的管理相关职责，在强化自然保护区的保护和管理上存在着职责和分工不明，管理制度和措施落实不到位等现象，以致管理和监管能力薄弱、法规及制度建设相对滞后。因此，需要加强保护区组织机构、管理制度建设。健全和强化法律、法规的实施途径，保证国家有关法律的贯彻和实施。

（4）动态监测和研究跟不上发展需求，加强科学研究，对自然保护区动植物种类和区系，濒危物种的现状、生境、分布、数量动态及濒危原因进行观察和研究，对保护区的地理和历史、社会基本情况、生物资源的保护和利用等的专题研究；建立生态和物种监测和信息网络；建立保护区科学管理和评价体系，使自然保护区管理和监督科学化、规范化。

（5）磨盘山自然保护区地处城市周边，人为活动及不合理的经济开发，将对保护区形成包围态势，面临"孤岛效应"的威胁。因此，加强对保护区周边社区的合作，加强保护区周边社区生态修复，是保护区健康发展的必要保障。

8.6　保护区的建设和发展

（1）保护区建设和发展要从带动周边社区经济发展入手，新平县自然地理条件优越，在各乡村分布着丰富的旅游资源，市场空间和需求潜力大，发展前景好。从当前乡村旅游情况看，乡村旅游发展生动活泼、形式多样、特色鲜明，对促进了社会主义新农村建设，成效显著。但存在着认识不足、引导不够、配套建设滞后等问题。因此，保护区建设的一项重要任务是，要树立"绿水青山就是金山银山"的生态经济理念，引导社区群众从生态修复做起，通过退耕还林工程、天然林保护工程、生态公益林建设等林业建设工程，带动和促进森林生态建设，使自然保护区周边社区森林生态环境得到有效修复，带动农村村容村貌、环境卫生条件的改善，推动环境治理，推动村庄整体建设的发展。为农村经济转型和发展奠定良好基础。

（2）根据相关分析，城市居民消费范围可以划分为两个圈：第一个为餐饮消费圈，以城市为中心，大城市周边 100km，中型城市周边 60km，小城市周边 30km 范围区域，都是城市居民餐饮消费出行区域；第二个为休闲消费圈，以城市为中心，大型城市周边 300km，中型城市周边 200km，小城市周边 100km 范围区域。磨盘山自然保护区周边社区，地处县城周围，具有吸引城市消费的区位优势，结合党中央乡村振兴战略的实施，把农业产业与第三产业有机地结合起来，以农林牧副渔业资源、乡村田园资源、乡村风景资源、乡村民俗文化资源、乡村历史文化资源、自然保护区森林生态资源等等为依托，开发生态旅游产业，以旅游产业的发展带动乡村经济振兴，提高农民收入，让广大人民群众真正富起来。让群众从生态建设中得到实惠，从而重视保护生态、建设生态。

对此，新平县已做了相关规划，将加快构建新平县域内"磨盘山、哀牢山、红河谷"为骨干的旅游环线。完善游道、自行车道、绿道、停车场、房车营地、指示标识、旅游厕所等旅游基础设施建设，完善水塘褚橙庄园、戛洒桔荔庄园、漠沙猫哆哩庄园、扬武塘房耘然农庄、建兴老菁重楼庄园的基础设施。加快戛洒马家寨、大槟榔园、小槟榔园、旋涡、曼李、曼秀、曼湾、速都、平寨、漠沙大沐浴、下灯笼、南碱、南薅，水塘曼拉，古城阿波左等集民俗、观光、体验、度假、娱乐等功能于一体的旅游特色村建设。这为保护区的保护和持续发展，为社区共建创造了良好的条件。

（3）保护区长期以来投入不足，基础设施建设薄弱，保护区范围虽然权属无争议、界线清楚，但未进行立碑定界；有管护点，但有待修缮和补充建设。特别是森林消防系统建设，森林防火事关森林和野生动植物资源安全，是做好保护区各项工作的前提和保障。要把自然保护区森林防火列为基础设施建设工作重点，加强组织建设、队伍建设、装备建设，严格火源管理，强化火情监测，落实预防措施，确保森林火灾的及时发现、快速扑灭。自然保护区要把森林防火作为大事，切实做好有关工作。

（4）加强自然保护区科学研究和监测。自然保护区要以保护对象为研究重点，加强保护区科研能力建设，可采取多种有效方式，与大专院校、科研单位等联合开展科学研究。系统研究保护对象的生物学特性、生态学特征和繁育利用技术，积极开展自然保护区生态价值、经济价值评估的研究。要认真做好资源调查、科学考察工作，并在此基础上，建立自然保护区监测体系和信息管理体系，组织自然保护区开展资源、环境、社会等方面的监测工作。

（5）在保护区开展生态旅游，必须以保护为前提，遵循自然规律，保持与自然和谐统一，不得对主要保护对象造成危害，不能超过环境容量和自然承载力，更不能对自然保护区资源造成破坏。在保护区实验区开展资源利用活动，要对允许利用的资源种类、数量、范围、时段和方式等，编制资源利用方案或生态旅游规划，并进行环境影响评价和对主要保护对象的影响评价，经科学论证和批准后组织实施。

9 保护区资源评价

9.1 多样性

保护区位于哀牢山东面，受哀牢山东西自然地理分界线的影响，在哀牢山这一大的自然地理背景下，形成了特殊的地理环境，复杂的地貌类型，多样的山地气候，优越的土壤条件，为生物种类提供了良好生存繁衍条件，因此，磨盘山保护区是除了哀牢外的又一动植物种类丰富的集中分布区域。具有季风常绿阔叶林、半湿润常绿阔叶林、中山湿性常绿阔叶林、山顶苔藓矮林、寒温性灌丛、亚高山草甸、暖温性针叶林等森林植被类型。经本次调查和历史资料记载，磨盘山自然保护区域共记录维管束植物 186 科 723 属 1380 种，其中蕨类植物 25 科 50 属 89 种，裸子植物 3 科 4 属 5 种，被子植物 161 科 673 属 1291 种。很多是构成当地森林植被的关键物种和特征成分。

哺乳动物 9 目 26 科 50 属 71 种；鸟类 13 目 32 科 85 属 130 种；两栖动物 2 目 7 科 17 属 22 种；爬行动物 2 目 7 科 23 属 28 种。保护区植被具有种类丰富、类型多样，森林生态系统完整的特点。

9.2 典型性

保护区地处县城南部，平甸、扬武、漠沙三乡（镇）的交界处，是嘎洒江以东保存较为完整的一片森林植被，保护区地带性植被主要为滇中典型的半湿润常绿阔叶林，山体中上部还保存有较为原始的中山湿性常绿阔叶林，低海拔河谷陡峭地带还保存有一定面积的落叶季雨林（保护区外围），整个磨盘山自然山体的基带和季风常绿阔叶林，植被垂直带发育较为典型，同时还有杂草类草甸等湿地植被景观，是滇中高原边缘保存较为完好的代表性植被。

在地质构造地貌特点上具有重要的地质遗迹：

（1）夷平面：保留于保护区西南部磨盘山以北的狭长带附近和敌军山的西北部，海拔 2300～2600m。夷平面的夷平阶段起于燕山运动而完成于中新世，是长期剥蚀夷平的一个产物（黄培华，1960），保护区内夷平面的出露面积较小，但对于研究云贵川三省地区高原发育的演化具有重要意义，古夷平面既是重要的地质遗迹，也是重要的科学证据；既是不可再生的自然遗产，也是优美的自然景观。

（2）丹霞地貌景观：保护区位于云南高原与横断山区过渡带，在中国丹霞地貌分区（尤联元等，2013）中分布于"西南部湿润红层高原–山地型丹霞地貌区"。受元江的强烈侵蚀切割，地势起伏剧烈，发育有丹霞孤石、丹霞石芽、丹霞崖壁、丹霞单斜峰等，属于深切割的高原–峡谷型、红层山地型丹霞地貌，具有重要的观赏和科普教育价值。

（3）峡谷地貌景观：保护区内的峡谷均为元江各级支流的上游河谷，流量虽小，因河床比降大，水流湍急，下切侵蚀强烈，形成许多峡谷，掩隐在繁茂的森林中。其横剖面大多呈"V"形，两岸山峰绵延，谷坡陡峭，地层和岩石以及地质构造（层面构造、褶皱构造）等现象出露清晰，谷底水流湍急，多岩槛、跌水和瀑布，河床上基岩裸露，多巨砾，具有"雄、险、奇、秀"等特点，具有一定的观赏和地学科普价值。

9.3 稀有性

由于保护区特殊的生态环境，孕育着丰富的野生动植物资源，同时也为珍稀濒危动物和植物提供了良好的生存条件，磨盘山国自然保护区共记录有各类珍稀濒危保护植物 30 种，其中国家 I 级保护植物 2 种长蕊木兰、篦齿苏铁；国家 II 级保护植物 3 种水青树、千果榄仁、红椿；省级保护植物 8 种，有异腺草、毛尖树、滇瑞香、高盆樱桃、秀丽珍珠花、红马银花、异萼柿、石丁香等；CITES 附录 II 收录 16 种。

分布的珍稀濒危保护哺乳动物有 11 种，有穿山甲（*Manis pentadactyla*）、猕猴（*Macaca mulatta*）、巨松鼠（*Ratufa bicolor*）、斑羚（*Naemorhedus goral*）、鬣羚（*Capricornis sumatraensis*）、林麝（*Moschus moschiferus*）、毛冠鹿（*Elaphodus cephalophus*）、树鼩（*Tupaia belangeri*）、豹猫（*Felis bengalensis*）、黑熊（*Selenarctos thibetanus*）、云豹（*Neofelis nebulosa*）等；其中，兽类中，国家级保护物种有 8 种，有国家 I 级保护物种 2 种，即林麝（*Moschus moschiferus*）、云豹（*Neofelis nebulosa*），国家 II 级保护物种 6 种，即穿山甲（*Manis pentadactyla*）、猕猴（*Macaca mulatta*）、巨松鼠（*Ratufa bicolor*）、斑羚（*Naemorhedus goral*）、鬣羚（*Capricornis sumatraensis*）、黑熊（*Selenarctos thibetanus*）。有云南省级保护物种 1 种，即毛冠鹿（*Elaphodus cephalophus*）。

分布的哺乳动物当中，有 8 种特有物种，均为中国特有物种，即云南缺齿鼩（*Chodsigoa paca*）、安氏白腹鼠（*Niviventer andersoni*）、川西白腹鼠（*Niviventer excelsior*）、大耳姬鼠（*Apodemus latronum*）、中华姬鼠（*Apodemus draco*）、大绒鼠（*Eothenomys miletus*）、黑腹绒鼠（*Eothenomys melanogaster*）、西南兔（*Lepus comus*）。

分布的珍稀濒危保护鸟类有 21 种，即针尾绿鸠（*Treron apicauda*）、楔尾绿鸠（*Treron sphenura*）、棕背田鸡（*Porzana bicolor*）、白鹇（*Lophura nycthemera*）、原鸡（*Gallus gallus*）、白腹锦鸡（*Chrysolophus amherstiae*）、红隼（*Falco tinnunculus*）、普通鵟（*Buteo buteo*）、蛇雕（*Spilornis cheela*）、燕隼（*Falco subbuteo*）、凤头鹰（*Accipiter trivigatus*）、凤头蜂鹰（*Pernis ptilorhynchus*）、林雕（*Ictinaetus malayensis*）、领鸺鹠（*Glaucidium brodiei*）、领角鸮（*Otus bakkamoena*）、草鸮（*Tyto capensis*）、绯胸鹦鹉（*Psittacula alexandri*）、红嘴相思鸟（*Leiothrix lutea*）、银耳相思鸟（*Leiothrix argentauris*）、滇䴓（*Sitta yunnanensis*）、巨䴓（*Sitta magna*）。其中，国家级保护物种有 17 种，特有物种 6 种，白腹锦鸡（*Chrysolophus amherstiae*）、领雀嘴鹎（*Spizixos semitorques*）、白领凤鹛（*Yuhina diademata*）、宝兴

歌鸫（*Turdus mupinensis*）、棕头雀鹛（*Alcippe ruficapilla*）、滇䴓（*Sitta yunnanensis*）；均为中国特有物种。

分布的珍稀濒危保护两栖爬行类有 3 种，即红瘰疣螈（*Tylototriton shanjing*）、眼镜蛇（Naja naja）、眼镜王蛇（*Ophiophagus hannah*）。其中，有 1 种国家 II 级保护物种，即红瘰疣螈（*Tylotoriton shanjing*）；有 2 种云南省级保护物种，即眼镜蛇（*Naja naja*）、眼镜王蛇（*Ophiophagus hannah*）。

因此，磨盘山保护区又是珍稀物种的集中分布区之一。具有重要的保护和研究价值。

9.4　脆弱性

保护区地处新平县县城周边，人口众多，受人为活动的干扰相对其他保护区较为突出。另一方面，保护区处于哀牢山东面，呈相对独立、具有一定面积的原始森林分布区，有如一块碧绿的翡翠镶嵌在新平县版图中，是一块不可多得的瑰宝，亟待加以精心维护。当前保护区周边还有茂密的森林缓冲地带，为野生动物的活动通行、种群繁衍和植物资源的保护提供了必要的环境条件。从长期看，受威协性仍然成为保护管理的难点之一，不同区系成分的物种在该区的出现均属边缘类群，虽然生物多样性较为丰富，但是边缘性的特征决定了其抵御外界干扰和环境变化的能力较弱，若对自然保护区及其周边森林和生态环境资源的过度开发利用，或森林生态系统一旦遭受破坏则极难修复，甚至导致物种的消失。

保护区地势高耸，高大山脉分布其间，大小河流众多，受水流切割的影响，形成了一系列的深切河谷，河谷沿岸山高坡陡，地质构造复杂。保护区地形地貌由于受到皱褶和断裂带的影响，地质稳定性较差，生态环境极其脆弱，保护区内物种失去了向四周扩散的空间，形成了生物生存的"孤岛"。在"边缘效应"与"孤岛效应"的叠加影响下，成倍增加了保护区生态环境的敏感性和脆弱性，由此表明在未来需要加强对生物多样性保护、生态环境修复等方面必要性和紧迫性的认识。

9.5　自然性

随着国家实施以生态建设为主的林业发展战略，各级林业主管部门抓住国家实施林业重点工程和建立森林生态效益补偿制度的良好机遇，加快了森林保护和生态建设，在进一步贯彻落实《中共中央、国务院关于加快林业发展的决定》，使自然保护区建设得到快速发展，保护区周边的森林植被和生态得到全面恢复，为保护区的建设和发展提供了基础保障。

保护区在以森林公园开展生态旅游观光的同时，对保护区森林植被和生态环境加以保护和建设，多年来使保护区森林生态系统保持着原生状态，为野生动植物的生息和繁衍保持了良好自然生态环境，维持了保护区生物多样性和森林植被类型的多样性特征。保护区现有森林覆盖率为 88.6%。

9.6　面积适宜性

保护区总面积 5836.8hm²，分布有多种森林植被类型、生物多样性特征明显，森林结构完整，是一个完整典型的森林生态系统，为野生动、植物提供了良好的栖息环境。按自然保护建设区划的技术要求，通过核心区、缓冲区、实验区的功能区划，能够保持动植物分布的自然性，能有效维持生态系统的结构和功能，能够保证生态系统内各物种正常繁衍的空间。保护区总体面积相对较小，但已达到优化适宜状态。其核心区面积 2377.41hm²，占保护区总面积的 40.73%。

9.7 生态区位重要性

保护区，位于滇中高原植物亚区、澜沧-红河中游植物亚区和滇-越植物亚区三大植物亚区的过渡地带，区系组成丰富，来源复杂，生态区位十分重要。

保护区及其周边森林区，地处县城南部，属平甸、扬武、漠沙三乡（镇）的交界范围，距县城超过 20km。保护区及周边森林，是流经县城坝子的平甸河的水源林区，担负着平甸、扬武坝区和他拉、宁河、梭克、小石缸、丁苴、老白甸、费拉莫、西尼、坡头又河等乡（村）人民的生产生活用水水源供给，具有重要生态区位和保护价值。对维护县城周边的生态安全具有重要意义。

9.8 潜在的保护价值

每一个物种都是一个潜在的基因库，磨盘山有各类珍稀濒危保护植物 30 种，分布在不同的海拔和生境。这里各民族团结，历史悠久，对植物资源有悠久而丰富多样的利用传统。据不完全统计，有各类资源植物 500 多种，几乎是"磨盘山无闲草"，具有重要的潜在保护价值和经济开发价值。

9.9 科研价值

保护是滇中向滇南过渡的重要区域，发育有较为典型的垂直植被带，加之有限面积内物种丰富，区系成分复杂，是研究过渡区域植被和区系的理想场所。特别是在有限的范围里，能够用较短的时间和时空转换来达到充分的野外体验和知识提升。

附录Ⅰ　新平磨盘山县级自然保护区野生动物名录

附录Ⅰ-1　磨盘山自然保护区两栖类名录

序号	中名	拉丁名	区系从属			保护等级			特有性	资料来源
			东洋种	古北种	广布种	国内	CITES	IUCN		
C1	两栖纲	AMPHIBIA								
O1	有尾目	CAUDATA								
F1	蝾螈科	SALAMANDRIDAE								
1	红瘰疣螈	*Tylototriton shanjing*	●			2	Ⅱ			●
2	蓝尾蝾螈	*Cynops cyanurus*	●			2				★
O2	无尾目	ANURA								
F2	角蟾科	MEGOPYRYIDAE								
3	宽头短腿蟾	*Brachytarsophrys cariensis*	●			2				
4	白颌大角蟾	*Megophrys lateralis*	●			2				
5	小角蟾	*Megophrys minor*	●			3				
6	哀牢髭蟾	*Leptobrachium ailaonicum*	●			2				●
7	景东齿蟾	*Oreolalax jingdongensis*	●			2				★●
F3	蟾蜍科	BUFONIDAE								
8	黑眶蟾蜍	*Bufo melanostictus*	●			3				
9	隐耳蟾蜍	*Bufo cryptotympanicus*	●			3				
10	哀牢溪蟾	*Torrentophryne ailaoanus*	●			2				★●

续表附录Ⅰ-1

序号	中名	拉丁名	区系从属			保护等级			特有性	资料来源
			东洋种	古北种	广布种	国内	CITES	IUCN		
11	缅甸溪蟾	*Torrentophryne burmanus*	●			2				●
F4	雨蛙科	HYLIDAE								
12	华西雨蛙	*Hyla annectans*	●			3				
F5	蛙科	RANIDAE								
13	泽陆蛙	*Fejervarya multistriata*	●			2				
14	滇侧褶蛙	*Pelophylax pleuraden*	●			3				
15	云南臭蛙	*Odorrana andersonii*	●			2				
16	花棘蛙	*Paa aculosa*	●			3				★●
17	棘胸蛙	*Paa spinosa*	●			2				
18	双团棘胸蛙	*Paa yunnanensis*	●			2				
19	绿点湍蛙	*Amolops viridimaculatus*	●			2				★
F6	树蛙科	RHACOPHORIDAE								
20	斑腿泛树蛙	*Polypedates megacephalus*	●			3				
F7	姬蛙科	MICROHYLIDAE								
21	云南小狭口蛙	*Calluella yunnanensis*	●			4				
22	饰纹姬蛙	*Microhyla ornata*	●			2				

注：保护等级：Ⅰ——国家Ⅰ级保护动物；Ⅱ——国家Ⅱ级保护动物；YN——云南省级保护动物；CITES：Ⅰ——CITES附录Ⅰ物种；Ⅱ——CITES附录Ⅱ物种；EN-IUCN濒危，VU——IUCN易危

特有性：★——中国特有；●——中国仅分布于云南，F-外来种

数据来源：S——实地调查，V——访问调查，R——文献资料；P——以往调查资料

附录 I-2　磨盘山自然保护区爬行类名录

序号	中名	拉丁名	区系从属			保护等级			特有性	资料来源
			东洋种	古北种	广布种	国内	CITES	IUCN		
C2	爬行纲	REPTILIA								
O1	蜥蜴目	LACERTILIA								
F1	壁虎科	GEKKONIDAE								
1	原尾蜥虎	*Hemidactylus bowingii*	●			3				
2	云南半叶趾虎	*Hemiphyllodactylus yunnanensis*			●	4				
F2	鬣蜥科	AGAMIDAE								
3	棕背树蜥	*Calotes emma*	●			2				
4	云南攀蜥	*Japalura yunnanensis*	●			2				★●
F3	蛇蜥科	ANGUIDAE								
5	细脆蛇蜥	*Ophisaurus gracilis*	●			2				★
F4	石龙子科	SCINCIDAE								
6	多线南蜥	*Mabuya multifasciata*	●			3				
7	山滑蜥	*Scincella monticola*	●			3				★
8	印度蜓蜥	*Sphenomorphus indicus*	●			2				
O2	蛇目	SERPENTES								
F5	游蛇科	COLUBRIDAE								
9	缅甸钝头蛇	*Pareas hamptoni*	●			3				
10	腹斑腹链蛇	*Amphiesma modesta*	●			2				
11	八线腹链蛇	*Amphiesma octolineata*	●			4				★
12	八莫过树蛇	*Dendrelaphis subocularis*	●			3				●
13	紫灰锦蛇	*Elaphe porphyracea*	●			2				
14	三索锦蛇	*Elaphe radiata*	●			3				
15	方花锦蛇	*Elaphe bella*	●			3				
16	斜鳞蛇	*Pseudoxenodon macrops*			●	2				
17	红脖颈槽蛇	*Rhabdophis subminiatus*			●	2				

续表附录 I-2

序号	中名	拉丁名	区系从属			保护等级			特有性	资料来源
			东洋种	古北种	广布种	国内	CITES	IUCN		
18	黑头剑蛇	*Sibynophis chinensis*			●	3				
19	黑领剑蛇	*Sibynophis collaris*	●			2				★
20	云南华游蛇	*Sinonatrix yunnanensis*	●			2				
21	黑线乌梢蛇	*Zaocys nigromarginatus*	●			2				
F6	眼镜蛇科	ELAPIDAE								
22	银环蛇	*Bungarus muliticinctus*	●			2				
23	眼镜蛇	*Naja naja*	●			2	YN			
24	孟加拉眼镜蛇	*Naja kaouthia*	●							
25	眼镜王蛇	*Ophiophagus hannah*	●			2	YN	II		
F7	蝰科	VIPERIDAE								
26	山烙铁头蛇	*Ovophis monticola*	●			2				
27	菜花原矛头蝮	*Protobothrops jerdonii*			●	2				
28	福建竹叶青	*Trimeresurus stejnegeri*	●			2				

注：保护等级：I——国家I级保护动物；II——国家II级保护动物；YN——云南省级保护动物；CITES：I——CITES附录I物种；II——CITES附录II物种；EN——IUCN濒危，VU——IUCN易危

特有性：★——中国特有；●——中国仅分布于云南，F——外来种

数据来源：S——实地调查，V——访问调查，R——文献资料；P——以往调查资料

附录Ⅰ-3　磨盘山县级自然保护区鸟类名录

序号	中名	拉丁名	区系从属			居留类型	保护等级			特有性	资料来源
			东洋种	古北种	广布种		国内	CITES	IUCN		
C3	鸟纲	AVIS									
O1	隼形目	FALCONIFORMES									
F1	鹰科	ACCIPITRIDAE									
1	凤头蜂鹰	*Pernis ptilorhynchus*			●	W	Ⅱ	Ⅱ			S
2	凤头鹰	*Accipiter trivigatus*	●			R	Ⅱ	Ⅱ			P
3	普通鵟	*Buteo buteo*			●	W	Ⅱ	Ⅱ			S
4	林雕	*Ictinaetus malayensis*	●			R	Ⅱ	Ⅱ			R
5	蛇雕	*Spilornis cheela*	●			R	Ⅱ	Ⅱ			R
F2	隼科	FALCONIDAE									
6	燕隼	*Falco subbuteo*			●	S	Ⅱ	Ⅱ			S
7	红隼	*Falco tinnunculus*			●	R	Ⅱ	Ⅱ			S
O2	鸡形目	GALLIFORMES									
F3	雉科	PHASIANIDAE									
8	中华鹧鸪	*Francolinus pintadeanus*	●			R					V
9	棕胸竹鸡	*Bambusicola fytchii*	●			R					S
10	白鹇	*Lophura nycthemera*	●			R	Ⅱ				S
11	原鸡	*Gallus gallus*	●			R	Ⅱ				V
12	雉鸡	Phasianus colchicus			●	R					S
13	白腹锦鸡	Chrysolophus amherstiae	●			R	Ⅱ			★	S
O3	鹤形目	*GRUIFORMES*									
F4	秧鸡科	*RALLIDAE*									
14	普通秧鸡	*Rallus aquaticus*		●		W					R
15	棕背田鸡	*Porzana bicolor*	●			R	Ⅱ				R
O4	鸻形目	CHARADRIIFORME									
F5	鸻科	CHARADRIIDAE									

续表附录Ⅰ-3

序号	中名	拉丁名	区系从属			居留类型	保护等级			特有性	资料来源
			东洋种	古北种	广布种		国内	CITES	IUCN		
16	金眶鸻	*Charadrius dubius*			●	R					R
F6	鹬科	SCOLOPACIDAE									
17	针尾沙锥	*Capella stenura*		●		W					R
O5	鸽形目	COLUMBIFORMES									
F7	鸠鸽科	COLUMBIDAE									
18	针尾绿鸠	*Treron apicauda*	●			R	Ⅱ				R
19	楔尾绿鸠	*Treron sphenura*	●			R	Ⅱ				R
20	山斑鸠	*Streptopelia orientalis*			●	R					S
21	珠颈斑鸠	*Streptopelia chinensis*	●			R					S
22	火斑鸠	*Oenopopelia tranquebarica*			●	R					R
O6	鹦形目	*PSITACIFORMES*									
F8	鹦鹉科	*PSITTACIDAE*									
23	绯胸鹦鹉	*Psittacula alexandri*	●			R	Ⅱ	Ⅱ			R
O7	鹃形目	CUCULIFORMES									
F9	杜鹃科	CUCULIDAE									
24	鹰鹃	*Cuculus sparverioides*	●			S					R
25	四声杜鹃	*Cuculus micropterus*			●	S					R
26	大杜鹃	*Cuculus canorus*			●	S					R
27	小杜鹃	*Cuculus poliocephalus*			●	S					R
28	噪鹃	*Eudynamys scolopacea*	●			S					R
O8	鸮形目	*STRIGIFORMES*									
F10	草鸮科	TYTONIDAE									
29	草鸮	*longimembris*	●			R	Ⅱ	Ⅱ			R
F11	鸱鸮科	STRIGIDAE									
30	领角鸮	*Otus bakkamoena*			●	R	Ⅱ	Ⅱ			R

续表附录 I -3

序号	中名	拉丁名	区系从属			居留类型	保护等级			特有性	资料来源
			东洋种	古北种	广布种		国内	CITES	IUCN		
31	领鸺鹠	*Glaucidium brodiei*	●			R	II	II			R
O9	夜鹰目	CAPRIMULGIFORMES									
F12	夜鹰科	CAPRIMULGIDAE									
32	普通夜鹰	*Caprimulgus indicus*			●	R					R
O10	雨燕目	APODIFORMES									
F13	雨燕科	APODIDAE									
33	白喉针尾雨燕	*Hirundapus caudacutus*			●	R					R
34	白腰雨燕	*Apus pacificus*			●	S					R
O11	佛法僧目	CORACIIFORMES									
F14	蜂虎科	MEROPIDAE									
35	栗喉蜂虎	*Merops philippinus*	●			R					R
F15	戴胜科	UPUPIDAE									
36	戴胜	*Upupa epops*			●	R					R
O12	䴕形目	PICIFORMES									
F16	须䴕科	CAPITONIDAE									
37	大拟啄木鸟	*Megalaima virens*	●			R					R
F17	啄木鸟科	PICIDAE									
38	蚁䴕	*Jynx torquilla*			●	W					S
39	黑枕绿啄木鸟	*Picus canus*			●	R					R
40	大斑啄木鸟	*Dendrocopos major*			●	R					P
41	黄颈啄木鸟	*Dendrocopos darjellensis*	●			R					P
42	棕腹啄木鸟	*Dendrocopos hyperythrus*			●	R					P
43	星头啄木鸟	*Dendrocopos canicapillus*			●	R					S
O13	雀形目	PASSERIFORMES									
F18	燕科	HIRUNDINIDAE									

续表附录 I-3

序号	中名	拉丁名	区系从属			居留类型	保护等级			特有性	资料来源
			东洋种	古北种	广布种		国内	CITES	IUCN		
44	家燕	*Hirundo rustica*		●		R					R
F19	鹡鸰科	MOTACILLIDAE									
45	山鹡鸰	*Dendronanthus indicus*		●		S					R
46	黄鹡鸰	*Motacilla flava*		●		W					S
47	田鹨	*Anthus novaeseelandiae*			●	W					S
48	树鹨	*Anthus hodgsoni*		●		W					S
F20	山椒鸟科	CAMPEPHAGIDAE									
49	大鹃鵙	*Coracina novaehollandiae*	●			R					R
50	长尾山椒鸟	*Pericrocotus ethologus*	●			R					S
51	短嘴山椒鸟	*Pericrocotus brevirostris*	●			S					R
52	赤红山椒鸟	*Pericrocotus flammeus*	●			R					S
F21	鹎科	PYCNONTIDAE									
53	凤头雀嘴鹎	*Spizixos canifrons*	●			R					S
54	领雀嘴鹎	*Spizixos semitorques*	●			R				★	S
55	红耳鹎	*Pycnonotus jocosus*	●			R					R
56	黄臀鹎	*Pycnonotus xanthorrhous*	●			R					S
57	白喉红臀鹎	*Pycnonotus aurigaster*	●			R					S
58	黄绿鹎	Pycnonotus flavescens	●			R					R
59	黑短脚鹎	*Hypsipetes madagascariensis*	●			R					S
F22	和平鸟科	IRENIDAE									
60	和平鸟	*Irena puella*	●			R				●	R
F23	鸦科	CORVIDAE									
61	星鸦	*Nucifraga caryocatactes*		●		R					S
62	大嘴乌鸦	*Corvus macrorhynchos*			●	R					R
F24	河乌科	CINCLIDAE									

续表附录 I-3

序号	中名	拉丁名	区系从属			居留类型	保护等级			特有性	资料来源
			东洋种	古北种	广布种		国内	CITES	IUCN		
63	褐河乌	*Cinclus pallasii*			●	R					R
F25	鹟科	MUSCICAPIDAE									
64	鹊鸲	*Copsychus saularis*	●			R					S
65	蓝额红尾鸲	*Phoenicurus frontalis*	●			R					S
66	北红尾鸲	*Phoenicurus auroreus*		●		W					S
67	灰背燕尾	*Enicurus schistaceus*	●			R					R
68	斑背燕尾	*Enicurus maculatus*	●			R					S
69	灰林8 234E2	*Saxicola ferrea*	●			R					S
70	白顶溪鸲	*Chaimarrornis leucocephalus*	●			B					R
71	灰翅鸫	*Turdus boulboul*	●			O					R
72	乌鸫	*Turdus merula*			●	R					R
73	斑鸫	*Turdus naumanni*		●		W					R
74	宝兴歌鸫	*Turdus mupinensis*			●	R				★	S
75	斑胸钩嘴鹛	*Pomatorhinus erythrocnemis*	●			R					R
76	棕颈钩嘴鹛	*Pomatorhinus ruficollis*	●			R					S
77	红头穗鹛	*Stachyris ruficeps*	●			R					R
78	白颊噪鹛	*Garrulax sannio*	●			R					S
79	红头噪鹛	*Garralux erythrocephalus*	●			R					R
80	赤尾噪鹛	*Garrulax milnei*	●			R					R
81	银耳相思鸟	*Leiothrix argentauris*	●			R		II			R
82	红嘴相思鸟	*Leiothrix lutea*	●			R		II			S
83	蓝翅希鹛	*Minla cyanouroptera*	●			R					S
84	白眉雀鹛	*Alcippe vinipectus*	●			R					R
85	棕头雀鹛	*Alcippe ruficapilla*	●			R				★	R
86	褐胁雀鹛	*Alcippe dubia*	●			R					S

续表附录Ⅰ-3

序号	中名	拉丁名	区系从属			居留类型	保护等级			特有性	资料来源
			东洋种	古北种	广布种		国内	CITES	IUCN		
87	黑头奇鹛	*Heterophasia melanoleuca*	●			R					S
88	纹喉凤鹛	*Yuhina gularis*	●			R					S
89	白领凤鹛	*Yuhina diademata*	●			R				★	S
90	白腹凤鹛	*Yuhina zantholeuca*	●			R					S
91	灰腹地莺	*Tesia cyaniventer*	●			R					R
92	淡脚树莺	*Cettia pallidipes*	●			R					R
93	斑胸短翅莺	*Bradypterus thoracicus*			●	R					R
94	小蝗莺	*Locustella certhiola*			●	M					R
95	东方大苇莺	*Acrocephalus orientalis*		●		B					R
96	黄腹柳莺	*Phylloscopus affinis*	●			B					R
97	褐柳莺	*VPhylloscopus fuscatus*		●		W					S
98	黄眉柳莺	*Phylloscopus inornatus*		●		W					S
99	黄腰柳莺	*Phylloscopus proregulus*		●		W					S
100	暗绿柳莺	*Phylloscopus trochiloides*		●		W					S
101	冠纹柳莺	*Phylloscopus reguloides*	●			W					S
102	棕腹大仙鹟	*Niltava davidi*	●			R					R
103	山蓝仙鹟	*Niltava banyumas*	●			R					S
104	乌鹟	*Muscicapa sibirica*		●		M					R
105	北灰鹟	*Muscicapa dauurica*		●		W					R
106	方尾鹟	*Culicicapa ceylonensis*	●			R					S
F26	山雀科	*PARIDAE*									
107	大山雀	*Parus major*			●	R					S
108	绿背山雀	*Parus monticolus*	●			R					S
109	黄颊山雀	*Parus spilonotus*	●			R					R
110	红头长尾山雀	*Aegithalos concinnus*	●			R					S

续表附录 I-3

序号	中名	拉丁名	区系从属			居留类型	保护等级			特有性	资料来源
			东洋种	古北种	广布种		国内	CITES	IUCN		
F27	鸭科	SITTIDAE									
111	巨鸭	*Sitta magna*	●			R			VU		R
112	滇鸭	*Sitta yunnanensis*	●			R			VU	★	S
113	栗腹鸭	*Sitta castanea*	●			R				●	S
F28	啄花鸟科	DICAEIDAE									
114	黄腹啄花鸟	*Dicaeum melanozanthum*	●			R					R
115	红胸啄花鸟	*Dicaeum ignipectus*	●			R					S
F29	太阳鸟科	NECTARINIIDAE									
116	黑胸太阳鸟	*Aethopyga saturata*	●			R					R
117	黄腰太阳鸟	*Aethopyga siparaja*	●			R					S
118	蓝喉太阳鸟	*Aethopyga gouldiae*	●			R					R
F30	绣眼鸟科	ZOSTEROPIDAE									
119	暗绿绣眼鸟	*Zosterops japonica*	●			R					S
120	红胁绣眼鸟	*Zosterops erythropleura*		●		W					R
F31	文鸟科	*PLOCEIDAE*									
121	树麻雀	*Passer montanus*			●	R					S
122	山麻雀	*Passer rutilans*			●	R					S
123	白腰文鸟	*Lonchura striata*	●			R					R
124	斑文鸟	*Lonchura punctulata*	●			R					S
F32	雀科	FRINGILLIDAE									
125	黑头金翅雀	*Carduelis ambigua*	●			R					S
126	普通朱雀	*Carpodacus erythrinus*		●		W					P
127	血雀	*Haematospiza sipahi*	●			R					R
128	灰头鹀	*Emberiza spodocephala*			●	R					R

续表附录Ⅰ-3

序号	中名	拉丁名	区系从属			居留类型	保护等级			特有性	资料来源
			东洋种	古北种	广布种		国内	CITES	IUCN		
129	小鹀	*Emberiza pusilla*		●		W					S
130	凤头鹀	*Melophus lathami*	●			R					S

注：居留类型：B——繁殖鸟；S——夏候鸟；W——冬候鸟；R——居留鸟；M——旅鸟

保护等级：Ⅰ——国家Ⅰ级保护动物；Ⅱ——国家Ⅱ级保护动物；YN——云南省级保护动物；CITES：Ⅰ——CITES附录Ⅰ物种；Ⅱ——CITES附录Ⅱ物种；EN——IUCN濒危，VU——IUCN易危

特有性：★——中国特有；●——中国仅分布于云南，F——外来种

数据来源：S——实地调查，V——访问调查，R——文献资料；P——以往调查资料

附录 I-4 磨盘山自然保护区兽类名录

序号	中名	拉丁名	区系从属			居留类型	保护等级			特有性	资料来源
			东洋种	古北种	广布种		国内	CITES	IUCN		
C4	哺乳纲	MAMMALIA									
O1	食虫目	INSECTIVORA									
F1	猬科	ERINACEIDAE									
1	中国鼩猬	*Neotetracus sinensis*	●							R	
F2	鼹科	TALPIDAE									
2	长吻鼩鼹	*Nasillus gracilis*	●						☆	R	
3	长尾鼩鼹	*Scaptonyx fusicaudus*	●						☆	R	
F3	鼩鼱科	SORICIDAE									
4	云南缺齿鼩	*Chodsigoa paca*			●				★	R	
5	四川短尾鼩	*Anourosorex squamipes*	●							R	
6	喜马拉雅水麝鼩	*Chimarrogale himalayica*			●					R	
7	臭鼩	*Suncus murinus*	●							R	
8	南小麝鼩	*Crocidura horsfieldi*	●							R	
9	灰麝鼩	*Crocidura attenuata*			●					R	
10	华南中麝鼩	*Crocidura rapax*	●							R	
O2	攀鼩目	*SCANDENTIA*									
F4	树鼩科	*TUPAIIDAE*									
11	树鼩	*Tupaia belangeri*	●				II			S	
O3	翼手目	CHIROPTERA									
F5	狐蝠科	PTEROPODIDAE									
12	棕果蝠	*Rousettus leschenaulti*	●							R	
F6	菊头蝠科	RHINOLOPHIDAE									
13	中菊头蝠	*Rhinolophus affinis*	●							R	
14	皮氏菊头蝠	*Rhinolophus pearsoni*	●							R	
15	中华菊头蝠	*Rhinolophus sinicus*	●						☆	R	

续表附录Ⅰ-4

序号	中名	拉丁名	区系从属			居留类型	保护等级			特有性	资料来源
			东洋种	古北种	广布种		国内	CITES	IUCN		
F7	蹄蝠科	*HIPPOSIDERIDAE*									
16	大蹄蝠	*Hipposideros armiger*	●							R	
17	三叶蹄蝠	*Aselliscus wheeleri*	●							R	
F8	蝙蝠科	*VESPERTILIONIDAE*									
18	大棕蝠	*Eptesicus serotinus*			●					R	
19	伏翼	*Pipistrellus pipistrellus*			●					R	
20	普通伏翼	*Pipistrellus abramus*			●					R	
21	南蝠	*Ia io*	●							R	
F9	长翼蝠科	*MINIOPTERIDAE*									
22	中华鼠耳蝠	*Myotischinensis*	●							R	
23	缺齿鼠耳蝠	*Myotis altarium*	●						●	R	
24	毛须鼠耳蝠	*Myotis hirsutus*	●							R	
O4	灵长目	PRIMATES									
F10	猴科	CERCOPITHECIDAE									
25	猕猴	*Macaca mulatta*	●			Ⅱ	Ⅱ			V	
O5	鳞甲目	PHOLIDOTA									
F11	鲮鲤科	MANIDAE									
26	穿山甲	*Manis pentadactyla*	●			Ⅱ	Ⅱ	EN		V	
O6	食肉目	CARNIVORA									
F12	熊科	URSIDAE									
27	黑熊	*Selenarctos thibetanus*			●	Ⅱ	Ⅰ	VU		V	
F13	鼬科	MUSTELIDAE									
28	黄喉貂	*Martes flavigula*			●	Ⅱ	Ⅲ			V	
29	黄腹鼬	*Mustela kathiah*			●		Ⅲ			V	
30	黄鼬	*Mustela sibirica*			●		Ⅲ			V	

续表附录 I −4

序号	中名	拉丁名	区系从属			保护等级			特有性	资料来源
			东洋种	古北种	广布种	国内	CITES	IUCN		
31	纹鼬	*Mustela strigidorsa*	●							V
32	鼬獾	*Melogale moschata*	●							R
33	猪獾	*Arctonyx collaris*			●					V
F14	灵猫科	VIVERRIDAE								
34	大灵猫	*Viverra zibetha*	●			II	III			V
35	小灵猫	*Viverricula indica*	●			II	III			V
36	椰子狸	*Paradoxurus hermaphroditus*	●				III			V
37	果子狸	*Paguma larvata taivana*			●		III			V
F15	猫科	FELIDAE								
38	豹猫	*Felis bengalensis*			●		II			R
39	云豹	*Neofelis nebulosa*	●			I	I	VU		V
O7	偶蹄目	ARTIODACTYLA								
F16	猪科	SUIDAE								
40	野猪	*Sus scrofa*			●					S
F17	麝科	MOSCHIDAE								
41	林麝	*berezovskii moschiferus*			●	I	II	VU	☆	V
F18	鹿科	CERVIDAE								
42	赤麂	*Muntiacus muntjak*	●							S
43	毛冠鹿	*Elaphodus cephalophus*			●	YN			☆	V
F19	牛科	BOVIDAE								
44	鬣羚	*Capricornis sumatraensis*			●	II	I			V
45	斑羚	*Naemorhedus goral*			●	II	I			V
O8	啮齿目	RODENTIA								
F20	松鼠科	SCIURIDAE								
46	赤腹松鼠	*Callosciurus erythraeus*	●							S

续表附录Ⅰ-4

序号	中名	拉丁名	区系从属			保护等级			特有性	资料来源
			东洋种	古北种	广布种	国内	CITES	IUCN		
47	隐纹花松鼠	*Tamiops swinhoei*	●							S
48	珀氏长吻松鼠	*Dremomys pernyi*	●							R
49	巨松鼠	*Ratufa bicolor*	●			Ⅱ	Ⅱ			V
F21	鼯鼠科	PETAURISTIDAE								
50	灰背大鼯鼠	*Petaurista philippensis*	●							V
51	灰头鼯鼠	*Petaurista caniceps*	●							V
F22	仓鼠科	CRICETIDAE								
52	黑腹绒鼠	*Eothenomys melanogaster*			●				★	R
53	大绒鼠	*Eothenomys miletus*	●						★	R
F23	鼠科	MURIDAE								
54	大耳姬鼠	*Apodemus latronum*			●				★	R
55	中华姬鼠	*Apodemus draco*			●				★	R
56	齐氏姬鼠	*Apodemus chevrieri*	●							R
57	黄胸鼠	*Rattus flavipectus*			●					R
58	大足鼠	*Rattus nitidus*			●					R
59	褐家鼠	*Rattus norvegicus*			●				F	R
60	灰腹鼠	*Niviventer eha*			●					S
61	安氏白腹鼠	*Niviventer andersoni*			●				★	S
62	川西白腹鼠	*Niviventer excelsior*	●						★	S
63	北社鼠	*Niviventer confucianus*			●					S
64	白腹巨鼠	*Rattus edwardsi*	●							R
65	小家鼠	*Mus musculus*			●				F	R
66	锡金小家鼠	*Mus pahari*	●							R
F24	竹鼠科	RHIZOMYIDAE								
67	花白竹鼠	*Rhizomys pruinosus*	●							R

续表附录Ⅰ-4

序号	中名	拉丁名	区系从属			保护等级			特有性	资料来源
			东洋种	古北种	广布种	国内	CITES	IUCN		
68	中华竹鼠	*Rhizomys sinensis*	●						☆	R
F25	豪猪科	HYSTRICIDAE								
69	帚尾豪猪	*Atherurus macrourus*	●							V
70	豪猪	*Hystrix hodgsoni*			●					V
O09	兔形目	LAGOMORPHA								
F26	兔科	LEPORIDAE								
71	西南兔	*Lepus comus*	●						★	R

注：保护等级：Ⅰ——国家Ⅰ级保护动物；Ⅱ——国家Ⅱ级保护动物；YN——云南省级保护动物；CITES：Ⅰ——CITES附录Ⅰ物种；Ⅱ——CITES附录Ⅱ物种；EN—— IUCN濒危，VU——IUCN易危

特有性：★——中国特有；●——中国仅分布于云南，F——外来种

数据来源：S——实地调查，V——访问调查，R——文献资料；P——以往调查资料

附录 II 新平磨盘山县级自然保护区维管植物名录

本名录共记录磨盘山保护区维管植物 186 科 723 属 1380 种包含种下等级，下同如表 2-15，其中蕨类植物 25 科 50 属 89 种，裸子植物 3 科 4 属 5 种，被子植物 161 科 673 属 1291 种。属、种概念依据《Flora of China》，科的概念沿用哈钦松系统。本名录按科、属、种的顺序进行排列，科的概念沿用哈钦松系统，属、种概念依据《Flora of China》。蕨类植物科按秦仁昌 1978 的系统排列；裸子植物科按郑万钧先生《中国植物志》第七卷 1978 的系统排列；被子植物科按哈钦松《The families of Flowering Plants》1926，1934 的系统排列。科内按属拉丁名的字母顺序，属内按种拉丁加词的字母顺序进行排列，栽培种前以"＊"标示。

蕨类植物门 Pteridophyta

P2 石杉科 Huperziaceae

蛇足石杉

Huperzia serrata（Thunb.）Trevis

产于：平甸乡磨盘山，常绿阔叶林；生活型：草本；采集人 & 采集号：李园园，姜利琼 XP255；采集日期：2017-04-26；资源类型：药用植物资源。

椭圆马尾杉

Phlegmariurus henryi（Baker）Ching

产于：平甸乡磨盘山；生活型：草本；采集人 & 采集号：照片、野外记录；采集日期：2017-04-19。

P3 石松科 Lycopodiaceae

扁枝石松

Lycopodium complanatum L.

产于：平甸乡磨盘山，中山湿性常绿阔叶林；生活型：草本；采集人＆采集号：李园园、姜利琼、蒋蕾、许可旺 XP028；采集日期：2017-04-21；资源类型：药用植物资源。

藤石松

Lycopodiastrum casuarinoides（Spring）Holub

产于：平甸乡磨盘山，常绿阔叶林；生活型：草本；采集人＆采集号：照片、野外记录；采集日期：2017-06-14；资源类型：药用植物资源。

石松

Lycopodium japonicum Thunb. ex Murray

产于：平甸乡敌军山，中山湿性常绿阔叶林；生活型：草本；采集人＆采集号：李园园、姜利琼、阳亿、张琼 XP959；采集日期：2017-08-05；资源类型：药用植物资源。

P4 卷柏科 Selaginellaceae

细叶卷柏

Selaginella labordei Hieron. ex Christ

产于：平甸乡磨盘山；生活型：草本；采集人＆采集号：武素功 462；采集日期：19581019。

垫状卷柏

Selaginella pulvinata（Hook. & Grev.）Maxim

产于：平甸乡磨盘山；生活型：草本；采集人＆采集号：照片、野外记录；采集日期：2016-12-21。

泰国卷柏

Selaginella siamensis Hieron.

产于：平甸乡磨盘山，常绿阔叶林；生活型：草本；采集人＆采集号：彭华、李园园、姜利琼、郭信强 PLJG0046；采集日期：2016-12-21。

卷柏

Selaginella tamariscina（P. Beauv.）Spring

产于：平甸乡磨盘山，落叶季雨林；生活型：草本；采集人＆采集号：照片、野外记录；采集日期：2017-03-16。

P6 木贼科 Equisetaceae

问荆

Equisetum arvense Linn

产于：平甸乡磨盘山，常绿阔叶林；生活型：草本；采集人＆采集号：照片、野外记录；采集日期：2016-12-24。

披散木贼

Equisetum diffusum D. Don

产于：平甸乡磨盘山，常绿阔叶林；生活型：草本；采集人＆采集号：彭华、李园园、姜利琼、郭信强 PLJG0111；采集日期：2016-12-23；资源类型：药用植物资源。

木贼

Equisetum hyemale Linn

产于：平甸乡磨盘山，常绿阔叶林；生活型：草本；采集人 & 采集号：照片、野外记录；采集日期：20161223。

笔管草

Equisetum ramosissimum subsp. *debile*（Roxb. ex Vauch.）Hauke

产于：平甸乡高粱冲，干燥杂木林；生活型：草本；采集人 & 采集号：陈丽、李园园、姜利琼 XP389a；采集日期：20170613。

节节草

Equisetum ramosissimum Desf.

产于：平甸乡磨盘山，中山湿性常绿阔叶林；生活型：草本；采集人 & 采集号：Zhiwei Wang etc. KC-0401；采集日期：20140810。

P9 剑蕨科 Loxogrammaceae

中华剑蕨

Loxogramme chinensis Ching

产于：平甸乡高粱冲，常绿阔叶林；生活型：草本；采集人 & 采集号：照片、野外记录；采集日期：2016-12-23。

P15 里白科 Gleicheniaceae

芒萁

Dicranopteris pedata（Houtt.）Nakaike

产于：平甸乡磨盘山，常绿阔叶林；生活型：草本；采集人 & 采集号：无；采集日期：2017-04-26。

大里白

Diplopterygium giganteum（Wall. ex Hook.）Nakai

产于：平甸乡磨盘山；生活型：草本；采集人 & 采集号：朱维明 356；采集日期：1957-01-27。

里白

Diplopterygium glaucum（Thunb. ex Houtt.）Nakai

产于：平甸乡磨盘山；生活型：草本；采集人 & 采集号：朱维明 368；采集日期：1957-01-28。

P17 海金沙科 Lygodiaceae

海金沙

Lygodium japonicum（Thunb.）Sw.

产于：平甸乡高粱冲，干燥杂木林；生活型：草本；采集人 & 采集号：陈丽、李园园、姜利琼

XP414；采集日期：2017-06-13；资源类型：药用植物资源。

P18 膜蕨科 Hymenophyllaceae

瓶蕨

Vandenboschia auriculata（BL.）cop.，1985

产于：平甸乡磨盘山，中山湿性常绿阔叶林；生活型：草本；采集人 & 采集号：照片、野外记录；采集日期：20170421。

顶果膜蕨

Hymenophyllum khasianum Bosch Baker

产于：平甸乡磨盘山，中山湿性常绿阔叶林；生活型：草本；采集人 & 采集号：李园园、姜利琼、蒋蕾、许可旺 XP054；采集日期：2017-04-21。

P22 碗蕨科 Dennstaedtiaceae

碗蕨

Dennstaedtia scabra（Wall. ex Hook.）T. Moore

产于：平甸乡磨盘山，常绿阔叶林；生活型：草本；采集人 & 采集号：彭华、李园园、姜利琼、郭信强 PLJG0134；采集日期：2016-12-23；资源类型：药用植物资源。

P23 鳞始蕨科 Lindsaeaceae

乌蕨

Odontosoria J. Sm.

产于：平甸乡磨盘山，常绿阔叶林；生活型：草本；采集人 & 采集号：彭华、李园园、姜利琼、郭信强 PLJG0139；采集日期：2016-12-23；资源类型：药用植物资源。

P26 蕨科 Pteridiaceae

毛轴蕨

Pteridium revolutum（Bl.）Nakai

产于：平甸乡磨盘山，常绿阔叶林；生活型：草本；采集人 & 采集号：照片、野外记录；采集日期：2017-04-26；资源类型：食用植物资源。

P27 凤尾蕨科 Pteridaceae

多羽凤尾蕨

Pteris decrescens Christ

产于：平甸乡磨盘山，常绿阔叶林；生活型：草本；采集人 & 采集号：彭华、李园园、姜利琼、郭信强 PLJG0029；采集日期：2016-12-21。

爪哇凤尾蕨

Pteris venusta Kze.

产于：平甸乡敌军山，中山湿性常绿阔叶林；生活型：草本；采集人＆采集号：李园园、姜利琼、阳亿、张琼 XP946；采集日期：2017-08-05。

蜈蚣凤尾蕨

Pteris vittata Linn

产于：平甸乡磨盘山；生活型：草本；采集人＆采集号：照片、野外记录；采集日期：2016-12-21。

P30 中国蕨科 Sinopteridaceae

多鳞粉背蕨

Aleuritopteris anceps（Blanford）Panigrahi

产于：平甸乡磨盘山国家森林公园，中山湿性常绿阔叶林；生活型：草本；采集人＆采集号：彭华、李园园、姜利琼、郭信强 PLJG0273；采集日期：2016-12-26。

银粉背蕨

Aleuritopteris argentea（Gmel.）Fee

产于：平甸乡磨盘山；生活型：草本；采集人＆采集号：新平县普查队 5304270732；采集日期：2012-08-10；资源类型：药用植物资源。

多鳞粉背蕨

Aleuritopteris anceps（Blanford）panigrahi

产于：平甸乡磨盘山；生活型：草本；采集人＆采集号：朱维明；采集日期：1957-02-01。

多鳞粉背蕨

Aleuritopteris anceps（Blanford）panigrahi Ching et S. K. Wu

产于：平甸乡磨盘山，中山湿性常绿阔叶林；生活型：草本；采集人＆采集号：李园园、姜利琼、蒋蕾、许可旺 XP043；采集日期：2017-04-21。

毛叶粉背蕨

Aleuritopteris squamosa（Hope et C. H. Wright）Ching

产于：平甸乡磨盘山；生活型：草本；采集人＆采集号：朱维明 171；采集日期：1957-01-24。

硫磺粉背蕨

Aleuritopteris veitchii（Christ）Ching

产于：平甸乡磨盘山麂子箐，中山湿性常绿阔叶林；生活型：草本；采集人＆采集号：李园园、姜利琼、张琼、彭华、董红进 XP851；采集日期：2017-06-24。

碎米蕨

cheilanthes oposita kaulfuss

产于：平甸乡磨盘山；生活型：草本；采集人＆采集号：照片、野外记录；采集日期：2017-04-19；资源类型：药用植物资源。

毛轴碎米蕨

Cheilan thes Hook.

产于：平甸乡磨盘山，常绿阔叶林；生活型：草本；采集人 & 采集号：彭华、李园园、姜利琼、郭信强 PLJG0064a；采集日期：2016-12-21。

戟叶黑心蕨

Calciphilopteris ludens（Wall. ex Hook.）Yesilyurt

产于：平甸乡磨盘山，路边杂木林；生活型：草本；采集人 & 采集号：彭华、赵倩茹、陈亚萍、蒋蕾 PH10032；采集日期：20160422。

黑足金粉蕨

Onychium cryptogram moides Christ

产于：平甸乡磨盘山；生活型：草本；采集人 & 采集号：植协组照片、野外记录；采集日期：1978-08-00。

野雉尾金粉蕨

Onychium japonicum（Thunb.）Kunze

产于：平甸乡高粱冲，干燥杂木林；生活型：草本；采集人 & 采集号：陈丽、李园园、姜利琼 XP340；采集日期：2017-06-13。

旱蕨

Cheilanthes nitidula Hook. Baker

产于：平甸乡磨盘山；生活型：草本；采集人 & 采集号：照片、野外记录；采集日期：2017-04-19。

小叶中国蕨

Aleuritopteris albofusca Pic.

产于：平甸乡磨盘山；生活型：草本；采集人 & 采集号：照片、野外记录；采集日期：2017-04-19。

P31 铁线蕨科 Adiantaceae

铁线蕨

Adiantum capillus-veneris L.

产于：平甸乡磨盘山，常绿阔叶林；生活型：草本；采集人 & 采集号：新平县普查队 5304270347；采集日期：2012-06-01；资源类型：药用植物资源。

鞭叶铁线蕨

Adiantum caudatum L.

产于：平甸乡磨盘山；生活型：草本；采集人 & 采集号：朱维明＼冯永明照片、野外记录；采集日期：1957-02-00。

普通铁线蕨

Adiantum edgeworthii Hook.

产于：平甸乡磨盘山；生活型：草本；采集人 & 采集号：照片、野外记录；采集日期：2016-12-21。

假鞭叶铁线蕨

Adiantum malesianum Ghatak

产于：平甸乡磨盘山，常绿阔叶林；生活型：草本；采集人 & 采集号：彭华、李园园、姜利琼、郭信强 PLJG0066；采集日期：2016-12-21。

P35 书带蕨科 Vittariaceae

书带蕨

Haplopteris flexuosa（Fee）E. H. Crane

产于：平甸乡磨盘山，中山湿性常绿阔叶林；生活型：草本；采集人 & 采集号：X. C. Zhang14；采集日期：1987-07-13。

曲鳞书带蕨

Haplopteris plurisulcata（Ching）X. C. ZHang

产于：平甸乡磨盘山，中山湿性常绿阔叶林；生活型：草本；采集人 & 采集号：X. C. Zhang13；采集日期：1987-07-13。

P36 蹄盖蕨科 Athyriaceae

薄叶蹄盖蕨

Athyrium delicatulum Ching et S. K. Wu

产于：平甸乡磨盘山，中山湿性常绿阔叶林；生活型：草本；采集人 & 采集号：和积鉴、张宪春；采集日期：1987-07-13。

疏叶蹄盖蕨

Athyrium dissitifolium（Bak.）C. Chr.

产于：平甸乡磨盘山，常绿阔叶林；生活型：草本；采集人 & 采集号：照片、野外记录；采集日期：2017-04-26。

P38 金星蕨科 Thelypteridaceae

星毛蕨

Ampelopteris prolifera（Retz.）Cop.

产于：平甸乡磨盘山，落叶阔叶林；生活型：草本；采集人 & 采集号：彭华、李园园、姜利琼、郭信强 PLJG0076；采集日期：2016-12-22。

三合毛蕨

Cyclosorus calvescens Ching

产于：平甸乡磨盘山国家森林公园，中山湿性常绿阔叶林；生活型：草本；采集人 & 采集号：彭华、李园园、姜利琼、郭信强 PLJG0248；采集日期：2016-12-26。

齿牙毛蕨

Cyclosorus dentatus（Forssk.）Ching

产于：平甸乡磨盘山国家森林公园，中山湿性常绿阔叶林；生活型：草本；采集人 & 采集号：彭华、李园园、姜利琼、郭信强 PLJG0265a；采集日期：2016-12-26。

P39 铁角蕨科 Aspleniaceae

剑叶铁角蕨

Asplenium ensiforme Wall. ex Hook. Et Grev.

产于：平甸乡磨盘山，常绿阔叶林；生活型：草本；采集人＆采集号：西南林学院照片、野外记录；采集日期：2017-06-14。

撕裂铁角蕨

Asplenium gueinzianum Mett. ex Kuhn

产于：平甸乡磨盘山，中山湿性常绿阔叶林；生活型：草本；采集人＆采集号：照片、野外记录；采集日期：2017-04-21。

胎生铁角蕨

Asplenium indicum Sledge

产于：平甸乡磨盘山，常绿阔叶林；生活型：草本；采集人＆采集号：李园园、姜利琼、蒋蕾、许可旺 LJJ0024；采集日期：2017-04-19。

膜叶铁角蕨

Asplenium obliquissimum（Hayata）Sugim. et Kurata

产于：平甸乡磨盘山，中山湿性常绿阔叶林；生活型：草本；采集人＆采集号：照片、野外记录；采集日期：2017-04-21。

西南铁角蕨

Asplenium aethiopicum（N. L. Burman）Becherer

产于：平甸乡磨盘山，常绿阔叶林；生活型：草本；采集人＆采集号：照片、野外记录；采集日期：2017-06-14。

微凹膜叶铁角蕨

Hymenasplenium retusuum（Ching）Viane ets. Y. Dong

产于：平甸乡磨盘山，中山湿性常绿阔叶林；生活型：草本；采集人＆采集号：照片、野外记录；采集日期：20170421。

细裂铁角蕨

Asplenium tenuifolium D. Don

产于：平甸乡磨盘山，中山湿性常绿阔叶林；生活型：草本；采集人＆采集号：李园园、姜利琼、蒋蕾、许可旺 XP049；采集日期：20170421。

三翅铁角蕨

Asplenium tripteropus Nakai

产于：平甸乡磨盘山，中山湿性常绿阔叶林；生活型：草本；采集人＆采集号：李园园、姜利琼、蒋蕾、许可旺 XP038；采集日期：20170421。

P42 乌毛蕨科 Blechnaceae

狗脊

Woodwardia japonica（Linn. F.）Sm.

产于：平甸乡磨盘山；生活型：草本；采集人 & 采集号：照片、野外记录；采集日期：20170419；资源类型：药用植物资源。

P43 岩蕨科 Woodsiaceae

蜘蛛岩蕨

Woodsia andersonii（Bedd.）Christ

产于：平甸乡磨盘山，中山湿性常绿阔叶林；生活型：草本；采集人 & 采集号：照片、野外记录；采集日期：2017-04-21。

P45 鳞毛蕨科 Dryopteridaceae

暗鳞鳞毛蕨

Dryopteris atrata（Kunze）Ching

产于：平甸乡磨盘山，常绿阔叶林；生活型：草本；采集人 & 采集号：彭华、李园园、姜利琼、郭信强 PLJG0142；采集日期：2016-12-23。

二型鳞毛蕨

Dryopteris cochleata（Buch. -Ham. ex D. Don）C. Chr.

产于：平甸乡磨盘山，中山湿性常绿阔叶林；生活型：草本；采集人 & 采集号：和积鉴、张宪春照片、野外记录；采集日期：1987-07-12。

大羽鳞毛蕨

Dryopteris wallichiana（Spreng.）Hylander

产于：平甸乡磨盘山麂子箐—野猪塘，中山湿性常绿阔叶林；生活型：草本；采集人 & 采集号：陈丽、李园园、姜利琼 XP557；采集日期：20170615。

舌蕨

Elaphoglossum marginatum T. Moore

产于：平甸乡磨盘山；生活型：草本；采集人 & 采集号：朱维明 326；采集日期：19570130。

云南舌蕨

Elaphoglossum stelligerum Wall. Ex Baker T. Moore ex Alston et Bonner

产于：平甸乡磨盘山，中山湿性常绿阔叶林；生活型：草本；采集人 & 采集号：照片、野外记录；采集日期：20170421。

镰羽耳蕨

Polystichum tsus-simense（Hook）

产于：平甸乡磨盘山；生活型：草本；采集人 & 采集号：和积鉴等照片、野外记录；采集日期：19860316。

P52 骨碎补科 Davalliaceae

鳞轴小膜盖蕨

Araiostegia perdurans（Christ）Copel.

产于：平甸乡磨盘山，中山湿性常绿阔叶林；生活型：草本；采集人＆采集号：和积鉴、张宪春照片、野外记录；采集日期：1987-07-13。

阔叶骨碎补

Davallia solida（Forst.）Sw.

产于：平甸乡高粱冲，常绿阔叶林；生活型：草本；采集人＆采集号：彭华、李园园、姜利琼、郭信强 PLJG0177；采集日期：2016-12-24。

杯盖阴石蕨

Humata griffithiana Hook. C. Chr.

产于：平甸乡高粱冲，干燥杂木林；生活型：草本；采集人＆采集号：陈丽、李园园、姜利琼 XP362；采集日期：2017-06-13。

杯盖阴石蕨

Humata griffithiana（Hook）C. chr. Bak. Ching

产于：平甸乡磨盘山；生活型：草本；采集人＆采集号：朱维明、冯永明照片、野外记录；采集日期：1957-01-27。

P53 雨蕨科 Gymnogrammitidaceae

雨蕨

Gymnogrammitis dareiformis（Hook.）Ching ex Tard. –Blot et C. Chr.

产于：平甸乡敌军山，中山湿性常绿阔叶林；生活型：草本；采集人＆采集号：李园园、姜利琼、阳亿、张琼 XP985；采集日期：2017-08-05。

P56 水龙骨科 Polypodiaceae

灰背节肢蕨

Arthromeris wardii C. B. Clarke Ching

产于：平甸乡磨盘山敌军山，中山湿性常绿阔叶林；生活型：草本；采集人＆采集号：陈丽、李园园、姜利琼 XP658；采集日期：2017-06-16。

伏石蕨

Lemmaphyllum microphyllum C. Presl

产于：平甸乡磨盘山，中山湿性常绿阔叶林；生活型：草本；采集人＆采集号：照片、野外记录；采集日期：2017-04-21。

骨牌蕨

Lemmaphyllum rostratum Bedd. Tagawa

产于：平甸乡磨盘山，中山湿性常绿阔叶林；生活型：草本；采集人＆采集号：李园园、姜利琼、蒋蕾、许可旺 XP050；采集日期：2017-04-21。

汇生瓦韦

Lepisorus confluens W. M. Chu

产于：平甸乡磨盘山；生活型：草本；采集人 & 采集号：徐成东 29955；采集日期：2004-10-04。

大瓦韦

Lepisorus macrosphaerus（Baker）Ching

产于：平甸乡磨盘山月亮湖附近，中山湿性常绿阔叶林；生活型：草本；采集人 & 采集号：彭华、李园园、姜利琼 PLJ0484；采集日期：20170316。

棕鳞瓦韦

Lepisorus scolopendrium（Buch.）-Ham. ex D. Don Mehra et Bir

产于：平甸乡磨盘山麂子箐，中山湿性常绿阔叶林；生活型：草本；采集人 & 采集号：陈丽、李园园、姜利琼 XP487；采集日期：20170614。

滇瓦韦

Lepisorus sublinearis（Baker）Ching

产于：平甸乡磨盘山麂子箐—野猪塘，中山湿性常绿阔叶林；生活型：草本；采集人 & 采集号：陈丽、李园园、姜利琼 XP624；采集日期：2017-06-15。

拟鳞瓦韦

Lepisorus suboligolepidus Ching

产于：平甸乡磨盘山，中山湿性常绿阔叶林；生活型：草本；采集人 & 采集号：和积鉴、张宪春照片、野外记录；采集日期：1987-07-13。

带叶瓦韦

Lepisorus loriformis（wall.）ching

产于：平甸乡磨盘山，中山湿性常绿阔叶林；生活型：草本；采集人 & 采集号：李园园、姜利琼、蒋蕾、许可旺 XP065；采集日期：2017-04-21。

篦齿蕨

Metapolypodium manmeiense（Christ）Ching

产于：平甸乡磨盘山麂子箐，中山湿性常绿阔叶林；生活型：草本；采集人 & 采集号：陈丽、李园园、姜利琼 XP530；采集日期：2017-06-14。

中华盾蕨

Neolepisorus ovatus（Bedd.）Ching

产于：平甸乡磨盘山，中山湿性常绿阔叶林；生活型：草本；采集人 & 采集号：照片、野外记录；采集日期：20170421。

友水龙骨

Polypodium amoena（Wall. ex Mett.）Ching

产于：平甸乡敌军山，中山湿性常绿阔叶林；生活型：草本；采集人 & 采集号：李园园、姜利琼、阳亿、张琼 XP1017；采集日期：2017-08-06。

假毛柄水龙骨

Polypodium pseudolachnopus S. G. Lu

产于：平甸乡磨盘山，中山湿性常绿阔叶林；生活型：草本；采集人 & 采集号：和积鉴、张宪春；采集日期：1987-07-13。

华北石韦

Pyrrosia davidii（Baker）Ching

产于：平甸乡磨盘山，常绿阔叶林；生活型：草本；采集人 & 采集号：李园园、姜利琼、蒋蕾、许可旺 LJJ0023；采集日期：2017-04-19。

石韦

Pyrrosia lingua Thunb. Farwell

产于：平甸乡磨盘山；生活型：草本；采集人 & 采集号：朱维明 348；采集日期：1957-01-27。

毛鳞蕨

Tricholepidium normale D. Don Ching

产于：平甸乡磨盘山；生活型：草本；采集人 & 采集号：Anonymous29964；采集日期：20041004。

P57 槲蕨科 Drynariaceae

小槲蕨

Drynaria parishii（Bedd.）Bedd.

产于：平甸乡磨盘山麂子箐，中山湿性常绿阔叶林；生活型：草本；采集人 & 采集号：陈丽、李园园、姜利琼 XP515；采集日期：20170614。

1 木兰科 Magnoliaceae

长蕊木兰

Alcimandra cathcartii（J. D. Hooker et Thomson）Dandy

产于：平甸乡磨盘山保护区，常绿阔叶林；生活型：乔木；采集人 & 采集号：资料记录，资料来源于《规划》；采集日期：20170615。

红花木莲

Manglietia insignis（Wallich）Blume Fl. Jav. Magnol.

产于：平甸乡磨盘山麂子箐-野猪塘，中山湿性常绿阔叶林；生活型：乔木；采集人 & 采集号：陈丽、李园园、姜利琼 XP564；采集日期：2017-06-15；资源类型：木材资源、景观资源。

多花含笑

Michelia floribunda Finet et Gagnepain

产于：平甸乡磨盘山国家森林公园，中山湿性常绿阔叶林；生活型：乔木；采集人 & 采集号：彭华、李园园、姜利琼、郭信强 PLJG0253；采集日期：2016-12-26。

云南含笑

Michelia yunnanensis Franchet ex Finet et Gagnepain

产于：平甸乡磨盘山山顶，中山湿性常绿阔叶林；生活型：灌木；采集人＆采集号：彭华、李园园、姜利琼 PLJ0496；采集日期：2017-03-16；资源类型：景观资源。

3 五味子科 Schisandraceae

黑老虎

Kadsura coccinea（Lemaire）A. C. Smith

产于：平甸乡磨盘山月亮湖附近，中山湿性常绿阔叶林；生活型：灌木；采集人＆采集号：照片、野外记录；采集日期：2017-03-16；资源类型：药用植物资源，食用植物资源果成熟后味甜，可食。

翼梗五味子

Schisandra henryi C. B. Clarke

产于：平甸乡磨盘山麂子箐—野猪塘，中山湿性常绿阔叶林；生活型：藤本；采集人＆采集号：陈丽、李园园、姜利琼 XP628；采集日期：2017-06-15；资源类型：药用植物资源。

滇五味子

Schisandra henryi C. B. Clarke subsp. *yunnanensis* A. C. Smith R. M. K. Saunders

产于：平甸乡磨盘山，常绿阔叶林；生活型：藤本；采集人＆采集号：新平县普查队 5304270208；采集日期：2012-05-10；资源类型：药用植物资源。

华中五味子

Schisandra sphenanthera Rehder et E. H. Wilson

产于：平甸乡磨盘山麂子箐，中山湿性常绿阔叶林；生活型：藤本；采集人＆采集号：陈丽、李园园、姜利琼 XP483；采集日期：2017-06-14；资源类型：药用植物资源。

6b 水青树科 Tetracentraceae

水青树

Tetracentron sinense Oliver

产于：平甸乡磨盘山，常绿阔叶林；生活型：乔木；采集人＆采集号：照片、野外记录；采集日期：2018-3-18。

11 樟科 Lauraceae

毛尖树

Actinodaphne forrestii（C. K. Allen）Kostermans

产于：平甸乡磨盘山麂子箐-野猪塘，中山湿性常绿阔叶林；生活型：乔木；采集人＆采集号：陈丽、李园园、姜利琼 XP608；采集日期：2017-06-15。

云南樟

Cinnamomum glanduliferum（Wallich）Nees

产于：平甸乡磨盘山麂子箐，中山湿性常绿阔叶林；生活型：乔木；采集人＆采集号：李园

园、姜利琼、阳亿、张琼 XP1034；采集日期：2017-08-06；资源类型：药用植物资源、木材资源、景观资源

黄樟

Cinnamomum parthenoxylon Jack Meisner

产于：平甸乡磨盘山，常绿阔叶林；生活型：乔木；采集人 & 采集号：新平县林业局；采集日期：1984-03-25；资源类型：药用植物资源、牧草植物资源木材资源、景观资源。

香面叶

Iteadaphne caudata（Nees）H. W. Li

产于：平甸乡磨盘山，常绿阔叶林；生活型：乔木；采集人 & 采集号：彭华、李园园、姜利琼、郭信强 PLJG0127；采集日期：20161223；资源类型：景观资源、芳香油植物资源。

香叶子

Lindera fragrans Oliver

产于：平甸乡磨盘山；生活型：乔木；采集人 & 采集号：照片、野外记录；采集日期：20170419；资源类型：药用植物资源、景观资源。

川钓樟

Lindera pulcherrima Nees（wall.）Benth var. *hemsleyana*（Diels）H. P. Tsui

产于：平甸乡磨盘山敌军山，中山湿性常绿阔叶林；生活型：乔木；采集人 & 采集号：陈丽、李园园、姜利琼 XP649；采集日期：20170616；资源类型：药用植物资源、景观资源。

三股筋香

Lindera thomsonii C. K. Allen

产于：平甸乡磨盘山麂子箐—野猪塘，中山湿性常绿阔叶林；生活型：乔木；采集人 & 采集号：陈丽、李园园、姜利琼 XP568；采集日期：2017-06-15；资源类型：药用、景观、芳香油植物资源。

山鸡椒

Litsea cubeba（Loureiro）Persoon

产于：平甸乡磨盘山麂子箐，中山湿性常绿阔叶林；生活型：乔木；采集人 & 采集号：李园园、姜利琼、阳亿、张琼 XP1038；采集日期：2017-08-06；资源类型：药用、木材资源景观资源。

新樟

Neocinnamomum delavayi（Lecomte）Liou

产于：平甸乡磨盘山，常绿阔叶林；生活型：乔木；采集人 & 采集号：玉溪考察队 2738；采集日期：1990-05-10；资源类型：药用植物资源、景观资源。

多果新木姜子

Neolitsea polycarpa Liou

产于：平甸乡磨盘山；生活型：乔木；采集人 & 采集号：23KUN 23；采集日期：1971-10-09。

白背楠

Phoebe glaucifolia S. K. Lee et F. N. Wei

产于：平甸乡磨盘山；生活型：乔木；采集人 & 采集号：武素功 342；采集日期：1958-10

−15。

披针叶楠

Phoebe lanceolata（Nees）Nees

产于：平甸乡磨盘山麂子箐，中山湿性常绿阔叶林；生活型：乔木；采集人 & 采集号：李园园、姜利琼、张琼、彭华、董红进 XP868；采集日期：2017−06−24。

润楠

Machilus nanmu（Oliv.）Hemsley

产于：平甸乡磨盘山；生活型：乔木；采集人 & 采集号：武素功 342；采集日期：19581015；资源类型：木材资源、景观资源。

13 莲叶桐科 Hernandiaceae

心叶青藤

Illigera cordata Dunn

产于：平甸乡磨盘山，干燥杂木林；生活型：乔木；采集人 & 采集号：玉溪队 2618；采集日期：19900509；资源类型：药用植物资源。

柔毛青藤

Illigera grandiflora W. W. Sm. et J. F. Jeff.

产于：平甸乡磨盘山，常绿阔叶林；生活型：藤本；采集人 & 采集号：玉溪队 2811；采集日期：1990−05−11。

15 毛茛科 Ranunculaceae

草玉梅

Anemone rivularis Buchanan−Hamilton ex de Candolle

产于：平甸乡磨盘山麂子箐，中山湿性常绿阔叶林；生活型：草本；采集人 & 采集号：陈丽、李园园、姜利琼 XP521；采集日期：2017−06−14。

小木通

Clematis armandii Franchet

产于：平甸乡磨盘山；生活型：藤本；采集人 & 采集号：PYU；采集日期：19600−10−7；资源类型：药用植物资源。

滑叶藤

Clematis fasciculiflora Franchet

产于：平甸乡高梁冲，干燥杂木林；生活型：藤本；采集人 & 采集号：陈丽、李园园、姜利琼 XP375；采集日期：2017−06−13；资源类型：药用植物资源。

单叶铁线莲

Clematis henryi Oliver

产于：平甸乡磨盘山，中山湿性常绿阔叶林；生活型：藤本；采集人 & 采集号：照片、野外记录；采集日期：2017−04−21；资源类型：药用植物资源。

绣球藤

Clematis montana Buchanan–Hamilton ex de Candolle

产于：平甸乡磨盘山敌军山，中山湿性常绿阔叶林；生活型：藤本；采集人 & 采集号：陈丽、李园园、姜利琼 XP647；采集日期：2017-06-16；资源类型：药用植物资源、景观资源。

毛果绣球藤

Clematis montana Buchanan–Hamilton ex de Candolle var. *glabrescens*（H. F. Comber）W. T. Wang et M. C. Chang

产于：平甸乡磨盘山，路边灌丛；生活型：藤本；采集人 & 采集号：彭华、赵倩茹、陈亚萍、蒋蕾 PH10012；采集日期：2016-01-07。

裂叶铁线莲

Clematis parviloba Gardner et Champion

产于：平甸乡磨盘山，常绿阔叶林；生活型：藤本；采集人 & 采集号：彭华、李园园、姜利琼、郭信强 PLJG0008；采集日期：2016-12-21。

细木通

Clematis subumbellata Kurz

产于：平甸乡磨盘山，田间路旁；生活型：草本；采集人 & 采集号：彭华、李园园、姜利琼、郭信强 PLJG0174；采集日期：2016-12-24；资源类型：药用植物资源。

茴茴蒜

Ranunculus chinensis Bunge

产于：平甸乡高粱冲，干燥杂木林；生活型：草本；采集人 & 采集号：陈丽、李园园、姜利琼 XP361；采集日期：20170613；资源类型：药用植物资源。

毛茛

Ranunculus japonicus Thunberg

产于：平甸乡磨盘山，常绿阔叶林；生活型：草本；采集人 & 采集号：彭华、李园园、姜利琼、郭信强 PLJG0124；采集日期：2016-12-23；资源类型：药用植物资源。

石龙芮

Ranunculus sceleratus Linnaeus

产于：平甸乡磨盘山；生活型：草本；采集人 & 采集号：照片、野外记录；采集日期：2017-06-14；资源类型：药用植物资源。

棱喙毛茛

Ranunculus trigonus Handel–Mazzetti

产于：平甸乡高粱冲，干燥杂木林；生活型：草本；采集人 & 采集号：陈丽、李园园、姜利琼 XP347；采集日期：20170613。

爪哇唐松草

Thalictrum javanicum Blume

产于：平甸乡磨盘山麂子箐，中山湿性常绿阔叶林；生活型：灌木；采集人 & 采集号：陈丽、李园园、姜利琼 XP528；采集日期：20170614；资源类型：药用植物资源。

17 金鱼藻科 Ceratophyllaceae

金鱼藻

Ceratophyllum demersum Linnaeus

产于：平甸乡高粱冲，干燥杂木林；生活型：草本；采集人＆采集号：陈丽、李园园、姜利琼 XP335；采集日期：2017-06-13；资源类型：药用植物资源、牧草植物资源。

19 小檗科 Berberidaceae

假小檗

Berberis fallax C. K. Schneider

产于：平甸乡磨盘山敌军山，中山湿性常绿阔叶林；生活型：灌木；采集人＆采集号：陈丽、李园园、姜利琼 XP654；采集日期：20170616。

春小檗

Berberis vernalis C. K. Schneider D. F. Chamberlain et C. M. Hu

产于：平甸乡磨盘山，常绿阔叶林；生活型：灌木；采集人＆采集号：彭华、李园园、姜利琼、郭信强 PLJG0160；采集日期：2016-12-23。

阔叶十大功劳

Mahonia bealei（Fortune）Carriere

产于：平甸乡磨盘山，常绿阔叶林；生活型：灌木；采集人＆采集号：照片、野外记录；采集日期：2017-04-26；资源类型：药用植物资源。

十大功劳

Mahonia fortunei（Lindley）Fedde

产于：平甸乡磨盘山，中山湿性常绿阔叶林；生活型：灌木；采集人＆采集号：照片、野外记录；采集日期：20170421；资源类型：药用植物资源、景观资源。

长苞十大功劳

Mahonia longibracteata Takeda

产于：平甸乡磨盘山敌军山，中山湿性常绿阔叶林；生活型：灌木；采集人＆采集号：陈丽、李园园、姜利琼 XP636；采集日期：2017-06-16。

21 木通科 Lardizabalaceae

五月瓜藤

Holboellia angustifolia Wallich

产于：平甸乡磨盘山，常绿阔叶林；生活型：藤本；采集人＆采集号：李园园、姜利琼 XP258；采集日期：2017-04-26；资源类型：药用植物资源、食用植物资源果可食。

牛姆瓜

Holboellia grandiflora Reaubourg

产于：平甸乡敌军山，中山湿性常绿阔叶林；生活型：木质藤本；采集人＆采集号：李园园、姜利琼、阳亿、张琼 XP966；采集日期：2017-08-05；资源类型：药用植物资源、食用植物资源果可食。

八月瓜

Holboellia latifolia Wallich

产于：平甸乡磨盘山，常绿阔叶林；生活型：藤本；采集人 & 采集号：彭华、李园园、姜利琼、郭信强 PLJG0128；采集日期：2016-12-23。

23 防己科 Menispermaceae

木防己

Cocculus orbiculatus（Linn.）Candolle

产于：平甸乡高粱冲，干燥杂木林；生活型：藤本；采集人 & 采集号：陈丽、李园园、姜利琼 XP407；采集日期：20170613；资源类型：药用植物资源。

轮环藤

Cyclea racemosa Oliver

产于：平甸乡磨盘山麂子箐—野猪塘，中山湿性常绿阔叶林；生活型：藤本；采集人 & 采集号：陈丽、李园园、姜利琼 XP614；采集日期：2017-06-15。

西南千金藤

Stephania subpeltata H. S. Lo

产于：平甸乡磨盘山，常绿阔叶林；生活型：草本；采集人 & 采集号：李园园，姜利琼 XP284；采集日期：2017-04-26；资源类型：药用植物资源。

黄叶地不容

Stephania viridiflavens H. S. Lo et M. Yang

产于：平甸乡黑白租，常绿阔叶林；生活型：半灌木；采集人 & 采集号：陈丽、赵越 XP1427；采集日期：2017-12-03。

24 马兜铃科 Aristolochiaceae

马兜铃属

Aristolochia sp.

产于：平甸乡黑白租；生活型：藤本；采集人 & 采集号：KIB；采集日期：20170614。

28 胡椒科 Piperaceae

蒙自草胡椒

Peperomia heyneana Miquel

产于：平甸乡磨盘山麂子箐，中山湿性常绿阔叶林；生活型：草本；采集人 & 采集号：陈丽、李园园、姜利琼 XP455；采集日期：2017-06-14；资源类型：药用植物资源。

豆瓣绿

Peperomia tetraphylla（G. Forster）Hooker et Arnott

产于：平甸乡磨盘山林场，常绿阔叶林；生活型：草本；采集人 & 采集号：玉溪植物考察队2750；采集日期：19900510；资源类型：药用植物资源。

蒟子

Piper yunnanense Y. C. Tseng

产于：平甸乡磨盘山，常绿阔叶林；生活型：草本；采集人 & 采集号：新平县普查队5304270209；采集日期：20120510；资源类型：药用植物资源。

30 金粟兰科 Chloranthaceae

全缘金粟兰

Chloranthus holostegius Handel-Mazzetti Pei et Shan

产于：平甸乡磨盘山；生活型：灌木；采集人 & 采集号：新平县普查队5304270311；采集日期：2012-05-31；资源类型：药用植物资源、景观资源。

地锦苗

Corydalis sheareri S. Moore

产于：平甸乡磨盘山，常绿阔叶林；生活型：草本；采集人 & 采集号：照片、野外记录；采集日期：20170614；资源类型：药用植物资源。

36 白花菜科 Capparaceae

野香橼花

Capparis bodinieri H. Leveille

产于：平甸乡磨盘山，干燥杂木林；生活型：灌木；采集人 & 采集号：陈丽、李园园、姜利琼XP415；采集日期：20170613；资源类型：药用植物资源。

雷公橘

Capparis membranifolia Kurz

产于：平甸乡磨盘山，干燥杂木林；生活型：灌木；采集人 & 采集号：玉溪植物考察队2642；采集日期：1990-05-09；资源类型：药用植物资源。

39 十字花科 Brassicaceae

芸苔

Brassica rapa Var. *oleifera* de Candolle

产于：平甸乡磨盘山，农地；生活型：草本；采集人 & 采集号：照片、野外记录；采集日期：2017-04-26；资源类型：药用植物资源、食用植物资源、蔬菜资源。

荠

Capsella bursa-pastoris（Linn.）Medikus

产于：平甸乡磨盘山，常绿阔叶林；生活型：草本；采集人 & 采集号：新平县普查队5304270798；采集日期：2012-08-14；资源类型：药用植物资源、食用植物资源。

露珠碎米荠

Cardamine circaeoides J. D. Hooker et Thomson

产于：平甸乡磨盘山月亮湖附近—麂子箐，中山湿性常绿阔叶林；生活型：草本；采集人 & 采集号：彭华、李园园、姜利琼 PLJ0489；采集日期：2017-03-16。

弯曲碎米荠

Cardamine flexuosa Withering

产于：平甸乡磨盘山，常绿阔叶林；生活型：草本；采集人 & 采集号：照片、野外记录；采集日期：2016-12-23；资源类型：药用植物资源。

碎米荠

Cardamine hirsuta Linnaeus

产于：平甸乡磨盘山，路边灌丛；生活型：草本；采集人 & 采集号：彭华、赵倩茹、陈亚萍、蒋蕾 PH10008；采集日期：20160107；资源类型：药用植物资源。

裸茎碎米荠

Cardamine scaposa Franchet

产于：平甸乡磨盘山，中山湿性常绿阔叶林；生活型：草本；采集人 & 采集号：照片、野外记录；采集日期：20170421；资源类型：药用植物资源。

萝卜

Raphanus sativus Linnaeus

产于：平甸乡磨盘山，农地；生活型：草本；采集人 & 采集号：照片、野外记录；采集日期：20170426；资源类型：药用植物资源、食用植物资源、蔬菜资源。

40 堇菜科 Violaceae

戟叶堇菜

Viola betonicifolia J. E. Smith

产于：平甸乡磨盘山，常绿阔叶林；生活型：草本；采集人 & 采集号：彭华、李园园、姜利琼、郭信强 PLJG0135；采集日期：20161223；资源类型：药用植物资源。

深圆齿堇菜

Viola davidii Franchet

产于：平甸乡磨盘山麂子箐，中山湿性常绿阔叶林；生活型：草本；采集人 & 采集号：李园园、姜利琼、张琼、彭华、董红进 XP861；采集日期：20170624。

七星莲

Viola diffusa Gingins

产于：平甸乡黑白租；生活型：草本；采集人 & 采集号：照片、野外记录；采集日期：20170624；资源类型：药用植物资源。

柔毛堇菜

Viola fargesii H. Boissieu

产于：平甸乡磨盘山，阔叶林；生活型：草本；采集人 & 采集号：李园园、姜利琼、蒋蕾、许可旺 LJJ0014；采集日期：2017-04-19。

犁头草

Viola japonica Langsdorff ex Candolle

产于：平甸乡磨盘山，常绿阔叶林；生活型：草本；采集人 & 采集号：照片、野外记录；采集日期：2016-12-23；资源类型：药用植物资源。

广东堇菜

Viola kwangtungensis Melchior

产于：平甸乡磨盘山，常绿阔叶林；生活型：草本；采集人 & 采集号：李园园、姜利琼XP263；采集日期：2017-04-26。

悬果堇菜

Viola pendulicarpa W. Becker

产于：平甸乡磨盘山，常绿阔叶林；生活型：草本；采集人 & 采集号：彭华、李园园、姜利琼、郭信强 PLJG0151；采集日期：2016-12-23。

紫花地丁

Viola philippica Cavanilles

产于：平甸乡磨盘山；生活型：草本；采集人 & 采集号：照片、野外记录；采集日期：20161223；资源类型：药用植物资源。

匍匐堇菜

Viola pilosa Blume

产于：平甸乡黑白租；生活型：草本；采集人 & 采集号：照片、野外记录；采集日期：2016-12-23；资源类型：药用植物资源。

光叶堇菜

Viola sumatrana Miquel

产于：平甸乡磨盘山，常绿阔叶林；生活型：草本；采集人 & 采集号：李园园，姜利琼XP269；采集日期：2017-04-26。

42 远志科 Polygalaceae

荷包山桂花

Polygala arillata Buchanan-Hamilton ex D. Don

产于：平甸乡磨盘山麂子箐，中山湿性常绿阔叶林；生活型：灌木；采集人 & 采集号：陈丽、李园园、姜利琼 XP422；采集日期：2017-06-14；资源类型：药用植物资源。

华南远志

Polygala chinensis Linnaeus

产于：平甸乡磨盘山，干热河谷；生活型：草本；采集人 & 采集号：彭华、李园园、姜利琼PLJ0310；采集日期：2016-09-14；资源类型：药用植物资源。

贵州远志

Polygala dunniana H. Leveille

产于：平甸乡磨盘山自然保护区，中山湿性常绿阔叶林；生活型：草本；采集人 & 采集号：新平县普查队 5304270123；采集日期：2012-05-07。

长叶远志

Polygala longifolia Poiret

产于：平甸乡磨盘山，落叶季雨林；生活型：草本；采集人 & 采集号：李园园、姜利琼、阳亿、张琼 XP1307；采集日期：2017-08-11。

45 景天科 Crassulaceae

落地生根

Bryophyllum pinnatum（Linnaeus f.）Oken

产于：平甸乡磨盘山；生活型：草本；采集人 & 采集号：照片、野外记录；采集日期：2016-12-21；资源类型：药用植物资源、景观资源。

瓦松

Orostachys fimbriata（Turczaninow）A. Berger

产于：平甸乡磨盘山；生活型：草本；采集人 & 采集号：照片、野外记录；采集日期：2016-12-21。

47 虎耳草科 Saxifragaceae

溪畔落新妇

Astilbe rivularis Buchanan-Hamilton ex D. Don

产于：平甸乡敌军山，中山湿性常绿阔叶林；生活型：草本；采集人 & 采集号：李园园、姜利琼、阳亿、张琼 XP922；采集日期：2017-08-05；资源类型：药用植物资源。

山溪金腰

Chrysosplenium nepalense D. Don

产于：平甸乡磨盘山麂子箐—野猪塘，中山湿性常绿阔叶林；生活型：草本；采集人 & 采集号：陈丽、李园园、姜利琼 XP620；采集日期：2017-06-15。

芽生虎耳草

Saxifraga gemmipara Franchet

产于：平甸乡磨盘山麂子箐—野猪塘，中山湿性常绿阔叶林；生活型：草本；采集人 & 采集号：陈丽、李园园、姜利琼 XP592；采集日期：2017-06-15。

红毛虎耳草

Saxifraga rufescens I. B. Balfour

产于：平甸乡磨盘山麂子箐，中山湿性常绿阔叶林；生活型：草本；采集人 & 采集号：李园园、姜利琼、张琼、彭华、董红进 XP862；采集日期：2017-06-24。

黄水枝

Tiarella polyphylla D. Don

产于：平甸乡磨盘山；生活型：采集人 & 采集号：照片、野外记录；采集日期：2016-12-24。

48 茅膏菜科 Droseraceae

茅膏菜

Drosera peltata Smith ex Willdenow

产于：平甸乡磨盘山麂子箐，中山湿性常绿阔叶林；生活型：草本；采集人 & 采集号：陈丽、李园园、姜利琼 XP525；采集日期：2017-06-14；资源类型：药用植物资源。

53 石竹科 Caryophyllaceae

短瓣花

Brachystemma calycinum D. Don

产于：平甸乡磨盘山，田间路旁；生活型：藤本；采集人 & 采集号：彭华、李园园、姜利琼、郭信强 PLJG0184；采集日期：2016-12-24；资源类型：药用植物资源。

须苞石竹

Dianthus barbatus L.

产于：平甸乡磨盘山，中山湿性常绿阔叶林；生活型：草本；采集人 & 采集号：照片、野外记录；采集日期：2016-12-24；资源类型：药用植物资源、景观资源。

荷莲豆草

Drymaria cordata（Linn.）Willdenow ex Schultes

产于：平甸乡磨盘山，常绿阔叶林；生活型：草本；采集人 & 采集号：照片、野外记录；采集日期：2016-12-24；资源类型：药用植物资源。

鹅肠菜

Myosoton aquaticum（Linn.）Moench

产于：平甸乡磨盘山；生活型：草本；采集人 & 采集号：照片、野外记录；采集日期：2017-04-19；资源类型：药用植物资源、蔬菜资源、牧草植物资源。

漆姑草

Sagina japonica（Swartz）Ohwi

产于：平甸乡磨盘山，中山湿性常绿阔叶林；生活型：草本；采集人 & 采集号：照片、野外记录；采集日期：2016-12-26；资源类型：药用植物资源。

狗筋蔓

Silene baccifera Linn. Roth

产于：平甸乡磨盘山，常绿阔叶林；生活型：草本；采集人 & 采集号：照片、野外记录；采集日期：2016-12-24。

繁缕

Stellaria media（Linn.）Villars

产于：平甸乡磨盘山，常绿阔叶林；生活型：草本；采集人 & 采集号：照片、野外记录；

采集日期：2016-12-24；资源类型：药用植物资源、蔬菜资源。

鸡肠繁缕

Stellaria neglecta Weihe

产于：平甸乡磨盘山；生活型：草本；采集人 & 采集号：照片、野外记录；采集日期：2017-04-19；资源类型：药用植物资源。

箐姑草

Stellaria vestita Kurz

产于：平甸乡磨盘山，常绿阔叶林；生活型：草本；采集人 & 采集号：照片、野外记录；采集日期：2016-12-23；资源类型：药用植物资源。

57 蓼科 Polygonaceae

苦荞麦

Fagopyrum tataricum（L.）Gaertn.

产于：平甸乡磨盘山，常绿阔叶林；生活型：草本；采集人 & 采集号：新平县普查队5304270176；采集日期：20120509；资源类型：药用、食用植物资源，种子牧草植物资源。

何首乌

Fallopia multiflora（Thunberg）Haraldson

产于：平甸乡磨盘山；生活型：藤本；采集人 & 采集号：武素功 350；采集日期：1958-10-15；资源类型：药用植物资源。

毛蓼

Polygonum barbatum Linnaeus

产于：平甸乡磨盘山，落叶季雨林；生活型：草本；采集人 & 采集号：李园园、姜利琼、蒋蕾、许可旺 XP072；采集日期：2017-04-21。

头花蓼

Polygonum capitatum Buchanan-Hamilton ex D. Don

产于：平甸乡磨盘山，常绿阔叶林；生活型：草本；采集人 & 采集号：照片、野外记录；采集日期：2017-04-26；资源类型：药用植物资源。

火炭母

Polygonum chinense Linnaeus

产于：平甸乡磨盘山国家森林公园，中山湿性常绿阔叶林；生活型：草本；采集人 & 采集号：彭华、李园园、姜利琼、郭信强 PLJG0263；采集日期：2016-12-26；资源类型：药用植物资源。

窄叶火炭母

Polygonum chinense Linnaeus var. *paradoxum* H. Leveille A. J. Li

产于：平甸乡磨盘山麂子箐—野猪塘，中山湿性常绿阔叶林；生活型：草本；采集人 & 采集号：陈丽、李园园、姜利琼 XP562；采集日期：2017-06-15。

水蓼

Polygonum hydropiper Linn.

产于：平甸乡磨盘山，落叶阔叶林；生活型：草本；采集人 & 采集号：彭华、李园园、姜利琼、郭信强 PLJG0074；采集日期：2016-12-22；资源类型：药用植物资源、食用植物资源。

酸模叶蓼

Polygonum lapathifolium Linn.

产于：平甸乡磨盘山，落叶季雨林；生活型：草本；采集人＆采集号：彭华、李园园、姜利琼 XP1367；采集日期：20171113。

圆基长鬃蓼

Polygonum longisetum Bruijn var. *rotundatum* A. J. Li

产于：平甸乡磨盘山，田间路旁；生活型：草本；采集人＆采集号：彭华、李园园、姜利琼、郭信强 PLJG0163；采集日期：2016-12-24。

绢毛蓼

Polygonum molle D. Don

产于：平甸乡磨盘山麂子箐，中山湿性常绿阔叶林；生活型：灌木；采集人＆采集号：陈丽、李园园、姜利琼 XP486；采集日期：2017-06-14；资源类型：药用植物资源。

尼泊尔蓼

Polygonum nepalense Meisner

产于：平甸乡磨盘山，常绿阔叶林；生活型：草本；采集人＆采集号：照片、野外记录；采集日期：2016-12-23。

红蓼

Polygonum orientale Linnaeus

产于：平甸乡磨盘山，田间路旁；生活型：草本；采集人＆采集号：照片、野外记录；采集日期：2016-12-24；资源类型：药用植物资源。

草血竭

Polygonum paleaceum Wallich ex J. D. Hooker

产于：平甸乡磨盘山敌军山，中山湿性常绿阔叶林；生活型：草本；采集人＆采集号：陈丽、李园园、姜利琼 XP641；采集日期：20170616；资源类型：药用植物资源。

平卧蓼

Polygonum strindbergii J. Schuster

产于：平甸乡磨盘山麂子箐—野猪塘，中山湿性常绿阔叶林；生活型：草本；采集人＆采集号：陈丽、李园园、姜利琼 XP615；采集日期：20170615。

戟叶蓼

Polygonum thunbergii Siebold et Zuccarini

产于：平甸乡磨盘山，常绿阔叶林；生活型：草本；采集人＆采集号：彭华、李园园、姜利琼、郭信强 PLJG0143；采集日期：2016-12-23；资源类型：药用植物资源。

戟叶酸模

Rumex hastatus D. Don

产于：平甸乡磨盘山；生活型：草本；采集人＆采集号：照片、野外记录；采集日期：2017-04-19；资源类型：药用植物资源。

尼泊尔酸模

Rumex nepalensis Sprengel

产于：平甸乡敌军山，中山湿性常绿阔叶林；生活型：草本；采集人 & 采集号：李园园、姜利琼、阳亿、张琼 XP921；采集日期：2017-08-05；资源类型：药用植物资源。

59 商陆科 Phytolaccaceae

商陆

Phytolacca acinosa Roxburgh

产于：平甸乡磨盘山；生活型：草本；采集人 & 采集号：照片、野外记录；采集日期：2016-12-24。

61 藜科 Chenopodiaceae

土荆芥

Dysphania ambrosioides（Linn.）Mosyakin et Clemants

产于：平甸乡磨盘山，常绿阔叶林；生活型：草本；采集人 & 采集号：新平县普查队 5304270155；采集日期：2012-05-09；资源类型：药用植物资源、芳香油植物资源。

63 苋科 Amaranthaceae

土牛膝

Achyranthes aspera Linnaeus

产于：平甸乡磨盘山；生活型：草本；采集人 & 采集号：新平县普查队 5304270294；采集日期：2012-05-16；资源类型：药用植物资源。

白花苋

Aerva sanguinolenta Linn. Blume

产于：平甸乡磨盘山，常绿阔叶林；生活型：草本；采集人 & 采集号：彭华、李园园、姜利琼、郭信强 PLJG0044；采集日期：20161221；资源类型：药用植物资源。

喜旱莲子草

Alternanthera philoxeroides C. Martius Grisebach

产于：平甸乡磨盘山，常绿阔叶林；生活型：草本；采集人 & 采集号：新平县普查队 5304270771；采集日期：20120814；资源类型：药用植物资源、牧草植物资源。

莲子草

Alternanthera sessilis（Linn.）R. Brown ex Candolle

产于：平甸乡磨盘山，落叶季雨林；生活型：草本；采集人 & 采集号：彭华、李园园、姜利琼 XP1370；采集日期：2017-11-13；资源类型：药用、食用植物资源，嫩叶为蔬菜，牧草植物资源。

凹头苋

Amaranthus blitum Linnaeus

产于：平甸乡磨盘山；生活型：草本；采集人 & 采集号：照片、野外记录；采集日期：2016-12-21；资源类型：药用植物资源、牧草植物资源。

刺苋

Amaranthus spinosus Linnaeus

产于：平甸乡黑白租，常绿阔叶林；生活型：草本；采集人 & 采集号：陈丽、赵越 XP1383；采集日期：2017-12-03。

青葙

Celosia argentea Linnaeus

产于：平甸乡磨盘山；生活型：草本；采集人 & 采集号：照片、野外记录；采集日期：2016-12-21；资源类型：药用植物资源、食用植物资源、蔬菜资源、牧草植物资源、景观资源。

小藜

Chenopodium ficifolium Smith

产于：平甸乡磨盘山；生活型：草本；采集人 & 采集号：照片、野外记录；采集日期：2016-12-24。

浆果苋

Deeringia amaranthoides Lamarck Merrill

产于：平甸乡黑白租，常绿阔叶林；生活型：草本；采集人 & 采集号：陈丽、赵越 XP1419；采集日期：2017-12-03。

云南林地苋

Psilotrichum yunnanense D. D. Tao

产于：平甸乡磨盘山，常绿阔叶林；生活型：草本；采集人 & 采集号：彭华、李园园、姜利琼、郭信强 PLJG0036；采集日期：2016-12-21。

64 落葵科 Basellaceae

落葵薯

Anredera cordifolia（Tenore）Steenis

产于：平甸乡磨盘山，村庄附近；生活型：缠绕藤本；采集人 & 采集号：照片、野外记录；采集日期：2017-04-26；资源类型：药用植物资源。

65 亚麻科 Linaceae

异腺草

Anisadenia pubescens Griffith

产于：平甸乡敌军山，中山湿性常绿阔叶林；生活型：草本；采集人 & 采集号：李园园、姜利琼、阳亿、张琼 XP933；采集日期：2017-08-05。

67 牻牛儿苗科 Geraniaceae

大姚老鹳草

Geranium christensenianum Handel-Mazzetti

产于：平甸乡磨盘山，常绿阔叶林；生活型：草本；采集人 & 采集号：照片、野外记录；采集日期：2016-12-24。

尼泊尔老鹳草

Geranium nepalense Sweet

产于：平甸乡敌军山，中山湿性常绿阔叶林；生活型：草本；采集人 & 采集号：李园园、姜利琼、阳亿、张琼 XP1007；采集日期：2017-08-06；资源类型：药用植物资源。

69 酢浆草科 Oxalidaceae

分枝感应草

Biophytum fruticosum Blume

产于：平甸乡磨盘山；生活型：草本；采集人 & 采集号：照片、野外记录；采集日期：2016-12-21；资源类型：药用植物资源。

酢浆草

Oxalis corniculata Linnaeus

产于：平甸乡磨盘山；生活型：草本；采集人 & 采集号：照片、野外记录；采集日期：2017-04-19；资源类型：药用植物资源。

山酢浆草

Oxalis griffithii Edgeworth et J. D. Hooker

产于：平甸乡敌军山，常绿阔叶林；生活型：草本；采集人 & 采集号：照片、野外记录；采集日期：2016-12-24；资源类型：药用植物资源。

71 凤仙花科 Balsaminaceae

水凤仙花

Impatiens aquatilis J. D. Hooker

产于：平甸乡磨盘山，中山湿性常绿阔叶林；生活型：草本；采集人 & 采集号：Zhiwei Wang etc. KC-0405；采集日期：20140810。

棒凤仙花

Impatiens clavigera J. D. Hooker

产于：平甸乡磨盘山；生活型：草本；采集人 & 采集号：新平林业局营林队；采集日期：1971-10-15。

总状凤仙花

Impatiens racemosa Candolle

产于：平甸乡磨盘山，常绿阔叶林；生活型：草本；采集人 & 采集号：新平县普查队5304270741；采集日期：2012-08-13。

辐射凤仙花

Impatiens radiata J. D. Hooker

产于：平甸乡敌军山，中山湿性常绿阔叶林；生活型：草本；采集人 & 采集号：李园园、姜利琼、阳亿、张琼 XP1029；采集日期：2017-08-06。

红纹凤仙花

Impatiens rubrostriata J. D. Hooker

产于：平甸乡磨盘山，中山湿性常绿阔叶林；生活型：草本；采集人 & 采集号：KIB；采集日期：2017-08-06。

滇水金凤

Impatiens uliginosa Franchet

产于：平甸乡磨盘山，中山湿性常绿阔叶林；生活型：草本；采集人 & 采集号：KIB；采集日期：2017-08-06；资源类型：药用植物资源。

72 千屈菜科 Lythraceae

节节菜

Rotala indica（Willdenow）Koehne

产于：平甸乡磨盘山，常绿阔叶林；生活型：草本；采集人 & 采集号：彭华、李园园、姜利琼、郭信强 PLJG0137；采集日期：2017-08-06；资源类型：药用植物资源、食用植物资源。

圆叶节节菜

Rotala rotundifolia（Buchanan-Hamilton ex Roxburgh）Koehne

产于：平甸乡高粱冲，干燥杂木林；生活型：草本；采集人 & 采集号：陈丽、李园园、姜利琼 XP344；采集日期：2017-06-13；资源类型：牧草植物资源。

虾子花

Woodfordia fruticosa（Linn.）Kurz

产于：平甸乡高粱冲，干燥杂木林；生活型：灌木；采集人 & 采集号：陈丽、李园园、姜利琼 XP357；采集日期：20170613；资源类型：景观资源。

77 柳叶菜科 Onagraceae

高原露珠草

Circaea alpina Linnaeus subsp. *imaicola*（Ascherson et Magnus）Kitamura

产于：平甸乡敌军山，中山湿性常绿阔叶林；生活型：草本；采集人 & 采集号：李园园、姜利琼、阳亿、张琼 XP1006；采集日期：2017-08-06。

毛脉柳叶菜

Epilobium amurense Haussknecht

产于：平甸乡磨盘山山顶，中山湿性常绿阔叶林；生活型：草本；采集人 & 采集号：照片、野外记录；采集日期：2016-12-26。

粉花月见草

Oenothera rosea L' Heritier ex Aiton

产于：平甸乡磨盘山，常绿阔叶林；生活型：草本；采集人 & 采集号：新平县普查队 5304270770；采集日期：2012-08-14；资源类型：药用植物资源。

78 小二仙草科 Haloragaceae

小二仙草

Gonocarpus micranthus Thunberg

产于：平甸乡磨盘山国家森林公园，中山湿性常绿阔叶林；生活型：草本；采集人 & 采集号：彭华、李园园、姜利琼、郭信强 PLJG0260；采集日期：2016-12-26；资源类型：药用植物资源、牧草植物资源。

79 水马齿科 Callitrichaceae

水马齿

Callitriche palustris Linnaeus

产于：平甸乡高粱冲，干燥杂木林；生活型：草本；采集人 & 采集号：陈丽、李园园、姜利琼 XP412；采集日期：20170613。

81 瑞香科 Thymelaeaceae

滇瑞香

Daphne feddei H. Leveille

产于：平甸乡磨盘山；生活型：灌木；采集人 & 采集号：照片、野外记录；采集日期：1957-01-28；资源类型：药用植物资源、纤维植物资源、芳香油植物资源。

白瑞香

Daphne papyracea Wallich ex G. Don

产于：平甸乡磨盘山国家森林公园，中山湿性常绿阔叶林；生活型：灌木；采集人 & 采集号：彭华、李园园、姜利琼、郭信强 PLJG0254；采集日期：2016-12-26；资源类型：景观资源纤维植物资源。

狼毒

Stellera chamaejasme Linnaeus

产于：平甸乡磨盘山，常绿阔叶林；生活型：灌木；采集人 & 采集号：新平县普查队 5304271046；采集日期：20170806；资源类型：药用植物资源。

84 山龙眼科 Proteaceae

山地山龙眼

Helicia clivicola W. W. Smith

产于：平甸乡磨盘山，常绿阔叶林；生活型：乔木；采集人 & 采集号：玉溪植物考察队 2735；采集日期：1990-05-10。

深绿山龙眼

Helicia nilagirica Beddome

产于：平甸乡磨盘山，常绿阔叶林；生活型：草本；采集人 & 采集号：新平县普查队

5304270054；采集日期：2012-05-05；资源类型：食用植物资源。

87 马桑科 Coriariaceae

马桑

Coriaria nepalensis Wallich

产于：平甸乡磨盘山；生活型：乔木；采集人 & 采集号：照片、野外记录；采集日期：2017-03-13。

88 海桐花科 Pittosporaceae

羊脆木

Pittosporum kerrii Craib

产于：平甸乡磨盘山，常绿阔叶林；生活型：灌木；采集人 & 采集号：彭华、李园园、姜利琼、郭信强 PLJG0060；采集日期：2016-12-21；资源类型：药用植物资源。

柄果海桐

Pittosporum podocarpum Gagnepain

产于：平甸乡磨盘山，中山湿性常绿阔叶林；生活型：灌木；采集人 & 采集号：李园园、姜利琼、蒋蕾、许可旺 XP030；采集日期：2017-04-21。

93 大风子科 Flacourtiaceae

山桂花

Bennettiodendron leprosipes（Clos）Merrill

产于：平甸乡磨盘山；生活型：乔木；采集人 & 采集号：照片、野外记录；采集日期：2017-03-13。

山桐子

Idesia polycarpa Maximowicz

产于：平甸乡磨盘山；生活型：乔木；采集人 & 采集号：照片、野外记录；采集日期：2017-06-13；

资源类型：木材资源、景观资源。

伊桐

Itoa orientalis Hemsl.

产于：平甸乡磨盘山；生活型：乔木；采集人 & 采集号：照片、野外记录；采集日期：2017-08-06。

柞木

Xylosma congesta（Loureiro）Merrill

产于：平甸乡磨盘山，常绿阔叶林；生活型：草本；采集人 & 采集号：彭华、李园园、姜利琼、郭信强 PLJG0058；采集日期：2016-12-21；资源类型：药用植物资源、木材资源、景观资源。

长叶柞木

Xylosma longifolia Clos

产于：平甸乡高粱冲，干燥杂木林；生活型：乔木；采集人 & 采集号：陈丽、李园园、姜利琼XP330；采集日期：2017-06-13；资源类型：药用植物资源。

103 葫芦科 Cucurbitaceae

西葫芦

Cucurbita pepo Linnaeus

产于：平甸乡磨盘山，常绿阔叶林；生活型：藤本；采集人 & 采集号：照片、野外记录；采集日期：2016-12-23；资源类型：药用植物资源、食用植物资源、果蔬菜资源。

绞股蓝

Gynostemma pentaphyllum Thunberg Makino

产于：平甸乡磨盘山，常绿阔叶林；生活型：草本；采集人 & 采集号：李园园，姜利琼XP248；采集日期：2017-04-26；资源类型：药用植物资源。

帽儿瓜

Mukia maderaspatana (Linn.) M. Roemer

产于：平甸乡磨盘山；生活型：藤本；采集人 & 采集号：武素功 420；采集日期：1958-10-18。

茅瓜

Solena heterophylla Loureiro

产于：平甸乡磨盘山，常绿阔叶林；生活型：藤本；采集人 & 采集号：新平县普查队5304270212；采集日期：2012-05-10；资源类型：药用植物资源。

大苞赤瓟

Thladiantha cordifolia (Blume) Cogniaux

产于：平甸乡磨盘山公园附近公路，常绿阔叶林；生活型：草质藤本；采集人 & 采集号：李园园、姜利琼、阳亿、张琼 XP1051；采集日期：2017-08-06。

五叶赤瓟

Thladiantha hookeri Cogn. A. M. Lu et Z. Y. Zhang

产于：平甸乡磨盘山，中山湿性常绿阔叶林；生活型：藤本；采集人 & 采集号：李园园、姜利琼、蒋蕾、许可旺 XP048；采集日期：2017-04-21；资源类型：药用植物资源。

薄叶栝楼

Trichosanthes wallichiana (Seringe) Wight

产于：平甸乡高粱冲，干燥杂木林；生活型：藤本；采集人 & 采集号：陈丽、李园园、姜利琼XP369；采集日期：2017-06-13。

钮子瓜

Zehneria bodinieri (H. leveille) W. J. de wildeet Duyfjes

产于：平甸乡磨盘山；生活型：藤本；采集人 & 采集号：照片、野外记录；采集日期：2016-12-21；资源类型：药用植物资源。

104 秋海棠科 Begoniaceae

秋海棠

Begonia grandis Dryander

产于：平甸乡磨盘山麂子箐，中山湿性常绿阔叶林；生活型：草本；采集人 & 采集号：李园园、姜利琼、阳亿、张琼 XP1042；采集日期：2017-08-06。

心叶秋海棠

Begonia labordei H. Leveille

产于：平甸乡磨盘山麂子箐，中山湿性常绿阔叶林；生活型：草本；采集人 & 采集号：李园园、姜利琼、阳亿、张琼 XP1043；采集日期：2017-08-06。

裂叶秋海棠

Begonia palmata D. Don

产于：平甸乡磨盘山，常绿阔叶林；生活型：草本；采集人 & 采集号：李园园，姜利琼 XP261；采集日期：2017-04-26。

106 番木瓜科 Caricaceae

番木瓜

Carica papaya Linnaeus

产于：平甸乡磨盘山；生活型：乔木；采集人 & 采集号：照片、野外记录；采集日期：2016-12-21；资源类型：药用植物资源、食用植物资源，果、嫩叶为蔬菜资源。

108 山茶科 Theaceae

丽江柃

Eurya handel-mazzettii Hung T. Chang

产于：平甸乡磨盘山；生活型：灌木；采集人 & 采集号：西藏林业局西藏林业局；采集日期：1980-06-15。

茶梨

Anneslea fragrans Wallich

产于：平甸乡磨盘山，阔叶林；生活型：乔木；采集人 & 采集号：李园园、姜利琼、蒋蕾、许可旺 LJJ0003；采集日期：2017-04-19；资源类型：药用植物资源。

蒙自连蕊茶

Camellia forrestii (Diels) Coh. St.

产于：平甸乡磨盘山麂子箐，常绿阔叶林；生活型：灌木；采集人 & 采集号：彭华、李园园、姜利琼、郭信强 PLJG0113；采集日期：2016-12-23；资源类型：景观资源。

云南连蕊茶

Camellia forrestii (Diels) Cohen-Stuart

产于：平甸乡磨盘山，常绿阔叶林；生活型：乔木；采集人 & 采集号：照片、野外记录；采集日期：2016-12-23。

西南红山茶

Camellia pitardii Coh. St.

产于：平甸乡磨盘山，常绿阔叶林；生活型：灌木；采集人 & 采集号：彭华、李园园、姜利琼、郭信强 PLJG0108；采集日期：2016-12-23；资源类型：景观资源。

滇山茶

Camellia reticulata Lindley

产于：平甸乡磨盘山，常绿阔叶林；生活型：灌木；采集人 & 采集号：玉溪队 2724；采集日期：1990-05-10；资源类型：景观资源。

金屏连蕊茶

Camellia tsingpienensis Hu

产于：平甸乡磨盘山；生活型：乔木；采集人 & 采集号：蔡希陶 52519；采集日期：1932-12-29。

滇缅离蕊茶

Camellia wardii Kobuski

产于：平甸乡磨盘山麂子箐，中山湿性常绿阔叶林；生活型：灌木；采集人 & 采集号：陈丽、李园园、姜利琼 XP464；采集日期：2017-06-14。

岗柃

Eurya groffii Merrill

产于：平甸乡磨盘山，常绿阔叶林；生活型：乔木；采集人 & 采集号：彭华、李园园、姜利琼、郭信强 PLJG0110；采集日期：2016-12-23；资源类型：药用植物资源。

景东柃

Eurya jintungensis Hu et L. K. Ling

产于：平甸乡磨盘山，常绿阔叶林；生活型：乔木；采集人 & 采集号：李园园，姜利琼 XP245；采集日期：2017-04-26。

斜基叶柃

Eurya obliquifolia Hemsley

产于：平甸乡磨盘山；生活型：灌木；采集人 & 采集号：武素功 438；采集日期：1958-10-19。

窄基红褐柃

Eurya rubiginosa Hung T. Chang var. *attenuata* Hung T. Chang

产于：平甸乡磨盘山，常绿阔叶林；生活型：灌木；采集人 & 采集号：彭华、李园园、姜利琼、郭信强 PLJG0107；采集日期：2016-12-23。

半持柃

Eurya semiserrulata H. T. Chang

产于：平甸乡磨盘山月亮湖附近，中山湿性常绿阔叶林；生活型：乔木；采集人 & 采集号：照片、野外记录；采集日期：2017-03-16。

毛果柃

Eurya trichocarpa Korthals

产于：平甸乡敌军山，中山湿性常绿阔叶林；生活型：灌木；采集人 & 采集号：彭华、李园园、姜利琼 XP1341；采集日期：2017-11-13。

文山柃

Eurya wenshanensis Hu et L. K. Ling

产于：平甸乡磨盘山麂子箐，中山湿性常绿阔叶林；生活型：乔木；采集人 & 采集号：陈丽、李园园、姜利琼 XP481；采集日期：2017-06-14。

云南柃

Eurya yunnanensis P. S. Hsu

产于：平甸乡磨盘山，常绿阔叶林；生活型：草本；采集人 & 采集号：彭华、李园园、姜利琼、郭信强 PLJG0132；采集日期：2016-12-23。

大头茶

Polyspora axillaris（Roxburgh ex Ker Gawler）Sweet

产于：平甸乡磨盘山；生活型：乔木；采集人 & 采集号：照片、野外记录；采集日期：2016-12-21。

黄药大头茶

Polyspora chrysandra（Cowan）Hu ex B. M. Bartholomew et T. L. Ming

产于：平甸乡高粱冲，常绿阔叶林；生活型：乔木；采集人 & 采集号：彭华、李园园、姜利琼、郭信强 PLJG0197；采集日期：2016-12-24；资源类型：药用植物资源。

长果大头茶

Polyspora longicarpa（Hung T. Chang）C. X. Ye ex B. M. Bartholomew et T. L. Ming

产于：平甸乡磨盘山公园附近阿斗再克，中山湿性常绿阔叶林；生活型：乔木；采集人 & 采集号：照片、野外记录；采集日期：2016-12-26。

云南核果茶

Pyrenaria sophiae（Hu）S. X. Yang et T. L. Ming

产于：平甸乡磨盘山麂子箐，中山湿性常绿阔叶林；生活型：灌木；采集人 & 采集号：李园园、姜利琼、张琼、彭华、董红进 XP878；采集日期：2017-06-24。

银木荷

Schima argentea E. Pritzel

产于：平甸乡敌军山，中山湿性常绿阔叶林；生活型：乔木；采集人 & 采集号：李园园、姜利琼、阳亿、张琼 XP981；采集日期：2017-08-05；资源类型：药用植物资源、景观资源。

中华木荷

Schima sinensis（Hemsl.）Airy-Shaw

产于：平甸乡敌军山，中山湿性常绿阔叶林；生活型：乔木；采集人 & 采集号：李园园、姜利琼、阳亿、张琼 XP939；采集日期：2017-08-05。

西南木荷

Schima wallichii（Dc.）Choisy

产于：平甸乡磨盘山；生活型：乔木；采集人 & 采集号：武素功 415；采集日期：1958－10－18；资源类型：药用植物资源。

翅柄紫茎

Stewartia pteropetiolata W. C. Cheng

产于：平甸乡磨盘山，常绿阔叶林；生活型：灌木；采集人 & 采集号：照片、野外记录；采集日期：2016－12－23。

厚皮香

Ternstroemia gymnanthera Wight et Arnott Beddome

产于：平甸乡磨盘山，常绿阔叶林；生活型：乔木；采集人 & 采集号：彭华、李园园、姜利琼、郭信强 PLJG0158；采集日期：2016－12－23；资源类型：药用植物资源、景观资源。

尖萼厚皮香

Ternstroemia luteoflora L. K. Ling

产于：平甸乡磨盘山林场，常绿阔叶林；生活型：乔木；采集人 & 采集号：玉溪队 2754；采集日期：1990－05－10；资源类型：药用植物资源。

云南石笔木

Pyrenaria sophiae（Hu.）S. X. Yang er T. L. Ming

产于：平甸乡磨盘山，中山湿性常绿阔叶林；生活型：乔木；采集人 & 采集号：照片、野外记录；采集日期：2017－04－21。

108a 毒药树科 Sladeniaceae

毒药树

Sladenia celastrifolia Kurz

产于：平甸乡黑白租；生活型：乔木；采集人 & 采集号：照片、野外记录；采集日期：2018－3－18。

112 猕猴桃科 Actinidiaceae

蒙自猕猴桃

Actinidia henryi Dunn

产于：平甸乡磨盘山敌军山，中山湿性常绿阔叶林；生活型：藤本；采集人 & 采集号：陈丽、李园园、姜利琼 XP651；采集日期：2017－06－16。

113 水东哥科 Saurauiaceae

尼泊尔水东哥

Saurauia napaulensis Candolle

产于：平甸乡磨盘山，常绿阔叶林；生活型：乔木；采集人 & 采集号：照片、野外记录；采集日期：2016－12－24；资源类型：药用植物资源。

118 桃金娘科 Myrtaceae

蓝桉

Eucalyptus globulus Labillardiere

产于：平甸乡磨盘山；生活型：乔木；采集人 & 采集号：照片、野外记录；采集日期：2016-12-21。资源类型：木材资源。

桉

Eucalyptus robusta Smith

产于：平甸乡磨盘山，村寨旁；生活型：乔木；采集人 & 采集号：照片、野外记录；采集日期：20170806。

120 野牡丹科 Melastomataceae

野牡丹

Melastoma malabathricum Linnaeus

产于：平甸乡红珠山；生活型：灌木；采集人 & 采集号：杨光辉 55843；采集日期：1957-07-09。

野牡丹

Melastoma malabathricum Linnaeus

产于：平甸乡磨盘山自然保护区，中山湿性常绿阔叶林；生活型：灌木；采集人 & 采集号：新平县普查队 5304270118；采集日期：2012-05-07；资源类型：药用植物资源、食用植物资源。

星毛金锦香

Osbeckia stellata Ham. ex D. Don

产于：平甸乡磨盘山，常绿阔叶林；生活型：草本；采集人 & 采集号：彭华、李园园、姜利琼、郭信强 PLJG0130；采集日期：2016-12-23；资源类型：药用植物资源、景观资源。

偏瓣花

Plagiopetalum esquirolii（Levl. Rehd.）

产于：平甸乡敌军山，中山湿性常绿阔叶林；生活型：草本；采集人 & 采集号：李园园、姜利琼、阳亿、张琼 XP963；采集日期：2017-08-05。

楮头红

Sarcopyramis napalensis Wall.

产于：平甸乡敌军山，中山湿性常绿阔叶林；生活型：草本；采集人 & 采集号：李园园、姜利琼、阳亿、张琼 XP962；采集日期：2017-08-05；资源类型：药用植物资源。

121 使君子科 Combretaceae

千果榄仁

Terminalia myriocarpa Van Heurck et Muller Argoviensis

产于：平甸乡黑白租；生活型：乔木；采集人 & 采集号：武素功 349；采集日期：1958-10-

15；资源类型：木材资源。

123 金丝桃科 Hypericaceae

尖萼金丝桃

Hypericum acmosepalum N. Robson

产于：平甸乡磨盘山河头，常绿阔叶林；生活型：灌木；采集人＆采集号：玉溪考察队 2767；采集日期：1990-05-10。

挺茎遍地金

Hypericum elodeoides Choisy

产于：平甸乡磨盘山麂子箐，中山湿性常绿阔叶林；生活型：草本；采集人＆采集号：陈丽、李园园、姜利琼 XP428b；采集日期：2017-06-14；资源类型：药用植物资源。

细叶金丝桃

Hypericum gramineum G. Forster

产于：平甸乡敌军山，中山湿性常绿阔叶林；生活型：草本；采集人＆采集号：李园园、姜利琼、阳亿、张琼 XP919；采集日期：2017-08-05。

地耳草

Hypericum japonicum Thunberg ex Murray

产于：平甸乡磨盘山国家森林公园，中山湿性常绿阔叶林；生活型：草本；采集人＆采集号：彭华、李园园、姜利琼、郭信强 PLJG0262；采集日期：2016-12-26；资源类型：药用植物资源。

金丝桃

Hypericum monogynum Linnaeus

产于：平甸乡磨盘山，常绿阔叶林；生活型：灌木；采集人＆采集号：照片、野外记录；采集日期：2016-12-23；资源类型：药用植物资源、景观资源。

金丝梅

Hypericum patulum Thunberg ex Murray

产于：平甸乡磨盘山麂子箐，中山湿性常绿阔叶林；生活型：灌木；采集人＆采集号：陈丽、李园园、姜利琼 XP428；采集日期：2017-06-14；资源类型：药用植物资源。

遍地金

Hypericum wightianum Wallich ex Wight et Arnott

产于：平甸乡磨盘山河头，常绿阔叶林；生活型：草本；采集人＆采集号：玉溪考察队 2765；采集日期：1990-05-10；资源类型：药用植物资源。

128 椴树科 Tiliaceae

一担柴

Colona floribunda Wallich ex Kurz Craib

产于：平甸乡磨盘山；生活型：乔木；采集人＆采集号：武素功 583；采集日期：1958-10-24。

资源类型：药用植物资源、纤维植物资源。

长蒴黄麻

Corchorus olitorius Linnaeus

产于：平甸乡磨盘山，干热河谷；生活型：小灌木；采集人＆采集号：彭华、李园园、姜利琼 PLJ0317；采集日期：2016-09-14；资源类型：纤维植物资源。

小花扁担杆

Grewia biloba G. Don var. *parviflora*（Bunge）Handel-Mazzetti

产于：平甸乡磨盘山，路边灌丛；生活型：乔木；采集人＆采集号：彭华、赵倩茹、陈亚萍、蒋蕾 PH10025；采集日期：2016-04-22。

毛果扁担杆

Grewia eriocarpa Jussieu

产于：平甸乡磨盘山，干热河谷；生活型：灌木；采集人＆采集号：彭华、李园园、姜利琼 PLJ0309；采集日期：2016-09-14。

长勾刺蒴麻

Triumfetta pilosa Roth

产于：平甸乡磨盘山，常绿阔叶林；生活型：灌木；采集人＆采集号：新平县普查队 5304270806；采集日期：2012-08-14。

刺蒴麻

Triumfetta rhomboidea Jacquin

产于：平甸乡磨盘山，河谷干热草坡；生活型：灌木；采集人＆采集号：李园园、姜利琼、阳亿、张琼 XP1299；采集日期：2017-08-11；资源类型：药用植物资源。

128a 杜英科 Elaeocarpaceae

仿栗

Sloanea hemsleyana（T. Ito）Rehder et E. H. Wilson

产于：平甸乡黑白租；生活型：乔木；采集人＆采集号：照片、野外记录；采集日期：2018-3-18；资源类型：药用植物资源。

130 梧桐科 Tiliaceae

火绳树

Eriolaena spectabilis（Candolle）Planchon ex Masters

产于：平甸乡磨盘山，常绿阔叶林；生活型：乔木；采集人＆采集号：新平县普查队 5304270174；采集日期：2012-05-09；资源类型：纤维植物资源。

梧桐

Firmiana simplex（Linn.）W. Wight

产于：平甸乡磨盘山，常绿阔叶林；生活型：乔木；采集人＆采集号：照片、野外记录；采集日期：2016-12-23；资源类型：药用、食用植物资源，种子木材资源、景观资源，纤维植物资源。

小叶扁担杆

Grewia biloba G. Don var. *microphylla*（Maximowicz）Handel-Mazzetti

产于：平甸乡磨盘山，干燥杂木林；生活型：灌木；采集人 & 采集号：玉溪植物考察队 2637；采集日期：1990-05-09。

细齿山芝麻

Helicteres glabriuscula Wallich ex Masters

产于：平甸乡磨盘山，河谷干热草坡；生活型：乔木；采集人 & 采集号：李园园、姜利琼、阳亿、张琼 XP1336；采集日期：2017-08-11；资源类型：药用植物资源。

梭罗树

Reevesia pubescens Masters

产于：平甸乡磨盘山，常绿阔叶林；生活型：乔木；采集人 & 采集号：资料记录，资料来源于《规划》；采集日期：2017-08-06。

132 锦葵科 Malvaceae

刚毛黄蜀葵

Abelmoschus manihot（Linnaeus）Medikus var. *pungens*（Roxburgh）Hochreutiner

产于：平甸乡黑白租，常绿阔叶林；生活型：草本；采集人 & 采集号：陈丽、赵越 XP1397；采集日期：2017-12-03。

黄葵

Abelmoschus moschatus Medikus

产于：平甸乡磨盘山，常绿阔叶林；生活型：灌木；采集人 & 采集号：新平县普查队 5304270786；采集日期：2012-08-14；资源类型：药用植物资源、景观资源、芳香油植物资源。

磨盘草

Abutilon indicum（Linn.）Sweet

产于：平甸乡磨盘山，干热河谷；生活型：草本；采集人 & 采集号：彭华、李园园、姜利琼 PLJ0305；采集日期：2016-09-14；资源类型：药用植物资源、纤维植物资源。

蜀葵

Alcea rosea Linnaeus

产于：平甸乡磨盘山，落叶季雨林；生活型：草本；采集人 & 采集号：照片、野外记录；采集日期：2017-03-16；资源类型：药用植物资源、景观资源、纤维植物资源。

小叶黄花稔

Sida alnifolia Linnaeus var. *microphylla*（Cavanilles）S. Y. Hu

产于：平甸乡磨盘山，常绿阔叶林；生活型：灌木；采集人 & 采集号：新平县普查队 5304270153；采集日期：2012-05-09。

粘毛黄花稔

Sida mysorensis Wight et Arn.

产于：平甸乡磨盘山，常绿阔叶林；生活型：草本；采集人 & 采集号：彭华、李园园、姜利琼、郭信强 PLJG0013；采集日期：2016-12-21。

拔毒散

Sida szechuensis Matsuda

产于：平甸乡磨盘山；生活型：灌木；采集人＆采集号：照片、野外记录；采集日期：2017-08-06。

云南黄花稔

Sida yunnanensis S. Y. Hu

产于：平甸乡磨盘山；生活型：草本；采集人＆采集号：照片、野外记录；采集日期：2016-12-21。

白脚桐棉

Thespesia lampas（Cavanilles）Dalzell et A. Gibson

产于：平甸乡磨盘山；生活型：灌木；采集人＆采集号：武素功 587；采集日期：1958-10-25；资源类型：食用植物资源，嫩叶、花为蔬菜资源，纤维植物资源。

地桃花

Urena lobata Linnaeus

产于：平甸乡磨盘山；生活型：灌木；采集人＆采集号：照片、野外记录；采集日期：2016-12-21；资源类型：药用植物资源、纤维植物资源。

梵天花

Urena procumbens Linnaeus

产于：平甸乡磨盘山公园附近阿斗再克，中山湿性常绿阔叶林；生活型：灌木；采集人＆采集号：照片、野外记录；采集日期：2016-12-26；资源类型：药用植物资源。

136 大戟科 Euphorbiaceae

山麻杆

Alchorneadavidii Franchet

产于：平甸乡磨盘山，干热河谷；生活型：乔木；采集人＆采集号：照片、野外记录；采集日期：2016-12-22；资源类型：牧草植物资源、木材资源、纤维植物资源。

西南五月茶

Antidesma acidum Retzius

产于：平甸乡磨盘山；生活型：灌木；采集人＆采集号：武素功 339；采集日期：1958-10-15；资源类型：药用植物资源。

五月茶

Antidesma bunius（Linn.）Sprengel

产于：平甸乡磨盘山；生活型：灌木；采集人＆采集号：武素功 364；采集日期：1958-10-16；资源类型：食用植物资源、果木材资源、景观资源。

日本五月茶

Antidesma japonicum Sieb. et Zucc.

产于：平甸乡磨盘山，常绿阔叶林；生活型：乔木；采集人＆采集号：彭华、李园园、姜利琼、郭信强 PLJG0050；采集日期：2016-12-21。

山地五月茶

Antidesma montanum Blume

产于：平甸乡磨盘山；生活型：灌木；采集人＆采集号：武素功 364；采集日期：1958-10-16。

银柴

Aporosa dioica（Roxburgh）Muller Argoviensis

产于：平甸乡磨盘山，路边杂木林；生活型：灌木；采集人＆采集号：彭华、李园园、姜利琼 PLJ0346；采集日期：2017-03-13。

秋枫

Bischofia javanica Blume

产于：平甸乡磨盘山；生活型：乔木；采集人＆采集号：武素功 424；采集日期：1958-10-18；资源类型：食用植物资源、果可酿酒，木材资源、景观资源。

黑面神

Breynia fruticosa（Linn.）Hook. f.

产于：平甸乡磨盘山；生活型：灌木；采集人＆采集号：新平县普查队 5304270266；采集日期：2012-05-16；资源类型：药用植物资源。

钝叶黑面神

Breynia retusa（Dennstedt）Alston

产于：平甸乡磨盘山；生活型：灌木；采集人＆采集号：照片、野外记录；采集日期：20170419；资源类型：药用植物资源。

土蜜藤

Bridelia stipularis（Linn.）Blume

产于：平甸乡磨盘山，田间路旁；生活型：草本；采集人＆采集号：彭华、李园园、姜利琼、郭信强 PLJG0175；采集日期：2016-12-24；资源类型：药用植物资源。

土蜜树

Bridelia tomentosa Blume

产于：平甸乡磨盘山；生活型：灌木；采集人＆采集号：武素功 581；采集日期：1958-10-24；资源类型：药用植物资源。

棒柄花

Cleidion brevipetiolatum Pax et K. Hoffmann

产于：平甸乡磨盘山，干燥杂木林；生活型：乔木；采集人＆采集号：武素功 378；采集日期：1958-10-16；资源类型：药用植物资源。

火殃勒

Euphorbia antiquorum Linnaeus

产于：平甸乡磨盘山，干热河谷；生活型：草本；采集人＆采集号：照片、野外记录；

采集日期：2016-12-22；资源类型：药用植物资源、景观资源。

猩猩草

Euphorbia cyathophora Murray

产于：平甸乡磨盘山，河谷干热草坡；生活型：草本；采集人&采集号：李园园、姜利琼、阳亿、张琼 XP1305；采集日期：2017-08-11；资源类型：景观资源。

地锦草

Euphorbia humifusa Willdenow

产于：平甸乡磨盘山，常绿阔叶林；生活型：草本；采集人&采集号：彭华、李园园、姜利琼、郭信强 PLJG0192；采集日期：2016-12-24；资源类型：药用植物资源。

续随子

Euphorbia lathyris Linnaeus

产于：平甸乡磨盘山，常绿阔叶林；生活型：草本；采集人&采集号：新平县普查队5304271048；采集日期：2017-06-14；资源类型：药用植物资源。

土瓜狼毒

Euphorbia prolifera Buchanan-Hamilton ex D. Don

产于：平甸乡磨盘山；生活型：草本；采集人&采集号：照片、野外记录；采集日期：2017-06-14。

大果大戟

Euphorbia wallichii J. D. Hooker

产于：平甸乡磨盘山，常绿阔叶林；生活型：草本；采集人&采集号：照片、野外记录；采集日期：2016-12-23。

云南土沉香

Excoecaria acerifolia Didrichsen

产于：平甸乡磨盘山，常绿阔叶林；生活型：灌木；采集人&采集号：新平县普查队5304270350；采集日期：2012-06-01。

异序乌桕

Falconeria insignis Royle

产于：平甸乡磨盘山，常绿阔叶林；生活型：乔木；采集人&采集号：彭华、李园园、姜利琼、郭信强 PLJG0047；采集日期：2016-12-21。

毛白饭树

Flueggea acicularis（Croizat）Webster

产于：平甸乡磨盘山，干燥杂木林；生活型：灌木；采集人&采集号：陈丽、李园园、姜利琼 XP416；采集日期：2017-06-13。

革叶算盘子

Glochidion daltonii（Muller Argoviensis）Kurz

产于：平甸乡磨盘山；生活型：乔木；采集人&采集号：武素功 401；采集日期：1958-10-18。

毛果算盘子

Glochidion eriocarpum Champion ex Bentham

产于：平甸乡高粱冲，干燥杂木林；生活型：乔木；采集人 & 采集号：陈丽、李园园、姜利琼 XP352；采集日期：2017-06-13；资源类型：药用植物资源。

艾胶算盘子

Glochidion lanceolarium（Roxburgh）Voigt

产于：平甸乡磨盘山，路边杂木林；生活型：灌木；采集人 & 采集号：彭华、李园园、姜利琼 PLJ0352；采集日期：2017-03-13。

圆果算盘子

Glochidion sphaerogynum（Muller Argoviensis）Kurz

产于：平甸乡磨盘山；生活型：灌木；采集人 & 采集号：武素功 473；采集日期：1958-10-19。

白背算盘子

Glochidion wrightii Bentham

产于：平甸乡磨盘山，常绿阔叶林；生活型：乔木；采集人 & 采集号：新平县普查队 5304270169；采集日期：2012-05-09。

水柳

Homonoia riparia Loureiro

产于：平甸乡磨盘山，干燥杂木林；生活型：灌木；采集人 & 采集号：玉溪队 2602；采集日期：1990-05-09；资源类型：药用植物资源。

麻风树

Jatropha curcas Linnaeus

产于：平甸乡磨盘山，干燥杂木林；生活型：乔木；采集人 & 采集号：陈丽、李园园、姜利琼 XP418；采集日期：2017-06-13；资源类型：药用植物资源。

泡腺血桐

Macaranga pustulata King ex J. D. Hooker

产于：平甸乡磨盘山，常绿阔叶林；生活型：乔木；采集人 & 采集号：照片、野外记录；采集日期：2016-12-24。

尼泊尔野桐

Mallotus nepalensis Muller Argoviensis

产于：平甸乡磨盘山麂子箐，中山湿性常绿阔叶林；生活型：乔木；采集人 & 采集号：陈丽、李园园、姜利琼 XP425；采集日期：2017-06-14。

粗糠柴

Mallotus philippensis（Lamarck）Muller Argoviensis

产于：平甸乡磨盘山，落叶季雨林；生活型：乔木；采集人 & 采集号：彭华、李园园、姜利琼 XP1364；采集日期：2017-11-13；资源类型：木材资源、景观资源。

云南野桐

Mallotus yunnanensis Pax et K. Hoffmann

产于：平甸乡磨盘山，落叶阔叶林；生活型：灌木；采集人 & 采集号：彭华、李园园、姜利琼、郭信强 PLJG0069；采集日期：2016-12-22。

木薯

Manihot esculenta Crantz

产于：平甸乡磨盘山；生活型：灌木；采集人 & 采集号：照片、野外记录；采集日期：2017-06-13；资源类型：食用植物资源。

山靛

Mercurialis leiocarpa Siebold et Zuccarini

产于：平甸乡磨盘山麂子箐，中山湿性常绿阔叶林；生活型：草本；采集人 & 采集号：陈丽、李园园、姜利琼 XP449；采集日期：2017-06-14。

云南叶轮木

Ostodes katharinae Pax

产于：平甸乡磨盘山，常绿阔叶林；生活型：灌木；采集人 & 采集号：照片、野外记录；采集日期：2016-12-24。

滇藏叶下珠

Phyllanthus clarkei J. D. Hooker

产于：平甸乡磨盘山月亮湖附近，中山湿性常绿阔叶林；生活型：草本；采集人 & 采集号：照片、野外记录；采集日期：2017-03-16。

余甘子

Phyllanthus emblica Linnaeus

产于：平甸乡磨盘山；生活型：乔木；采集人 & 采集号：新平县普查队 5304270246；采集日期：2012-05-15；资源类型：药用植物资源、食用植物资源、木材资源、景观资源。

珠子草

Phyllanthus niruri L.

产于：平甸乡磨盘山；生活型：草本；采集人 & 采集号：新平县普查队 5304270725；采集日期：2012-08-08；资源类型：药用植物资源。

小果叶下珠

Phyllanthus reticulatus Poiret

产于：平甸乡磨盘山；生活型：灌木；采集人 & 采集号：闫丽春、施济普 371；采集日期：2008-01-17；资源类型：药用植物资源。

黄珠子草

Phyllanthus virgatus G. Forster

产于：平甸乡磨盘山，干热河谷；生活型：草本；采集人 & 采集号：彭华、李园园、姜利琼 PLJ0299；采集日期：2016-09-14；资源类型：药用植物资源。

蓖麻

Ricinus communis Linnaeus

产于：平甸乡磨盘山，村庄附近；生活型：灌木；采集人＆采集号：照片、野外记录；采集日期：20170426；资源类型：药用植物资源。

心叶宿萼木

Strophioblachia glandulosa Pax var. *cordifolia* Airy Shaw

产于：平甸乡磨盘山，河谷干热草坡；生活型：乔木；采集人＆采集号：李园园、姜利琼、阳亿、张琼 XP1315；采集日期：2017-08-11。

乌桕

Triadica sebifera（Linn.）Small

产于：平甸乡磨盘山，干燥杂木林；生活型：乔木；采集人＆采集号：玉溪队 2644；采集日期：1990-05-09；资源类型：木材资源、景观资源。

136c 虎皮楠科 Daphniphyllaceae

长序虎皮楠

Daphniphyllum longeracemosum K. Rosenthal

产于：平甸乡磨盘山野猪塘，中山湿性常绿阔叶林；生活型：乔木；采集人＆采集号：陈丽、赵越 XP1388；采集日期：2017-12-02。

交让木

Daphniphyllum macropodum Miquel

产于：平甸乡磨盘山敌军山，中山湿性常绿阔叶林；生活型：乔木；采集人＆采集号：陈丽、李园园、姜利琼 XP680；采集日期：2017-06-16。

139a 鼠刺科 Iteaceae

鼠刺

Itea chinensis Hooker et Arnott

产于：平甸乡磨盘山，常绿阔叶林；生活型：乔木；采集人＆采集号：李园园，姜利琼 XP288；采集日期：2017-04-26；资源类型：药用植物资源。

141 醋栗科 Grossulariaceae

簇花茶藨子

Ribes fasciculatum Siebold et Zuccarini

产于：平甸乡磨盘山，常绿阔叶林；生活型：灌木；采集人＆采集号：照片、野外记录；采集日期：2016-12-23；资源类型：景观资源。

142 绣球花科 Hydrangeaceae

马桑溲疏

Deutzia aspera Rehder

产于：平甸乡磨盘山麂子箐，中山湿性常绿阔叶林；生活型：灌木；采集人＆采集号：陈丽、李园园、姜利琼 XP459；采集日期：2017-06-14。

灌丛溲疏

Deutzia rehderiana C. K. Schneider

产于：平甸乡磨盘山麂子箐，中山湿性常绿阔叶林；生活型：灌木；采集人 & 采集号：陈丽、李园园、姜利琼 XP447；采集日期：2017-06-14。

常山

Dichroa febrifuga Loureiro

产于：平甸乡磨盘山自然保护区，中山湿性常绿阔叶林；生活型：灌木；采集人 & 采集号：新平县普查队 5304270090；采集日期：2012-05-07；资源类型：药用植物资源。

马桑绣球

Hydrangea aspera D. Don

产于：平甸乡敌军山，中山湿性常绿阔叶林；生活型：灌木；采集人 & 采集号：李园园、姜利琼、阳亿、张琼 XP1027；采集日期：2017-08-06。

西南绣球

Hydrangea davidii Franchet

产于：平甸乡磨盘山麂子箐—野猪塘，中山湿性常绿阔叶林；生活型：灌木；采集人 & 采集号：陈丽、李园园、姜利琼 XP558；采集日期：2017-06-15。

松潘绣球

Hydrangea sungpanensis Handel-Mazzetti

产于：平甸乡磨盘山敌军山，中山湿性常绿阔叶林；生活型：灌木；采集人 & 采集号：陈丽、李园园、姜利琼 XP668；采集日期：2017-06-16。

紫萼山梅花

Philadelphus purpurascens（Koehne）Rehder

产于：平甸乡磨盘山麂子箐—野猪塘，中山湿性常绿阔叶林；生活型：灌木；采集人 & 采集号：陈丽、李园园、姜利琼 XP563；采集日期：2017-06-15。

143 蔷薇科 Rosaceae

龙牙草

Agrimonia pilosa Ledeb.

产于：平甸乡磨盘山麂子箐，中山湿性常绿阔叶林；生活型：草本；采集人 & 采集号：陈丽、李园园、姜利琼 XP427；采集日期：2017-06-14；资源类型：药用植物资源。

桃

Amygdalus persica Linnaeus

产于：平甸乡磨盘山，落叶季雨林；生活型：乔木；采集人 & 采集号：照片、野外记录；采集日期：2017-03-16；资源类型：药用植物资源、食用植物资源、果景观资源。

梅

Armeniaca mume Siebold

产于：平甸乡磨盘山；生活型：乔木；采集人＆采集号：照片、野外记录；采集日期：2017-04-19；资源类型：药用植物资源、食用植物资源、果景观资源。

高盆樱桃

Cerasus cerasoides Buchanan-Hamilton ex（D. Don）S. Y. Sokolov

产于：平甸乡磨盘山；生活型：乔木；采集人＆采集号：吴征镒、李锡文等82007；采集日期：1982-01-07；资源类型：景观资源。

华中樱桃

Cerasus conradinae（Koehne）Yü et Li

产于：平甸乡磨盘山，阔叶林；生活型：乔木；采集人＆采集号：李园园、姜利琼、蒋蕾、许可旺LJJ0008；采集日期：2017-04-19；资源类型：景观资源。

蒙自樱桃

Cerasus henryi（C. K. Schneider）T. T. Yu et C. L. Li

产于：平甸乡磨盘山月亮湖附近，中山湿性常绿阔叶林；生活型：乔木；采集人＆采集号：照片、野外记录；采集日期：20170316；资源类型：景观资源。

云南樱花

Cerasus serrula（Franch.）Yü et Li

产于：平甸乡磨盘山月亮湖附近，中山湿性常绿阔叶林；生活型：乔木；采集人＆采集号：照片、野外记录；采集日期：2017-03-16；资源类型：景观资源。

日本晚樱

Cerasus serrulata Lindley Loudon var. *lannesiana*（Carriere）makino

产于：平甸乡磨盘山，中山湿性常绿阔叶林；生活型：乔木；采集人＆采集号：照片、野外记录；采集日期：2016-12-26；资源类型：景观资源。

木瓜

Chaenomeles sinensis（Thouin）Koehne

产于：平甸乡磨盘山，常绿阔叶林；生活型：灌木；采集人＆采集号：照片、野外记录；采集日期：2016-12-24；资源类型：药用植物资源、食用植物资源、果木材资源、景观资源。

皱皮木瓜

Chaenomeles speciosa（Sweet）Nakai

产于：平甸乡磨盘山，村寨附近；生活型：灌木；采集人＆采集号：照片、野外记录；采集日期：2016-12-22；资源类型：药用植物资源、景观资源。

黄杨叶栒子

Cotoneaster buxifolius Wallich ex Lindley

产于：平甸乡磨盘山，常绿阔叶林；生活型：灌木；采集人＆采集号：谢雄XPALSC521；采集日期：2009-09-02。

厚叶栒子

Cotoneaster coriaceus Franchet

产于：平甸乡磨盘山月亮湖附近—麂子箐，中山湿性常绿阔叶林；生活型：灌木；采集人＆采集号：彭华、李园园、姜利琼 PLJ0477；采集日期：20170316；资源类型：景观资源。

西南栒子

Cotoneaster franchetii Bois

产于：平甸乡磨盘山，常绿阔叶林；生活型：灌木；采集人 & 采集号：照片、野外记录；采集日期：2017-06-14。

钝叶栒子

Cotoneaster hebephyllus Diels

产于：平甸乡磨盘山，常绿阔叶林；生活型：灌木；采集人 & 采集号：玉溪队 2803；采集日期：1990-05-11。

野山楂

Crataegus cuneata Siebold et Zuccarini

产于：平甸乡磨盘山月亮湖附近，中山湿性常绿阔叶林；生活型：灌木；采集人 & 采集号：照片、野外记录；采集日期：2017-03-16；资源类型：药用植物资源、食用植物资源。

山楂

Crataegus pinnatifida Bunge

产于：平甸乡磨盘山麂子箐，中山湿性常绿阔叶林；生活型：乔木；采集人 & 采集号：陈丽、李园园、姜利琼 XP436；采集日期：2017-06-14；资源类型：药用植物资源、食用植物资源、果景观资源。

云南山楂

Crataegus scabrifolia（Franchet）Rehder

产于：平甸乡磨盘山麂子箐，中山湿性常绿阔叶林；生活型：灌木；采集人 & 采集号：陈丽、李园园、姜利琼 XP514；采集日期：2017-06-14；资源类型：食用植物资源、木材资源、景观资源。

牛筋条

Dichotomanthes tristaniicarpa Kurz

产于：平甸乡高粱冲，干燥杂木林；生活型：乔木；采集人 & 采集号：陈丽、李园园、姜利琼 XP367；采集日期：2017-06-13；资源类型：药用植物资源、景观资源。

云南移枌

Docynia delavayi（Franch.）Schneid.

产于：平甸乡磨盘山月亮湖附近，中山湿性常绿阔叶林；生活型：乔木；采集人 & 采集号：照片、野外记录；采集日期：2017-03-16。

移衣

Docynia indica（Wall.）Dcne.

产于：平甸乡磨盘山，常绿阔叶林；生活型：灌木；采集人 & 采集号：新平县普查队 5304270013；采集日期：2012-05-03；资源类型：药用植物资源。

蛇莓

Duchesnea indica Andrews Focke

产于：平甸乡磨盘山公园附近阿斗再克，中山湿性常绿阔叶林；生活型：草本；采集人＆采集号：照片、野外记录；采集日期：2016-12-26；资源类型：药用植物资源。

窄叶枇杷

Eriobotrya henryi Nakai

产于：平甸乡磨盘山，路边杂木林；生活型：乔木；采集人＆采集号：彭华、李园园、姜利琼 PLJ0357；采集日期：2017-03-13；资源类型：景观资源。

栎叶枇杷

Eriobotrya prinoides Rehder et E. H. Wilson

产于：平甸乡磨盘山，常绿阔叶林；生活型：乔木；采集人＆采集号：彭华、李园园、姜利琼、郭信强 PLJG0030；采集日期：2016-12-21；资源类型：景观资源。

黄毛草莓

Fragaria nilgerrensis Schlechtendal ex J. Gay

产于：平甸乡磨盘山，常绿阔叶林；生活型：草本；采集人＆采集号：照片、野外记录；采集日期：2016-12-23；资源类型：药用植物资源、食用植物资源。

毛序尖叶桂樱

Laurocerasus undulata（D. Don）Roem.

产于：平甸乡磨盘山麂子箐，中山湿性常绿阔叶林；生活型：乔木；采集人＆采集号：李园园、姜利琼、阳亿、张琼 XP1036；采集日期：2017-08-06。

云南绣线梅

Neillia serratisepala H. L. Li

产于：平甸乡磨盘山麂子箐，中山湿性常绿阔叶林；生活型：灌木；采集人＆采集号：李园园、姜利琼、阳亿、张琼 XP1032；采集日期：2017-08-06；资源类型：景观资源。

绣线梅

Neillia thyrsiflora D. Don

产于：平甸乡磨盘山，常绿阔叶林；生活型：灌木；采集人＆采集号：彭华、李园园、姜利琼、郭信强 PLJG0157；采集日期：2016-12-23；资源类型：景观资源。

华西小石积

Osteomeles schwerinae C. K. Schneider

产于：平甸乡磨盘山，路边杂木林；生活型：灌木；采集人＆采集号：彭华、李园园、姜利琼 PLJ0367；采集日期：2017-03-13；资源类型：药用植物资源、景观资源。

中华石楠

Photinia beauverdiana C. K. Schneider

产于：平甸乡磨盘山；生活型：草本；采集人＆采集号：薛纪如照片、野外记录；采集日期：1978-04-02。

光叶石楠

Photinia glabra（Thunberg）Maximowicz

产于：平甸乡磨盘山，路边灌丛；生活型：乔木；采集人＆采集号：彭华、赵倩茹、陈亚萍、蒋蕾 PCJ0001；采集日期：2016-01-07；资源类型：药用植物资源、木材资源、景观资源。

球花石楠

Photinia glomerata Rehder et E. H. Wilson

产于：平甸乡磨盘山；生活型：乔木；采集人 & 采集号：照片、野外记录；采集日期：2017-04-19；资源类型：景观资源。

全缘石楠

Photinia integrifolia Lindley

产于：平甸乡磨盘山麂子箐—野猪塘，中山湿性常绿阔叶林；生活型：乔木；采集人 & 采集号：陈丽、李园园、姜利琼 XP587；采集日期：20170615；资源类型：景观资源。

带叶石楠

Photinia loriformis W. W. Smith

产于：平甸乡高粱冲，干燥杂木林；生活型：乔木；采集人 & 采集号：陈丽、李园园、姜利琼 XP388；采集日期：2017-06-13。

石楠

Photinia serratifolia（Desfontaines）Kalkman

产于：平甸乡磨盘山，阔叶林；生活型：乔木；采集人 & 采集号：李园园、姜利琼、蒋蕾、许可旺 LJJ0002；采集日期：2017-04-19；资源类型：药用植物资源、木材资源、景观资源。

窄叶石楠

Photinia stenophylla Handel-Mazzetti

产于：平甸乡敌军山，中山湿性常绿阔叶林；生活型：乔木；采集人 & 采集号：彭华、李园园、姜利琼 XP1358；采集日期：2017-11-13。

星毛委陵菜

Potentilla acaulis Linnaeus

产于：平甸乡磨盘山；生活型：草本；采集人 & 采集号：武素功 467；采集日期：1958-10-19。

亮叶委陵菜

Potentilla fulgens Wall. ex Hook.

产于：平甸乡磨盘山；生活型：草本；采集人 & 采集号：武素功 467；采集日期：1958-10-19。

蛇含委陵菜

Potentilla kleiniana Wight et Arnott

产于：平甸乡磨盘山，常绿阔叶林；生活型：草本；采集人 & 采集号：彭华、李园园、姜利琼、郭信强 PLJG0195；采集日期：20161224；资源类型：药用植物资源。

西南委陵菜

Potentilla lineata Treviranus

产于：平甸乡磨盘山麂子箐，中山湿性常绿阔叶林；生活型：草本；采集人 & 采集号：李园园、姜利琼、张琼、彭华、董红进 XP872；采集日期：2017-06-24；资源类型：药用植物资源。

扁核木

Prinsepia utilis Royle

产于：平甸乡磨盘山麂子箐-野猪塘，中山湿性常绿阔叶林；生活型：灌木；采集人＆采集号：陈丽、李园园、姜利琼 XP622；采集日期：2017-06-15；资源类型：药用植物资源、食用植物资源、果实可酿酒、制醋或食用，景观资源。

樱桃李

Prunus cerasifera Ehrhart

产于：平甸乡磨盘山；生活型：乔木；采集人＆采集号：武素功 404；采集日期：1958-10-18。

川梨

Pyrus pashia Buchanan-Hamilton ex D. Don

产于：平甸乡磨盘山；生活型：乔木；采集人＆采集号：D. A. P. 43790B；采集日期：1995-03-16；资源类型：药用植物资源、木材资源、景观资源。

月季花

Rosa chinensis Jacquin

产于：平甸乡磨盘山，中山湿性常绿阔叶林；生活型：攀缘灌木；采集人＆采集号：照片、野外记录；采集日期：2017-04-21；资源类型：药用植物资源、景观资源、芳香油植物资源。

贵州缫丝花

Rosa kweichowensis T. T. Yu et T. C. Ku

产于：平甸乡磨盘山，常绿阔叶林；生活型：灌木；采集人＆采集号：玉溪队 2745；采集日期：1990-05-10；资源类型：景观资源。

长尖叶蔷薇

Rosa longicuspis Bertoloni

产于：平甸乡磨盘山，常绿阔叶林；生活型：灌木；采集人＆采集号：李园园、姜利琼 XP279；采集日期：2017-04-26；资源类型：药用植物资源。

光叶蔷薇

Rosa luciae Franchet et Rochebrune

产于：平甸乡磨盘山国家森林公园，中山湿性常绿阔叶林；生活型：灌木；采集人＆采集号：彭华、李园园、姜利琼、郭信强 PLJG0250；采集日期：2016-12-26；资源类型：药用植物资源、景观资源。

香水月季

Rosa odorata（Andrews）Sweet

产于：平甸乡磨盘山自然保护区，中山湿性常绿阔叶林；生活型：灌木；采集人＆采集号：新平县普查队 5304270136；采集日期：2012-05-07；资源类型：药用植物资源、景观资源。

大花香水月季

Rosa odorata（Andrews）Sweet var. *gigantea*（Crepin）Rehder et E. H. Wilson

产于：平甸乡磨盘山，路边杂木林；生活型：灌木；采集人＆采集号：彭华、李园园、姜利琼

PLJ0348；采集日期：2017-03-13；资源类型：景观资源。

粗叶悬钩子

Rubus alceifolius Poiret

产于：平甸乡磨盘山路，常绿阔叶林；生活型：灌木；采集人＆采集号：照片、野外记录；采集日期：2017-04-26；资源类型：药用植物资源。

三叶悬钩子

Rubus delavayi Franchet

产于：平甸乡磨盘山山顶，中山湿性常绿阔叶林；生活型：灌木；采集人＆采集号：照片、野外记录；采集日期：2016-12-26；资源类型：药用植物资源。

栽秧藨

Rubus ellipticus var. *obcordatus* Franch. Focke

产于：平甸乡磨盘山月亮湖附近，中山湿性常绿阔叶林；生活型：草本；采集人＆采集号：照片、野外记录；采集日期：2017-03-16；资源类型：药用植物资源、食用植物资源。

白叶莓

Rubus innominatus S. Moore

产于：平甸乡磨盘山国家森林公园，中山湿性常绿阔叶林；生活型：灌木；采集人＆采集号：彭华、李园园、姜利琼、郭信强 PLJG0273；采集日期：2016-12-26；资源类型：药用植物资源、食用植物资源，果酸甜可食。

多毛悬钩子

Rubus lasiotrichos Focke

产于：平甸乡磨盘山麂子箐—野猪塘，中山湿性常绿阔叶林；生活型：灌木；采集人＆采集号：陈丽、李园园、姜利琼 XP570；采集日期：2017-06-15。

喜阴悬钩子

Rubus mesogaeus Focke

产于：平甸乡磨盘山自然保护区，中山湿性常绿阔叶林；生活型：灌木；采集人＆采集号：新平县普查队 5304270109；采集日期：2012-05-07。

茅莓

Rubus parvifolius Linnaeus

产于：平甸乡磨盘山，中山湿性常绿阔叶林；生活型：灌木；采集人＆采集号：照片、野外记录；采集日期：2017-04-21；资源类型：药用植物资源。

掌叶悬钩子

Rubus pentagonus Wallich ex Focke

产于：平甸乡磨盘山麂子箐—野猪塘，中山湿性常绿阔叶林；生活型：灌木；采集人＆采集号：陈丽、李园园、姜利琼 XP569；采集日期：2017-06-15。

美脉花楸

Sorbus caloneura (Stapf) Rehder

产于：平甸乡敌军山，中山湿性常绿阔叶林；生活型：乔木；采集人＆采集号：彭华、李园园、姜利琼 XP1355；采集日期：2017-11-13。

褐毛花楸

Sorbus ochracea（Handel-Mazzetti）J. E. Vidal

产于：平甸乡磨盘山麂子箐，中山湿性常绿阔叶林；生活型：乔木；采集人 & 采集号：陈丽、李园园、姜利琼 XP484；采集日期：2017-06-14。

鼠李叶花楸

Sorbus rhamnoides（Decaisne）Rehder

产于：平甸乡磨盘山敌军山，中山湿性常绿阔叶林；生活型：乔木；采集人 & 采集号：陈丽、李园园、姜利琼 XP635；采集日期：2017-06-16。

粉花绣线菊

Spiraea japonica Linn. f.

产于：平甸乡敌军山，中山湿性常绿阔叶林；生活型：灌木；采集人 & 采集号：李园园、姜利琼、阳亿、张琼 XP945；采集日期：2017-08-05；资源类型：景观资源。

毛枝绣线菊

Spiraea martini H. Leveille

产于：平甸乡磨盘山，路边杂木林；生活型：草本；采集人 & 采集号：彭华、李园园、姜利琼 PLJ0363；采集日期：2017-03-13。

川滇绣线菊

Spiraea schneideriana Rehder

产于：平甸乡磨盘山麂子箐，中山湿性常绿阔叶林；生活型：灌木；采集人 & 采集号：陈丽、李园园、姜利琼 XP457；采集日期：2017-06-14。

绒毛绣线菊

Spiraea velutina Franchet

产于：平甸乡磨盘山敌军山，中山湿性常绿阔叶林；生活型：灌木；采集人 & 采集号：陈丽、李园园、姜利琼 XP646；采集日期：2017-06-16。

红果树

Stranvaesia davidiana Decaisne

产于：平甸乡敌军山，中山湿性常绿阔叶林；生活型：乔木；采集人 & 采集号：彭华、李园园、姜利琼 XP1351；采集日期：2017-11-13；资源类型：景观资源。

146 苏木科 Caesalpiniaceae

白花羊蹄甲

Bauhinia acuminata Linnaeus

产于：平甸乡磨盘山；生活型：灌木；采集人 & 采集号：照片、野外记录；采集日期：2017-06-14；资源类型：食用植物资源。

鞍叶羊蹄甲

Bauhinia brachycarpa Wallich ex Bentham

产于：平甸乡磨盘山，河谷干热草坡；生活型：灌木；采集人＆采集号：李园园、姜利琼、阳亿、张琼 XP1317；采集日期：2017-08-11；资源类型：药用植物资源、景观资源。

云实

Caesalpinia decapetala Roth Alston

产于：平甸乡磨盘山；生活型：乔木；采集人＆采集号：照片、野外记录；采集日期：2017-04-19；资源类型：药用植物资源、景观资源。

爪洼决明

Cassia javanica Linnaeus

产于：平甸乡磨盘山；庭院，生活型：乔木；采集人＆采集号：照片、野外记录；采集日期：2017-04-26；资源类型：景观资源。

黄槐决明

Senna surattensis N. L. Burman H. S. Irwin et Barneby

产于：平甸乡磨盘山，河谷干热草坡；生活型：乔木；采集人＆采集号：李园园、姜利琼、阳亿、张琼 XP1325；采集日期：2017-08-11；资源类型：药用植物资源、景观资源。

147 含羞草科 Mimosaceae

金合欢

Acacia farnesiana（Linn.）Willdenow

产于：平甸乡磨盘山，荒地；生活型：乔木；采集人＆采集号：彭华、李园园、姜利琼、郭信强 PLJG0088；采集日期：2016-12-22；资源类型：药用植物资源、木材资源。

楹树

Albizia chinensis（Osbeck）Merrill

产于：平甸乡磨盘山，落叶季雨林；生活型：乔木；采集人＆采集号：资料；采集日期：2017-06-14；资源类型：木材资源、景观资源。

山槐

Albizia kalkora Roxburgh Prain

产于：平甸乡磨盘山，常绿阔叶林；生活型：乔木；采集人＆采集号：彭华、李园园、姜利琼、郭信强 PLJG0032；采集日期：2016-12-21；资源类型：药用植物资源、木材资源。

148 蝶形花科 Papilionaceae

猪腰豆

Afgekia filipes（Dunn）R. Geesink

产于：平甸乡磨盘山，常绿阔叶林；生活型：大型攀援灌木；采集人＆采集号：新平县普查队 5304271035；采集日期：2017-06-14。

锈毛两型豆

Amphicarpaea ferruginea Bentham

产于：平甸乡磨盘山麂子箐—野猪塘，中山湿性常绿阔叶林；生活型：草本；采集人＆采集号：陈丽、李园园、姜利琼 XP581；采集日期：2017-06-15。

肉色土圞儿

Apios carnea（Wallich）Bentham ex Baker

产于：平甸乡敌军山，中山湿性常绿阔叶林；生活型：草质藤本；采集人 & 采集号：李园园、姜利琼、阳亿、张琼 XP954；采集日期：2017-08-05。

紫云英

Astragalus sinicus Linnaeus

产于：平甸乡磨盘山，中山湿性常绿阔叶林；生活型：草本；采集人 & 采集号：照片、野外记录；采集日期：2017-06-14；资源类型：药用植物资源、蔬菜资源、牧草植物资源。

木豆

Cajanus cajan（Linn.）Millsp.

产于：平甸乡磨盘山；生活型：灌木；采集人 & 采集号：照片、野外记录；采集日期：1957-02-00；资源类型：药用植物资源、蔬菜资源、牧草植物资源。

大花虫豆

Cajanus grandiflorus（Bentham ex Baker）Maesen

产于：平甸乡磨盘山，路边灌丛；生活型：缠绕草本；采集人 & 采集号：彭华、赵倩茹、陈亚萍、蒋蕾 PH10016；采集日期：2016-01-07。

蔓草虫豆

Cajanus scarabaeoides（Linn.）Thouars

产于：平甸乡磨盘山，常绿阔叶林；生活型：藤本；采集人 & 采集号：彭华、李园园、姜利琼、郭信强 PLJG0010；采集日期：2016-12-21；资源类型：药用植物资源。

灰毛鸡血藤

Callerya cinerea（Bentham）Schot

产于：平甸乡磨盘山，常绿阔叶林；生活型：藤本；采集人 & 采集号：彭华、李园园、姜利琼、郭信强 PLJG0189；采集日期：2016-12-24。

银叶［艹/杭］子梢

Campylotropis argentea Schindl.

产于：平甸乡磨盘山，常绿阔叶林；生活型：灌木；采集人 & 采集号：彭华、李园园、姜利琼、郭信强 PLJG0004；采集日期：2016-12-21。

绒毛叶［艹/杭］子梢

Campylotropis pinetorum subsp. *Velutina*（Dumm）Ohashi

产于：平甸乡磨盘山山顶，中山湿性常绿阔叶林；生活型：灌木；采集人 & 采集号：彭华、李园园、姜利琼 PLJ0493；采集日期：2017-03-16；资源类型：药用植物资源。

西南［艹/杭］子梢

Campylotropis delavayi Franch. Schindl.

产于：平甸乡磨盘山，路边灌丛；生活型：灌木；采集人 & 采集号：彭华、赵倩茹、陈亚萍、蒋蕾 PH10005；采集日期：2016-01-07；资源类型：药用植物资源。

杭子梢

Campylotropis macrocarpa（Bunge）Rehder

产于：平甸乡磨盘山；生活型：灌木；采集人 & 采集号：照片、野外记录；采集日期：2017-04-19；资源类型：药用植物资源、景观资源。

小雀花

Campylotropis polyantha（Franchet）Schindler

产于：平甸乡磨盘山国家森林公园，中山湿性常绿阔叶林；生活型：灌木；采集人 & 采集号：彭华、李园园、姜利琼、郭信强 PLJG0275；采集日期：2016-12-26；资源类型：药用植物资源。

绒毛叶杭子梢

Campylotropis pinetrorum subsp. velutina（Dunn）ohashi

产于：平甸乡磨盘山；生活型：灌木；采集人 & 采集号：中苏联合云南考察队 9106；采集日期：1957-03-22；资源类型：药用植物资源。

巴豆藤

Craspedolobium unijugum（Gagnepain）Z. Wei et Pedley

产于：平甸乡磨盘山，常绿阔叶林；生活型：藤本；采集人 & 采集号：李园园、姜利琼 XP287；采集日期：2017-04-26；资源类型：药用植物资源。

翅托叶猪屎豆

Crotalaria alata Buchanan-Hamilton ex D. Don

产于：平甸乡磨盘山，河谷干热草坡；生活型：草本或亚灌木；采集人 & 采集号：照片、野外记录；采集日期：2017-08-11；资源类型：药用植物资源。

长萼猪屎豆

Crotalaria calycina Schrank

产于：平甸乡磨盘山，干热河谷；生活型：草本；采集人 & 采集号：彭华、李园园、姜利琼 PLJ0303；采集日期：2016-09-14。

假地蓝

Crotalaria ferruginea Graham ex Bentham

产于：平甸乡磨盘山，田间路旁；生活型：草本；采集人 & 采集号：彭华、李园园、姜利琼、郭信强 PLJG0172；采集日期：2016-12-24；资源类型：药用植物资源、牧草植物资源。

头花猪屎豆

Crotalaria mairei H. Leveille

产于：平甸乡磨盘山，村庄附近；生活型：草本；采集人 & 采集号：李园园、姜利琼、蒋蕾、许可旺 XP300；采集日期：2017-04-19。

猪屎豆

Crotalaria pallida Aiton

产于：平甸乡磨盘山；生活型：灌木；采集人 & 采集号：闫丽春，施济普 368；采集日期：2008-01-17；资源类型：药用植物资源。

紫花野百合

Crotalaria sessiliflora Linnaeus

产于：平甸乡磨盘山，干热河谷；生活型：草本；采集人＆采集号：照片、野外记录；采集日期：2016-09-14；资源类型：药用植物资源。

光萼猪屎豆

Crotalaria trichotoma Bojer

产于：平甸乡磨盘山，常绿阔叶林；生活型：草本；采集人＆采集号：彭华、李园园、姜利琼、郭信强 PLJG0022；采集日期：2016-12-21；资源类型：药用植物资源、景观资源。

黄檀

Dalbergia hupeana Hance

产于：平甸乡磨盘山；生活型：乔木；采集人＆采集号：照片、野外记录；采集日期：2016-12-21；资源类型：药用植物资源、木材资源。

象鼻藤

Dalbergia mimosoides Franchet

产于：平甸乡磨盘山月亮湖附近，中山湿性常绿阔叶林；生活型：灌木；采集人＆采集号：照片、野外记录；采集日期：2017-03-16；资源类型：药用植物资源。

钝叶黄檀

Dalbergia obtusifolia（Baker）Prain

产于：平甸乡磨盘山；生活型：乔木；采集人＆采集号：照片、野外记录；采集日期：2016-12-21。

多体蕊黄檀

Dalbergia polyadelpha Prain

产于：平甸乡磨盘山，路边杂木林；生活型：乔木；采集人＆采集号：彭华、李园园、姜利琼 PLJ0350；采集日期：2017-03-13。

多裂黄檀

Dalbergia rimosa Roxburgh

产于：平甸乡磨盘山，常绿阔叶林；生活型：灌木；采集人＆采集号：彭华、李园园、姜利琼、郭信强 PLJG0026；采集日期：2016-12-21。

滇黔黄檀

Dalbergia yunnanensis Franchet

产于：平甸乡磨盘山，常绿阔叶林；生活型：乔木；采集人＆采集号：彭华、李园园、姜利琼、郭信强 PLJG0052；采集日期：2016-12-21；资源类型：景观资源。

假木豆

Dendrolobium triangulare Retzius Schindler

产于：平甸乡磨盘山，干燥杂木林；生活型：灌木；采集人＆采集号：照片、野外记录；采集日期：2016-12-22；资源类型：药用植物资源。

亮叶中南鱼藤

Derris fordii Oliver var. *lucida* F. C. How

产于：平甸乡磨盘山，落叶季雨林；生活型：乔木；采集人＆采集号：彭华、李园园、姜利琼 PLJ0463；采集日期：2017-03-16。

凹叶山蚂蝗

Desmodium concinnum Candolle

产于：平甸乡磨盘山；生活型：藤本；采集人＆采集号：武素功 405；采集日期：1958-10-18。

大叶山蚂蝗

Desmodium gangeticum（Linn.）Candolle

产于：平甸乡磨盘山，路边杂木林；生活型：灌木；采集人＆采集号：彭华、赵倩茹、陈亚萍、蒋蕾 PH10034；采集日期：2016-04-22。

粗硬毛山蚂蝗

Desmodium hispidum Franchet

产于：平甸乡磨盘山麂子箐，中山湿性常绿阔叶林；生活型：灌木；采集人＆采集号：李园园、姜利琼、阳亿、张琼 XP1035；采集日期：2017-08-06。

小叶三点金

Desmodium microphyllum（Thunberg）Candolle

产于：平甸乡磨盘山麂子箐，中山湿性常绿阔叶林；生活型：草本；采集人＆采集号：陈丽、李园园、姜利琼 XP504；采集日期：2017-06-14；资源类型：药用植物资源。

饿蚂蝗

Desmodium multiflorum Candolle

产于：平甸乡敌军山，中山湿性常绿阔叶林；生活型：草本；采集人＆采集号：李园园、姜利琼、阳亿、张琼 XP989；采集日期：2017-08-05；资源类型：药用植物资源。

肾叶山蚂蝗

Desmodium renifolium（Linn.）Schindler

产于：平甸乡磨盘山，村庄附近；生活型：草本；采集人＆采集号：彭华、李园园、姜利琼 PLJ0500；采集日期：2017-03-17。

单叶拿身草

Desmodium zonatum Miquel

产于：平甸乡磨盘山，落叶季雨林；生活型：半灌木；采集人＆采集号：彭华、李园园、姜利琼 XP1371；采集日期：2017-11-13。

丽江镰扁豆

Dolichos tenuicaulis（Baker）Craib

产于：平甸乡磨盘山；生活型：缠绕草本；采集人＆采集号：武素功 399；采集日期：1958-10-18。

心叶山黑豆

Dumasia cordifolia Bentham ex Baker

产于：平甸乡磨盘山，常绿阔叶林；生活型：草本；采集人＆采集号：彭华、李园园、姜利琼、郭信强 PLJG0123；采集日期：2016-12-23。

柔毛山黑豆

Dumasia villosa Candolle

产于：平甸乡磨盘山，路边灌丛；生活型：藤本；采集人 & 采集号：彭华、赵倩茹、陈亚萍、蒋蕾 PCJ0002；采集日期：2016-01-07。

云南山黑豆

Dumasia yunnanensis Y. T. Wei et S. K. Lee

产于：平甸乡磨盘山国家森林公园，中山湿性常绿阔叶林；生活型：藤本；采集人 & 采集号：彭华、李园园、姜利琼、郭信强 PLJG0258；采集日期：2016-12-26。

鸡冠刺桐

Erythrina crista-galli L.

产于：平甸乡磨盘山；生活型：乔木；采集人 & 采集号：照片、野外记录；采集日期：2017-04-19；资源类型：景观资源。

劲直刺桐

Erythrina stricta Roxb.

产于：平甸乡磨盘山，落叶季雨林；生活型：乔木；采集人 & 采集号：照片、野外记录；采集日期：20170614。

细叶千斤拔

Flemingia lineata（L.）Boxb. ex Ait.

产于：平甸乡磨盘山，常绿阔叶林；生活型：灌木；采集人 & 采集号：新平县普查队 5304270022；采集日期：2012-05-04。

绒毛千斤拔

Flemingia grahamiana Wight et Arnott

产于：平甸乡磨盘山；生活型：灌木；采集人 & 采集号：照片、野外记录；采集日期：2016-12-21。

大叶千斤拔

Flemingia macrophylla（Willdenow）Prain

产于：平甸乡磨盘山，常绿阔叶林；生活型：灌木；采集人 & 采集号：照片、野外记录；采集日期：2016-12-24；资源类型：药用植物资源。

尖齿木蓝

Indigofera argutidens Craib

产于：平甸乡高粱冲，干燥杂木林；生活型：草本；采集人 & 采集号：陈丽、李园园、姜利琼 XP339；采集日期：2017-06-13。

深紫木蓝

Indigofera atropurpurea Buchanan-Hamilton ex Horne-mann

产于：平甸乡磨盘山，常绿阔叶林；生活型：灌木；采集人 & 采集号：彭华、李园园、姜利琼、郭信强 PLJG0002；采集日期：2016-12-21。

河北木蓝

Indigofera bungeana Walpers

产于：平甸乡磨盘山，荒地；生活型：草本；采集人＆采集号：彭华、李园园、姜利琼、郭信强 PLJG0102；采集日期：2016-12-22。

椭圆叶木蓝

Indigofera cassioides Rottler ex Candolle

产于：平甸乡磨盘山，路边杂木林；生活型：灌木；采集人＆采集号：彭华、李园园、姜利琼 PLJ0365；采集日期：2017-03-13。

长齿木蓝

Indigofera dolichochaete Craib

产于：平甸乡磨盘山，干热河谷；生活型：灌木；采集人＆采集号：彭华、李园园、姜利琼 PLJ0314；采集日期：2016-09-14。

穗序木蓝

Indigofera hendecaphylla Jacquin

产于：平甸乡磨盘山，常绿阔叶林；生活型：灌木；采集人＆采集号：新平县普查队 5304270774；采集日期：2012-08-14。

单叶木蓝

Indigofera linifolia（Linnaeus f.）Retzius

产于：平甸乡磨盘山，荒地；生活型：草本；采集人＆采集号：彭华、李园园、姜利琼、郭信强 PLJG0083；采集日期：2016-12-22。

九叶木蓝

Indigofera linnaei Ali

产于：平甸乡磨盘山，荒地；生活型：草本；采集人＆采集号：彭华、李园园、姜利琼、郭信强 PLJG0084；采集日期：2016-12-22。

茸毛木蓝

Indigofera stachyodes Lindley

产于：平甸乡磨盘山，常绿阔叶林；生活型：灌木；采集人＆采集号：李园园，姜利琼 XP259；采集日期：2017-04-26。

胡枝子

Lespedeza bicolor Turczaninow

产于：平甸乡磨盘山，中山湿性常绿阔叶林；生活型：灌木；采集人＆采集号：照片、野外记录；采集日期：2017-04-21。

截叶铁扫帚

Lespedeza cuneata（Dumont de Courset）G. Don

产于：平甸乡磨盘山，阔叶林；生活型：灌木；采集人＆采集号：李园园、姜利琼、蒋蕾、许可旺 LJJ0015；采集日期：2017-04-19；资源类型：药用植物资源。

美丽胡枝子

Lespedeza thunbergii（Candolle）Nakai subsp. *formosa*（Vogel）H. Ohashi

产于：平甸乡磨盘山麂子箐，中山湿性常绿阔叶林；生活型：灌木；采集人 & 采集号：陈丽、李园园、姜利琼 XP446；采集日期：2017-06-14。

紫苜蓿

Medicago sativa Linnaeus

产于：平甸乡磨盘山，常绿阔叶林；生活型：草本；采集人 & 采集号：新平县普查队5304270772；采集日期：2012-08-14；资源类型：药用植物资源。

绿花鸡血藤

*Callerya championii*P. K. Loc

产于：平甸乡磨盘山；生活型：藤本；采集人 & 采集号：T. T. Yu 95152；采集日期：1958-10-20；资源类型：药用植物资源。

黄毛黧豆

Mucuna bracteata Candolle

产于：平甸乡磨盘山，常绿阔叶林；生活型：藤本；采集人 & 采集号：李园园、姜利琼XP258；采集日期：2017-04-26。

紫雀花

Parochetus communis Buchanan-Hamilton ex D. Don

产于：平甸乡磨盘山麂子箐，中山湿性常绿阔叶林；生活型：草本；采集人 & 采集号：陈丽、李园园、姜利琼 XP524；采集日期：2017-06-14；资源类型：药用植物资源。

食用葛

Pueraria edulis Pampanini

产于：平甸乡磨盘山，田间路旁；生活型：藤本；采集人 & 采集号：照片、野外记录；采集日期：2016-12-24。

葛

Pueraria montana（Loureiro）Merrill

产于：平甸乡磨盘山路，村庄附近；生活型：藤本；采集人 & 采集号：照片、野外记录；采集日期：2017-04-26；资源类型：药用植物资源、纤维植物资源。

苦葛

Pueraria peduncularis（Graham ex Bentham）Bentham

产于：平甸乡磨盘山，常绿阔叶林；生活型：藤本；采集人 & 采集号：新平县普查队5304270361；采集日期：2012-06-01；资源类型：药用植物资源。

三裂叶野葛

Pueraria phaseoloides（Roxburgh）Bentham

产于：平甸乡磨盘山，常绿阔叶林；生活型：藤本；采集人 & 采集号：Zhiwei Wang etc. KC-0403；采集日期：2014-08-10；资源类型：药用植物资源、牧草植物资源。

淡红鹿藿

Rhynchosia rufescens（Willdenow）Candolle

产于：平甸乡磨盘山；生活型：缠绕草本；采集人＆采集号：闫丽春、施济普382；采集日期：2008-01-17。

宿苞豆

Shuteria involucrata（Wallich）Wight et Arnott

产于：平甸乡磨盘山，路边杂木林；生活型：藤本；采集人＆采集号：彭华、李园园、姜利琼PLJ0364；采集日期：2017-03-13；资源类型：药用植物资源。

坡油甘

Smithia sensitiva Aiton

产于：平甸乡磨盘山，常绿阔叶林；生活型：草本；采集人＆采集号：照片、野外记录；采集日期：2016-12-23；资源类型：药用植物资源、牧草植物资源。

白刺花

Sophora davidii（Franch.）Skeels

产于：平甸乡磨盘山，常绿阔叶林；生活型：灌木；采集人＆采集号：新平县普查队5304270160；采集日期：2012-05-09；资源类型：药用植物资源、食用植物资源、花景观资源。

柳叶槐

Sophora dunnii Prain

产于：平甸乡磨盘山，常绿阔叶林；生活型：灌木；采集人＆采集号：新平县普查队5304270170；采集日期：2012-05-09。

锈毛槐

Sophora prazeri Prain

产于：平甸乡磨盘山；生活型：灌木；采集人＆采集号：武素功377；采集日期：1958-10-16。

短绒槐

Sophora velutina Lindley

产于：平甸乡磨盘山麂子箐—野猪塘，中山湿性常绿阔叶林；生活型：灌木；采集人＆采集号：陈丽、李园园、姜利琼XP611；采集日期：2017-06-15。

白灰毛豆

Tephrosia candida Candolle

产于：平甸乡磨盘山，落叶季雨林；生活型：灌木；采集人＆采集号：彭华、李园园、姜利琼XP1359；采集日期：2017-11-13；资源类型：药用植物资源、景观资源。

灰毛豆

Tephrosia purpurea（Linn.）Persoon

产于：平甸乡磨盘山国家森林公园，中山湿性常绿阔叶林；生活型：藤本；采集人＆采集号：彭华、李园园、姜利琼、郭信强PLJG0257；采集日期：2016-12-26；资源类型：药用植物资源、景观资源。

白车轴草

Trifolium repens Linnaeus

产于：平甸乡磨盘山；生活型：草本；采集人＆采集号：谢雄 XPALSC370；采集日期：2009－05－10；资源类型：药用植物资源、景观资源、牧草植物资源、木材资源。

狸尾豆

Uraria lagopodioides（Linn.）Desv. ex Candolle

产于：平甸乡磨盘山，河谷干热草坡；生活型：草本；采集人＆采集号：李园园、姜利琼、阳亿、张琼 XP1332；采集日期：2017－08－11；资源类型：药用植物资源。

美花狸尾豆

Uraria picta（Jacquin）Desvaux ex Candolle

产于：平甸乡磨盘山，干热河谷；生活型：草本；采集人＆采集号：彭华、李园园、姜利琼 PLJ0302；采集日期：2016－09－14；资源类型：药用植物资源。

中华狸尾豆

Uraria sinensis Hemsley Franchet

产于：平甸乡敌军山，中山湿性常绿阔叶林；生活型：小灌木；采集人＆采集号：李园园、姜利琼、阳亿、张琼 XP1015；采集日期：2017－08－06。

广布野豌豆

Vicia cracca Linnaeus

产于：平甸乡磨盘山；生活型：草本；采集人＆采集号：照片、野外记录；采集日期：2016－12－21；资源类型：药用植物资源、牧草植物资源。

救荒野豌豆

Vicia sativa Linnaeus

产于：平甸乡磨盘山，落叶季雨林；生活型：草本；采集人＆采集号：照片、野外记录；采集日期：2017－03－16；资源类型：药用植物资源、牧草植物资源。

贼小豆

Vigna minima Roxburgh Ohwi et H. Ohashi

产于：平甸乡磨盘山麂子箐，中山湿性常绿阔叶林；生活型：藤本；采集人＆采集号：李园园、姜利琼、张琼、彭华、董红进 XP877；采集日期：2017－06－24。

150 旌节花科 Stachyuraceae

西域旌节花

Stachyurus himalaicus J. D. Hooker et Thomson ex Bentham

产于：平甸乡磨盘山麂子箐—野猪塘，中山湿性常绿阔叶林；生活型：灌木；采集人＆采集号：陈丽、李园园、姜利琼 XP607；采集日期：2017－06－15；资源类型：药用植物资源、景观资源。

云南旌节花

Stachyurus yunnanensis Franchet

产于：平甸乡磨盘山野猪塘，中山湿性常绿阔叶林；生活型：灌木；采集人＆采集号：陈丽、赵越 XP1408；采集日期：2017－12－02。

151 金缕梅科 Hamamelidaceae

细青皮

Altingia excelsa Noronha

产于：平甸乡磨盘山；生活型：草本；采集人 & 采集号：照片、野外记录；采集日期：1978-04-03。

滇蜡瓣花

Corylopsis yunnanensis Diels

产于：平甸乡磨盘山麂子箐，中山湿性常绿阔叶林；生活型：乔木；采集人 & 采集号：陈丽、李园园、姜利琼 XP470；采集日期：2017-06-14；资源类型：景观资源。

马蹄荷

Exbucklandia populnea（R. Brown ex Griffith）R. W. Brown

产于：平甸乡磨盘山麂子箐—野猪塘，中山湿性常绿阔叶林；生活型：乔木；采集人 & 采集号：陈丽、李园园、姜利琼 XP566；采集日期：2017-06-15；资源类型：景观资源。

154 黄杨科 Buxaceae

野扇花

Sarcococca ruscifolia Stapf

产于：平甸乡磨盘山敌军山，中山湿性常绿阔叶林；生活型：灌木；采集人 & 采集号：陈丽、李园园、姜利琼 XP638；采集日期：2017-06-16；资源类型：景观资源。

柳叶野扇花

Sarcococca saligna（D. Don）Muller Argoviensis

产于：平甸乡磨盘山敌军山，中山湿性常绿阔叶林；生活型：灌木；采集人 & 采集号：陈丽、李园园、姜利琼 XP670；采集日期：2017-06-16。

156 杨柳科 Salicaceae

清溪杨

Populus rotundifolia Griffith var. *duclouxiana*（Dode）Gombocz

产于：平甸乡高梁冲，干燥杂木林；生活型：乔木；采集人 & 采集号：陈丽、李园园、姜利琼 XP382；采集日期：2017-06-13。

四子柳

Salix tetrasperma Roxburgh

产于：平甸乡磨盘山，落叶季雨林；生活型：乔木；采集人 & 采集号：彭华、李园园、姜利琼 PLJ0461；采集日期：2017-03-16。

159 杨梅科 Myricaceae

毛杨梅

Myrica esculenta Buchanan-Hamilton ex D. Don

产于：平甸乡磨盘山，常绿阔叶林；生活型：乔木；采集人 & 采集号：李园园、姜利琼、蒋蕾、许可旺 LJJ0021；采集日期：2017-04-19。

云南杨梅

Myrica nana A. Chevalier

产于：平甸乡磨盘山山顶；杜鹃-苔藓矮林，生活型：灌木；采集人 & 采集号：彭华、李园园、姜利琼 PLJ0497；采集日期：2017-03-16；资源类型：药用植物资源、景观资源。

161 桦木科 Betulaceae

尼泊尔桤木

Alnus nepalensis D. Don

产于：平甸乡磨盘山，中山湿性常绿阔叶林；生活型：乔木；采集人 & 采集号：照片、野外记录；采集日期：2017-04-21；资源类型：药用植物资源、景观资源。

西桦

Betula alnoides Buchanan-Hamilton ex D. Don

产于：平甸乡敌军山，中山湿性常绿阔叶林；生活型：乔木；采集人 & 采集号：彭华、李园园、姜利琼 XP1347；采集日期：2017-11-13；资源类型：药用植物资源。

162 榛科 Corylaceae

云南鹅耳枥

Carpinus monbeigiana Handel-Mazzetti

产于：平甸乡磨盘山麂子箐—野猪塘，中山湿性常绿阔叶林；生活型：乔木；采集人 & 采集号：陈丽、李园园、姜利琼 XP630；采集日期：2017-06-15。

雷公鹅耳枥

Carpinus viminea Lindley

产于：平甸乡敌军山，中山湿性常绿阔叶林；生活型：乔木；采集人 & 采集号：彭华、李园园、姜利琼 XP1348；采集日期：2017-11-13；资源类型：景观资源。

高山锥

Castanopsis delavayi Franch.

产于：平甸乡磨盘山，阔叶林；生活型：乔木；采集人 & 采集号：李园园、姜利琼、蒋蕾、许可旺 LJJ0006；采集日期：2017-04-19；资源类型：药用植物资源、木材资源。

小果锥

Castanopsis fleuryi Hickel et A. Camus

产于：平甸乡磨盘山；生活型：乔木；采集人 & 采集号：武素功 413；采集日期：1958-10

−18。

红锥

Castanopsis hystrix A. DC.

产于：平甸乡高粱冲；生活型：乔木；采集人 & 采集号：照片、野外记录；采集日期：2017-06-14。

元江锥

Castanopsis orthacantha Franch.

产于：平甸乡磨盘山山顶，常绿阔叶林；生活型：乔木；采集人 & 采集号：照片、野外记录；采集日期：2016-12-23；资源类型：木材资源。

黄毛青冈

Cyclobalanopsis delavayi（Franchet）Schottky

产于：平甸乡磨盘山，常绿阔叶林；生活型：乔木；采集人 & 采集号：新平县普查队5304270181；采集日期：2012-05-10。

青冈

Cyclobalanopsis glauca（Thunberg）Oersted

产于：平甸乡磨盘山月亮湖附近，中山湿性常绿阔叶林；生活型：乔木；采集人 & 采集号：照片、野外记录；采集日期：2017-03-16；资源类型：牧草植物资源、木材资源、景观资源。

滇青冈

Cyclobalanopsis glaucoides Schottky

产于：平甸乡磨盘山麂子箐，中山湿性常绿阔叶林；生活型：乔木；采集人 & 采集号：李园园、姜利琼、张琼、彭华、董红进 XP869；采集日期：2017-06-24；资源类型：景观资源纤维、植物资源。

毛叶青冈

Cyclobalanopsis kerrii（Craib）Hu

产于：平甸乡磨盘山，干热河谷；生活型：乔木；采集人 & 采集号：彭华、李园园、姜利琼 PLJ0301；采集日期：2016-09-14。

褐叶青冈

Cyclobalanopsis stewardiana（A. Camus）Y. C. Hsu et H. W. Jen

产于：平甸乡磨盘山，常绿阔叶林；生活型：乔木；采集人 & 采集号：李园园、姜利琼 XP270；采集日期：2017-04-26。

窄叶柯

Lithocarpus confinis C. C. Huang ex Y. C. Hsu et H. W. Jen

产于：平甸乡磨盘山，常绿阔叶林；生活型：乔木；采集人 & 采集号：标 3-25；采集日期：2017-04-26。

白柯

Lithocarpusdealbatus Hook. f. et Thoms. ex DC.（Rehd）.

产于：平甸乡磨盘山，常绿阔叶林；生活型：乔木；采集人 & 采集号：李园园，姜利琼

XP249；采集日期：2017-04-26。

壶壳柯

Lithocarpus echinophorus（Hickel et A. Camus）A. Camus

产于：平甸乡磨盘山，常绿阔叶林；生活型：乔木；采集人＆采集号：彭华、李园园、姜利琼、郭信强 PLJG0131；采集日期：2016-12-23。

灰背叶柯

Lithocarpus hypoglaucus Hu Huang ex Husu et Jen

产于：平甸乡磨盘山；生活型：乔木；采集人＆采集号：何丕绪、李文政；采集日期：1981-09-29。

木姜叶柯

Lithocarpus litseifolius Hance Chun

产于：平甸乡磨盘山，常绿阔叶林；生活型：乔木；采集人＆采集号：彭华、李园园、姜利琼、郭信强 PLJG0152；采集日期：2016-12-23；资源类型：木材资源。

光叶柯

Lithocarpus mairei（Schottky）Rehder

产于：平甸乡敌军山，中山湿性常绿阔叶林；生活型：乔木；采集人＆采集号：彭华、李园园、姜利琼 XP1352；采集日期：2017-11-13。

多穗柯

Lithocarpus polystachyus（Wall.）Rehd.

产于：平甸乡磨盘山；生活型：乔木；采集人＆采集号：PYU；采集日期：1957-02-00。

麻子壳柯

Lithocarpus variolosus Franch. Chun

产于：平甸乡磨盘山，常绿阔叶林；生活型：乔木；采集人＆采集号：No：标 1-1；采集日期：0。

木果柯

Lithocarpus xylocarpus（Kurz）Markgraf

产于：平甸乡磨盘山公园附近阿斗再克，中山湿性常绿阔叶林；生活型：乔木；采集人＆采集号：照片、野外记录；采集日期：2016-12-26。

麻栎

Quercus acutissima Carruthers

产于：平甸乡高粱冲，干燥杂木林；生活型：乔木；采集人＆采集号：陈丽、李园园、姜利琼 XP402；采集日期：2017-06-13；资源类型：牧草植物资源、木材资源。

槲栎

Quercus aliena Blume

产于：平甸乡高粱冲；生活型：乔木；采集人＆采集号：照片、野外记录；采集日期：2017-06-14。

帽斗栎

Quercus guyavifolia H. Leveille

产于：平甸乡磨盘山山顶，中山湿性常绿阔叶林；生活型：灌木；采集人 & 采集号：照片、野外记录；采集日期：2016-12-26。

毛脉高山栎

Quercus longispica A. Camus

产于：平甸乡磨盘山麂子箐-野猪塘，中山湿性常绿阔叶林；生活型：灌木、乔木；采集人 & 采集号：陈丽、李园园、姜利琼 XP548；采集日期：2017-06-15。

帽斗栎

Quercus pannosa Hand. -Mazz.

产于：平甸乡磨盘山国家森林公园，中山湿性常绿阔叶林；生活型：乔木、灌木；采集人 & 采集号：彭华、李园园、姜利琼、郭信强 PLJG0278；采集日期：2016-12-26。

光叶高山柯

Quercus rehderiana Hand. -Mazz.

产于：平甸乡磨盘山月亮湖附近，中山湿性常绿阔叶林；生活型：乔木；采集人 & 采集号：照片、野外记录；采集日期：2017-03-16。

高山栎

Quercus semecarpifolia Smith

产于：平甸乡磨盘山，常绿阔叶林；生活型：灌木；采集人 & 采集号：No：40；采集日期：0。

165 榆科 Ulmaceae

糙叶树

Aphananthe aspera（Thunberg）Planchon

产于：平甸乡磨盘山；生活型：乔木；采集人 & 采集号：照片、野外记录；采集日期：2016-12-21；资源类型：药用植物资源、牧草植物资源、木材资源、纤维植物资源。

四蕊朴

Celtis tetrandra Roxburgh

产于：平甸乡磨盘山，路边杂木林；生活型：乔木；采集人 & 采集号：彭华、赵倩茹、陈亚萍、蒋蕾 PH10029；采集日期：2016-04-22；资源类型：景观资源。

假玉桂

Celtis timorensis Spanoghe

产于：平甸乡磨盘山，常绿阔叶林；生活型：乔木；采集人 & 采集号：彭华、李园园、姜利琼、郭信强 PLJG0178；采集日期：2016-12-24。

狭叶山黄麻

Trema angustifolia（Planchon）Blume

产于：平甸乡磨盘山，落叶季雨林；生活型：乔木；采集人 & 采集号：李园园、姜利琼、阳亿、张琼 XP1301；采集日期：2017-08-11；资源类型：纤维植物资源。

羽脉山黄麻

Trema levigata Handel-Mazzetti

产于：平甸乡磨盘山；生活型：灌木；采集人 & 采集号：新平县普查队 5304270723；采集日期：2012-08-08；资源类型：纤维植物资源。

常绿榆

Ulmus lanceifolia Roxburgh ex Wallich

产于：平甸乡磨盘山；生活型：乔木；采集人 & 采集号：照片、野外记录；采集日期：2016-12-21；资源类型：木材资源。

榆树

Ulmus pumila Linnaeus

产于：平甸乡磨盘山，中山湿性常绿阔叶林；生活型：乔木；采集人 & 采集号：照片、野外记录；采集日期：2017-04-21；资源类型：食用植物资源、牧草植物资源、木材资源、纤维植物资源。

167 桑科 Moraceae

构树

Broussonetia papyrifera（Linn.）L'Heritier ex Ventenat

产于：平甸乡磨盘山，干燥杂木林；生活型：乔木；采集人 & 采集号：陈丽、李园园、姜利琼 XP421；采集日期：2017-06-13；资源类型：药用植物资源、景观资源。

石榕树

Ficus abelii Miquel

产于：平甸乡磨盘山；生活型：乔木；采集人 & 采集号：武素功 370；采集日期：1958-10-16。

黄果榕

Ficus benguetensis Merrill

产于：平甸乡磨盘山；生活型：乔木；采集人 & 采集号：照片、野外记录；采集日期：2017-03-13；资源类型：景观资源。

垂叶榕

Ficus benjamina Linnaeus

产于：平甸乡磨盘山；生活型：乔木；采集人 & 采集号：照片、野外记录；采集日期：2016-12-21；资源类型：药用植物资源、景观资源。

尖叶榕

Ficus henryi Warburg ex Diels

产于：平甸乡磨盘山；生活型：乔木；采集人 & 采集号：李文政、何丕绪照片、野外记录；采集日期：1981-09-29；资源类型：食用植物资源。

榕树

Ficus microcarpa Linn. f.

产于：平甸乡磨盘山，常绿阔叶林；生活型：乔木；采集人 & 采集号：彭华、李园园、姜利琼、郭信强 PLJG0198；采集日期：2016-12-24；资源类型：景观资源。

聚果榕

Ficus racemosa Linnaeus

产于：平甸乡磨盘山；生活型：乔木；采集人 & 采集号：武素功 388；采集日期：1958-10-16；资源类型：食用植物资源。

鸡嗉子榕

Ficus semicordata Buchanan-Hamilton ex Smith

产于：平甸乡磨盘山；生活型：乔木；采集人 & 采集号：武素功 423；采集日期：1958-10-18。

地果

Ficus tikoua Bureau

产于：平甸乡磨盘山，落叶季雨林；生活型：草本；采集人 & 采集号：照片、野外记录；采集日期：2017-03-16；资源类型：食用植物资源、果景观资源。

斜叶榕

Ficus tinctoria G. Forster subsp. *gibbosa*（Blume）Corner

产于：平甸乡磨盘山；生活型：乔木；采集人 & 采集号：武素功 585；采集日期：1958-10-24。

桑

Morus alba Linnaeus

产于：平甸乡磨盘山，常绿阔叶林；生活型：乔木；采集人 & 采集号：玉溪队 2813；采集日期：1990-05-11；资源类型：药用植物资源、牧草植物资源、木材资源、景观资源、纤维植物资源。

169 荨麻科 Urticaceae

白面苎麻

Boehmeria clidemioides Miquel

产于：平甸乡磨盘山麂子箐，中山湿性常绿阔叶林；生活型：草本；采集人 & 采集号：李园园、姜利琼、阳亿、张琼 XP1041；采集日期：2017-08-06；资源类型：药用植物资源。

水苎麻原变种

Boehmeria macrophylla Hornem. var. *macrophylla*

产于：平甸乡磨盘山；生活型：灌木；采集人 & 采集号：熊若莉、文绍康 387；采集日期：1958-10-16；资源类型：纤维植物资源。

长叶苎麻

Boehmeria penduliflora Weddell ex D. G. Long

产于：平甸乡磨盘山；生活型：灌木；采集人 & 采集号：武素功 387；采集日期：1958-10-16。

束序苎麻

Boehmeria siamensis Craib

产于：平甸乡高粱冲，干燥杂木林；生活型：灌木；采集人 & 采集号：陈丽、李园园、姜利琼 XP364；采集日期：2017-06-13；资源类型：药用植物资源。

微柱麻

Chamabainia cuspidata Wight

产于：平甸乡磨盘山敌军山，中山湿性常绿阔叶林；生活型：草本；采集人 & 采集号：陈丽、李园园、姜利琼 XP639；采集日期：2017-06-16；资源类型：药用植物资源。

长叶水麻

Debregeasia longifolia（N. L. Burman）Weddell

产于：平甸乡磨盘山，常绿阔叶林；生活型：灌木；采集人 & 采集号：照片、野外记录；采集日期：2016-12-23；资源类型：食用植物资源、果纤维植物资源。

水麻

Debregeasia orientalis C. J. Chen

产于：平甸乡磨盘山；生活型：灌木；采集人 & 采集号：照片、野外记录；采集日期：2017-06-14。

锐齿楼梯草

Elatostema cyrtandrifolium（Zollinger et Moritzi）Miquel

产于：平甸乡磨盘山麂子箐，中山湿性常绿阔叶林；生活型：草本；采集人 & 采集号：陈丽、李园园、姜利琼 XP451；采集日期：2017-06-14。

异叶楼梯草

Elatostema monandrum（D. Don H.）Hara

产于：平甸乡磨盘山麂子箐，中山湿性常绿阔叶林；生活型：草本；采集人 & 采集号：陈丽、李园园、姜利琼 XP518；采集日期：2017-06-14；资源类型：药用植物资源。

密齿楼梯草

Elatostema pycnodontum W. T. Wang

产于：平甸乡磨盘山；生活型：草本；采集人 & 采集号：陈丽、李园园、姜利琼 XP451a；采集日期：2017-06-14。

对叶楼梯草

Elatostema sinense H. Schroeter

产于：平甸乡磨盘山麂子箐，中山湿性常绿阔叶林；生活型：草本；采集人 & 采集号：陈丽、李园园、姜利琼 XP519；采集日期：2017-06-14；资源类型：牧草植物资源。

细尾楼梯草

Elatostema tenuicaudatum W. T. Wang

产于：平甸乡磨盘山麂子箐，中山湿性常绿阔叶林；生活型：草本；采集人 & 采集号：陈丽、李园园、姜利琼 XP452；采集日期：2017-06-14。

大蝎子草

Girardinia diversifolia（Link）Friis

产于：平甸乡磨盘山，落叶季雨林；生活型：草本；采集人＆采集号：照片、野外记录；采集日期：2017-03-16；资源类型：药用植物资源、蔬菜资源。

糯米团

Gonostegia hirta（Blume）Miquel

产于：平甸乡磨盘山麂子箐，中山湿性常绿阔叶林；生活型：草本；采集人＆采集号：李园园、姜利琼、张琼、彭华、董红进 XP858；采集日期：2017-06-24；资源类型：药用植物资源、牧草植物资源、纤维植物资源。

假楼梯草

Lecanthus peduncularis Wallich ex Royle Weddell

产于：平甸乡敌军山；生活型：草本；采集人＆采集号：照片、野外记录；采集日期：2017-06-14。

紫麻

Oreocnide frutescens（Thunberg）Miquel

产于：平甸乡黑白租；生活型：灌木；采集人＆采集号：照片、野外记录；采集日期：2017-06-14；资源类型：药用植物资源、纤维植物资源。

异被赤车

Pellionia heteroloba Weddell

产于：平甸乡磨盘山麂子箐-野猪塘，中山湿性常绿阔叶林；生活型：草本；采集人＆采集号：陈丽、李园园、姜利琼 XP610；采集日期：2017-06-15。

冷水花

Pilea notata C. H. Wright

产于：平甸乡磨盘山麂子箐，中山湿性常绿阔叶林；生活型：草本；采集人＆采集号：陈丽、李园园、姜利琼 XP454；采集日期：2017-06-14；资源类型：药用植物资源。

石筋草

Pilea plataniflora C. H. Wright

产于：平甸乡磨盘山山顶至野猪塘；生活型：草本；采集人＆采集号：照片、野外记录；采集日期：2017-06-14；资源类型：药用植物资源。

粗齿冷水花

Pilea sinofasciata C. J. Chen

产于：平甸乡磨盘山山顶至野猪塘；生活型：草本；采集人＆采集号：照片、野外记录；采集日期：2017-06-14。

红雾水葛

Pouzolzia sanguinea（Blume）Merrill

产于：平甸乡磨盘山；生活型：灌木；采集人＆采集号：新平县普查队 5304270228；采集日期：2012-05-14；资源类型：纤维植物资源。

171 冬青科 Aquifoliaceae

红河冬青

Ilex manneiensis S. Y. Hu

产于：平甸乡敌军山，中山湿性常绿阔叶林；生活型：乔木；采集人 & 采集号：李园园、姜利琼、阳亿、张琼 XP986；采集日期：2017-08-05。

多脉冬青

Ilex polyneura（Handel-Mazzetti）S. Y. Hu

产于：平甸乡敌军山，常绿阔叶林；生活型：乔木；采集人 & 采集号：彭华、李园园、姜利琼、郭信强 PLJG0148；采集日期：2016-12-23；资源类型：景观资源。

铁冬青

Ilex rotunda Thunberg

产于：平甸乡磨盘山，中山湿性常绿阔叶林；生活型：乔木；采集人 & 采集号：李园园、姜利琼、蒋蕾、许可旺 XP063；采集日期：2017-04-21；资源类型：药用植物资源、木材资源、景观资源。

四川冬青

Ilex szechwanensis Loesener

产于：平甸乡敌军山，中山湿性常绿阔叶林；生活型：乔木；采集人 & 采集号：彭华、李园园、姜利琼 XP1357；采集日期：2017-11-13；资源类型：景观资源。

蒋英冬青

Ilex tsiangiana C. J. Tseng

产于：平甸乡磨盘山，常绿阔叶林；生活型：乔木；采集人 & 采集号：李园园，姜利琼 XP299；采集日期：2017-04-26。

细脉冬青

Ilex venosa C. Y. Wu ex Y. R. Li

产于：平甸乡磨盘山月亮湖附近—麂子箐，中山湿性常绿阔叶林；生活型：乔木；采集人 & 采集号：彭华、李园园、姜利琼 PLJ0472；采集日期：2017-03-16。

173 卫矛科 Celastraceae

滇边南蛇藤

Celastrus hookeri Prain

产于：平甸乡磨盘山；生活型：灌木；采集人 & 采集号：何丕绪、李文政；采集日期：1981-09-29。

南蛇藤

Celastrus orbiculatus Thunberg

产于：平甸乡敌军山，常绿阔叶林；生活型：灌木；采集人 & 采集号：照片、野外记录；集日期：2016-12-23；资源类型：药用植物资源、纤维植物资源。

显柱南蛇藤

Celastrus stylosus Wallich

产于：平甸乡磨盘山麂子箐，常绿阔叶林；生活型：藤本；采集人 & 采集号：彭华、李园园、姜利琼、郭信强 PLJG0159；采集日期：2016-12-23。

刺果卫矛

Euonymus acanthocarpus Franchet

产于：平甸乡磨盘山；生活型：灌木；采集人 & 采集号：PYU；采集日期：1957-01-30；资源类型：药用植物资源。

纤齿卫矛

Euonymus giraldii Loesener

产于：平甸乡磨盘山麂子箐，中山湿性常绿阔叶林；生活型：灌木；采集人 & 采集号：李园园、姜利琼、张琼、彭华、董红进 XP871；采集日期：2017-06-24。

茶叶卫矛

Euonymus theifolius Wallich ex M. A. Lawson

产于：平甸乡磨盘山敌军山，中山湿性常绿阔叶林；生活型：灌木；采集人 & 采集号：陈丽、李园园、姜利琼 XP678；采集日期：2017-06-16。

美登木

Maytenus hookeri Loesener

产于：平甸乡磨盘山；生活型：灌木；采集人 & 采集号：李文政、何丕绪 SWFC；采集日期：1981-09-29；资源类型：药用植物资源。

圆叶裸实

Gymnasporia orbiculata Q. R. Liuet Funston

产于：平甸乡磨盘山，干燥杂木林；生活型：灌木；采集人 & 采集号：玉溪植物考察队 2610；采集日期：1990-05-09。

圆叶美登木

Maytenus orbiculatus C. Y. Wu

产于：平甸乡磨盘山，村庄附近；生活型：灌木；采集人 & 采集号：彭华、李园园、姜利琼 PLJ0506；采集日期：2017-03-17。

雷公藤

Tripterygium wilfordii J. D. Hooker

产于：平甸乡磨盘山，中山湿性常绿阔叶林；生活型：藤本；采集人 & 采集号：陈丽、李园园、姜利琼 XP585；采集日期：2017-06-15；资源类型：药用植物资源。

178 翅子藤科 Hippocrateaceae

翅子藤

Loeseneriella merrilliana A. C. Smith

产于：平甸乡磨盘山，干燥杂木林；生活型：藤本；采集人 & 采集号：照片、野外记录；采集日期：2017-03-16。

风车果

Pristimera cambodiana（Pierre）A. C. Smith

产于：平甸乡磨盘山，河谷干热草坡；生活型：高大木质藤本；采集人＆采集号：李园园、姜利琼、阳亿、张琼 XP1302；采集日期：2017-08-11。

182 铁青树科 Olacaceae

香芙木

Schoepfia fragrans Wallich

产于：平甸乡磨盘山麂子箐，中山湿性常绿阔叶林；生活型：乔木；采集人＆采集号：陈丽、李园园、姜利琼 XP443；采集日期：2017-06-14。

182 铁青树科 Olacaceae

青皮木

Schoepfia jasminodora Siebold et Zuccarini

产于：平甸乡磨盘山麂子箐，中山湿性常绿阔叶林；生活型：乔木；采集人＆采集号：陈丽、李园园、姜利琼 XP534；采集日期：2017-06-14。

185 桑寄生科 Loranthaceae

五蕊寄生

Dendrophthoe pentandra（Linn.）Miquel

产于：平甸乡高粱冲，干燥杂木林；生活型：灌木；采集人＆采集号：陈丽、李园园、姜利琼 XP397；采集日期：2017-06-13。

椆树桑寄生

*Loranthus delavayi*Van Tiegh.

产于：平甸乡磨盘山麂子箐，中山湿性常绿阔叶林；生活型：灌木；采集人＆采集号：陈丽、李园园、姜利琼 XP465；采集日期：2017-06-14。

鞘花

Macrosolen cochinchinensis（Loureiro）Tieghem

产于：平甸乡磨盘山；生活型：灌木；采集人＆采集号：新平县普查队 5304270249；采集日期：2012-05-16。

红花寄生

Scurrula parasitica Linnaeus

产于：平甸乡磨盘山；生活型：灌木；采集人＆采集号：H. T. Tsai52412；采集日期：1932-12-16；资源类型：药用植物资源。

小红花寄生

Scurrula parasitica Linnaeus var. *graciliflora* wall. ex. DC.

产于：平甸乡磨盘山，路边杂木林；生活型：灌木；采集人 & 采集号：彭华、李园园、姜利琼 PLJ0355；采集日期：2017-03-13。

柳叶钝果寄生

Taxillus delavayi Van Tiegh. Danser

产于：平甸乡磨盘山麂子箐-野猪塘，中山湿性常绿阔叶林；生活型：灌木；采集人 & 采集号：陈丽、李园园、姜利琼 XP549；采集日期：2017-06-15；资源类型：药用植物资源。

卵叶槲寄生

*Viscum album*Linnaeus subsp. *meridianum* Danser D. G. Long

产于：平甸乡磨盘山麂子箐，中山湿性常绿阔叶林；生活型：灌木；采集人 & 采集号：陈丽、李园园、姜利琼 XP433；采集日期：2017-06-14；资源类型：药用植物资源。

扁枝槲寄生

Viscum articulatum N. L. Burman

产于：平甸乡高梁冲，干燥杂木林；生活型：灌木；采集人 & 采集号：陈丽、李园园、姜利琼 XP351；采集日期：2017-06-13；资源类型：药用植物资源。

槲寄生

Viscum coloratum Komarov Nakai

产于：平甸乡磨盘山野猪塘，中山湿性常绿阔叶林；生活型：灌木；采集人 & 采集号：陈丽、赵越 XP1396；采集日期：2017-12-02。

186 檀香科 Santalaceae

沙针

Osyris quadripartita Salzmann ex Decaisne

产于：平甸乡磨盘山；生活型：灌木；采集人 & 采集号：武素功 358；采集日期：1958-10-15；资源类型：药用植物资源、木材资源、芳香油植物资源。

189 蛇菰科 Balanophoraceae

杯茎蛇菰

Balanophora subcupularis P. C. Tam

产于：平甸乡黑白租，常绿阔叶林；生活型：寄生草本；采集人 & 采集号：陈丽、赵越 XP1384；采集日期：2017-12-03。

190 鼠李科 Rhamnaceae

毛蛇藤

Colubrina javanica Miquel

产于：平甸乡磨盘山，常绿阔叶林；生活型：乔木；采集人 & 采集号：彭华、李园园、姜利琼、郭信强 PLJG0057；采集日期：2016-12-21。

苞叶木

Rhamnella rubrinervis（H. Leveille）Rehder

产于：平甸乡磨盘山，落叶季雨林；生活型：灌木；采集人＆采集号：李园园、姜利琼、阳忆、张琼 XP1297；采集日期：2017-08-11。

薄叶鼠李

Rhamnus leptophylla C. K. Schneider

产于：平甸乡磨盘山，常绿阔叶林；生活型：乔木；采集人＆采集号：彭华、李园园、姜利琼、郭信强 PLJG0015；采集日期：2016-12-21；资源类型：药用植物资源。

帚枝鼠李

Rhamnus virgata Roxburgh

产于：平甸乡磨盘山，常绿阔叶林；生活型：灌木；采集人＆采集号：彭华、李园园、姜利琼、郭信强 PLJG0190；采集日期：2016-12-24。

纤细雀梅藤

Sageretia gracilis J. R. Drummond et Sprague

产于：平甸乡高粱冲，干燥杂木林；生活型：灌木；采集人＆采集号：陈丽、李园园、姜利琼 XP359；采集日期：2017-06-13。

雀梅藤

*Sageretia thea*Osbeck M. C. Johnston

产于：平甸乡磨盘山；生活型：灌木；采集人＆采集号：照片、野外记录；采集日期：2016-12-21；资源类型：药用植物资源、食用植物资源、果景观资源。

海南翼核果

Ventilago inaequilateralis Merrill et Chun

产于：平甸乡磨盘山，村庄附近；生活型：灌木；采集人＆采集号：彭华、李园园、姜利琼 PLJ0505；采集日期：2017-03-17。

滇刺枣

*Ziziphus mauritiana*Lamarck

产于：平甸乡磨盘山，干热河谷；生活型：乔木；采集人＆采集号：彭华、李园园、姜利琼 PLJ0315；采集日期：2016-09-14；资源类型：药用植物资源、食用植物资源、果木材资源。

191 胡颓子科 Elaeagnaceae

钟花胡颓子

Elaeagnus griffithii Servettaz

产于：平甸乡磨盘山，阔叶林；生活型：灌木；采集人＆采集号：李园园、姜利琼、蒋蕾、许可旺 LJJ0010；采集日期：2017-04-19。

鸡柏紫藤

Elaeagnus loureiroi Champion ex Bentham

产于：平甸乡磨盘山，常绿阔叶林；生活型：灌木；采集人＆采集号：彭华、李园园、姜利琼、郭信强 PLJG0106；采集日期：2016-12-23；资源类型：药用植物资源。

胡颓子

Elaeagnus pungens Thunberg

产于：平甸乡磨盘山，常绿阔叶林；生活型：灌木；采集人 & 采集号：玉溪植物考察队 2748；采集日期：1990-05-10；资源类型：药用植物资源、食用植物资源、果景观资源、纤维植物资源。

193 葡萄科 Vitaceae

掌裂草葡萄

Ampelopsis aconitifolia Bunge var. *palmiloba* Carriere Rehder

产于：平甸乡高梁冲，干燥杂木林；生活型：藤本；采集人 & 采集号：陈丽、李园园、姜利琼 XP389；采集日期：2017-06-13。

三裂蛇葡萄

Ampelopsis delavayana Planchon ex Franchet

产于：平甸乡高梁冲，干燥杂木林；生活型：藤本；采集人 & 采集号：陈丽、李园园、姜利琼 XP394；采集日期：2017-06-13。

毛三裂蛇葡萄

Ampelopsis delavayana Planchon ex Franchet var. *setulosa*（Diels et Gilg）C. L. Li

产于：平甸乡磨盘山；生活型：藤本；采集人 & 采集号：武素功 403；采集日期：1958-10-18。

乌蔹莓

Cayratia japonica（Thunberg）Gagnepain

产于：平甸乡磨盘山麂子箐，中山湿性常绿阔叶林；生活型：藤本；采集人 & 采集号：李园园、姜利琼、阳亿、张琼 XP1039；采集日期：2017-08-06；资源类型：药用植物资源。

白粉藤

Cissus repens Lamarck

产于：平甸乡磨盘山；生活型：藤本；采集人 & 采集号：武素功 578；采集日期：1958-10-24；资源类型：药用植物资源。

狭叶崖爬藤

Tetrastigma serrulatum Roxburgh Planchon

产于：平甸乡磨盘山，常绿阔叶林；生活型：藤本；采集人 & 采集号：新平县普查队 5304270074；采集日期：2012-05-06。

葛藟葡萄

Vitis flexuosa Thunberg

产于：平甸乡高梁冲，干燥杂木林；生活型：藤本；采集人 & 采集号：陈丽、李园园、姜利琼 XP371；采集日期：2017-06-13；资源类型：药用植物资源、景观资源。

葡萄

Vitis vinifera Linnaeus

产于：平甸乡磨盘山，常绿阔叶林；生活型：藤本；采集人 & 采集号：照片、野外记录；

采集日期：2017-04-26；资源类型：药用植物资源、食用植物资源，果可食。

194 芸香科 Rutaceae

臭节草

Boenninghausenia albiflora Hooker Reichenbach ex Meisner

产于：平甸乡磨盘山，常绿阔叶林；生活型：草本；采集人 & 采集号：照片、野外记录；采集日期：20161223；资源类型：药用植物资源。

红河

Citrus hongheensis H. Lev. ex Cavalier

产于：平甸乡磨盘山月亮湖附近—麂子箐，中山湿性常绿阔叶林；生活型：乔木；采集人 & 采集号：彭华、李园园、姜利琼 PLJ0481；采集日期：2017-03-16。

香橼

Citrus medica Linnaeus

产于：平甸乡磨盘山；生活型：灌木；采集人 & 采集号：新平县普查队 5304270287；采集日期：2012-05-16；资源类型：药用植物资源、芳香油植物资源。

假黄皮

Clausena excavata N. L. Burman

产于：平甸乡磨盘山，村庄附近；生活型：灌木；采集人 & 采集号：李园园、姜利琼、蒋蕾、许可旺 LJJ0027；采集日期：2017-04-19；资源类型：药用植物资源、食用植物资源，果可食。

山小橘

Glycosmis pentaphylla（Retzius）Candolle

产于：平甸乡磨盘山，常绿阔叶林；生活型：乔木；采集人 & 采集号：彭华、李园园、姜利琼、郭信强 PLJG0042；采集日期：2016-12-21；资源类型：药用植物资源。

千里香

Murraya paniculata（Linn.）Jack

产于：平甸乡黑白租，常绿阔叶林；生活型：灌木；采集人 & 采集号：陈丽、赵越 XP1415；采集日期：2017-12-03。

乔木茵芋

Skimmia arborescens T. Anderson ex Gamble

产于：平甸乡磨盘山，常绿阔叶林；生活型：乔木；采集人 & 采集号：李园园、姜利琼 XP252；采集日期：2017-04-26。

茵芋

Skimmia reevesiana（Fortune）Fortune

产于：平甸乡磨盘山，常绿阔叶林；生活型：灌木；采集人 & 采集号：No：196；采集日期：0。

吴茱萸

Tetradium ruticarpum（A. Jussieu）T. G. Hartley

产于：平甸乡磨盘山，常绿阔叶林；生活型：灌木；采集人 & 采集号：彭华、李园园、姜利琼、郭信强 PLJG0180；采集日期：2016-12-24；资源类型：药用植物资源。

飞龙掌血

Toddalia asiatica（Linn.）Lamarck

产于：平甸乡磨盘山公园附近阿斗再克，中山湿性常绿阔叶林；生活型：灌木；采集人 & 采集号：照片、野外记录；采集日期：2016-12-26；资源类型：木材资源、景观资源。

竹叶花椒

Zanthoxylumarmatum Candolle

产于：平甸乡磨盘山；生活型：乔木；采集人 & 采集号：新平县普查队 5304270304；采集日期：2012-05-16。

花椒

Zanthoxylum bungeanum Maximowicz

产于：平甸乡磨盘山；生活型：乔木；采集人 & 采集号：照片、野外记录；采集日期：2016-12-21；资源类型：药用植物资源、食用植物资源，果、嫩叶蔬菜资源。

多叶花椒

Zanthoxylum multijugum Franchet

产于：平甸乡高粱冲，干燥杂木林；生活型：攀援灌木；采集人 & 采集号：陈丽、李园园、姜利琼 XP413；采集日期：2017-06-13。

两面针

Zanthoxylum nitidum（Roxburgh）Candolle

产于：平甸乡磨盘山；生活型：灌木；采集人 & 采集号：照片、野外记录；采集日期：2016-12-21；资源类型：药用植物资源。

197 楝科 Meliaceae

麻楝

Chukrasia tabularis A. Juss.

产于：平甸乡磨盘山，落叶季雨林；生活型：乔木；采集人 & 采集号：刘恩德 1392；采集日期：2005-11-10。

浆果楝

Cipadessa baccifera（Roth.）Miq.

产于：平甸乡磨盘山，常绿阔叶林；生活型：乔木；采集人 & 采集号：新平县普查队 5304270021；采集日期：2012-05-04；资源类型：药用植物资源。

楝

Melia azedarach L.

产于：平甸乡磨盘山；生活型：乔木；采集人 & 采集号：新平县普查队 5304270232；采集日期：2012-05-14；资源类型：药用植物资源、木材资源。

楝

Melia azedarach Linnaeus

产于：平甸乡磨盘山，常绿阔叶林；生活型：乔木；采集人＆采集号：玉溪植物考察队2812；采集日期：1990-05-11；资源类型：药用植物资源、木材资源、纤维植物资源。

楝

Melia azedarach L.

产于：平甸乡磨盘山，常绿阔叶林；生活型：乔木；采集人＆采集号：新平县普查队5304270371；采集日期：2012-06-01；资源类型：药用植物资源。

羽状地黄连

Munronia pinnata（Wallich）W. Theobald

产于：平甸乡磨盘山，落叶季雨林；生活型：亚灌木；采集人＆采集号：照片、野外记录；采集日期：2017-03-16。

香椿

Toona sinensis（A. Jussieu）M. Roemer

产于：平甸乡磨盘山；生活型：乔木；采集人＆采集号：照片、野外记录；采集日期：2017-04-19；资源类型：药用植物资源、蔬菜资源、木材资源。

紫椿

Toona sureni（Blume）Merrill

产于：平甸乡磨盘山，常绿阔叶林；生活型：乔木；采集人＆采集号：彭华、李园园、姜利琼、郭信强PLJG0054；采集日期：2016-12-21；资源类型：药用植物资源。

198 无患子科 Sapindaceae

茶条木

Delavaya toxocarpa Franchet

产于：平甸乡高梁冲，干燥杂木林；生活型：灌木；采集人＆采集号：陈丽、李园园、姜利琼XP343；采集日期：2017-06-13；资源类型：景观资源。

车桑子

Dodonaea viscosa（L.）Jacquin

产于：平甸乡磨盘山，村庄附近；生活型：灌木；采集人＆采集号：李园园、姜利琼、蒋蕾、许可旺LJJ0026；采集日期：2017-04-19；资源类型：药用植物资源、景观资源。

川滇无患子

Sapindus delavayi（Franchet）Radlkofer

产于：平甸乡磨盘山；生活型：乔木；采集人＆采集号：武素功414；采集日期：1958-10-18；资源类型：药用植物资源、景观资源。

198a 七叶树科 Hippocastanaceae

欧洲七叶树

Aesculus hippocastanum Linnaeus

产于：平甸乡磨盘山，河谷干热草坡；生活型：乔木；采集人＆采集号：李园园、姜利琼、阳亿、张琼 XP1303；采集日期：2017-08-11；资源类型：景观资源。

长柄七叶树

Aesculus assamica Griff.

产于：平甸乡磨盘山；生活型：乔木；采集人＆采集号：武素功 369；采集日期：1958-10-16。

200 槭树科 Aceraceae

青榨槭

Acer davidii Franch.

产于：平甸乡磨盘山麂子箐—野猪塘，中山湿性常绿阔叶林；生活型：乔木；采集人＆采集号：陈丽、李园园、姜利琼 XP627；采集日期：2017-06-15；资源类型：景观资源、纤维植物资源。

扇叶槭

Acer flabellatum Rehd. ex Veitch.

产于：平甸乡磨盘山山顶至野猪塘，常绿阔叶林；生活型：乔木；采集人＆采集号：照片、野外记录；采集日期：2017-06-14。

201 清风藤科 Sabiaceae

云南泡花树

Meliosma yunnanensis Franchet

产于：平甸乡磨盘山麂子箐，中山湿性常绿阔叶林；生活型：乔木；采集人＆采集号：陈丽、李园园、姜利琼 XP442；采集日期：2017-06-14；资源类型：药用植物资源。

平伐清风藤

Sabia dielsii H. Leveille

产于：平甸乡磨盘山，常绿阔叶林；生活型：藤状灌木；采集人＆采集号：李园园、姜利琼 XP280；采集日期：2017-04-26；资源类型：药用植物资源。

云南清风藤

Sabia yunnanensis Franchet

产于：平甸乡磨盘山麂子箐—野猪塘，中山湿性常绿阔叶林；生活型：藤本；采集人＆采集号：陈丽、李园园、姜利琼 XP601；采集日期：2017-06-15；资源类型：药用植物资源。

204 省沽油科 Staphyleaceae

大果山香圆

Turpinia pomifera（Roxburgh）Candolle

产于：平甸乡磨盘山，常绿阔叶林；生活型：乔木；采集人＆采集号：李园园、姜利琼 XP274；采集日期：2017-04-26。

205 漆树科 Anacardiaceae

豆腐果

Buchanania latifolia Roxburgh

产于：平甸乡磨盘山；生活型：乔木；采集人 & 采集号：照片、野外记录；采集日期：2017-03-13；资源类型：木材资源。

南酸枣

Choerospondias axillaris（Roxburgh）B. L. Burtt et A. W. Hill

产于：平甸乡磨盘山，路边杂木林；生活型：乔木；采集人 & 采集号：彭华、李园园、姜利琼 PLJ0368；采集日期：2017-03-13；资源类型：药用植物资源、纤维植物资源。

厚皮树

Lannea coromandelica Houttuyn Merrill

产于：平甸乡磨盘山，干燥杂木林；生活型：乔木；采集人 & 采集号：玉溪考察队 2608；采集日期：1990-05-09；资源类型：木材资源、景观资源、纤维植物资源。

杧果

Mangifera indica Linnaeus

产于：平甸乡磨盘山；生活型：乔木；采集人 & 采集号：照片、野外记录；采集日期：2016-12-21；资源类型：药用植物资源、木材资源、景观资源。

黄连木

Pistacia chinensis Bunge

产于：平甸乡磨盘山，常绿阔叶林；生活型：乔木；采集人 & 采集号：玉溪考察队 2802；采集日期：1990-05-11；资源类型：食用植物资源、蔬菜资源、木材资源、景观资源。

清香木

Pistacia weinmanniifolia J. Poisson ex Franchet

产于：平甸乡磨盘山；生活型：乔木；采集人 & 采集号：王启无 81229；采集日期：1937-01-00；资源类型：药用植物资源、景观资源、芳香油植物资源。

盐肤木

Rhus chinensis Mill.

产于：平甸乡磨盘山；生活型：乔木；采集人 & 采集号：武素功 362；采集日期：1958-10-16；资源类型：药用植物资源、景观资源。

滨盐肤木

Rhus chinensis Mill. var. *roxburghii*（DC.）Rehd.

产于：平甸乡磨盘山；生活型：乔木；采集人 & 采集号：武素功 356；采集日期：1958-10-15。

三叶漆

Terminthia paniculata（Wallich ex G. Don）C. Y. Wu et T. L. Ming

产于：平甸乡磨盘山，路边杂木林；生活型：乔木；采集人 & 采集号：彭华、赵倩茹、陈亚萍、蒋蕾 PH10011；采集日期：2016-01-07；资源类型：药用植物资源。

小漆树

Toxicodendron delavayi（Franchet）F. A. Barkley

产于：平甸乡磨盘山，常绿阔叶林；生活型：灌木；采集人 & 采集号：玉溪考察队 2723；采集日期：1990-05-10；资源类型：药用植物资源。

野漆

Toxicodendron succedaneum（Linn.）Kuntze

产于：平甸乡磨盘山，常绿阔叶林；生活型：乔木；采集人 & 采集号：新平县普查队 5304270158；采集日期：2012-05-09；资源类型：药用植物资源、木材资源。

漆

Toxicodendron vernicifluum（Stokes）F. A. Barkley

产于：平甸乡高粱冲，干燥杂木林；生活型：乔木；采集人 & 采集号：陈丽、李园园、姜利琼 XP403；采集日期：2017-06-13；资源类型：药用植物资源、木材资源。

207 胡桃科 Juglandaceae

毛叶黄杞

Engelhardia spicata Leschenault ex Blume var. *colebrookeana*（Lindley）Koorders et Valeton

产于：平甸乡磨盘山，常绿阔叶林；生活型：乔木；采集人 & 采集号：玉溪植物考察队 2719；采集日期：1990-05-10；资源类型：景观资源。

胡桃

Juglans regia Linnaeus

产于：平甸乡磨盘山，农地；生活型：乔木；采集人 & 采集号：照片、野外记录；采集日期：2017-04-26；资源类型：食用植物资源、果木材资源、景观资源。

化香树

Platycarya strobilacea Siebold et Zuccarini

产于：平甸乡磨盘山，常绿阔叶林；生活型：乔木；采集人 & 采集号：照片、野外记录；采集日期：2017-04-26；资源类型：景观资源、纤维植物资源、芳香油植物资源。

209 山茱萸科 Cornaceae

头状四照花

Cornus capitata Wallich

产于：平甸乡磨盘山月亮湖附近，中山湿性常绿阔叶林；生活型：灌木；采集人 & 采集号：照片、野外记录；采集日期：2017-03-16；资源类型：药用植物资源、食用植物资源、果景观资源。

灯台树

Cornus controversa Hemsley

产于：平甸乡磨盘山，中山湿性常绿阔叶林；生活型：乔木；采集人 & 采集号：李园园、姜利琼、蒋蕾、许可旺 XP060；采集日期：2017-04-21；资源类型：景观资源。

日本四照花

Cornus kousa F. Buerger ex Hance

产于：平甸乡磨盘山麂子箐，中山湿性常绿阔叶林；生活型：乔木；采集人＆采集号：陈丽、李园园、姜利琼 XP505；采集日期：2017-06-14；资源类型：景观资源。

长圆叶梾木

Cornus oblonga Wallich

产于：平甸乡磨盘山麂子箐—野猪塘，中山湿性常绿阔叶林；生活型：草本；采集人＆采集号：陈丽、李园园、姜利琼 XP586；采集日期：2017-06-15；资源类型：芳香油植物资源。

中华青荚叶

Helwingia chinensis Batalin

产于：平甸乡敌军山，中山湿性常绿阔叶林；生活型：灌木；采集人＆采集号：李园园、姜利琼、阳亿、张琼 XP956；采集日期：2017-08-05；资源类型：药用植物资源、景观资源。

青荚叶

Helwingia japonica （Thunberg）F. Dietrich

产于：平甸乡磨盘山，中山湿性常绿阔叶林；生活型：灌木；采集人＆采集号：照片、野外记录；采集日期：2017-06-24；资源类型：药用植物资源。

210 八角枫科 Alangiaceae

八角枫

Alangium chinense （Loureiro）Harms

产于：平甸乡磨盘山麂子箐，中山湿性常绿阔叶林；生活型：乔木；采集人＆采集号：陈丽、李园园、姜利琼 XP513；采集日期：2017-06-14；资源类型：药用植物资源、木材资源、景观资源、纤维植物资源。

212 五加科 Araliaceae

楤木

Aralia elata （Miquel）Seemann

产于：平甸乡磨盘山，常绿阔叶林；生活型：灌木；采集人＆采集号：照片、野外记录；采集日期：2016-12-23；资源类型：药用植物资源。

景东楤木

Aralia gintungensis C. Y. Wu

产于：平甸乡敌军山，中山湿性常绿阔叶林；生活型：灌木；采集人＆采集号：李园园、姜利琼、阳亿、张琼 XP980；采集日期：2017-08-05。

羽叶参

Pentapanax fragrans （D. Don）T. D. Ha

产于：平甸乡磨盘山麂子箐，中山湿性常绿阔叶林；生活型：乔木；采集人＆采集号：陈丽、李园园、姜利琼 XP441；采集日期：2017-06-14；资源类型：药用植物资源、景观资源。

白簕

Eleutherococcus trifoliatus（Linn.）S. Y. Hu

产于：平甸乡磨盘山，常绿阔叶林；生活型：灌木；采集人 & 采集号：李园园、姜利琼 XP265；采集日期：2017-04-26；资源类型：药用植物资源、食用植物资源。

羽叶参

Pentapanax fragrans（D. Don）T. D. Ha

产于：平甸乡磨盘山敌军山，中山湿性常绿阔叶林；生活型：乔木；采集人 & 采集号：陈丽、李园园、姜利琼 XP662；采集日期：2017-06-16。

密脉鹅掌柴

Schefflera elliptica（Blume）Harms

产于：平甸乡高粱冲，干燥杂木林；生活型：灌木；采集人 & 采集号：陈丽、李园园、姜利琼 XP377；采集日期：2017-06-13；资源类型：药用植物资源。

红河鹅掌柴

Schefflera hoi（Dunn）R. Viguier

产于：平甸乡磨盘山山顶，中山湿性常绿阔叶林；生活型：乔木；采集人 & 采集号：照片、野外记录；采集日期：2016-12-26；资源类型：药用植物资源。

白花鹅掌柴

Schefflera leucantha R. viguier

产于：平甸乡磨盘山，常绿阔叶林；生活型：灌木；采集人 & 采集号：新平县普查队 5304270044；采集日期：2012-05-04；资源类型：药用植物资源。

213 伞形科 Apiaceae

小柴胡

Bupleurum hamiltonii N. P. Balakrishnan

产于：平甸乡磨盘山保护区，常绿阔叶林；生活型：草本；采集人 & 采集号：照片、野外记录；采集日期：2017-06-14。

积雪草

Centella asiatica（Linn.）Urban

产于：平甸乡磨盘山，常绿阔叶林；生活型：草本；采集人 & 采集号：照片、野外记录；采集日期：2017-04-26；资源类型：药用植物资源。

普渡天胡荽

Hydrocotyle hookeri（C. B. Clarke）Craib subsp. *handelii*（H. Wolff）M. F. Watson et M. L. Sheh

产于：平甸乡磨盘山麂子箐—野猪塘，中山湿性常绿阔叶林；生活型：草本；采集人 & 采集号：陈丽、李园园、姜利琼 XP575；采集日期：2017-06-15。

天胡荽

Hydrocotyle sibthorpioides Lamarck

产于：平甸乡磨盘山，常绿阔叶林；生活型：草本；采集人 & 采集号：照片、野外记录；采集日期：2016-12-23；资源类型：药用植物资源。

高山水芹

Oenanthe hookeri C. B. Clarke

产于：平甸乡磨盘山敌军山，中山湿性常绿阔叶林；生活型：草本；采集人 & 采集号：陈丽、李园园、姜利琼 XP675；采集日期：2017-06-16。

线叶水芹

Oenanthe linearis Wallich ex de Candolle

产于：平甸乡磨盘山，常绿阔叶林；生活型：草本；采集人 & 采集号：李园园、姜利琼 XP254；采集日期：2017-04-26。

囊瓣芹

Pternopetalum davidii Franchet

产于：平甸乡磨盘山，中山湿性常绿阔叶林；生活型：草本；采集人 & 采集号：李园园、姜利琼、蒋蕾、许可旺 XP046；采集日期：2017-04-21。

窃衣

Torilis scabra (Thunberg) de Candolle

产于：平甸乡敌军山，中山湿性常绿阔叶林；生活型：草本；采集人 & 采集号：李园园、姜利琼、阳亿、张琼 XP1013；采集日期：2017-08-06。

214 桤叶树科 Clethraceae

云南桤叶树

Clethra delavayi Franchet

产于：平甸乡磨盘山麂子箐，中山湿性常绿阔叶林；生活型：乔木；采集人 & 采集号：陈丽、李园园、姜利琼 XP508；采集日期：2017-06-14。

华南桤叶树

Clethra fabri Hance

产于：平甸乡敌军山，中山湿性常绿阔叶林；生活型：乔木；采集人 & 采集号：李园园、姜利琼、阳亿、张琼 XP1022；采集日期：2017-08-06。

215 杜鹃花科 Ericaceae

高山白珠

Gaultheria borneensis Stapf

产于：平甸乡磨盘山；生活型：灌木；采集人 & 采集号：武素功 474；采集日期：1958-10-19。

芳香白珠

Gaultheria fragrantissima wall.

产于：平甸乡磨盘山，常绿阔叶林；生活型：灌木；采集人 & 采集号：彭华、李园园、姜利琼、郭信强 PLJG0120；采集日期：2016-12-23；资源类型：药用植物资源、芳香油植物资源。

尾叶白珠

Gaultheria griffithiana Wight

产于：平甸乡磨盘山麂子箐—野猪塘，中山湿性常绿阔叶林；生活型：灌木；采集人 & 采集号：陈丽、李园园、姜利琼 XP554；采集日期：2017-06-15；资源类型：药用植物资源。

红粉白珠

Gaultheria hookeri C. B. Clarke

产于：平甸乡磨盘山，常绿阔叶林；生活型：灌木；采集人 & 采集号：彭华、李园园、姜利琼、郭信强 PLJG0114；采集日期：2016-12-23。

毛滇白珠

Gaultheria leucocarpa Blume var. *crenulata*（Kurz）T. Z. Hsu

产于：平甸乡磨盘山麂子箐—野猪塘，中山湿性常绿阔叶林；生活型：灌木；采集人 & 采集号：陈丽、李园园、姜利琼 XP594；采集日期：2017-06-15；资源类型：药用植物资源、芳香油植物资源。

滇白珠

Gaultheria leucocarpa Blume var. *erenulata*（Kuyz）T. Z. Hsu et R. C. Fang

产于：平甸乡磨盘山麂子箐-野猪塘，中山湿性常绿阔叶林；生活型：草本；采集人 & 采集号：陈丽、李园园、姜利琼 XP553；采集日期：2017-06-15；资源类型：药用植物资源、芳香油植物资源。

白珠树

Gaultheria leucocarpa var. *cumingiana*（Vidal）T. Z. Hsu

产于：平甸乡磨盘山，常绿阔叶林；生活型：灌木；采集人 & 采集号：照片、野外记录；采集日期：2016-12-23。

四裂白珠

Gaultheria tetramera W. W. Smith

产于：平甸乡磨盘山，常绿阔叶林；生活型：灌木；采集人 & 采集号：玉溪队 2792；采集日期：1990-05-10。

秀丽珍珠花

Lyonia compta W. W. Smith et Jeffrey Handel-Mazzetti

产于：平甸乡磨盘山，常绿阔叶林；生活型：草本；采集人 & 采集号：李园园、姜利琼 XP250；采集日期：2017-04-26；资源类型：景观资源。

珍珠花

Lyonia ovalifolia（Wallich）Drude

产于：平甸乡磨盘山，常绿阔叶林；生活型：乔木；采集人 & 采集号：彭华、李园园、姜利琼、郭信强 PLJG0114a；采集日期：2016-12-23；资源类型：药用植物资源、景观资源。

美丽马醉木

Pieris formosa（Wallich）D. Don

产于：平甸乡磨盘山，常绿阔叶林；生活型：灌木；采集人 & 采集号：玉溪队 2793；采集日期：1990-05-10；资源类型：景观资源。

蝶花杜鹃

Rhododendron aberconwayi Cowan

产于：平甸乡磨盘山，中山湿性常绿阔叶林；生活型：灌木；采集人 & 采集号：李园园、姜利琼、蒋蕾、许可旺 XP058；采集日期：2017-04-21；资源类型：景观资源。

滇西桃叶杜鹃

Rhododendron annae Franchet subsp. *laxiflorum*（I. B. Balfour et Forrest）T. L. Ming

产于：平甸乡磨盘山，常绿阔叶林；生活型：灌木；采集人 & 采集号：玉溪队 2786；采集日期：1990-05-10。

睫毛萼杜鹃

Rhododendron ciliicalyx Franchet

产于：平甸乡磨盘山，阔叶林；生活型：乔木；采集人 & 采集号：李园园、姜利琼、蒋蕾、许可旺 LJJ0004；采集日期：2017-04-19；资源类型：景观资源。

大白杜鹃

Rhododendron decorum Franchet

产于：平甸乡磨盘山，常绿阔叶林；生活型：灌木；采集人 & 采集号：玉溪队 2788；采集日期：1990-05-10；资源类型：药用植物资源、食用植物资源、景观资源。

马缨杜鹃

Rhododendron delavayi Franchet

产于：平甸乡磨盘山，中山湿性常绿阔叶林；生活型：灌木；采集人 & 采集号：李园园、姜利琼、蒋蕾、许可旺 XP041；采集日期：2017-04-21；资源类型：景观资源。

粉红爆杖花

Rhododendron duclouxii H. Lév.

产于：平甸乡磨盘山，常绿阔叶林；生活型：灌木；采集人 & 采集号：照片、野外记录；采集日期：2016-12-23；资源类型：景观资源。

大喇叭杜鹃

Rhododendron excellens Hemsley et E. H. Wilson

产于：平甸乡磨盘山麂子箐-野猪塘，中山湿性常绿阔叶林；生活型：灌木；采集人 & 采集号：陈丽、李园园、姜利琼 XP572；采集日期：2017-06-15；资源类型：景观资源。

滇南杜鹃

Rhododendron hancockii Hemsley

产于：平甸乡磨盘山，阔叶林；生活型：乔木；采集人 & 采集号：李园园、姜利琼、蒋蕾、许可旺 LJJ0005；采集日期：2017-04-19；资源类型：景观资源。

露珠杜鹃

Rhododendron irroratum Franchet

产于：平甸乡磨盘山敌军山，中山湿性常绿阔叶林；生活型：灌木；采集人 & 采集号：陈丽、李园园、姜利琼 XP653；采集日期：2017-06-16；资源类型：景观资源。

金平杜鹃

Rhododendron jinpingense W. P. Fang et M. Y. He

产于：平甸乡磨盘山麂子箐，中山湿性常绿阔叶林；生活型：灌木；采集人 & 采集号：陈丽、李园园、姜利琼 XP424；采集日期：2017-06-14；资源类型：景观资源。

蒙自杜鹃

Rhododendron mengtszense I. B. Balfour et W. W. Smith

产于：平甸乡磨盘山国家森林公园，常绿阔叶林；生活型：灌木；采集人 & 采集号：高连明、刘杰等 GLM-123253；采集日期：2012-04-30。

亮毛杜鹃

Rhododendron microphyton Franchet

产于：平甸乡磨盘山麂子箐，中山湿性常绿阔叶林；生活型：灌木；采集人 & 采集号：陈丽、李园园、姜利琼 XP544；采集日期：2017-06-14。

毛棉杜鹃花

Rhododendron moulmainense Hook. f.

产于：平甸乡磨盘山自然保护区，中山湿性常绿阔叶林；生活型：灌木；采集人 & 采集号：新平县普查队 5304270124；采集日期：2012-05-07。

云上杜鹃

Rhododendron pachypodum I. B. Balfour et W. W. Smith

产于：平甸乡磨盘山国家森林公园，常绿阔叶林；生活型：灌木；采集人 & 采集号：高连明、刘杰等 GLM-123264；采集日期：2012-04-30；资源类型：景观资源。

大王杜鹃

Rhododendron rex H. Leveille

产于：平甸乡磨盘山，中山湿性常绿阔叶林；生活型：乔木；采集人 & 采集号：照片、野外记录；采集日期：2017-06-14。

杜鹃

Rhododendron simsii Planchon

产于：平甸乡磨盘山国家森林公园，常绿阔叶林；生活型：灌木；采集人 & 采集号：高连明、刘杰等 GLM-123263；采集日期：2012-04-30。

红花杜鹃

Rhododendron spanotrichum I. B. Balfour et W. W. Smith

产于：平甸乡磨盘山国家森林公园，常绿阔叶林；生活型：乔木；采集人 & 采集号：高连明、刘杰等 GLM-123261；采集日期：2012-04-30。

碎米花

Rhododendron spiciferum Franch.

产于：平甸乡磨盘山山顶，中山湿性常绿阔叶林；生活型：灌木；采集人 & 采集号：照片、野外记录；采集日期：2016-12-26；资源类型：景观资源。

爆杖花

Rhododendron spinuliferum Franchet

产于：平甸乡磨盘山，常绿阔叶林；生活型：灌木；采集人＆采集号：照片、野外记录；采集日期：2016-12-23；资源类型：景观资源。

红马银花

Rhododendron vialii Delavay et Franchet

产于：平甸乡磨盘山，常绿阔叶林；生活型：灌木；采集人＆采集号：李园园、姜利琼XP260；采集日期：2017-04-26；资源类型：景观资源。

金叶子

Craibiodendron stellatum（Pierre）W. W. Smith

产于：平甸乡磨盘山；生活型：灌木；采集人＆采集号：武素功418；采集日期：1958-10-18；资源类型：药用植物资源。

云南金叶子

Craibiodendron yunnanense W. W. Smith

产于：平甸乡敌军山，中山湿性常绿阔叶林；生活型：灌木；采集人＆采集号：彭华、李园园、姜利琼XP1356；采集日期：2017-11-13；资源类型：药用植物资源。

215a 鹿蹄草科 Pyrolaceae

球果假沙晶兰

Monotropastrum humile D. Don H. Hara

产于：平甸乡磨盘山麂子箐，中山湿性常绿阔叶林；生活型：草本；采集人＆采集号：陈丽、李园园、姜利琼XP502；采集日期：2017-06-14。

216 越橘科 Vacciniaceae

白花树萝卜

Agapetes mannii Hemsley

产于：平甸乡磨盘山山顶，中山湿性常绿阔叶林；生活型：灌木；采集人＆采集号：照片、野外记录；采集日期：2016-12-26；资源类型：药用植物资源。

短序越橘

Vaccinium brachybotrys（Franch.）Hand. -Mazz.

产于：平甸乡磨盘山，常绿阔叶林；生活型：乔木；采集人＆采集号：彭华、李园园、姜利琼、郭信强PLJG0114b；采集日期：2016-12-23。

南烛

Vaccinium bracteatum Thunberg

产于：平甸乡磨盘山月亮湖附近—麂子箐，中山湿性常绿阔叶林；生活型：乔木；采集人＆采集号：彭华、李园园、姜利琼PLJ0476；采集日期：2017-03-16；资源类型：药用植物资源、景观资源。

矮越橘

Vaccinium chamaebuxus C. Y. Wu

产于：平甸乡磨盘山麂子箐-野猪塘，中山湿性常绿阔叶林；生活型：灌木；采集人＆采集号：陈丽、李园园、姜利琼 XP579；采集日期：2017-06-15。

矮越橘

Vaccinium chamaebuxus C. Y. Wu

产于：平甸乡磨盘山山顶，中山湿性常绿阔叶林；生活型：灌木；采集人＆采集号：照片、野外记录；采集日期：2016-12-26。

苍山越橘

Vaccinium delavayi Franch.

产于：平甸乡磨盘山林场，常绿阔叶林；生活型：灌木；采集人＆采集号：玉溪队 2752；采集日期：1990-05-10。

云南越橘

Vaccinium duclouxii（Lévl.）Hand. -Mazz.

产于：平甸乡磨盘山国家森林公园，中山湿性常绿阔叶林；生活型：乔木；采集人＆采集号：彭华、李园园、姜利琼、郭信强 PLJG0256；采集日期：2016-12-26。

毛果云南越橘

Vaccinium duclouxii var. *hirtellum* C. Y. Wu

产于：平甸乡磨盘山，常绿阔叶林；生活型：灌木；采集人＆采集号：玉溪队 2721；采集日期：1990-05-10。

大樟叶越橘

Vaccinium dunalianum var. *megaphyllum* Sleumer

产于：平甸乡敌军山，中山湿性常绿阔叶林；生活型：乔木；采集人＆采集号：彭华、李园园、姜利琼 XP1354；采集日期：2017-11-13。

樟叶越橘

Vaccinium dunalianum Wight

产于：平甸乡磨盘山自然保护区，常绿阔叶林；生活型：灌木；采集人＆采集号：新平县普查队 5304270737；采集日期：2012-08-13；资源类型：药用植物资源。

长穗越橘

Vaccinium dunnianum Sleumer

产于：平甸乡磨盘山国家森林公园，常绿阔叶林；生活型：灌木；采集人＆采集号：高连明，刘杰等 GLM-123254；采集日期：2012-04-30。

隐距越橘

Vaccinium exaristatum Kurz

产于：平甸乡磨盘山麂子箐，中山湿性常绿阔叶林；生活型：灌木；采集人＆采集号：陈丽、李园园、姜利琼 XP426；采集日期：2017-06-14。

乌鸦果

Vaccinium fragile Franchet

产于：平甸乡磨盘山麂子箐，中山湿性常绿阔叶林；生活型：灌木；采集人＆采集号：陈丽、李园园、姜利琼 XP477；采集日期：2017-06-14；资源类型：药用植物资源、食用植物资源果。

荬蒾叶越橘

Vaccinium sikkimense C. B. Clarke

产于：平甸乡磨盘山山顶；杜鹃-苔藓矮林，生活型：乔木；采集人＆采集号：彭华、李园园、姜利琼 PLJ0495；采集日期：2017-03-16。

江南越橘

Vaccinium mandarinorum Diels

产于：平甸乡磨盘山，常绿阔叶林；生活型：乔木；采集人＆采集号：照片、野外记录；采集日期：2017-04-26；资源类型：景观资源。

221 柿科 Ebenaceae

异萼柿

Diospyros anisocalyx C. Y. Wu

产于：平甸乡磨盘山，干燥杂木林；生活型：乔木；采集人＆采集号：玉溪队 2628；采集日期：1990-05-09。

岩柿

Diospyros dumetorum W. W. Smith

产于：平甸乡磨盘山，路边杂木林；生活型：乔木；采集人＆采集号：彭华、赵倩茹、陈亚萍、蒋蕾 PH10044；采集日期：2016-04-23；资源类型：药用植物资源、木材资源。

柿

Diospyros kaki Thunberg

产于：平甸乡磨盘山河头，常绿阔叶林；生活型：乔木；采集人＆采集号：玉溪队 2770；采集日期：1990-05-10；资源类型：药用植物资源、食用植物资源、果木材资源、景观资源。

君迁子

Diospyros lotus Linnaeus

产于：平甸乡磨盘山，中山湿性常绿阔叶林；生活型：乔木；采集人＆采集号：照片、野外记录；采集日期：2016-12-26；资源类型：药用植物资源、食用植物资源、果木材资源。

异色柿

Diospyros philippensis A. DC.

产于：平甸乡磨盘山，常绿阔叶林；生活型：乔木；采集人＆采集号：新平县普查队 5304270796；采集日期：2012-08-14；资源类型：食用植物资源、木材资源。

222 山榄科 Sapotaceae

大肉实树

Sarcosperma arboreum Hook. f.

产于：平甸乡磨盘山；生活型：乔木；采集人＆采集号：照片、野外记录；采集日期：1957-

01-29；资源类型：木材资源。

223 紫金牛科 Myrsinaceae

显脉紫金牛

Ardisia alutacea C. Y. Wu et C. Chen

产于：平甸乡磨盘山，常绿阔叶林；生活型：灌木；采集人 & 采集号：彭华、李园园、姜利琼、郭信强 PLJG0182；采集日期：2016-12-24。

朱砂根

Ardisia crenata Sims

产于：平甸乡磨盘山麂子箐—野猪塘，中山湿性常绿阔叶林；生活型：草本；采集人 & 采集号：陈丽、李园园、姜利琼 XP597；采集日期：2017-06-15；资源类型：药用植物资源、食用植物资源、景观资源。

百两金

Ardisia crispa (Thunberg) A. de Candolle

产于：平甸乡磨盘山，常绿阔叶林；生活型：灌木；采集人 & 采集号：照片、野外记录；采集日期：2017-06-14；资源类型：药用植物资源。

紫金牛

Ardisia japonica (Thunberg) Blume

产于：平甸乡磨盘山，常绿阔叶林；生活型：灌木；采集人 & 采集号：照片、野外记录；采集日期：2016-12-24；资源类型：药用植物资源。

酸薹菜

Ardisia solanacea Roxburgh

产于：平甸乡磨盘山；生活型：灌木；采集人 & 采集号：武素功 577；采集日期：1958-10-27；资源类型：食用植物资源、嫩茎叶蔬菜资源。

纽子果

Ardisia virens Kurz

产于：平甸乡黑白租，常绿阔叶林；生活型：乔木；采集人 & 采集号：陈丽、赵越 XP1385；采集日期：2017-12-03。

密齿酸藤子

Embelia vestita Hemsl.

产于：平甸乡磨盘山；生活型：灌木；采集人 & 采集号：蔡希陶 52481；采集日期：1932-12-25；资源类型：药用植物资源。

当归藤

Embelia parviflora Wallich ex A. de Candolle

产于：平甸乡磨盘山；生活型：藤本；采集人 & 采集号：照片、野外记录；采集日期：1957-02-00；资源类型：药用植物资源。

白花酸藤果

Embelia ribes N. L. Burman

产于：平甸乡磨盘山，常绿阔叶林；生活型：灌木；采集人 & 采集号：新平县普查队5304270076；采集日期：2012-05-06；资源类型：药用植物资源、食用植物资源，果、嫩尖蔬菜资源。

厚叶白花酸藤果

Embelia ribes var. *pachyphylla* Chun ex C. Y. Wu et C. Chen Pipolyet c. chen

产于：平甸乡磨盘山；生活型：灌木；采集人 & 采集号：蔡希陶 52444；采集日期：1932-12-21。

平叶酸藤子

Embelia undulata Wallich Mez

产于：平甸乡磨盘山，常绿阔叶林；生活型：藤本；采集人 & 采集号：李园园、姜利琼XP275；采集日期：2017-04-26。

包疮叶

Maesa indica (Roxburgh) A. de Candolle

产于：平甸乡磨盘山麂子箐，中山湿性常绿阔叶林；生活型：灌木；采集人 & 采集号：陈丽、李园园、姜利琼 XP531；采集日期：2017-06-14；资源类型：药用植物资源。

杜茎山

Maesa japonica (Thunberg) Moritzi ex Zollinger

产于：平甸乡磨盘山，常绿阔叶林；生活型：灌木；采集人 & 采集号：照片、野外记录；采集日期：2017-06-14；资源类型：药用植物资源、食用植物资源。

金珠柳

Maesa montana A. de Candolle

产于：平甸乡磨盘山，落叶阔叶林；生活型：灌木；采集人 & 采集号：彭华、李园园、姜利琼、郭信强 PLJG0099；采集日期：2016-12-22。

秤杆树

Maesa ramentacea (Roxb.) A. DC.

产于：平甸乡黑白租，常绿阔叶林；生活型：灌木；采集人 & 采集号：陈丽、赵越 XP1409；采集日期：2017-12-03。

密花树

Myrsine seguinii H. Leveille

产于：平甸乡磨盘山，常绿阔叶林；生活型：乔木；采集人 & 采集号：彭华、李园园、姜利琼、郭信强 PLJG0051；采集日期：2016-12-21；资源类型：药用植物资源、木材资源。

针齿铁仔

Myrsine semiserrata Wallich

产于：平甸乡磨盘山，常绿阔叶林；生活型：灌木；采集人 & 采集号：李园园、姜利琼XP244；采集日期：2017-04-26。

平叶密花树

Myrsine faberi（Mez）Pipolyet c. chen

产于：平甸乡磨盘山；生活型：乔木；采集人 & 采集号：蔡希陶 52458；采集日期：1932－12
－21。

224 安息香科 Styracaceae

赤杨叶

Alniphyllum fortunei（Hemsley）Makino

产于：平甸乡磨盘山麂子箐—野猪塘，中山湿性常绿阔叶林；生活型：乔木；采集人 & 采集号：陈丽、李园园、姜利琼 XP567；采集日期：2017－06－15；资源类型：木材资源、景观资源。

大花野茉莉

Styrax grandiflorus Griffith

产于：平甸乡磨盘山麂子箐—野猪塘，中山湿性常绿阔叶林；生活型：乔木；采集人 & 采集号：陈丽、李园园、姜利琼 XP551；采集日期：2017－06－15；资源类型：景观资源。

225 山矾科 Symplocaceae

腺叶山矾

Symplocos adenophylla Wallich ex G. Don

产于：平甸乡磨盘山，常绿阔叶林；生活型：乔木；采集人 & 采集号：玉溪队 2801；采集日期：1990－05－11。

薄叶山矾

Symplocos anomala Brand

产于：平甸乡磨盘山敌军山，中山湿性常绿阔叶林；生活型：乔木；采集人 & 采集号：陈丽、李园园、姜利琼 XP677；采集日期：2017－06－16；资源类型：药用植物资源。

山矾

Symplocos Sumuntia Buch. -Ham. ex D. Don.

产于：平甸乡磨盘山；生活型：乔木；采集人 & 采集号：照片、野外记录；采集日期：2017－03－13。

密花山矾

Symplocos congesta Bentham

产于：平甸乡磨盘山麂子箐，中山湿性常绿阔叶林；生活型：乔木；采集人 & 采集号：陈丽、李园园、姜利琼 XP494；采集日期：2017－06－14；资源类型：药用植物资源。

海桐山矾

Symplocos heishanensis Hayata

产于：平甸乡磨盘山敌军山，中山湿性常绿阔叶林；生活型：乔木；采集人 & 采集号：陈丽、李园园、姜利琼 XP650；采集日期：2017－06－16；资源类型：木材资源。

白檀

Symplocos paniculata（Thunberg）Miquel

产于：平甸乡磨盘山，中山湿性常绿阔叶林；生活型：乔木；采集人＆采集号：李园园、姜利琼、蒋蕾、许可旺 XP066；采集日期：2017-04-21；资源类型：药用植物资源、景观资源。

珠仔树

Symplocos racemosa Roxburgh

产于：平甸乡磨盘山，路边杂木林；生活型：乔木；采集人＆采集号：彭华、李园园、姜利琼 PLJ0360；采集日期：2017-03-13；资源类型：药用植物资源。

多花山矾

Symplocos ramosissima Wallich ex G. Don

产于：平甸乡磨盘山麂子箐—野猪塘，中山湿性常绿阔叶林；生活型：乔木；采集人＆采集号：陈丽、李园园、姜利琼 XP550；采集日期：2017-06-15。

山矾

Symplocos sumuntia Buchanan-Hamilton ex D. Don

产于：平甸乡磨盘山月亮湖附近—麂子箐，中山湿性常绿阔叶林；生活型：乔木；采集人＆采集号：彭华、李园园、姜利琼 PLJ0479；采集日期：2017-03-16；资源类型：药用植物资源。

228 马钱科 Loganiaceae

巴东醉鱼草

Buddleja albiflora Hemsley

产于：平甸乡磨盘山；生活型：灌木；采集人＆采集号：武素功 464；采集日期：1958-10-19。

白背枫

Buddleja asiatica Lour.

产于：平甸乡磨盘山，阔叶林；生活型：灌木；采集人＆采集号：李园园、姜利琼、蒋蕾、许可旺 LJJ0011；采集日期：2017-04-19；资源类型：药用植物资源、芳香油植物资源。

紫花醉鱼草

Buddleja fallowiana I. B. Balfour et W. W. Smith

产于：平甸乡磨盘山麂子箐-野猪塘，中山湿性常绿阔叶林；生活型：灌木；采集人＆采集号：陈丽、李园园、姜利琼 XP618；采集日期：2017-06-15；资源类型：药用植物资源。

大序醉鱼草

Buddleja macrostachya Wallich ex Bentham

产于：平甸乡磨盘山，常绿阔叶林；生活型：灌木；采集人＆采集号：照片、野外记录；采集日期：2017-04-26；资源类型：景观资源。

密蒙花

Buddleja officinalis Maximowicz

产于：平甸乡磨盘山，干燥杂木林；生活型：灌木；采集人＆采集号：玉溪队 2620；采集日期：19900509；资源类型：药用植物资源、景观资源、纤维植物资源、芳香油植物资源。

狭叶蓬莱葛

Gardneria angustifolia Wallich

产于：平甸乡磨盘山麂子箐—野猪塘，中山湿性常绿阔叶林；生活型：灌木；采集人＆采集号：陈丽、李园园、姜利琼 XP621；采集日期：2017-06-15；资源类型：药用植物资源。

229 木犀科 Oleaceae

白枪杆

Fraxinus malacophylla Hemsley

产于：平甸乡磨盘山，河谷干热草坡；生活型：乔木；采集人＆采集号：李园园、姜利琼、阳亿、张琼 XP1334；采集日期：2017-08-11；资源类型：药用植物资源、景观资源。

扭肚藤

Jasminum elongatum（Bergius）willdenow.

产于：平甸乡磨盘山，常绿阔叶林；生活型：藤本；采集人＆采集号：玉溪队 2746；采集日期：1990-05-10；资源类型：药用植物资源。

丛林素馨

Jasminum duclouxii（H. Leveille）Rehder

产于：平甸乡磨盘山；生活型：攀援灌森木；采集人＆采集号：照片、野外记录；采集日期：2016-12-21；资源类型：药用植物资源。

清香藤

Jasminum lanceolaria Roxburgh

产于：平甸乡磨盘山，常绿阔叶林；生活型：藤本；采集人＆采集号：李园园、姜利琼 XP281；采集日期：2017-04-26。

迎春花

Jasminum nudiflorum Lindley

产于：平甸乡磨盘山，常绿阔叶林；生活型：灌木；采集人＆采集号：照片、野外记录；采集日期：2016-12-23；资源类型：药用植物资源、景观资源。

素方花

Jasminum officinale Linnaeus

产于：平甸乡磨盘山；生活型：藤本；采集人＆采集号：照片、野外记录；采集日期：2017-04-19；资源类型：景观资源。

多花素馨

Jasminum polyanthum Franchet

产于：平甸乡磨盘山，常绿阔叶林；生活型：藤本；采集人＆采集号：李园园、姜利琼、蒋蕾、许可旺 LJJ0022；采集日期：2017-04-19；资源类型：景观资源、芳香油植物资源。

亮叶素馨

Jasminum seguinii Lévl.

产于：平甸乡磨盘山，常绿阔叶林；生活型：藤本；采集人＆采集号：彭华、李园园、姜利琼、郭信强 PLJG0041；采集日期：2016-12-21；资源类型：药用植物资源。

小蜡

Ligustrum sinense Loureiro

产于：平甸乡磨盘山，中山湿性常绿阔叶林；生活型：乔木；采集人&采集号：李园园、姜利琼、蒋蕾、许可旺 XP064；采集日期：2017-04-21；资源类型：药用植物资源、食用植物资源、果实可酿酒景观资源。

腺叶木犀榄

Olea paniculata R. Brown

产于：平甸乡磨盘山；生活型：乔木；采集人&采集号：武素功363；采集日期：1958-10-16。

云南木犀榄

Olea tsoongii (Merrill) P. S. Green

产于：平甸乡磨盘山，常绿阔叶林；生活型：乔木；采集人&采集号：李园园、姜利琼、蒋蕾、许可旺 LJJ0018；采集日期：2017-04-19；资源类型：食用植物资源、种子景观资源。

香花木犀

Osmanthus suavis King ex C. B. Clarke

产于：平甸乡磨盘山；生活型：灌木；采集人&采集号：照片、野外记录；采集日期：2017-06-14。

230 夹竹桃科 Apocynaceae

云南香花藤

Aganosma cymosa (Roxburgh) G. Don

产于：平甸乡磨盘山；生活型：藤本；采集人&采集号：武素功340；采集日期：1958-10-15。

黄蝉

Allamanda schottii Pohl

产于：平甸乡磨盘山，村寨旁；生活型：灌木；采集人&采集号：照片、野外记录；采集日期：2017-04-21；资源类型：药用植物资源、景观资源。

假虎刺

Carissa spinarum Linnaeus

产于：平甸乡磨盘山，路边灌丛；生活型：灌木；采集人&采集号：彭华、赵倩茹、陈亚萍、蒋蕾 PH10001；采集日期：2016-01-07；资源类型：药用植物资源。

贵州络石

Trachelospermum bodinieri (H. Leveille) Woodson

产于：平甸乡磨盘山，干燥杂木林；生活型：藤本；采集人&采集号：玉溪队2607；采集日期：1990-05-09；资源类型：景观资源。

231 萝藦科 Asclepiadaceae

马利筋

Asclepias curassavica Linnaeus

产于：平甸乡磨盘山，常绿阔叶林；生活型：草本；采集人 & 采集号：彭华、李园园、姜利琼、郭信强 PLJG0028；采集日期：2016-12-21；资源类型：药用植物资源。

剑叶吊灯花

Ceropegia dolichophylla Schlechter

产于：平甸乡磨盘山麂子箐，中山湿性常绿阔叶林；生活型：藤本；采集人 & 采集号：陈丽、李园园、姜利琼 XP456；采集日期：2017-06-14。

古钩藤

Cryptolepis buchananii Schultes

产于：平甸乡磨盘山，常绿阔叶林；生活型：藤本；采集人 & 采集号：彭华、李园园、姜利琼、郭信强 PLJG0021；采集日期：2016-12-21；资源类型：药用植物资源、纤维植物资源。

白叶藤

Cryptolepis sinensis（Loureiro）Merrill

产于：平甸乡磨盘山；生活型：藤本；采集人 & 采集号：蔡希陶 53447；采集日期：1933-05-27；资源类型：药用植物资源、纤维植物资源。

青羊参

Cynanchum otophyllum C. K. Schneider

产于：平甸乡磨盘山，常绿阔叶林；生活型：藤本；采集人 & 采集号：彭华、李园园、姜利琼、郭信强 PLJG0191；采集日期：2016-12-24。

苦绳

Dregea sinensis Hemsl.

产于：平甸乡磨盘山，村寨附近；生活型：藤本；采集人 & 采集号：照片、野外记录；采集日期：2016-12-22；资源类型：药用植物资源、纤维植物资源。

南山藤

Dregea volubilis（Linnaeus f.）Bentham ex J. D. Hooker

产于：平甸乡磨盘山，荒地；生活型：藤本；采集人 & 采集号：彭华、李园园、姜利琼、郭信强 PLJG0098；采集日期：2016-12-22；资源类型：药用植物资源、食用植物资源、嫩叶纤维植物资源。

华宁藤

Gymnema foetidum Tsiang

产于：平甸乡磨盘山，常绿阔叶林；生活型：藤本；采集人 & 采集号：新平县普查队5304270352；采集日期：2012-06-01。贵州醉魂藤

Heterostemma esquirolii（H. Leveille）Tsiang

产于：平甸乡磨盘山，常绿阔叶林；生活型：藤本；采集人 & 采集号：玉溪队 2737；采集日

期：1990-05-10；资源类型：药用植物资源。

蓝叶藤

Marsdenia tinctoria R. Br.

产于：平甸乡敌军山，中山湿性常绿阔叶林；生活型：攀援灌森木；采集人 & 采集号：彭华、李园园、姜利琼 XP1340；采集日期：2017-11-13。

黑龙骨

Periploca forrestii Schlechter

产于：平甸乡黑白租；生活型：藤本；采集人 & 采集号：照片、野外记录；采集日期：2017-06-14；资源类型：药用植物资源。

须药藤

Stelmocrypton khasianum（Kurz）Baillon

产于：平甸乡高梁冲，干燥杂木林；生活型：藤本；采集人 & 采集号：陈丽、李园园、姜利琼 XP400；采集日期：2017-0613；资源类型：药用植物资源、芳香油植物资源。

云南弓果藤

Toxocarpus aurantiacus C. Y. Wu ex Tsiang et P. T. Li

产于：平甸乡磨盘山；生活型：藤本；采集人 & 采集号：武素功 338；采集日期：1958-10-15。

232 茜草科 Rubiaceae

楔叶葎

Galium asperifolium Wall. ex Roxb. var. *asperifolium*

产于：平甸乡磨盘山麂子箐，中山湿性常绿阔叶林；生活型：草本；采集人 & 采集号：陈丽、李园园、姜利琼 XP489；采集日期：2017-06-14。

白花蛇舌草

Hedyotis diffusa Willd.

产于：平甸乡磨盘山，干热河谷；生活型：草本；采集人 & 采集号：彭华、李园园、姜利琼 PLJ0300；采集日期：2016-09-14；资源类型：药用植物资源。

红芽大戟

Knoxia sumatrensis（Retzius）Candolle

产于：平甸乡磨盘山，干热河谷；生活型：草本；采集人 & 采集号：照片、野外记录；采集日期：2016-09-14；资源类型：药用植物资源。

多毛玉叶金花

Mussaenda mollissima C. Y. Wu ex H. H. Hsue et H. Wu

产于：平甸乡磨盘山；生活型：灌木；采集人 & 采集号：新平县普查队 5304270265；采集日期：2012-05-16。

大叶密脉木

Myrioneuron effusum（Pitard）Merrill

产于：平甸乡黑白租，常绿阔叶林；生活型：灌木；采集人 & 采集号：陈丽、赵越 XP1412；采集日期：2017-12-03。

紫花新耳草

Neanotis calycina（Wallich ex J. D. Hooker）W. H. Lewis

产于：平甸乡磨盘山国家森林公园，中山湿性常绿阔叶林；生活型：草本；采集人 & 采集号：彭华、李园园、姜利琼、郭信强 PLJG0271；采集日期：2016-12-26。

薄叶新耳草

Neanotis hirsuta（Linnaeus f.）W. H. Lewis

产于：平甸乡磨盘山麂子箐—野猪塘，中山湿性常绿阔叶林；生活型：草本；采集人 & 采集号：陈丽、李园园、姜利琼 XP617；采集日期：2017-06-15。

石丁香

Neohymenopogon parasiticus（Wallich）Bennet

产于：平甸乡敌军山，中山湿性常绿阔叶林；生活型：灌木；采集人 & 采集号：李园园、姜利琼、阳亿、张琼 XP968；采集日期：2017-08-05；资源类型：药用植物资源、景观资源。

薄柱草

Nertera sinensis Hemsley

产于：平甸乡磨盘山，常绿阔叶林；生活型：草本；采集人 & 采集号：照片、野外记录；采集日期：2016-12-23；资源类型：药用植物资源。

广州蛇根草

Ophiorrhiza cantonensis Hance

产于：平甸乡磨盘山，中山湿性常绿阔叶林；生活型：草本；采集人 & 采集号：李园园、姜利琼、蒋蕾、许可旺 XP031；采集日期：2017-04-21。

绒毛矢藤

Paederia lanuginosa Wall.

产于：平甸乡磨盘山，常绿阔叶林；生活型：藤本；采集人 & 采集号：彭华、李园园、姜利琼、郭信强 PLJG0018；采集日期：2016-12-21。

奇异鸡矢藤

Paederia praetermissa C. Puff

产于：平甸乡高粱冲，干燥杂木林；生活型：藤本；采集人 & 采集号：陈丽、李园园、姜利琼 XP356；采集日期：2017-06-13。

鸡矢藤

Paederia foetida L.

产于：平甸乡磨盘山自然保护区，中山湿性常绿阔叶林；生活型：藤本；采集人 & 采集号：新平县普查队 5304270144；采集日期：2012-05-07。

云南鸡矢藤

Paederia yunnanensis（H. Leveille）Rehder

产于：平甸乡磨盘山；生活型：藤本；采集人 & 采集号：武素功 351；采集日期：1958-10

-15。

九节

Psychotria asiatica Linnaeus

产于：平甸乡磨盘山，常绿阔叶林；生活型：灌木；采集人＆采集号：彭华、李园园、姜利琼、郭信强 PLJG0035；采集日期：2016-12-21。

滇南九节

Psychotria henryi H. Leveille

产于：平甸乡黑白租，常绿阔叶林；生活型：灌木；采集人＆采集号：陈丽、赵越 XP1386；采集日期：2017-12-03。

驳骨九节

Psychotria prainii H. Leveille

产于：平甸乡磨盘山；生活型：灌木；采集人＆采集号：武素功 379；采集日期：19581016；资源类型：药用植物资源。

黄脉九节

Psychotria straminea Hutchinson

产于：平甸乡磨盘山；生活型：灌木；采集人＆采集号：武素功 371；采集日期：1958-10-16。

厚柄茜草

Rubia crassipes Collett et Hemsley

产于：平甸乡磨盘山麂子箐—野猪塘，中山湿性常绿阔叶林；生活型：草本；采集人＆采集号：陈丽、李园园、姜利琼 XP595；采集日期：2017-0615。

柄花茜草

Rubia podantha Diels

产于：平甸乡磨盘山，常绿阔叶林；生活型：草本；采集人＆采集号：新平县普查队 5304270004；采集日期：2012-05-03。

大叶茜草

Rubia schumanniana E. Pritzel

产于：平甸乡磨盘山；生活型：草本；采集人＆采集号：武素功 576；采集日期：1958-10-24。

糙叶丰花草

Spermacoce hispida Linnaeus

产于：平甸乡磨盘山，荒地；生活型：草本；采集人＆采集号：彭华、李园园、姜利琼、郭信强 PLJG0091；采集日期：2016-12-22。

假桂乌口树

Tarenna attenuata（Voigt）Hutchinson

产于：平甸乡磨盘山，落叶阔叶林；生活型：灌木；采集人＆采集号：彭华、李园园、姜利琼、郭信强 PLJG0077；采集日期：2016-12-22；资源类型：药用植物资源。

滇南乌口树

Tarenna pubinervis Hutchinson

产于：平甸乡磨盘山，村寨附近；生活型：乔木；采集人＆采集号：照片、野外记录；采集日期：2016-12-22。

岭罗麦

Tarennoidea wallichii（J. D. Hooker）Tirvengadum et C. Sastre

产于：平甸乡高粱冲，干燥杂木林；生活型：乔木；采集人＆采集号：陈丽、李园园、姜利琼XP365；采集日期：2017-06-13；资源类型：木材资源。

柳叶水锦树

Wendlandia salicifolia Franchet ex Drake

产于：平甸乡磨盘山，常绿阔叶林；生活型：灌木；采集人＆采集号：新平县普查队5304270035；采集日期：2012-05-04。

粗叶水锦树

Wendlandia scabra Kurz

产于：平甸乡高粱冲，干燥杂木林；生活型：灌木；采集人＆采集号：陈丽、李园园、姜利琼XP366；采集日期：2017-06-13；资源类型：药用植物资源。

染色水锦树

Wendlandia tinctoria（Roxburgh）Candolle

产于：平甸乡磨盘山河头，常绿阔叶林；生活型：灌木；采集人＆采集号：玉溪队1774；采集日期：1990-05-10。

麻栗水锦树

Wendlandia tinctoria（Roxburgh）Candolle subsp. *handelii* Cowan

产于：平甸乡磨盘山；生活型：灌木；采集人＆采集号：照片、野外记录；采集日期：1957-01-29。

233 忍冬科 Caprifoliaceae

鬼吹箫

Leycesteria formosa Wallich

产于：平甸乡磨盘山麂子箐—野猪塘，中山湿性常绿阔叶林；生活型：灌木；采集人＆采集号：陈丽、李园园、姜利琼XP629；采集日期：2017-06-15；资源类型：药用植物资源、景观资源。

菰腺忍冬

Lonicera hypoglauca Miquel

产于：平甸乡磨盘山；生活型：藤本；采集人＆采集号：新平县普查队5304270270；采集日期：2012-05-16；资源类型：药用植物资源。

忍冬

Lonicera japonica Thunberg

产于：平甸乡磨盘山林场，常绿阔叶林；生活型：藤本；采集人 & 采集号：玉溪队 2753；采集日期：1990-05-10；资源类型：药用植物资源、景观资源、芳香油植物资源。

大花忍冬

Lonicera macrantha（D. Don）Sprengel

产于：平甸乡磨盘山麂子箐—野猪塘，中山湿性常绿阔叶林；生活型：藤本；采集人 & 采集号：陈丽、李园园、姜利琼 XP600；采集日期：2017-06-15；资源类型：药用植物资源。

淡红忍冬

Lonicera acuminata Wall.

产于：平甸乡高粱冲，干燥杂木林；生活型：藤本；采集人 & 采集号：陈丽、李园园、姜利琼 XP346；采集日期：2017-06-13；资源类型：药用植物资源。

接骨草

Sambucus javanica Blume

产于：平甸乡磨盘山，常绿阔叶林；生活型：草本；采集人 & 采集号：新平县普查队 5304270061；采集日期：2012-05-05。

接骨木

Sambucus williamsii Hance

产于：平甸乡磨盘山，村寨附近；生活型：灌木；采集人 & 采集号：照片、野外记录；采集日期：2016-12-22；资源类型：药用植物资源。

水红木

Viburnum cylindricum Buchanan-Hamilton ex D. Don

产于：平甸乡磨盘山，常绿阔叶林；生活型：灌木；采集人 & 采集号：新平县普查队 5304270051；采集日期：2012-05-05；资源类型：药用植物资源。

红荚蒾

Viburnum erubescens Wallich

产于：平甸乡磨盘山敌军山，中山湿性常绿阔叶林；生活型：灌木；采集人 & 采集号：陈丽、李园园、姜利琼 XP644；采集日期：2017-06-16。

珍珠荚蒾

Viburnum foetidum Wallich var. *ceanothoides*（C. H. Wright）Handel-Mazzetti

产于：平甸乡磨盘山自然保护区，中山湿性常绿阔叶林；生活型：灌木；采集人 & 采集号：新平县普查队 5304270129；采集日期：2012-05-07。

235 败酱科 Valerianaceae

败酱

Patrinia scabiosifolia Link

产于：平甸乡敌军山，中山湿性常绿阔叶林；生活型：草本；采集人 & 采集号：李园园、姜利琼、阳亿、张琼 XP931；采集日期：2017-08-05；资源类型：药用植物资源、食用植物资源。

蜘蛛香

Valeriana jatamansi W. Jones

产于：平甸乡磨盘山月亮湖附近—麂子箐，中山湿性常绿阔叶林；生活型：草本；采集人 & 采集号：彭华、李园园、姜利琼 PLJ0485；采集日期：2017-03-16；资源类型：药用植物资源、景观资源。

缬草

Valeriana officinalis Linnaeus

产于：平甸乡磨盘山麂子箐-野猪塘，中山湿性常绿阔叶林；生活型：草本；采集人 & 采集号：陈丽、李园园、姜利琼 XP623；采集日期：2017-06-15；资源类型：药用植物资源。

236 川续断科 Dipsacaceae

川续断

Dipsacus asper Wallich ex C. B. Clarke

产于：平甸乡磨盘山麂子箐，中山湿性常绿阔叶林；生活型：草本；采集人 & 采集号：陈丽、李园园、姜利琼 XP475；采集日期：2017-06-14；资源类型：药用植物资源。

238 菊科 Asteraceae

金钮扣

Acmella paniculata（Wallich ex Candolle）R. K. Jansen

产于：平甸乡磨盘山，落叶季雨林；生活型：草本；采集人 & 采集号：照片、野外记录；采集日期：2017-03-17；资源类型：药用植物资源。

下田菊

Adenostemma lavenia（Linn.）O. Kuntze

产于：平甸乡磨盘山，常绿阔叶林；生活型：草本；采集人 & 采集号：新平县普查队 5304270082；采集日期：2012-05-06；资源类型：药用植物资源。

破坏草

Ageratina adenophora（Spreng）R. M. King et H. Robinson

产于：平甸乡磨盘山，常绿阔叶林；生活型：草本；采集人 & 采集号：照片、野外记录；采集日期：2016-12-23。

藿香蓟

Ageratum conyzoides Linnaeus

产于：平甸乡磨盘山，河谷干热草坡；生活型：草本；采集人 & 采集号：李园园、姜利琼、阳亿、张琼 XP1295；采集日期：2017-08-11；资源类型：药用植物资源。

熊耳草

Ageratum houstonianum Miller

产于：平甸乡磨盘山；生活型：草本；采集人 & 采集号：照片、野外记录；采集日期：2016-12-21；资源类型：药用植物资源、食用植物资源、蔬菜资源。

狭叶兔儿风

Ainsliaea angustifolia Hook. f. et Thoms. ex C. B. Clarke

产于：平甸乡磨盘山野猪塘，中山湿性常绿阔叶林；生活型：草本；采集人 & 采集号：陈丽、赵越 XP1407；采集日期：2017-12-02。

红毛兔儿风

Ainsliaea elegans Hemsley var. *strigosa* Mattfeld

产于：平甸乡黑白租，常绿阔叶林；生活型：草本；采集人 & 采集号：陈丽、赵越 XP1405；采集日期：2017-12-03。

白背兔儿风

Ainsliaea pertyoides Franchet var. *albotomentosa* Beauverd

产于：平甸乡磨盘山，常绿阔叶林；生活型：草本；采集人 & 采集号：照片、野外记录；采集日期：2017-06-14；资源类型：药用植物资源。

细穗兔儿风

Ainsliaea spicata Vaniot

产于：平甸乡磨盘山，中山湿性常绿阔叶林；生活型：草本；采集人 & 采集号：李园园、姜利琼、蒋蕾、许可旺 XP060a；采集日期：2017-04-21。

旋叶香青

Anaphalis contorta（D. Don）J. D. Hooker

产于：平甸乡磨盘山自然保护区，常绿阔叶林；生活型：草本；采集人 & 采集号：新平县普查队 5304270739；采集日期：2012-08-13；资源类型：药用植物资源。

珠光香青

Anaphalis margaritacea（Linn.）Bentham et J. D. Hooker

产于：平甸乡磨盘山麂子箐—野猪塘，常绿阔叶林；生活型：草本；采集人 & 采集号：彭华、李园园、姜利琼、郭信强 PLJG0109；采集日期：2016-12-23；资源类型：药用植物资源。

线叶珠光香青

Anaphalis margaritacea（Linnaeus）Bentham et J. D. Hooker var. *angustifolia*（Franchet et Savatier）Hayata

产于：平甸乡磨盘山国家森林公园，常绿阔叶林；生活型：草本；采集人 & 采集号：彭华、李园园、姜利琼、郭信强 PLJG0125；采集日期：2016-12-23。

黄褐珠光香青

Anaphalis margaritacea（Linnaeus）Bentham et J. D. Hooker var. *cinnamomea*（Candolle）Herder ex Maximowicz

产于：平甸乡磨盘山麂子箐，中山湿性常绿阔叶林；生活型：草本；采集人 & 采集号：陈丽、李园园、姜利琼 XP488；采集日期：2017-06-14。

三脉香青

Anaphalis triplinervis（Sims）C. B. Clarke

产于：平甸乡敌军山，常绿阔叶林；生活型：草本；采集人 & 采集号：照片、野外记录；采集日期：2016-12-23。

野艾蒿

Artemisia lavandulifolia Candolle

产于：平甸乡磨盘山，路边灌丛；生活型：草本；采集人＆采集号：彭华、赵倩茹、陈亚萍、蒋蕾 PH10003；采集日期：2016-01-07；资源类型：药用植物资源、芳香油植物资源。

多花蒿

Artemisia myriantha Wallich ex Besser

产于：平甸乡磨盘山自然保护区，中山湿性常绿阔叶林；生活型：草本；采集人＆采集号：新平县普查队 5304270145；采集日期：2012-05-07；资源类型：药用植物资源。

南艾蒿

Artemisia verlotorum Lamotte

产于：平甸乡磨盘山，落叶季雨林；生活型：草本；采集人＆采集号：彭华、李园园、姜利琼 XP1369；采集日期：2017-11-13。

金盏银盘

Bidens biternata (Loureiro) Merrill et Sherff

产于：平甸乡磨盘山，田间路旁；生活型：草本；采集人＆采集号：照片、野外记录；采集日期：2016-12-24；资源类型：药用植物资源。

鬼针草

Bidens pilosa Linnaeus

产于：平甸乡磨盘山，常绿阔叶林；生活型：草本；采集人＆采集号：新平县普查队 5304270780；采集日期：2012-08-14；资源类型：药用植物资源。

密花艾纳香

Blumea densiflora DC.

产于：平甸乡磨盘山，常绿阔叶林；生活型：草本；采集人＆采集号：李园园、姜利琼 XP278；采集日期：2017-04-26。

节节红

Blumea fistulosa (Roxburgh) Kurz

产于：平甸乡磨盘山；生活型：草本；采集人＆采集号：闫丽春，施济普 392；采集日期：2008-01-17。

东风草

Blumea megacephala (Randeria) C. C. Chang et Y. Q. Tseng

产于：平甸乡磨盘山，落叶季雨林；生活型：草本；采集人＆采集号：照片、野外记录；采集日期：2017-03-16。

六耳铃

Blumea sinuata (Loureiro) Merrill

产于：平甸乡磨盘山，路边杂木林；生活型：草本；采集人＆采集号：彭华、赵倩茹、陈亚萍、蒋蕾 PH10031；采集日期：2016-04-22。

烟管头草

Carpesium cernuum Linnaeus

产于：平甸乡敌军山，中山湿性常绿阔叶林；生活型：草本；采集人 & 采集号：李园园、姜利琼、阳亿、张琼 XP1009；采集日期：2017-08-06；资源类型：药用植物资源。

粗齿天名精

Carpesium tracheliifolium Lessing

产于：平甸乡磨盘山麂子箐，中山湿性常绿阔叶林；生活型：草本；采集人 & 采集号：李园园、姜利琼、阳亿、张琼 XP1045；采集日期：2017-08-06。

飞机草

Chromolaena odorata（Linn.）R. M. King et H. Robinson

产于：平甸乡磨盘山；生活型：草本；采集人 & 采集号：园艺 066 组照片、野外记录；采集日期：2007-12-19。

覆瓦蓟

Cirsium leducii（Franchet）H. Leveille

产于：平甸乡磨盘山月亮湖附近，常绿阔叶林；生活型：草本；采集人 & 采集号：照片、野外记录；采集日期：2017-06-14。

野茼蒿

Crassocephalum crepidioides（Bentham）S. Moore

产于：平甸乡磨盘山，路边灌丛；生活型：草本；采集人 & 采集号：彭华、赵倩茹、陈亚萍、蒋蕾 PH10004；采集日期：2016-01-07；资源类型：药用植物资源。

蓝花野茼蒿

Crassocephalum rubens（Jussieu ex Jacquin）S. Moore

产于：平甸乡敌军山，中山湿性常绿阔叶林；生活型：草本；采集人 & 采集号：李园园、姜利琼、阳亿、张琼 XP1024；采集日期：2017-08-06；资源类型：药用植物资源。

杯菊

Cyathocline purpurea（Buchanan-Hamilton ex D. Don）Kuntze

产于：平甸乡磨盘山，田间路旁；生活型：草本；采集人 & 采集号：照片、野外记录；采集日期：2016-12-24；资源类型：药用植物资源。

鱼眼草

Dichrocephala integrifolia（Linnaeus f.）kuntze

产于：平甸乡磨盘山，常绿阔叶林；生活型：草本；采集人 & 采集号：照片、野外记录；采集日期：2016-12-23；资源类型：药用植物资源、食用植物资源。

鱼眼草

Dichrocephala integrifolia（Linnaeus f.）Kuntze

产于：平甸乡磨盘山，常绿阔叶林；生活型：草本；采集人 & 采集号：照片、野外记录；采集日期：2016-12-23；资源类型：药用植物资源、食用植物资源。

羊耳菊

Duhaldea cappa（Buchanan-Hamilton ex D. Don）Pruski et Anderberg

产于：平甸乡磨盘山，常绿阔叶林；生活型：草本；采集人＆采集号：新平县普查队5304270017；采集日期：2012-05-03；资源类型：药用植物资源。

鳢肠

Eclipta prostrata（Linn.）Linnaeus

产于：平甸乡磨盘山，落叶季雨林；生活型：草本；采集人＆采集号：照片、野外记录；采集日期：2017-03-16；资源类型：药用植物资源。

地胆草

Elephantopus scaber Linnaeus

产于：平甸乡磨盘山；生活型：草本；采集人＆采集号：照片、野外记录；采集日期：2017-03-13。

一点红

Emilia sonchifolia（Linn.）Candolle

产于：平甸乡磨盘山；生活型：草本；采集人＆采集号：闫丽春、施济普386；采集日期：2008-01-17；资源类型：药用植物资源。

香丝草

Erigeron bonariensis Linnaeus

产于：平甸乡磨盘山；生活型：草本；采集人＆采集号：照片、野外记录；采集日期：2017-06-14。

小蓬草

Erigeron canadensis Linnaeus

产于：平甸乡磨盘山，常绿阔叶林；生活型：草本；采集人＆采集号：照片、野外记录；采集日期：2017-04-26；资源类型：药用植物资源、牧草植物资源。

苏门白酒草

Erigeron sumatrensis Retzius

产于：平甸乡磨盘山，田间路旁；生活型：草本；采集人＆采集号：照片、野外记录；采集日期：2016-12-24。

白酒草

Eschenbachia japonica（Thunberg）J. Koster

产于：平甸乡磨盘山，常绿阔叶林；生活型：草本；采集人＆采集号：照片、野外记录；采集日期：2016-12-23；资源类型：药用植物资源。

牛膝菊

Galinsoga parviflora Cavanilles

产于：平甸乡磨盘山，村寨附近；生活型：草本；采集人＆采集号：照片、野外记录；采集日期：2016-12-22；资源类型：药用植物资源。

匙叶合冠鼠麴草

Gamochaeta pensylvanica（Willd.）Cabrera

产于：平甸乡磨盘山，路边灌丛；生活型：草本；采集人＆采集号：彭华、赵倩茹、陈亚萍、蒋蕾 PH10009；采集日期：2016-01-07；资源类型：药用植物资源。

拟鼠麴草

Pseudognaphalium affine（D. Don）Anderberg

产于：平甸乡磨盘山，常绿阔叶林；生活型：草本；采集人＆采集号：照片、野外记录；采集日期：2016-12-23；资源类型：药用植物资源。

秋拟鼠麴草

pseudognaphalium hypoleucum（Candolle）Hilliardet B. L. Burtt.

产于：平甸乡敌军山，中山湿性常绿阔叶林；生活型：草本；采集人＆采集号：李园园、姜利琼、阳亿、张琼 XP1014；采集日期：2017-08-06；资源类型：药用植物资源。

细叶鼠麴草

Gnaphalium japonicum Thunberg

产于：平甸乡磨盘山麂子箐，中山湿性常绿阔叶林；生活型：草本；采集人＆采集号：陈丽、李园园、姜利琼 XP462；采集日期：2017-06-14；资源类型：药用植物资源。

泥胡菜

Hemisteptia lyrata（Bunge）Fischer & C. A. Meyer

产于：平甸乡磨盘山；生活型：草本；采集人＆采集号：照片、野外记录；采集日期：2017-06-14。

中华苦荬菜

Ixeris chinense（Thunb）Nakai.

产于：平甸乡磨盘山，常绿阔叶林；生活型：草本；采集人＆采集号：玉溪队 2790；采集日期：1990-05-10。

小苦荬

Ixeridium dentatum（Thunberg）Tzvelev

产于：平甸乡磨盘山；生活型：草本；采集人＆采集号：照片、野外记录；采集日期：2016-12-21；资源类型：药用植物资源。

细叶小苦荬

Ixeridium gracile（DC.）shih

产于：平甸乡磨盘山麂子箐，中山湿性常绿阔叶林；生活型：草本；采集人＆采集号：陈丽、李园园、姜利琼 XP431；采集日期：2017-06-14。

戟叶小苦荬

Ixeridiums agittarioides（C. B. Clarke）Pak et Kawano

产于：平甸乡磨盘山，常绿阔叶林；生活型：草本；采集人＆采集号：新平县普查队 5304270356；采集日期：2012-06-01。

六棱菊

Laggera alata（D. Don）Schultz Bipontinus ex Oliver

产于：平甸乡磨盘山；生活型：草本；采集人＆采集号：照片、野外记录；采集日期：2017-03-13；资源类型：药用植物资源。

翼齿六棱菊

Laggera crispata (Vahl) Hepper et J. R. I. Wood

产于：平甸乡磨盘山，常绿阔叶林；生活型：草本；采集人＆采集号：李园园、姜利琼 XP272；采集日期：2017-04-26；资源类型：药用植物资源。

干崖子橐吾

Ligularia kanaitzensis (Franchet) Handel-Mazzetti

产于：平甸乡敌军山，中山湿性常绿阔叶林；生活型：草本；采集人＆采集号：李园园、姜利琼、阳亿、张琼 XP1012；采集日期：2017-08-06。

小舌菊

Microglossa pyrifolia (Lamarck) O. Kuntze

产于：平甸乡磨盘山；生活型：草本；采集人＆采集号：中苏队9107；采集日期：1957-03-22；资源类型：药用植物资源。

圆舌粘冠草

Myriactis nepalensis Less.

产于：平甸乡敌军山，中山湿性常绿阔叶林；生活型：草本；采集人＆采集号：李园园、姜利琼、阳亿、张琼 XP927；采集日期：2017-08-05；资源类型：药用植物资源。

粘冠草

Myriactis wightii DC.

产于：平甸乡敌军山，中山湿性常绿阔叶林；生活型：草本；采集人＆采集号：李园园、姜利琼、阳亿、张琼 XP1010；采集日期：2017-08-06。

黑花紫菊

Notoseris melanantha (Franch.) C. Shih

产于：平甸乡敌军山，常绿阔叶林；生活型：草本；采集人＆采集号：彭华、李园园、姜利琼、郭信强 PLJG0115；采集日期：2016-12-23。

假福王草

Paraprenanthes sororia (Miquel) C. Shih

产于：平甸乡磨盘山，常绿阔叶林；生活型：草本；采集人＆采集号：新平县普查队 5304270085；采集日期：2012-05-06。

银胶菊

Parthenium hysterophorus Linnaeus

产于：平甸乡磨盘山，村寨附近；生活型：草本；采集人＆采集号：照片、野外记录；采集日期：2016-12-22。

三角叶须弥菊

Himalaiella deltoidea (candolle) Raab-Straube

产于：平甸乡磨盘山，常绿阔叶林；生活型：草本；采集人＆采集号：照片、野外记录；采集日期：2017-06-14。

菊状千里光

Senecio analogus Candolle

产于：平甸乡磨盘山麂子箐，中山湿性常绿阔叶林；生活型：草本；采集人 & 采集号：陈丽、李园园、姜利琼 XP434；采集日期：2017-06-14。

千里光

Senecio scandens Buchanan-Hamilton ex D. Don

产于：平甸乡磨盘山，路边灌丛；生活型：草本；采集人 & 采集号：彭华、赵倩茹、陈亚萍、蒋蕾 PH10010；采集日期：2016-01-07；资源类型：药用植物资源。

豨莶

Sigesbeckia orientalis Linnaeus

产于：平甸乡磨盘山；生活型：草本；采集人 & 采集号：照片、野外记录；采集日期：2016-12-21；资源类型：药用植物资源。

苦苣菜

Sonchus oleraceus Linnaeus

产于：平甸乡磨盘山，阔叶林；生活型：草本；采集人 & 采集号：李园园、姜利琼、蒋蕾、许可旺 LJJ0013；采集日期：2017-04-19；资源类型：药用植物资源。

美形金钮扣

Acmella calva（candolle）R. K. Jansen

产于：平甸乡磨盘山，落叶阔叶林；生活型：草本；采集人 & 采集号：彭华、李园园、姜利琼、郭信强 PLJG0082；采集日期：2016-12-22；资源类型：药用植物资源。

锯叶合耳菊

Synotis nagensium（C. B. Clarke）C. Jeffrey et Y. L. Chen

产于：平甸乡磨盘山，常绿阔叶林；生活型：草本；采集人 & 采集号：彭华、李园园、姜利琼、郭信强 PLJG0121；采集日期：2016-12-23。

蒲公英

Taraxacum mongolicum Hand. -Mazz.

产于：平甸乡磨盘山，中山湿性常绿阔叶林；生活型：草本；采集人 & 采集号：照片、野外记录；采集日期：2017-04-21；资源类型：药用植物资源。

肿柄菊

Tithonia diversifolia Hemsley A. Gray

产于：平甸乡磨盘山；生活型：草本；采集人 & 采集号：园艺 066 组照片、野外记录；采集日期：2007-12-19；资源类型：景观资源。

羽芒菊

Tridax procumbens Linnaeus

产于：平甸乡磨盘山；生活型：草本；采集人 & 采集号：照片、野外记录；采集日期：2017-06-14。

夜香牛

Vernonia cinerea（Linn.）Lessing

产于：平甸乡磨盘山，村寨附近；生活型：草本；采集人＆采集号：照片、野外记录；采集日期：2016-12-22；资源类型：药用植物资源。

斑鸠菊

Vernonia esculenta Hemsley

产于：平甸乡磨盘山，常绿阔叶林；生活型：灌木；采集人＆采集号：彭华、李园园、姜利琼、郭信强 PLJG0049；采集日期：2016-12-21；资源类型：药用植物资源。

苍耳

Xanthium strumarium Linnaeus

产于：平甸乡磨盘山，田间路旁；生活型：草本；采集人＆采集号：照片、野外记录；采集日期：2016-12-24；资源类型：药用植物资源。

红果黄鹌菜

Youngia erythrocarpa（Vaniot）Babcock et Stebbins

产于：平甸乡磨盘山麂子箐，中山湿性常绿阔叶林；生活型：草本；采集人＆采集号：李园园、姜利琼、张琼、彭华、董红进 XP854；采集日期：2017-06-24。

黄鹌菜

Youngia japonica（Linn.）Candolle

产于：平甸乡磨盘山，落叶季雨林；生活型：草本；采集人＆采集号：照片、野外记录；采集日期：2017-03-16。

卵裂黄鹌菜

Youngia japonica（Linnaeus）Candolle subsp. *elstonii*（Hochreutiner）Babcock et Stebbins

产于：平甸乡磨盘山，田间路旁；生活型：草本；采集人＆采集号：照片、野外记录；采集日期：2016-12-24。

鬼针草

Bidens pilosa L.

产于：平甸乡磨盘山，河谷干热草坡；生活型：草本；采集人＆采集号：李园园、姜利琼、阳亿、张琼 XP1294；采集日期：2017-08-11；资源类型：药用植物资源。

239 龙胆科 Gentianaceae

云南蔓龙胆

Crawfurdia campanulacea Wallich et Griffith ex C. B. Clarke

产于：平甸乡磨盘山野猪塘，中山湿性常绿阔叶林；生活型：缠绕草本；采集人＆采集号：陈丽、赵越 XP1393；采集日期：2017-12-02。

昆明龙胆

Gentiana duclouxii Franchet

产于：平甸乡磨盘山山顶，中山湿性常绿阔叶林；生活型：草本；采集人＆采集号：彭华、李园园、姜利琼 PLJ0491；采集日期：2017-03-16。

流苏龙胆

Gentiana panthaica Prain et Burkill

产于：平甸乡磨盘山自然保护区，常绿阔叶林；生活型：草本；采集人＆采集号：新平县普查队 5304270757；采集日期：2012-08-13。

滇龙胆草

Gentiana rigescens Franchet

产于：平甸乡磨盘山，常绿阔叶林；生活型：草本；采集人＆采集号：彭华、李园园、姜利琼、郭信强 PLJG0122；采集日期：2016-12-23；资源类型：药用植物资源。

云南龙胆

Gentiana yunnanensis Franchet

产于：平甸乡磨盘山，中山湿性常绿阔叶林；生活型：草本；采集人＆采集号：照片、野外记录；采集日期：2016-1226。

椭圆叶花锚

Halenia elliptica D. Don

产于：平甸乡磨盘山；生活型：草本；采集人＆采集号：照片、野外记录；采集日期：2017-06-14。

獐牙菜

Swertia bimaculata（Siebold et Zuccarini）J. D. Hooker et Thomson ex C. B. Clarke

产于：平甸乡磨盘山麂子箐，中山湿性常绿阔叶林；生活型：草本；采集人＆采集号：李园园、姜利琼、张琼、彭华、董红进 XP863；采集日期：2017-06-24。

大籽獐牙菜

Swertia macrosperma（C. B. Clarke）C. B. Clarke

产于：平甸乡敌军山，中山湿性常绿阔叶林；生活型：草本；采集人＆采集号：彭华、李园园、姜利琼 XP1346；采集日期：2017-11-13；资源类型：药用植物资源。

240 报春花科 Primulaceae

矮桃

Lysimachia clethroides Duby

产于：平甸乡磨盘山麂子箐，中山湿性常绿阔叶林；生活型：草本；采集人＆采集号：李园园、姜利琼、阳亿、张琼 XP1033；采集日期：2017-0806；资源类型：药用植物资源、食用植物资源、嫩叶蔬菜资源、牧草植物资源。

临时救

Lysimachia congestiflora Hemsley

产于：平甸乡高梁冲，干燥杂木林；生活型：草本；采集人＆采集号：陈丽、李园园、姜利琼 XP331；采集日期：2017-06-13；资源类型：药用植物资源。

小寸金黄

Lysimachia deltoidea Wight var. *cinerascens* Franchet

产于：平甸乡磨盘山国家森林公园，中山湿性常绿阔叶林；生活型：草本；采集人＆采集号：

彭华、李园园、姜利琼、郭信强 PLJG0259；采集日期：2016-1226；资源类型：食用植物资源、嫩茎、叶蔬菜资源。

锈毛过路黄

Lysimachia drymarifolia Franchet

产于：平甸乡磨盘山国家森林公园，中山湿性常绿阔叶林；生活型：草本；采集人 & 采集号：彭华、李园园、姜利琼、郭信强 PLJG0276；采集日期：2016-12-26。

灵香草

Lysimachia foenum-graecum Hance

产于：平甸乡磨盘山麂子箐，中山湿性常绿阔叶林；生活型：草本；采集人 & 采集号：陈丽、李园园、姜利琼 XP439；采集日期：2017-06-14；资源类型：药用植物资源、芳香油植物资源。

多枝香草

Lysimachia laxa Baudo

产于：平甸乡磨盘山，中山湿性常绿阔叶林；生活型：草本；采集人 & 采集号：李园园、姜利琼、蒋蕾、许可旺 XP035；采集日期：2017-04-21。

长蕊珍珠菜

Lysimachia lobelioides Wallich

产于：平甸乡高粱冲，干燥杂木林；生活型：草本；采集人 & 采集号：陈丽、李园园、姜利琼 XP337；采集日期：2017-0613；资源类型：药用植物资源。

阔叶假排草

Lysimachia petelotii Merrill

产于：平甸乡磨盘山，中山湿性常绿阔叶林；生活型：草本；采集人 & 采集号：李园园、姜利琼、蒋蕾、许可旺 XP034；采集日期：2017-04-21；资源类型：药用植物资源。

滇北球花报春

Primula denticulata Smith subsp. *sinodenticulata*（I. B. Balfour et Forrest）W. W. Smith

产于：平甸乡磨盘山月亮湖附近，中山湿性常绿阔叶林；生活型：草本；采集人 & 采集号：照片、野外记录；采集日期：2017-03-16。

报春花

Primula malacoides Franchet

产于：平甸乡磨盘山，中山湿性常绿阔叶林；生活型：草本；采集人 & 采集号：照片、野外记录；采集日期：2017-06-14。

海仙报春

Primula poissonii Franch.

产于：平甸乡磨盘山，常绿阔叶林；生活型：草本；采集人 & 采集号：No：12；采集日期：0。

铁梗报春

Primula sinolisteri I. B. Balfour

产于：平甸乡磨盘山月亮湖附近—麂子箐，中山湿性常绿阔叶林；生活型：草本；采集人 & 采集号：彭华、李园园、姜利琼 PLJ0474；采集日期：2017-03-16。

242 车前科 Plantaginaceae

车前

Plantago asiatica Linnaeus

产于：平甸乡磨盘山麂子箐，中山湿性常绿阔叶林；生活型：草本；采集人 & 采集号：陈丽、李园园、姜利琼 XP542；采集日期：2017-06-14；资源类型：药用植物资源、食用植物资源。

平车前

Plantago depressa Willdenow

产于：平甸乡磨盘山，村庄附近；生活型：草本；采集人 & 采集号：照片、野外记录；采集日期：2017-04-26；资源类型：药用植物资源。

大车前

Plantago major Linnaeus

产于：平甸乡磨盘山，中山湿性常绿阔叶林；生活型：草本；采集人 & 采集号：资料记录，资料来源于《规划》；采集日期：2017-06-14。

243 桔梗科 Campanulaceae

西南风铃草

Campanula pallida Wallich

产于：平甸乡磨盘山月亮湖附近，常绿阔叶林；生活型：草本；采集人 & 采集号：照片、野外记录；采集日期：2016-12-23；资源类型：药用植物资源。

胀萼蓝钟花

Cyananthus inflatus J. D. Hooker et Thomson

产于：平甸乡敌军山，中山湿性常绿阔叶林；生活型：草本；采集人 & 采集号：彭华、李园园、姜利琼 XP1344；采集日期：2017-11-13；资源类型：药用植物资源。

同钟花

Homocodon brevipes (Hemsley) D. Y. Hong

产于：平甸乡磨盘山麂子箐，中山湿性常绿阔叶林；生活型：灌木；采集人 & 采集号：陈丽、李园园、姜利琼 XP435；采集日期：2017-06-14；资源类型：药用植物资源。

袋果草

Peracarpa carnosa (Wallich) J. D. Hooker et Thomson

产于：平甸乡磨盘山麂子箐—野猪塘，中山湿性常绿阔叶林；生活型：草本；采集人 & 采集号：陈丽、李园园、姜利琼 XP559；采集日期：2017-06-15。

蓝花参

Wahlenbergia marginata (Thunberg) A. Candolle

产于：平甸乡磨盘山麂子箐，中山湿性常绿阔叶林；生活型：草本；采集人 & 采集号：陈丽、李园园、姜利琼 XP507；采集日期：2017-06-14；资源类型：药用植物资源。

244 半边莲科 Lobeliaceae

半边莲

Lobelia chinensis Loureiro

产于：平甸乡高粱冲，常绿阔叶林；生活型：草本；采集人＆采集号：照片、野外记录；采集日期：2016-12-23；资源类型：药用植物资源、食用植物资源。

密毛山梗菜

Lobelia clavata F. E. Wimmer

产于：平甸乡磨盘山，常绿阔叶林；生活型：草本；采集人＆采集号：玉溪队 2734；采集日期：1990-05-10；资源类型：药用植物资源。

狭叶山梗菜

Lobelia colorata Wallich

产于：平甸乡磨盘山自然保护区，常绿阔叶林；生活型：草本；采集人＆采集号：新平县普查队 5304270733；采集日期：2012-08-13；资源类型：药用植物资源。

柳叶山梗菜

Lobelia iteophylla C. Y. Wu

产于：平甸乡磨盘山麂子箐，中山湿性常绿阔叶林；生活型：草本；采集人＆采集号：陈丽、李园园、姜利琼 XP478a；采集日期：2017-06-14。

铜锤玉带草

Lobelia nummularia Lamarck

产于：平甸乡磨盘山麂子箐，中山湿性常绿阔叶林；生活型：草本；采集人＆采集号：陈丽、李园园、姜利琼 XP479；采集日期：2017-06-14；资源类型：药用植物资源。

毛萼山梗菜

Lobelia pleotricha Diels

产于：平甸乡磨盘山敌军山，中山湿性常绿阔叶林；生活型：草本；采集人＆采集号：陈丽、李园园、姜利琼 XP633；采集日期：2017-06-16；资源类型：药用植物资源。

西南山梗菜

Lobelia seguinii H. Leveille et Vaniot

产于：平甸乡磨盘山，常绿阔叶林；生活型：草本；采集人＆采集号：彭华、李园园、姜利琼、郭信强 PLJG0116；采集日期：2016-12-23；资源类型：药用植物资源。

249 紫草科 Boraginaceae

倒提壶

Cynoglossum amabile Stapf et J. R. Drummond

产于：平甸乡磨盘山；生活型：草本；采集人＆采集号：照片、野外记录；采集日期：2017-04-19。

小花琉璃草

Cynoglossum lanceolatum Forsskal

产于：平甸乡磨盘山麂子箐，中山湿性常绿阔叶林；生活型：草本；采集人 & 采集号：陈丽、李园园、姜利琼 XP539；采集日期：2017-06-14；资源类型：药用植物资源。

厚壳树

Ehretia acuminata R. Brown

产于：平甸乡磨盘山；生活型：乔木；采集人 & 采集号：照片、野外记录；采集日期：2016-12-21；资源类型：药用植物资源、食用植物资源、嫩芽木材资源、景观资源。

西南粗糠树

Ehretia corylifolia C. H. Wright

产于：平甸乡磨盘山，落叶季雨林；生活型：乔木；采集人 & 采集号：照片、野外记录；采集日期：2017-04-21；资源类型：药用植物资源。

粗糠树

Ehretia dicksonii Hance

产于：平甸乡磨盘山，阔叶林；生活型：乔木；采集人 & 采集号：李园园、姜利琼、蒋蕾、许可旺 LJJ0009；采集日期：2017-04-19；资源类型：景观资源。

宽胀萼紫草

Maharanga lycopsioides（C. E. C. Fisch.）I. M. Johnston

产于：平甸乡磨盘山，常绿阔叶林；生活型：草本；采集人 & 采集号：新平县普查队 5304270172；采集日期：2012-05-09。

毛花附地菜

Trigonotis heliotropifolia Handel-Mazzetti

产于：平甸乡磨盘山阴阳界，常绿阔叶林；生活型：草本；采集人 & 采集号：彭华、李园园、姜利琼、郭信强 PLJG0133；采集日期：2016-12-23。

毛脉附地菜

Trigonotis microcarpa（de Candolle）Bentham ex C. B. Clarke

产于：平甸乡磨盘山麂子箐—野猪塘，中山湿性常绿阔叶林；生活型：草本；采集人 & 采集号：陈丽、李园园、姜利琼 XP602；采集日期：2017-06-15。

250 茄科 Solanaceae

辣椒

Capsicum annuum Linnaeus

产于：平甸乡磨盘山，常绿阔叶林；生活型：草本；采集人 & 采集号：新平县普查队 5304270791；采集日期：2012-08-14；资源类型：药用植物资源、食用植物资源、蔬菜资源。

单花红丝线

Lycianthes lysimachioides（Wallich）Bitter

产于：平甸乡磨盘山麂子箐，中山湿性常绿阔叶林；生活型：草本；采集人 & 采集号：李园园、姜利琼、阳亿、张琼 XP1048；采集日期：2017-08-06；资源类型：药用植物资源。

假酸浆

Nicandra physalodes（Linn.）Gaertner

产于：平甸乡磨盘山；生活型：草本；采集人 & 采集号：照片、野外记录；采集日期：2016-12-21；资源类型：药用植物资源。

喀西茄

Solanum aculeatissimum Jacquin

产于：平甸乡磨盘山，干燥杂木林；生活型：灌木；采集人 & 采集号：玉溪队 2621；采集日期：1990-05-09。

少花龙葵

Solanum americanum Miller

产于：平甸乡磨盘山，常绿阔叶林；生活型：灌木；采集人 & 采集号：新平县普查队 5304270157；采集日期：2012-05-09；资源类型：药用植物资源、食用植物资源、蔬菜资源。

假烟叶树

Solanum erianthum D. Don

产于：平甸乡磨盘山，常绿阔叶林；生活型：乔木；采集人 & 采集号：新平县普查队 5304270154；采集日期：2012-05-09；资源类型：药用植物资源。

白英

Solanum lyratum Thunberg

产于：平甸乡磨盘山，村寨附近；生活型：藤本；采集人 & 采集号：照片、野外记录；采集日期：2016-12-22；资源类型：药用植物资源。

龙葵

Solanum nigrum Linnaeus

产于：平甸乡高粱冲，干燥杂木林；生活型：草本；采集人 & 采集号：陈丽、李园园、姜利琼 XP386；采集日期：2017-06-13；资源类型：药用植物资源、食用植物资源。

旋花茄

Solanum spirale Roxburgh

产于：平甸乡磨盘山，常绿阔叶林；生活型：灌木；采集人 & 采集号：新平县普查队 5304270372；采集日期：2012-06-01；资源类型：药用植物资源、食用植物资源、蔬菜资源。

水茄

Solanum torvum Swartz

产于：平甸乡磨盘山，田间路旁；生活型：灌木；采集人 & 采集号：照片、野外记录；采集日期：2016-12-24；资源类型：药用植物资源、蔬菜资源。

刺天茄

Solanum violaceum Ortega

产于：平甸乡磨盘山，常绿阔叶林；生活型：灌木；采集人 & 采集号：新平县普查队 5304270152；采集日期：2012-05-09；资源类型：药用植物资源。

251 旋花科 Convolvulaceae

灰毛白鹤藤

Argyreia osyrensis Roth Choisy var. *cinerea* Handel-Mazzetti

产于：平甸乡磨盘山，常绿阔叶林；生活型：藤本；采集人 & 采集号：新平县普查队 5304270033；采集日期：2012-05-04。

苞叶藤

Blinkworthia convolvuloides Prain

产于：平甸乡磨盘山，落叶季雨林；生活型：攀援灌木；采集人 & 采集号：照片、野外记录；采集日期：2017-05-19；资源类型：药用植物资源。

三列飞蛾藤

Dinetus duclouxii（Gagnepain et Courchet）Staples

产于：平甸乡磨盘山，常绿阔叶林；生活型：攀援灌木；采集人 & 采集号：彭华、李园园、姜利琼、郭信强 PLJG0039；采集日期：2016-12-21。

飞蛾藤

Dinetus racemosus（Roxb.）Buch-Ham. ex Sweet

产于：平甸乡黑白租，常绿阔叶林；生活型：半灌木；采集人 & 采集号：陈丽、赵越 XP1426；采集日期：2017-12-03。

土丁桂

Evolvulus alsinoides（Linn.）Linnaeus

产于：平甸乡磨盘山，河谷干热草坡；生活型：草本；采集人 & 采集号：李园园、姜利琼、阳亿、张琼 XP1319；采集日期：2017-08-11；资源类型：药用植物资源。

蕹菜

Ipomoea aquatica Forsskal

产于：平甸乡磨盘山，河谷干热草坡；生活型：草本；采集人 & 采集号：李园园、姜利琼、阳亿、张琼 XP1330；采集日期：2017-08-11；资源类型：药用植物资源、食用植物资源、蔬菜资源、牧草植物资源。

毛果薯

Ipomoea eriocarpa R. Brown

产于：平甸乡磨盘山，荒地；生活型：草质藤本；采集人 & 采集号：彭华、李园园、姜利琼、郭信强 PLJG0081；采集日期：2016-12-22。

圆叶牵牛

Ipomoea purpurea（Linn.）Roth

产于：平甸乡磨盘山，常绿阔叶林；生活型：草本；采集人 & 采集号：新平县普查队 5304270766；采集日期：2012-08-14。

飞蛾藤

Dinetus racemosus（Wallich）Sweet.

产于：平甸乡磨盘山；生活型：灌木；采集人 & 采集号：武素功 408；采集日期：1958-10-18；资源类型：药用植物资源。

白花叶

Poranopsis sinensis (Handel-Mazzetti) Staples

产于：平甸乡磨盘山，荒地；生活型：攀摇动灌木；采集人 & 采集号：彭华、李园园、姜利琼、郭信强 PLJG0087；采集日期：2016-12-22。

251a 菟丝子科 Cuscutaceae

菟丝子

Cuscuta chinensis Lamarck

产于：平甸乡磨盘山；生活型：一年生寄生草本；采集人 & 采集号：照片、野外记录；采集日期：2017-04-19；资源类型：药用植物资源。

金灯藤

Cuscuta japonica Choisy

产于：平甸乡磨盘山；生活型：一年生寄生缠绕草本；采集人 & 采集号：新平县普查队 5304270272；采集日期：2012-05-16。

252 玄参科 Scrophulariaceae

来江藤

Brandisia hancei J. D. Hooker

产于：平甸乡高粱冲，干燥杂木林；生活型：灌木；采集人 & 采集号：陈丽、李园园、姜利琼 XP341；采集日期：2017-06-13；资源类型：药用植物资源。

鞭打绣球

Hemiphragmaheterophyllum Wallich

产于：平甸乡磨盘山月亮湖附近，中山湿性常绿阔叶林；生活型：草本；采集人 & 采集号：照片、野外记录；采集日期：2017-03-16；资源类型：药用植物资源。

钟萼草

Lindenbergia philippensis (Chamisso et Schlechtendal) Bentham

产于：平甸乡磨盘山，落叶季雨林；生活型：草本；采集人 & 采集号：彭华、李园园、姜利琼 PLJ0460；采集日期：2017-03-16；资源类型：药用植物资源。

长蒴母草

Lindernia anagallis (N. L. Burman) Pennell

产于：平甸乡磨盘山，路边灌丛；生活型：草本；采集人 & 采集号：彭华、赵倩茹、陈亚萍、蒋蕾 PH10013；采集日期：2016-01-07；资源类型：药用植物资源。

狭叶母草

Lindernia micrantha D. Don

产于：平甸乡磨盘山，河谷干热草坡；生活型：草本；采集人 & 采集号：李园园、姜利琼、阳亿、张琼 XP1331；采集日期：2017-08-11。

宽叶母草

Lindernia nummulariifolia（D. Don）Wettstein

产于：平甸乡磨盘山，常绿阔叶林；生活型：草本；采集人 & 采集号：照片、野外记录；采集日期：2017-06-14。

陌上菜

Lindernia procumbens（Krocker）Borbas

产于：平甸乡磨盘山；生活型：草本；采集人 & 采集号：照片、野外记录；采集日期：2017-06-14。

长蔓通泉草

Mazus longipes Bonati

产于：平甸乡磨盘山；生活型：草本；采集人 & 采集号：新平县普查队 5304270328；采集日期：2012-05-31。

通泉草

Mazus pumilus（N. L. Burman）Steenis

产于：平甸乡磨盘山月亮湖附近，中山湿性常绿阔叶林；生活型：草本；采集人 & 采集号：照片、野外记录；采集日期：2017-03-16；资源类型：药用植物资源。

滇川山罗花

Melampyrum klebelsbergianum Soo

产于：平甸乡磨盘山麂子箐，中山湿性常绿阔叶林；生活型：草本；采集人 & 采集号：陈丽、李园园、姜利琼 XP473；采集日期：2017-06-14。

黑马先蒿

Pedicularis nigra（Bonati）Vaniot ex Bonati

产于：平甸乡敌军山，中山湿性常绿阔叶林；生活型：草本；采集人 & 采集号：李园园、姜利琼、阳亿、张琼 XP1021；采集日期：2017-08-06。

高玄参

Scrophularia elatior Bentham

产于：平甸乡磨盘山，常绿阔叶林；生活型：草本；采集人 & 采集号：照片、野外记录；采集日期：2016-12-23。

云南玄参

Scrophularia yunnanensis Franchet

产于：平甸乡敌军山，中山湿性常绿阔叶林；生活型：草本；采集人 & 采集号：李园园、姜利琼、阳亿、张琼 XP1023；采集日期：2017-08-06。

单色蝴蝶草

Torenia concolor Lindley

产于：平甸乡高粱冲，常绿阔叶林；生活型：草本；采集人 & 采集号：彭华、李园园、姜利琼、郭信强 PLJG0129；采集日期：2016-12-23；资源类型：药用植物资源。

北水苦荬

Veronica anagallis-aquatica Linnaeus

产于：平甸乡磨盘山；生活型：草本；采集人＆采集号：照片、野外记录；采集日期：2017-04-19；资源类型：药用植物资源、食用植物资源、蔬菜资源。

婆婆纳

Veronica polita Fries

产于：平甸乡磨盘山，常绿阔叶林；生活型：草本；采集人＆采集号：照片、野外记录；采集日期：2016-12-23；资源类型：食用植物资源。

253 列当科 Orobanchaceae

野菰

Aeginetia indica Linnaeus

产于：平甸乡磨盘山山顶，中山湿性常绿阔叶林；生活型：草本；采集人＆采集号：彭华、李园园、姜利琼 PLJ0494；采集日期：2017-03-16；资源类型：药用植物资源。

254 狸藻科 Lentibulariaceae

挖耳草

Utricularia bifida Linnaeus

产于：平甸乡敌军山，中山湿性常绿阔叶林；生活型：草本；采集人＆采集号：李园园、姜利琼、阳亿、张琼 XP995；采集日期：2017-08-05；资源类型：药用植物资源。

256 苦苣苔科 Gesneriaceae

旋蒴苣苔

Boea hygrometrica (Bunge) R. Brown

产于：平甸乡磨盘山，村寨附近；生活型：草本；采集人＆采集号：照片、野外记录；采集日期：2016-12-22；资源类型：药用植物资源。

川鄂粗筒苣苔

Briggsia rosthornii (Diels) B. L. Burtt

产于：平甸乡敌军山，中山湿性常绿阔叶林；生活型：草本；采集人＆采集号：李园园、姜利琼、阳亿、张琼 XP999；采集日期：2017-08-06。

大叶唇柱苣苔

Chirita macrophylla Wallich

产于：平甸乡磨盘山山顶，中山湿性常绿阔叶林；生活型：草本；采集人＆采集号：照片、野外记录；采集日期：2017-03-16；资源类型：景观资源。

腺毛长蒴苣苔

Didymocarpus glandulosus (W. W. Smith) W. T. Wang

产于：平甸乡磨盘山麂子箐，中山湿性常绿阔叶林；生活型：草本；采集人＆采集号：陈丽、李园园、姜利琼 XP532；采集日期：2017-06-14。

蒙自长蒴苣苔

Didymocarpus mengtze W. W. Smith

产于：平甸乡磨盘山月亮湖附近，中山湿性常绿阔叶林；生活型：草本；采集人 & 采集号：彭华、李园园、姜利琼 PLJ0490；采集日期：2017-03-16。

紫苞长蒴苣苔

Didymocarpus purpureobracteatus W. W. Smith

产于：平甸乡磨盘山，中山湿性常绿阔叶林；生活型：草本；采集人 & 采集号：Zhiwei Wang etc. KC-0395；采集日期：2014-08-10。

马铃苣苔

Oreocharis amabilis Dunn

产于：平甸乡磨盘山，中山湿性常绿阔叶林；生活型：草本；采集人 & 采集号：照片、野外记录；采集日期：2017-04-21。

锈色蛛毛苣苔

Paraboea rufescens（Franchet）B. L. Burtt

产于：平甸乡磨盘山；生活型：草本；采集人 & 采集号：照片、野外记录；采集日期：2016-12-21；资源类型：药用植物资源。

蛛毛苣苔

Paraboea sinensis（Oliver）B. L. Burtt

产于：平甸乡磨盘山，村寨附近；生活型：灌木；采集人 & 采集号：照片、野外记录；采集日期：2016-12-22；资源类型：药用植物资源、食用植物资源。

绵毛石蝴蝶

Petrocosmea kerrii Craib var. *crinita* W. T. Wang

产于：平甸乡磨盘山麂子箐栈道，常绿阔叶林；生活型：草本；采集人 & 采集号：照片、野外记录；采集日期：2017-06-14。

金毛石蝴蝶

Petrocosmea chrysotricha M. Q. Han，H. Jiang & Yan Liu

产于：平甸乡磨盘山麂子箐，中山湿性常绿阔叶林；生活型：草本；采集人 & 采集号：李园园、姜利琼、张琼、彭华、董红进 XP849；采集日期：2017-06-24。

黑眼石蝴蝶

Petrocosmea melanophthalma Huan C. Wang，Z. R. He & Li Bing Zhang

产于：平甸乡磨盘山，中山湿性常绿阔叶林；生活型：草本；采集人 & 采集号：李园园、姜利琼、蒋蕾、许可旺 XP042；采集日期：2017-04-21。

黄白长冠苣苔

Rhabdothamnopsis chinensis var. *ochroleuca*（W. W. Sm.）Hand. -Mazz.

产于：平甸乡磨盘山麂子箐，中山湿性常绿阔叶林；生活型：草本；采集人 & 采集号：李园园、姜利琼、张琼、彭华、董红进 XP855；采集日期：2017-06-24。

尖舌苣苔

Rhynchoglossum obliquum Blume

产于：平甸乡黑白租，常绿阔叶林；生活型：草本；采集人＆采集号：陈丽、赵越 XP1382；采集日期：2017-12-02。

257 紫葳科 Bignoniaceae

毛叶猫尾木

Markhamia stipulata var. *kerrii* Sprague

产于：平甸乡磨盘山；生活型：乔木；采集人＆采集号：武素功 365；采集日期：1958-10-16。

西南猫尾木

Markhamia stipulata (wall.) seem

产于：平甸乡磨盘山；生活型：乔木；采集人＆采集号：武全安、张启泰 1123；采集日期：1982-11-09。

两头毛

Incarvillea arguta (Royle) Royle

产于：平甸乡磨盘山；生活型：灌木；采集人＆采集号：照片、野外记录；采集日期：2017-04-19；资源类型：药用植物资源。

蓝花楹

Jacaranda mimosifolia D. Don

产于：平甸乡磨盘山，村庄附近；生活型：乔木；采集人＆采集号：照片、野外记录；采集日期：2017-04-26；资源类型：木材资源、景观资源。

木蝴蝶

Oroxylum indicum (Linn.) Bentham ex Kurz

产于：平甸乡磨盘山，落叶季雨林；生活型：乔木；采集人＆采集号：照片、野外记录；采集日期：2017-03-16；资源类型：药用植物资源、食用植物资源、木材资源。

滇菜豆树

Radermachera yunnanensis C. Y. Wu et W. C. Yin

产于：平甸乡磨盘山，干燥杂木林；生活型：乔木；采集人＆采集号：陈丽、李园园、姜利琼 XP417；采集日期：2017-06-13；资源类型：药用植物资源。

羽叶楸

Stereospermum colais (Buchanan-Hamilton ex Dillwyn) Mabberley

产于：平甸乡磨盘山，落叶季雨林；生活型：乔木；采集人＆采集号：李园园、姜利琼、阳亿、张琼 XP1298；采集日期：2017-08-11；资源类型：木材资源。

259 爵床科 Acanthaceae

疏花穿心莲

Andrographis laxiflora（Blume）Lindau

产于：平甸乡磨盘山，常绿阔叶林；生活型：草本；采集人 & 采集号：彭华、李园园、姜利琼、郭信强 PLJG0063；采集日期：2016-12-21；资源类型：药用植物资源。

白接骨

Asystasia neesiana（Wallich）Nees

产于：平甸乡黑白租，常绿阔叶林；生活型：草本；采集人 & 采集号：陈丽、赵越 XP1424；采集日期：2017-12-03。

假杜鹃

Barleria cristata Linnaeus

产于：平甸乡磨盘山，常绿阔叶林；生活型：灌木；采集人 & 采集号：彭华、李园园、姜利琼、郭信强 PLJG0061；采集日期：2016-12-21；资源类型：药用植物资源、景观资源。

野靛棵

Justicia patentiflora Hemsley

产于：平甸乡黑白租；生活型：草本；采集人 & 采集号：陈丽、赵越、王立彦等 XP1430；采集日期：2018-03-06。

爵床

Justicia procumbens Linnaeus

产于：平甸乡磨盘山，常绿阔叶林；生活型：草本；采集人 & 采集号：彭华、李园园、姜利琼、郭信强 PLJG0146；采集日期：2016-12-23；资源类型：药用植物资源。

鳞花草

Lepidagathis incurva Buchanan-Hamilton ex D. Don

产于：平甸乡磨盘山，常绿阔叶林；生活型：草本；采集人 & 采集号：彭华、李园园、姜利琼、郭信强 PLJG0186；采集日期：2016-12-24；资源类型：药用植物资源。

观音草

Peristrophe bivalvis（Linn.）Merrill

产于：平甸乡黑白租；生活型：草本；采集人 & 采集号：照片、野外记录；采集日期：2017-06-14。

云南山壳骨

Pseuderanthemum crenulatum（Wallich ex Lindley）Radl-kofer

产于：平甸乡磨盘山；生活型：半灌木；采集人 & 采集号：薛纪如 427706；采集日期：1978-04-00。

孩儿草

Rungia pectinata（Linn.）Nees

产于：平甸乡磨盘山，常绿阔叶林；生活型：草本；采集人 & 采集号：彭华、李园园、姜利琼、郭信强 PLJG0154；采集日期：2016-12-23；资源类型：药用植物资源。

华南马蓝

Strobilanthes austrosinensis Y. F. Deng et J. R. I. Wood

产于：平甸乡磨盘山月亮湖附近，中山湿性常绿阔叶林；生活型：草本；采集人 & 采集号：照片、野外记录；采集日期：2017-03-16。

多脉紫云菜

Strobilanthes polyneuros C. B. Clarke ex W. W. Smith

产于：平甸乡磨盘山，路边杂木林；生活型：草本；采集人 & 采集号：彭华、李园园、姜利琼 PLJ0353；采集日期：2017-03-13。

美丽马蓝

Strobilanthes speciosa Blume

产于：平甸乡磨盘山；生活型：灌木；采集人 & 采集号：武素功 374；采集日期：1958-10-16。

白头马蓝

Strobilanthes esquirolii H. Leveille

产于：平甸乡磨盘山，常绿阔叶林；生活型：草本；采集人 & 采集号：彭华、李园园、姜利琼、郭信强 PLJG0067；采集日期：2016-12-21。

碗花草

Thunbergia fragrans Roxburgh

产于：平甸乡磨盘山；生活型：藤本；采集人 & 采集号：武素功 383；采集日期：1958-10-16。

263 马鞭草科 Verbenaceae

木紫珠

Callicarpa arborea Roxburgh

产于：平甸乡磨盘山；生活型：乔木；采集人 & 采集号：武素功 341；采集日期：1958-10-16；资源类型：药用植物资源。

毛叶老鸦糊

Callicarpa giraldii Hesse ex Rehder var. *subcanescens* Rehder

产于：平甸乡磨盘山麂子箐—野猪塘，中山湿性常绿阔叶林；生活型：灌木；采集人 & 采集号：陈丽、李园园、姜利琼 XP603；采集日期：2017-06-15；资源类型：药用植物资源。

大叶紫珠

Callicarpa macrophylla Vahl

产于：平甸乡高粱冲，干燥杂木林；生活型：灌木；采集人 & 采集号：陈丽、李园园、姜利琼 XP338；采集日期：2017-06-13；资源类型：药用植物资源。

红紫珠

Callicarpa rubella Lindley

产于：平甸乡磨盘山，常绿阔叶林；生活型：灌木；采集人＆采集号：彭华、李园园、姜利琼、郭信强 PLJG0140；采集日期：2016-12-23；资源类型：药用植物资源、食用植物资源、景观资源。

苞花大青

Clerodendrum bracteatum Wallich ex Walpers

产于：平甸乡磨盘山；生活型：灌木；采集人＆采集号：武素功 372；采集日期：1958-10-16。

臭牡丹

Clerodendrum bungei Steudel

产于：平甸乡磨盘山；生活型：灌木；采集人＆采集号：玉溪队 2694；采集日期：1990-05-09；资源类型：药用植物资源。

臭茉莉

Clerodendrum chinense（Osbeck）Mabberley var. *simplex*（Moldenke）S. L. Chen

产于：平甸乡磨盘山，常绿阔叶林；生活型：灌木；采集人＆采集号：新平县普查队 5304270016；采集日期：2012-05-03；资源类型：药用植物资源。

腺茉莉

Clerodendrum colebrookianum Walpers

产于：平甸乡磨盘山麂子箐，中山湿性常绿阔叶林；生活型：灌木；采集人＆采集号：陈丽、李园园、姜利琼 XP461；采集日期：2017-06-14；资源类型：药用植物资源。

海州常山

Clerodendrum trichotomum Thunberg

产于：平甸乡磨盘山；生活型：乔木；采集人＆采集号：照片、野外记录；采集日期：2017-04-19；资源类型：药用植物资源、景观资源。

过江藤

Phyla nodiflora（Linn.）E. L. Greene

产于：平甸乡磨盘山，河谷干热草坡；生活型：草本；采集人＆采集号：李园园、姜利琼、阳亿、张琼 XP1316；采集日期：2017-08-11；资源类型：药用植物资源。

豆腐柴

Premna microphylla Turczaninow

产于：平甸乡磨盘山，常绿阔叶林；生活型：灌木；采集人＆采集号：照片、野外记录；采集日期：2016-12-24；资源类型：药用植物资源。

毛楔翅藤

Sphenodesme mollis Craib

产于：平甸乡磨盘山；生活型：攀援藤本；采集人＆采集号：武素功 580；采集日期：1958-10-24。

柚木

Tectona grandis Linn. f.

产于：平甸乡磨盘山，干热河谷；生活型：乔木；采集人 & 采集号：照片、野外记录；采集日期：2016-09-14；资源类型：药用植物资源、木材资源、景观资源。

马鞭草

Verbena officinalis Linnaeus

产于：平甸乡磨盘山；生活型：草本；采集人 & 采集号：武素功 386；采集日期：1958-10-16；资源类型：药用植物资源。

灰毛牡荆

Vitex canescens Kurz

产于：平甸乡磨盘山，村寨附近；生活型：乔木；采集人 & 采集号：照片、野外记录；采集日期：2016-12-22；资源类型：药用植物资源、木材资源。

黄荆

Vitex negundo Linnaeus

产于：平甸乡磨盘山，常绿阔叶林；生活型：灌木；采集人 & 采集号：No：142；采集日期：0。

牡荆

Vitex negundo Linnaeus var. *cannabifolia* (Siebold et Zuccarini) Handel-Mazzetti

产于：平甸乡磨盘山；生活型：灌木；采集人 & 采集号：新平县普查队 5304270727；采集日期：2012-08-10；资源类型：药用植物资源、芳香油植物资源。

264 唇形科 Labiatae

西藏鳞果草

Achyrospermum wallichianum (Bentham) Bentham ex J. D. Hooker

产于：平甸乡磨盘山，干燥杂木林；生活型：草本；采集人 & 采集号：武素功 419；采集日期：1958-10-18。

筋骨草

Ajuga ciliata Bunge

产于：平甸乡磨盘山，中山湿性常绿阔叶林；生活型：草本；采集人 & 采集号：照片、野外记录；采集日期：2017-04-21；资源类型：药用植物资源。

匍枝筋骨草

Ajuga lobata D. Don

产于：平甸乡磨盘山麂子箐—野猪塘，中山湿性常绿阔叶林；生活型：草本；采集人 & 采集号：陈丽、李园园、姜利琼 XP565；采集日期：2017-06-15；资源类型：药用植物资源。

广防风

Anisomeles indica (Linn.) Kuntze

产于：平甸乡磨盘山，干燥杂木林；生活型：草本；采集人 & 采集号：照片、野外记录；采集日期：2016-12-22；资源类型：药用植物资源。

风轮菜

Clinopodium chinense（Bentham）Kuntze

产于：平甸乡磨盘山；生活型：草本；采集人 & 采集号：新平县普查队 5304270305；采集日期：2012-05-16。

寸金草

Clinopodium megalanthum（Diels）C. Y. Wu et Hsuan ex H. W. Li

产于：平甸乡磨盘山麂子箐，中山湿性常绿阔叶林；生活型：草本；采集人 & 采集号：陈丽、李园园、姜利琼 XP437；采集日期：2017-06-14；资源类型：药用植物资源。

灯笼草

Clinopodium polycephalum（Vaniot）C. Y. Wu et Hsuan ex P. S. Hsu

产于：平甸乡高粱冲，干燥杂木林；生活型：草本；采集人 & 采集号：陈丽、李园园、姜利琼 XP408；采集日期：2017-06-13；资源类型：药用植物资源。

匍匐风轮菜

Clinopodium repens（Buchanan-Hamilton ex D. Don）Bentham

产于：平甸乡磨盘山，常绿阔叶林；生活型：草本；采集人 & 采集号：彭华、李园园、姜利琼、郭信强 PLJG0126；采集日期：2016-12-23。

羽萼木

Colebrookea oppositifolia Smith

产于：平甸乡磨盘山，落叶季雨林；生活型：灌木；采集人 & 采集号：照片、野外记录；采集日期：2017-03-16；资源类型：药用植物资源。

秀丽火把花

Colquhounia elegans Wallich ex Bentham

产于：平甸乡磨盘山，常绿阔叶林；生活型：藤状灌木；采集人 & 采集号：彭华、李园园、姜利琼、郭信强 PLJG0185；采集日期：2016-12-24。

簇序草

Craniotome furcata（Link）Kuntze

产于：平甸乡磨盘山，常绿阔叶林；生活型：草本；采集人 & 采集号：彭华、李园园、姜利琼、郭信强 PLJG0138；采集日期：2016-12-23。

四方蒿

Elsholtzia blanda（Bentham）Bentham

产于：平甸乡磨盘山；生活型：草本；采集人 & 采集号：新平县普查队 5304270297；采集日期：2012-05-16；资源类型：药用植物资源、芳香油植物资源。

东紫苏

Elsholtzia bodinieri Vaniot

产于：平甸乡磨盘山，常绿阔叶林；生活型：草本；采集人 & 采集号：新平县普查队 5304271045；采集日期：2017-06-14；资源类型：药用植物资源、食用植物资源、芳香油植物资源。

野香草

Elsholtzia cypriani（Pavol.）C. Y. Wu et S. Chow ex Hsu

产于：平甸乡磨盘山，常绿阔叶林；生活型：草本；采集人 & 采集号：彭华、李园园、姜利琼、郭信强 PLJG0013a；采集日期：2016-12-21；资源类型：药用植物资源、芳香油植物资源。

黄花香薷

Elsholtzia flava（Bentham）Bentham

产于：平甸乡磨盘山，干燥杂木林；生活型：灌木；采集人 & 采集号：照片、野外记录；采集日期：1957-02-00；资源类型：药用植物资源、芳香油植物资源。

鸡骨柴

Elsholtzia fruticosa（D. Don）Rehder

产于：平甸乡磨盘山，常绿阔叶林；生活型：灌木；采集人 & 采集号：彭华、李园园、姜利琼、郭信强 PLJG0188；采集日期：2016-12-24；资源类型：药用植物资源。

异叶香薷

Elsholtzia heterophylla Diels

产于：平甸乡磨盘山，常绿阔叶林；生活型：草本；采集人 & 采集号：普春霞 2008020；采集日期：2008-11-04；资源类型：药用植物资源。

水香薷

Elsholtzia kachinensis Prain

产于：平甸乡磨盘山，常绿阔叶林；生活型：草本；采集人 & 采集号：照片、野外记录；采集日期：2016-12-23；资源类型：食用植物资源、茎叶蔬菜资源。

长毛香薷

Elsholtzia pilosa（Benth.）Benth.

产于：平甸乡磨盘山，河谷干热草坡；生活型：草本；采集人 & 采集号：武素功 476；采集日期：1958-10-19。

野拔子

Elsholtzia rugulosa Hemsley

产于：平甸乡磨盘山，中山湿性常绿阔叶林；生活型：灌木；采集人 & 采集号：照片、野外记录；采集日期：2016-12-26；资源类型：药用植物资源、芳香油植物资源。

白香薷

Elsholtzia winitiana Craib

产于：平甸乡磨盘山，常绿阔叶林；生活型：草本；采集人 & 采集号：普春霞 2008025；采集日期：2008-11-04。

全唇花

Holocheila longipedunculata S. Chow

产于：平甸乡磨盘山，中山湿性常绿阔叶林；生活型：草本；采集人 & 采集号：照片、野外记录；采集日期：2017-04-21。

细锥香茶菜

Isodon coetsa（Buchanan-Hamilton ex D. Don）Kudo

产于：平甸乡磨盘山，常绿阔叶林；生活型：灌木；采集人＆采集号：彭华、李园园、姜利琼、郭信强 PLJG0161；采集日期：2016-12-23；资源类型：药用植物资源。

紫毛香茶菜

Isodon enanderianus（Handel-Mazzetti）H. W. Li

产于：平甸乡磨盘山，常绿阔叶林；生活型：草本；采集人＆采集号：彭华、李园园、姜利琼、郭信强 PLJG0055；采集日期：2016-12-21；资源类型：药用植物资源。

线纹香茶菜

Isodon lophanthoides（Buchanan-Hamilton ex D. Don）H. Hara

产于：平甸乡磨盘山，常绿阔叶林；生活型：草本；采集人＆采集号：彭华、李园园、姜利琼、郭信强 PLJG0155；采集日期：2016-12-23；资源类型：药用植物资源。

黄花香茶菜

Isodon sculponeatus（Vaniot）Kudo

产于：平甸乡磨盘山；生活型：草本；采集人＆采集号：S. C. Ho 85695；采集日期：1985-10-18。

宝盖草

Lamium amplexicaule Linnaeus

产于：平甸乡磨盘山；生活型：草本；采集人＆采集号：照片、野外记录；采集日期：2017-04-19；资源类型：药用植物资源。

益母草

Leonurus japonicus Houttuyn

产于：平甸乡磨盘山，落叶季雨林；生活型：草本；采集人＆采集号：照片、野外记录；采集日期：2017-04-21；资源类型：药用植物资源。

绣球防风

Leucas ciliata Bentham

产于：平甸乡磨盘山，常绿阔叶林；生活型：草本；采集人＆采集号：新平县普查队 5304270080；采集日期：2012-05-06；资源类型：药用植物资源。

白绒草

Leucas mollissima Wallich ex Bentham

产于：平甸乡磨盘山，阔叶林；生活型：草本；采集人＆采集号：李园园、姜利琼、蒋蕾、许可旺 LJJ0012；采集日期：2017-04-19；资源类型：药用植物资源。

米团花

Leucosceptrum canum Smith

产于：平甸乡磨盘山，常绿阔叶林；生活型：灌木；采集人＆采集号：照片、野外记录；采集日期：2016-12-23。

蜜蜂花

Melissa axillaris（Bentham）Bakhuizen f.

产于：平甸乡磨盘山，常绿阔叶林；生活型：草本；采集人＆采集号：Zhiwei Wang etc. KC-

0393；采集日期：2014-08-10；资源类型：药用植物资源。

近穗状冠唇花

Microtoena subspicata C. Y. Wu ex Hsuan

产于：平甸乡磨盘山，干燥杂木林；生活型：草本；采集人 & 采集号：武素功 368；采集日期：1958-10-12。

鸡脚参

Orthosiphon wulfenioides (Diels) Handel Mazzetti

产于：平甸乡磨盘山；生活型：草本；采集人 & 采集号：蔡希陶 53393；采集日期：1933-05-20；资源类型：药用植物资源。

紫苏

Perilla frutescens (Linn.) Britton

产于：平甸乡磨盘山，常绿阔叶林；生活型：草本；采集人 & 采集号：照片、野外记录；采集日期：2016-12-23；资源类型：药用植物资源、食用植物资源叶、种子景观资源。

刺蕊草

Pogostemon glaber Bentham

产于：平甸乡磨盘山；生活型：草本；采集人 & 采集号：新平县普查队 5304270248；采集日期：2012-05-16；资源类型：药用植物资源。

黑刺蕊草

Pogostemon nigrescens Dunn

产于：平甸乡磨盘山国家森林公园，常绿阔叶林；生活型：草本；采集人 & 采集号：彭华、李园园、姜利琼、郭信强 PLJG0141；采集日期：2016-12-23；资源类型：药用植物资源。

硬毛夏枯草

Prunella hispida Bentham

产于：平甸乡磨盘山；生活型：草本；采集人 & 采集号：照片、野外记录；采集日期：2016-12-23。

夏枯草

Prunella vulgaris Linnaeus

产于：平甸乡高粱冲，干燥杂木林；生活型：草本；采集人 & 采集号：陈丽、李园园、姜利琼 XP390；采集日期：2017-06-13；资源类型：药用植物资源。

鼠尾草

Salvia japonica Thunberg

产于：平甸乡磨盘山，常绿阔叶林；生活型：草本；采集人 & 采集号：照片、野外记录；采集日期：2016-12-23。

荔枝草

Salvia plebeia R. Brown

产于：平甸乡磨盘山，村庄附近；生活型：草本；采集人 & 采集号：照片、野外记录；采集日期：2017-04-26；资源类型：药用植物资源。

四棱草

Schnabelia oligophylla Handel-Mazzetti

产于：平甸乡磨盘山；生活型：草本；采集人 & 采集号：照片、野外记录；采集日期：2017-06-14。

四裂花黄芩

Scutellaria quadrilobulata Sun ex C. H. Hu

产于：平甸乡敌军山，中山湿性常绿阔叶林；生活型：草本；采集人 & 采集号：彭华、李园园、姜利琼 XP1343；采集日期：2017-11-13；资源类型：药用植物资源。

筒冠花

Siphocranion macranthum (J. D. Hooker) C. Y. Wu

产于：平甸乡敌军山，中山湿性常绿阔叶林；生活型：草本；采集人 & 采集号：李园园、姜利琼、阳亿、张琼 XP990；采集日期：2017-08-05；资源类型：药用植物资源。

阴行草

Siphonostegia chinensis Bentham

产于：平甸乡磨盘山，河谷干热草坡；生活型：草本；采集人 & 采集号：照片、野外记录；采集日期：2016-09-14；资源类型：药用植物资源。

西南水苏

Stachys kouyangensis (Vaniot) Dunn

产于：平甸乡磨盘山敌军山，中山湿性常绿阔叶林；生活型：草本；采集人 & 采集号：陈丽、李园园、姜利琼 XP640；采集日期：2017-06-16；资源类型：药用植物资源。

大理水苏

Stachys taliensis C. Y. Wu

产于：平甸乡磨盘山麂子箐，中山湿性常绿阔叶林；生活型：草本；采集人 & 采集号：陈丽、李园园、姜利琼 XP471；采集日期：2017-06-14。

280 鸭跖草科 Commelinaceae

饭包草

Commelina benghalensis Linnaeus

产于：平甸乡磨盘山，常绿阔叶林；生活型：草本；采集人 & 采集号：照片、野外记录；采集日期：2016-12-23；资源类型：药用植物资源。

鸭跖草

Commelina communis Linnaeus

产于：平甸乡磨盘山，中山湿性常绿阔叶林；生活型：草本；采集人 & 采集号：照片、野外记录；采集日期：2017-04-21；资源类型：药用植物资源。

大苞鸭跖草

Commelina paludosa Blume

产于：平甸乡磨盘山；生活型：草本；采集人 & 采集号：武素功 380；采集日期：1958-10-

16；资源类型：药用植物资源。

蛛丝毛蓝耳草

Cyanotis arachnoidea C. B. Clarke

产于：平甸乡磨盘山自然保护区，常绿阔叶林；生活型：草本；采集人＆采集号：新平县普查队 5304270752；采集日期：2012-08-13；资源类型：药用植物资源。

蓝耳草

Cyanotis vaga (Loureiro) Schultes et J. H. Schultes

产于：平甸乡敌军山，中山湿性常绿阔叶林；生活型：草本；采集人＆采集号：李园园、姜利琼、阳亿、张琼 XP997；采集日期：2017-08-05。

紫背鹿衔草

Murdannia divergens (C. B. Clarke) Bruckn.

产于：平甸乡磨盘山麂子箐，中山湿性常绿阔叶林；生活型：草本；采集人＆采集号：陈丽、李园园、姜利琼 XP478；采集日期：2017-06-14；资源类型：药用植物资源。

大果水竹叶

Murdannia macrocarpa D. Y. Hong

产于：平甸乡高粱冲，常绿阔叶林；生活型：草本；采集人＆采集号：照片、野外记录；采集日期：2016-12-24。

裸花水竹叶

Murdannia nudiflora (Linn.) Brenan

产于：平甸乡高粱冲，干燥杂木林；生活型：草本；采集人＆采集号：陈丽、李园园、姜利琼 XP333；采集日期：2017-06-13；资源类型：药用植物资源。

竹叶吉祥草

Spatholirion longifolium (Gagnepain) Dunn

产于：平甸乡敌军山，中山湿性常绿阔叶林；生活型：草本；采集人＆采集号：李园园、姜利琼、阳亿、张琼 XP969；采集日期：2017-08-05；资源类型：药用植物资源。

竹叶子

Streptolirion volubile Edgeworth

产于：平甸乡磨盘山，常绿阔叶林；生活型：草本；采集人＆采集号：照片、野外记录；采集日期：2016-12-23；资源类型：药用植物资源。

283 谷精草科 Eriocaulaceae

谷精草

Eriocaulon buergerianum Kornicke

产于：平甸乡磨盘山，中山湿性常绿阔叶林；生活型：草本；采集人＆采集号：李园园、姜利琼、蒋蕾、许可旺 XP036；采集日期：2017-04-21；资源类型：药用植物资源。

285 灯心草科 Juncaceae

葱状灯心草

Juncus allioides Franchet

产于：平甸乡敌军山，中山湿性常绿阔叶林；生活型：草本；采集人 & 采集号：李园园、姜利琼、阳亿、张琼 XP1026；采集日期：2017-08-06；资源类型：药用植物资源。

287 美人蕉科 Cannaceae

小果蕉

Musa acuminata calla

产于：平甸乡磨盘山；坝区，生活型：高大草本；采集人 & 采集号：；采集日期：2017-04-26；资源类型：食用植物资源、景观资源。

芭蕉

Musa basjoo Siebold et Zuccarini

产于：平甸乡磨盘山；坝区，生活型：高大草本；采集人 & 采集号：照片、野外记录；采集日期：2016-12-21；资源类型：药用植物资源、景观资源、纤维植物资源。

290 姜科 Zingiberaceae

距药姜

Cautleya gracilis（Smith）Dandy

产于：平甸乡磨盘山麂子箐—野猪塘，中山湿性常绿阔叶林；生活型：草本；采集人 & 采集号：陈丽、李园园、姜利琼 XP576；采集日期：2017-06-15。

滇姜花

Hedychium yunnanense Gagnepain

产于：平甸乡敌军山，中山湿性常绿阔叶林；生活型：草本；采集人 & 采集号：李园园、姜利琼、阳亿、张琼 XP987；采集日期：2017-08-05；资源类型：景观资源。

长柄象牙参

Roscoea debilis Gagnepain

产于：平甸乡磨盘山麂子箐，中山湿性常绿阔叶林；生活型：草本；采集人 & 采集号：陈丽、李园园、姜利琼 XP495；采集日期：2017-06-14。

290 黄眼草科 Xyridaceae

葱草

Xyris pauciflora Willdenow

产于：平甸乡磨盘山麂子箐—野猪塘，中山湿性常绿阔叶林；生活型：草本；采集人 & 采集号：陈丽、李园园、姜利琼 XP573；采集日期：2017-06-15；资源类型：药用植物资源。

291 美人蕉科 Cannaceae

美人蕉

Canna indica L.

产于：平甸乡磨盘山，常绿阔叶林；生活型：草本；采集人 & 采集号：新平县普查队 5304270773；采集日期：2012-08-14；资源类型：食用植物资源、块茎可煮食，景观资源、纤维植物资源。

美人蕉

Canna indica Linnaeus

产于：平甸乡磨盘山，常绿阔叶林；生活型：草本；采集人 & 采集号：照片、野外记录；采集日期：2017-04-26；资源类型：药用植物资源、景观资源、纤维植物资源、芳香油植物资源。

293 百合科 Liliaceae

灰鞘粉条儿菜

Aletris cinerascens F. T. Wang et Tang

产于：平甸乡磨盘山自然保护区；杜鹃-苔藓林，生活型：草本；采集人 & 采集号：新平县普查队 5304270745；采集日期：2012-08-13；资源类型：药用植物资源。

星花粉条儿菜

Aletris gracilis Rendle

产于：平甸乡磨盘山麂子箐—野猪塘，中山湿性常绿阔叶林；生活型：草本；采集人 & 采集号：陈丽、李园园、姜利琼 XP555；采集日期：2017-06-15；资源类型：药用植物资源。

弯蕊开口箭

Campylandra wattii C. B. Clarke

产于：平甸乡黑白租，常绿阔叶林；生活型：草本；采集人 & 采集号：照片、野外记录；采集日期：2017-12-03。

弯蕊开口箭

Campylandra wattii C. B. Clarke

产于：平甸乡磨盘山自然保护区，中山湿性常绿阔叶林；生活型：草本；采集人 & 采集号：新平县普查队 5304270094；采集日期：2012-05-07。

山菅

Dianella ensifolia (Linn.) Redoute

产于：平甸乡磨盘山；生活型：草本；采集人 & 采集号：照片、野外记录；采集日期：2017-03-13；资源类型：药用植物资源。

短蕊万寿竹

Disporum bodinieri (H. Leveille et Vaniot) F. T. Wang et T. Tang

产于：平甸乡磨盘山，常绿阔叶林；生活型：草本；采集人 & 采集号：李园园、姜利琼 XP262；采集日期：2017-04-26。

万寿竹

Disporum cantoniense（Loureiro）Merrill

产于：平甸乡磨盘山，常绿阔叶林；生活型：草本；采集人 & 采集号：彭华、李园园、姜利琼、郭信强 PLJG0150；采集日期：2016-12-23；资源类型：药用植物资源、景观资源。

鹭鸶草

Diuranthera major Hemsl.

产于：平甸乡磨盘山，常绿阔叶林；生活型：草本；采集人 & 采集号：彭华、李园园、姜利琼、郭信强 PLJG0062；采集日期：2016-12-21；资源类型：药用植物资源、景观资源。

短药沿阶草

Ophiopogon angustifoliatus（F. T. Wang et T. Tang）S. C. Chen

产于：平甸乡磨盘山麂子箐，中山湿性常绿阔叶林；生活型：草本；采集人 & 采集号：李园园、姜利琼、张琼、彭华、董红进 XP859；采集日期：2017-06-24。

沿阶草

Ophiopogon bodinieri H. Leveille

产于：平甸乡磨盘山，干燥杂木林；生活型：草本；采集人 & 采集号：照片、野外记录；采集日期：2017-03-16；资源类型：药用植物资源、景观资源。

间型沿阶草

Ophiopogon intermedius D. Don

产于：平甸乡磨盘山麂子箐，中山湿性常绿阔叶林；生活型：草本；采集人 & 采集号：陈丽、李园园、姜利琼 XP463；采集日期：2017-06-14；资源类型：药用植物资源。

麦冬

Ophiopogon japonicus（Linnaeus f.）Ker Gawler

产于：平甸乡磨盘山，常绿阔叶林；生活型：草本；采集人 & 采集号：李园园、姜利琼 XP256；采集日期：2017-04-26；资源类型：药用植物资源、景观资源。

大盖球子草

Peliosanthes macrostegia Hance

产于：平甸乡磨盘山，常绿阔叶林；生活型：草本；采集人 & 采集号：李园园、姜利琼 XP266；采集日期：2017-04-26；资源类型：药用植物资源。

卷叶黄精

Polygonatum cirrhifolium（Wallich）Royle

产于：平甸乡磨盘山麂子箐，中山湿性常绿阔叶林；生活型：草本；采集人 & 采集号：陈丽、李园园、姜利琼 XP536；采集日期：2017-06-14；资源类型：药用植物资源。

滇黄精

Polygonatum kingianum Collett et Hemsley

产于：平甸乡磨盘山，常绿阔叶林；生活型：草本；采集人 & 采集号：李园园、姜利琼 XP285；采集日期：2017-04-26；资源类型：药用植物资源、景观资源。

轮叶黄精

Polygonatum verticillatum（Linn.）Allioni

产于：平甸乡磨盘山麂子箐—野猪塘，中山湿性常绿阔叶林；生活型：草本；采集人 & 采集号：陈丽、李园园、姜利琼 XP609；采集日期：2017-06-15；资源类型：药用植物资源。

狭叶藜芦

Veratrum stenophyllum Diels

产于：平甸乡磨盘山敌军山，中山湿性常绿阔叶林；生活型：草本；采集人 & 采集号：陈丽、李园园、姜利琼 XP674；采集日期：2017-06-16；资源类型：药用植物资源。

293 棕榈科 Arecaceae

棕榈

Trachycarpus fortunei（Hooker）H. Wendland

产于：平甸乡磨盘山，村庄附近；生活型：乔木状；采集人 & 采集号：照片、野外记录；采集日期：2017-04-26；资源类型：药用植物资源、食用植物资源、未开放的花苞又称"棕鱼"，可供食用景观资源、纤维植物资源。

294 假叶树科 Ruscaceae

羊齿天门冬

Asparagus filicinus D. Don

产于：平甸乡磨盘山，中山湿性常绿阔叶林；生活型：草本；采集人 & 采集号：李园园、姜利琼、蒋蕾、许可旺 XP047；采集日期：2017-04-21；资源类型：药用植物资源、景观资源。

密齿天门冬

Asparagus meioclados H. Leveille

产于：平甸乡高梁冲，干燥杂木林；生活型：草本；采集人 & 采集号：陈丽、李园园、姜利琼 XP334；采集日期：2017-06-13；资源类型：景观资源。

295 延龄草科 Trilliaceae

七叶一枝花

Paris polyphylla Smith

产于：平甸乡磨盘山麂子箐-野猪塘，中山湿性常绿阔叶林；生活型：草本；采集人 & 采集号：陈丽、李园园、姜利琼 XP604；采集日期：2017-06-15；资源类型：药用植物资源。

296 雨久花科 Pontederiaceae

凤眼蓝

Eichhornia crassipes（Martius）Solms

产于：平甸乡磨盘山，常绿阔叶林；生活型：攀援灌木；采集人 & 采集号：照片、野外记录；采集日期：2016-12-24；资源类型：药用植物资源、食用植物资源、嫩叶及叶柄可作蔬菜蔬菜资源、牧草植物资源。

297 菝葜科 Smilacaceae

尖叶菝葜

Smilax arisanensis Hayata

产于：平甸乡磨盘山敌军山，中山湿性常绿阔叶林；生活型：草本；采集人＆采集号：陈丽、李园园、姜利琼 XP676；采集日期：2017-06-16；资源类型：药用植物资源。

菝葜

Smilax china Linnaeus

产于：平甸乡磨盘山，中山湿性常绿阔叶林；生活型：藤本；采集人＆采集号：照片、野外记录；采集日期：2017-04-21；资源类型：药用植物资源。

托柄菝葜

Smilax discotis Warburg

产于：平甸乡敌军山，中山湿性常绿阔叶林；生活型：灌木；采集人＆采集号：李园园、姜利琼、阳亿、张琼 XP992；采集日期：2017-08-05。

长托菝葜

Smilax ferox Wallich ex Kunth

产于：平甸乡高梁冲，干燥杂木林；生活型：灌木；采集人＆采集号：陈丽、李园园、姜利琼 XP368；采集日期：2017-06-13；资源类型：药用植物资源。

长托菝葜

Smilax ferox Wallich ex Kunth

产于：平甸乡磨盘山野猪塘，中山湿性常绿阔叶林；生活型：灌木；采集人＆采集号：陈丽、赵越 XP1423；采集日期：2017-12-02；资源类型：药用植物资源。

土茯苓

Smilax glabra Roxb.

产于：平甸乡磨盘山，路边杂木林；生活型：灌木；采集人＆采集号：彭华、李园园、姜利琼 PLJ0354；采集日期：2017-03-13；资源类型：药用植物资源。

粉背菝葜

Smilax hypoglauca Bentham

产于：平甸乡磨盘山麂子箐，中山湿性常绿阔叶林；生活型：草本；采集人＆采集号：陈丽、李园园、姜利琼 XP429；采集日期：2017-06-14。

马钱叶菝葜

Smilax lunglingensis F. T. Wang et Tang

产于：平甸乡磨盘山麂子箐-野猪塘，中山湿性常绿阔叶林；生活型：攀援灌木；采集人＆采集号：陈丽、李园园、姜利琼 XP598；采集日期：2017-06-15。

无刺菝葜

Smilax mairei H. Leveille

产于：平甸乡磨盘山麂子箐-野猪塘，中山湿性常绿阔叶林；生活型：攀援灌木；采集人＆采集号：陈丽、李园园、姜利琼 XP588；采集日期：2017-06-15；资源类型：药用植物资源。

防己叶菝葜

Smilax menispermoidea A. de Candolle

产于：平甸乡敌军山，中山湿性常绿阔叶林；生活型：攀援灌木；采集人＆采集号：李园园、姜利琼、阳亿、张琼 XP952；采集日期：2017-08-05。

乌饭叶菝葜

Smilax myrtillus A. de Candolle

产于：平甸乡磨盘山敌军山，中山湿性常绿阔叶林；生活型：灌木；采集人＆采集号：陈丽、李园园、姜利琼 XP655；采集日期：2017-06-16。

苍白菝葜

Smilax retroflexa（F. T. Wang et T. Tang）S. C. Chen

产于：平甸乡磨盘山月亮湖附近—麂子箐，中山湿性常绿阔叶林；生活型：草本；采集人＆采集号：彭华、李园园、姜利琼 PLJ0475；采集日期：2017-03-16。

短梗菝葜

Smilax scobinicaulis C. H. Wright

产于：平甸乡磨盘山，常绿阔叶林；生活型：灌木；采集人＆采集号：新平县普查队 5304270239；采集日期：2012-05-14；资源类型：药用植物资源。

302 天南星科 Araceae

金钱蒲

Acorus gramineus Soland.

产于：平甸乡磨盘山，常绿阔叶林；生活型：草本；采集人＆采集号：新平县普查队 5304270206；采集日期：2012-05-10；资源类型：景观资源。

一把伞南星

Arisaema erubescens（Wall.）Schott

产于：平甸乡磨盘山山路，村庄附近；生活型：草本；采集人＆采集号：照片、野外记录；采集日期：2017-04-26；资源类型：药用植物资源。

一把伞南星

Arisaema erubescens Wallich Schott

产于：平甸乡磨盘山麂子箐，中山湿性常绿阔叶林；生活型：草本；采集人＆采集号：陈丽、李园园、姜利琼 XP492；采集日期：2017-06-14；资源类型：药用植物资源。

山珠南星

Arisaema yunnanense Buchet

产于：平甸乡磨盘山麂子箐，中山湿性常绿阔叶林；生活型：草本；采集人＆采集号：陈丽、李园园、姜利琼 XP491；采集日期：2017-06-14；资源类型：药用植物资源、牧草植物资源。

麒麟叶

Epipremnum pinnatum（Linn.）Engler

产于：平甸乡磨盘山；生活型：藤本；采集人 & 采集号：照片、野外记录；采集日期：2016-12-21；资源类型：药用植物资源、景观资源。

石柑子

Pothos chinensis（Rafinesque）Merrill

产于：平甸乡黑白租；生活型：草本；采集人 & 采集号：照片、野外记录；采集日期：2017-06-14。

早花岩芋

Remusatia hookeriana Schott

产于：平甸乡磨盘山麂子箐，中山湿性常绿阔叶林；生活型：草本；采集人 & 采集号：李园园、姜利琼、阳亿、张琼 XP1040；采集日期：2017-08-06。

306 龙舌兰科 Agavaceae

剑麻

Agave sisalana Perrine ex Engelmann

产于：平甸乡磨盘山；生活型：草本；采集人 & 采集号：照片、野外记录；采集日期：2016-12-21；资源类型：药用植物资源、景观资源、纤维植物资源。

306 石蒜科 Amaryllidaceae

滇韭

Allium mairei H. Leveille

产于：平甸乡磨盘山自然保护区，常绿阔叶林；生活型：草本；采集人 & 采集号：新平县普查队 5304270759；采集日期：2012-08-13。

韭莲

Zephyranthes carinata Herbert

产于：平甸乡磨盘山；生活型：草本；采集人 & 采集号：照片、野外记录；采集日期：2017-04-19；资源类型：景观资源。

307 鸢尾科 Iridaceae

扁竹兰

Iris confusa Sealy

产于：平甸乡磨盘山，常绿阔叶林；生活型：草本；采集人 & 采集号：照片、野外记录；采集日期：2017-06-14；资源类型：药用植物资源。

310 露兜树科 Pandanaceae

露兜树

Pandanus tectorius Parkinson

产于：平甸乡磨盘山，常绿阔叶林；生活型：灌木；采集人 & 采集号：照片、野外记录；采集日期：2016-12-24；资源类型：药用植物资源、食用植物资源、嫩芽可食，景观资源、纤维植物资源、芳香油植物资源。

311 薯蓣科 Dioscoreaceae

三叶薯蓣

Dioscorea arachidna Prain et Burkill

产于：平甸乡高粱冲，干燥杂木林；生活型：藤本；采集人 & 采集号：陈丽、李园园、姜利琼 XP379；采集日期：2017-06-13。

黄独

Dioscorea bulbifera Linnaeus

产于：平甸乡磨盘山；生活型：藤本；采集人 & 采集号：武素功 381；采集日期：1958-10-16；资源类型：药用植物资源。

叉蕊薯蓣

Dioscorea collettii J. D. Hooker

产于：平甸乡敌军山，中山湿性常绿阔叶林；生活型：草质藤本；采集人 & 采集号：李园园、姜利琼、阳亿、张琼 XP918；采集日期：2017-08-05；资源类型：药用植物资源。

三角叶薯蓣

Dioscorea deltoidea Wallich ex Grisebach

产于：平甸乡敌军山，中山湿性常绿阔叶林；生活型：草质藤本；采集人 & 采集号：李园园、姜利琼、阳亿、张琼 XP932；采集日期：2017-08-05。

光叶薯蓣

Dioscorea glabra Roxburgh

产于：平甸乡磨盘山；生活型：藤本；采集人 & 采集号：武素功 355；采集日期：1958-10-15；资源类型：药用植物资源。

毛芋头薯蓣

Dioscorea kamoonensis Kunth

产于：平甸乡高粱冲，干燥杂木林；生活型：藤本；采集人 & 采集号：陈丽、李园园、姜利琼 XP380；采集日期：2017-06-13；资源类型：药用植物资源。

黄山药

Dioscorea panthaica Prain et Burkill

产于：平甸乡高粱冲，干燥杂木林；生活型：藤本；采集人 & 采集号：陈丽、李园园、姜利琼 XP329；采集日期：2017-06-13。

五叶薯蓣

Dioscorea pentaphylla Linnaeus

产于：平甸乡磨盘山；生活型：藤本；采集人 & 采集号：武素功 580；采集日期：1958-10-27。

薯蓣

Dioscorea polystachya Turczaninow

产于：平甸乡高粱冲，干燥杂木林；生活型：藤本；采集人＆采集号：陈丽、李园园、姜利琼XP378；采集日期：2017-06-13；资源类型：药用植物资源。

311 百部科 Stemonaceae

大百部

Stemona tuberosa Loureiro

产于：平甸乡磨盘山，常绿阔叶林；生活型：藤本；采集人＆采集号：李园园、姜利琼XP257；采集日期：2017-04-26；资源类型：药用植物资源。

314 棕榈科 Arecaceae

棕竹

Rhapis excelsa（Thunberg）A. Henry

产于：平甸乡磨盘山，常绿阔叶林；生活型：灌木；采集人＆采集号：照片、野外记录；采集日期：2017-04-26。

318 仙茅科 Hypoxidaceae

绒叶仙茅

Curculigo crassifolia（Baker）J. D. Hooker

产于：平甸乡磨盘山麂子箐—野猪塘，中山湿性常绿阔叶林；生活型：草本；采集人＆采集号：陈丽、李园园、姜利琼XP612；采集日期：2017-06-15；资源类型：景观资源。

仙茅

Curculigo orchioides Gaertner

产于：平甸乡磨盘山；生活型：草本；采集人＆采集号：新平县普查队5304270247；采集日期：2012-05-15；资源类型：药用植物资源、景观资源。

小金梅草

Hypoxis aurea Loureiro

产于：平甸乡磨盘山敌军山，中山湿性常绿阔叶林；生活型：草本；采集人＆采集号：陈丽、李园园、姜利琼XP669；采集日期：2017-06-16。

大叶仙茅

Curculigo capitulata（Loureiro）Kuntze

产于：平甸乡磨盘山，常绿阔叶林；生活型：草本；采集人＆采集号：照片、野外记录；采集日期：2016-12-23；资源类型：药用植物资源、景观资源。

326 兰科 Orchidaceae

多花兰

Cymbidium floribundum Lindley

产于：平甸乡磨盘山，常绿阔叶林；生活型：草本；采集人 & 采集号：No：16；采集日期：0；资源类型：药用植物资源。

高斑叶兰

Goodyera procera（Ker Gawler）Hooker

产于：平甸乡磨盘山，中山湿性常绿阔叶林；生活型：草本；采集人 & 采集号：Zhiwei Wang etc. KC-0391；采集日期：2014-08-10；资源类型：药用植物资源。

小斑叶兰

Goodyera repens（Linn.）R. Brown

产于：平甸乡磨盘山月亮湖附近—麂子箐，中山湿性常绿阔叶林；生活型：草本；采集人 & 采集号：彭华、李园园、姜利琼 PLJ0471；采集日期：2017-03-16；资源类型：药用植物资源。

斑叶兰

Goodyera schlechtendaliana H. G. Reichenbach

产于：平甸乡磨盘山野猪塘，中山湿性常绿阔叶林；生活型：草本；采集人 & 采集号：陈丽、赵越 XP1404；采集日期：2017-12-02。

毛莛玉凤花

Habenaria ciliolaris Kraenzl.

产于：平甸乡磨盘山，常绿阔叶林；生活型：草本；采集人 & 采集号：彭华、李园园、姜利琼、郭信强 PLJG0037；采集日期：2016-12-21。

叉唇角盘兰

Herminium lanceum（Thunberg ex Swartz）Vuijk

产于：平甸乡敌军山，中山湿性常绿阔叶林；生活型：草本；采集人 & 采集号：李园园、姜利琼、阳亿、张琼 XP1020；采集日期：2017-08-06；资源类型：药用植物资源。

羊耳蒜

Liparis campylostalix H. G. Reichenbach

产于：平甸乡磨盘山麂子箐，中山湿性常绿阔叶林；生活型：草本；采集人 & 采集号：李园园、姜利琼、张琼、彭华、董红进 XP865；采集日期：2017-06-24。

柄叶羊耳蒜

Liparis petiolata（D. Don）P. F. Hunt et Summerhayes

产于：平甸乡敌军山，中山湿性常绿阔叶林；生活型：草本；采集人 & 采集号：李园园、姜利琼、阳亿、张琼 XP1001；采集日期：2017-08-06；资源类型：药用植物资源。

钗子股

Luisia morsei Rolfe

产于：平甸乡磨盘山，常绿阔叶林；生活型：草本；采集人 & 采集号：彭华、李园园、姜利琼、郭信强 PLJG0034；采集日期：2016-12-21；资源类型：药用植物资源。

羽唇兰

Ornithochilus difformis（Wallich ex Lindley）Schlechter

产于：平甸乡高粱冲，干燥杂木林；生活型：草本；采集人 & 采集号：陈丽、李园园、姜利琼

XP360；采集日期：2017-06-13。

独蒜兰

Pleione bulbocodioides（Franchet）Rolfe

产于：平甸乡磨盘山，常绿阔叶林；生活型：草本；采集人＆采集号：No：35；采集日期：0。

大花独蒜兰

Pleione grandiflora（Rolfe）Rolfe

产于：平甸乡磨盘山，中山湿性常绿阔叶林；生活型：草本；采集人＆采集号：李园园、姜利琼、蒋蕾、许可旺 XP044；采集日期：2017-04-21；资源类型：药用植物资源。

云南独蒜兰

Pleione yunnanensis（Rolfe）Rolfe

产于：平甸乡磨盘山，中山湿性常绿阔叶林；生活型：草本；采集人＆采集号：李园园、姜利琼、蒋蕾、许可旺 XP045；采集日期：2017-04-21；资源类型：药用植物资源。

绶草

Spiranthes sinensis（Persoon）Ames

产于：平甸乡磨盘山麂子箐，中山湿性常绿阔叶林；生活型：草本；采集人＆采集号：李园园、姜利琼、阳亿、张琼 XP1047；采集日期：2017-08-06；资源类型：药用植物资源。

吉氏白点兰

Thrixspermum tsii W. H. Chen et Y. M. Shui

产于：平甸乡磨盘山，常绿阔叶林；生活型：草本；采集人＆采集号：新平县普查队 5304270383；采集日期：2012-06-01；资源类型：纤维植物资源。

石斛属

Dendrobium sw.

产于：平甸乡磨盘山野猪塘，中山湿性常绿阔叶林；生活型：附生草本；采集人＆采集号：陈丽、赵越 XP1387；采集日期：2017-12-02。

327 灯心草科 Juncaceae

两歧飘拂草

Fimbristylis dichotoma（Linn.）Vahl

产于：平甸乡磨盘山麂子箐，中山湿性常绿阔叶林；生活型：草本；采集人＆采集号：陈丽、李园园、姜利琼 XP480；采集日期：2017-06-14。

葱状灯心草

Juncus allioides Franchet

产于：平甸乡磨盘山，中山湿性常绿阔叶林；生活型：草本；采集人＆采集号：照片、野外记录；采集日期：2017-06-14；资源类型：药用植物资源。

星花灯心草

Juncus diastrophanthus Buchenau

产于：平甸乡磨盘山自然保护区，常绿阔叶林；生活型：草本；采集人＆采集号：新平县普查队 5304270749；采集日期：2012-08-13；资源类型：药用植物资源。

灯心草

Juncus effusus Linnaeus

产于：平甸乡磨盘山，常绿阔叶林；生活型：草本；采集人＆采集号：照片、野外记录；采集日期：2016-12-23；资源类型：药用植物资源/纤维植物资源。

笄石菖

Juncus prismatocarpus R. Brown

产于：平甸乡磨盘山，中山湿性常绿阔叶林；生活型：草本；采集人＆采集号：照片、野外记录；采集日期：2017-06-14。

野灯心草

Juncus setchuensis Buchenau ex Diels

产于：平甸乡磨盘山，中山湿性常绿阔叶林；生活型：草本；采集人＆采集号：李园园、姜利琼、蒋蕾、许可旺 XP067；采集日期：2017-04-21；资源类型：药用植物资源。

多花地杨梅

Luzula multiflora（Ehrhart）Lejeune

产于：平甸乡磨盘山月亮湖附近—麂子箐，中山湿性常绿阔叶林；生活型：草本；采集人＆采集号：彭华、李园园、姜利琼 PLJ0478；采集日期：2017-03-16；资源类型：药用植物资源。

331 莎草科 Cyperaceae

丝叶球柱草

Bulbostylis densa（Wallich）Handel-Mazzetti

产于：平甸乡磨盘山，常绿阔叶林；生活型：草本；采集人＆采集号：照片、野外记录；采集日期：2017-06-14；资源类型：药用植物资源。

浆果薹草

Carex baccans Nees

产于：平甸乡磨盘山，常绿阔叶林；生活型：草本；采集人＆采集号：照片、野外记录；采集日期：2016-12-23；资源类型：景观资源。

十字薹草

Carex cruciata Wahlenberg

产于：平甸乡敌军山，中山湿性常绿阔叶林；生活型：草本；采集人＆采集号：李园园、姜利琼、阳亿、张琼 XP955；采集日期：2017-08-05；资源类型：药用植物资源。

蕨状薹草

Carex filicina Nees

产于：平甸乡磨盘山，常绿阔叶林；生活型：草本；采集人＆采集号：彭华、李园园、姜利琼、郭信强 PLJG0153；采集日期：2016-12-23。

云雾薹草

Carex nubigena D. Don ex Tilloch et Taylor

产于：平甸乡敌军山，中山湿性常绿阔叶林；生活型：草本；采集人 & 采集号：李园园、姜利琼、阳亿、张琼 XP998；采集日期：2017-08-05。

近蕨薹草

Carex subfilicinoides Kukenthal

产于：平甸乡磨盘山，常绿阔叶林；生活型：草本；采集人 & 采集号：照片、野外记录；采集日期：2017-06-14。

砖子苗

Cyperus cyperoides（Linn.）Kuntze

产于：平甸乡磨盘山，田间路旁；生活型：草本；采集人 & 采集号：照片、野外记录；采集日期：2016-12-24。

异型莎草

Cyperus difformis Linnaeus

产于：平甸乡磨盘山，田间路旁；生活型：草本；采集人 & 采集号：彭华、李园园、姜利琼、郭信强 PLJG0170；采集日期：2016-12-24。

云南莎草

Cyperus duclouxii E. G. Camus

产于：平甸乡高梁冲，干燥杂木林；生活型：草本；采集人 & 采集号：陈丽、李园园、姜利琼 XP401；采集日期：2017-06-13。

畦畔莎草

Cyperus haspan Linnaeus

产于：平甸乡磨盘山，落叶阔叶林；生活型：草本；采集人 & 采集号：彭华、李园园、姜利琼、郭信强 PLJG0096；采集日期：2016-12-22。

风车草

Cyperus involucratus Rottboll

产于：平甸乡磨盘山，中山湿性常绿阔叶林；生活型：草本；采集人 & 采集号：照片、野外记录；采集日期：2017-04-21；资源类型：景观资源。

碎米莎草

Cyperus iria Linnaeus

产于：平甸乡磨盘山，田间路旁；生活型：草本；采集人 & 采集号：彭华、李园园、姜利琼、郭信强 PLJG0171；采集日期：2016-12-24；资源类型：药用植物资源。

毛轴莎草

Cyperus pilosus Vahl

产于：平甸乡磨盘山，常绿阔叶林；生活型：草本；采集人 & 采集号：照片、野外记录；采集日期：2017-06-14。

香附子

Cyperus rotundus Linnaeus

产于：平甸乡磨盘山，河谷干热草坡；生活型：草本；采集人 & 采集号：李园园、姜利琼、阳亿、张琼 XP1328；采集日期：2017-08-11；资源类型：药用植物资源。

水莎草

Cyperus serotinus Rottboll

产于：平甸乡磨盘山，常绿阔叶林；生活型：草本；采集人＆采集号：照片、野外记录；采集日期：2017-06-14。

丛毛羊胡子草

Eriophorum comosum（Wall.）Nees ex Wight

产于：平甸乡磨盘山；生活型：草本；采集人＆采集号：照片、野外记录；采集日期：2016-12-21。

复序飘拂草

Fimbristylis bisumbellata（Forsskal）Bubani

产于：平甸乡磨盘山，路边杂木林；生活型：草本；采集人＆采集号：彭华、赵倩茹、陈亚萍、蒋蕾 PH10038；采集日期：2016-04-22。

水虱草

Fimbristylis littoralis Gaudichaud

产于：平甸乡磨盘山，常绿阔叶林；生活型：草本；采集人＆采集号：照片、野外记录；采集日期：2017-06-14。

短叶水蜈蚣

Kyllinga brevifolia Rottboll

产于：平甸乡高粱冲，干燥杂木林；生活型：草本；采集人＆采集号：陈丽、李园园、姜利琼 XP348；采集日期：2017-06-13；资源类型：药用植物资源。

红鳞扁莎

Pycreus sanguinolentus（Vahl）Nees ex C. B. Clarke

产于：平甸乡磨盘山，落叶季雨林；生活型：草本；采集人＆采集号：彭华、李园园、姜利琼 XP1360；采集日期：2017-11-13；资源类型：药用植物资源。

水毛花

Schoenoplectus mucronatus（Linn.）Palla subsp. *robustus*（Miquel）T. Koyama

产于：平甸乡磨盘山，常绿阔叶林；生活型：草本；采集人＆采集号：照片、野外记录；采集日期：2016-12-23；资源类型：木材资源。

庐山藨草

Scirpus lushanensis Ohwi

产于：平甸乡磨盘山麂子箐，中山湿性常绿阔叶林；生活型：草本；采集人＆采集号：李园园、姜利琼、阳亿、张琼 XP1037；采集日期：2017-08-06。

332 禾本科 Poaceae

华北剪股颖

Agrostis clavata Trin.

产于：平甸乡磨盘山；生活型：；采集人 & 采集号：照片、野外记录；采集日期：2017-06-14。

小花剪股颖

Agrostis micrantha Steudel

产于：平甸乡磨盘山自然保护区，常绿阔叶林；生活型：草本；采集人 & 采集号：新平县普查队 5304270758；采集日期：2012-08-13。

看麦娘

Alopecurus aequalis Sobolewski

产于：平甸乡磨盘山，常绿阔叶林；生活型：草本；采集人 & 采集号：照片、野外记录；采集日期：2017-06-14；资源类型：药用植物资源。

日本看麦娘

Alopecurus japonicus Steudel

产于：平甸乡磨盘山，常绿阔叶林；生活型：草本；采集人 & 采集号：照片、野外记录；采集日期：2017-06-14；资源类型：药用植物资源。

锡金黄花茅

Anthoxanthum sikkimense（Maximowicz）Ohwi

产于：平甸乡磨盘山山顶；常绿阔叶林林缘，生活型：草本；采集人 & 采集号：照片、野外记录；采集日期：2016-12-26。

水蔗草

Apluda mutica Linnaeus

产于：平甸乡磨盘山；生活型：草本；采集人 & 采集号：何树春 85697；采集日期：1985-10-00；资源类型：牧草植物资源。

荩草

Arthraxon hispidus（Thunberg）Makino

产于：平甸乡磨盘山；生活型：草本；采集人 & 采集号：照片、野外记录；采集日期：2017-06-14；资源类型：药用植物资源。

小叶荩草

Arthraxon lancifolius（Trinius）Hochstetter

产于：平甸乡磨盘山，常绿阔叶林；生活型：草本；采集人 & 采集号：照片、野外记录；采集日期：2016-12-24。

西南野古草

Arundinella hookeri Munro ex Keng

产于：平甸乡磨盘山麂子箐，中山湿性常绿阔叶林；生活型：草本；采集人 & 采集号：陈丽、李园园、姜利琼 XP500；采集日期：2017-06-14；资源类型：食用植物资源、牧草植物资源。

刺芒野古草

Arundinella setosa Trinius

产于：平甸乡磨盘山；生活型：草本；采集人 & 采集号：照片、野外记录；采集日期：2017-

03-13；资源类型：纤维植物资源。

野燕麦

Avena fatua Linnaeus

产于：平甸乡磨盘山，常绿阔叶林；生活型：草本；采集人＆采集号：照片、野外记录；采集日期：2017-06-14；资源类型：牧草植物资源。

孔颖臭根子草

Bothriochloa bladhii （Retzius） S. T. Blake var. *punctata* （Roxburgh） R. R. Stewart

产于：平甸乡磨盘山，干热河谷；生活型：草本；采集人＆采集号：照片、野外记录；采集日期：2016-09-14。

白羊草

Bothriochloa ischaemum （Linn.） Keng

产于：平甸乡磨盘山；生活型：草本；采集人＆采集号：照片、野外记录；采集日期：2016-12-21；资源类型：牧草植物资源。

孔颖草

Bothriochloa pertusa （Linn.） A. Camus

产于：平甸乡磨盘山，河谷干热草坡；生活型：草本；采集人＆采集号：李园园、姜利琼、阳亿、张琼 XP1308；采集日期：2017-08-11。

四生臂形草

Brachiaria subquadripara （Trinius） Hitchcock

产于：平甸乡磨盘山，荒地；生活型：草本；采集人＆采集号：彭华、李园园、姜利琼、郭信强 PLJG0085；采集日期：2016-12-22。

毛臂形草

Brachiaria villosa （Lamarck） A. Camus

产于：平甸乡磨盘山，河谷干热草坡；生活型：草本；采集人＆采集号：李园园、姜利琼、阳亿、张琼 XP1309；采集日期：2017-08-11。

短柄草

Brachypodium sylvaticum （Hudson） P. Beauvois

产于：平甸乡磨盘山；生活型：草本；采集人＆采集号：照片、野外记录；采集日期：2017-06-14。

拂子茅

Calamagrostis epigejos （L.） Roth

产于：平甸乡磨盘山；生活型：；采集人＆采集号：照片、野外记录；采集日期：2017-06-14。

硬秆子草

Capillipedium assimile （Steudel） A. Camus

产于：平甸乡磨盘山，路边灌丛；生活型：草本；采集人＆采集号：彭华、赵倩茹、陈亚萍、蒋蕾 PH10014；采集日期：2016-01-07。

细柄草

Capillipedium parviflorum（R. Brown）Stapf

产于：平甸乡磨盘山，落叶阔叶林；生活型：草本；采集人 & 采集号：彭华、李园园、姜利琼、郭信强 PLJG0100；采集日期：2016-12-22；资源类型：牧草植物资源。

异序虎尾草

Chloris pycnothrix Trinius

产于：平甸乡高粱冲，干燥杂木林；生活型：草本；采集人 & 采集号：陈丽、李园园、姜利琼 XP409；采集日期：2017-06-13。

薏米

Coix lacryma-jobi Linnaeus var. *ma-yuen*（Romanet du Caillaud）Stapf

产于：平甸乡磨盘山，落叶季雨林；生活型：草本；采集人 & 采集号：彭华、李园园、姜利琼 PLJ0467；采集日期：2017-03-16；资源类型：药用植物资源、牧草植物资源。

芸香草

Cymbopogon distans（Nees ex Steudel Will.）Watson

产于：平甸乡磨盘山；生活型：草本；采集人 & 采集号：照片、野外记录；采集日期：2017-06-14；资源类型：药用植物资源、芳香油植物资源。

狗牙根

Cynodon dactylon（Linn.）Persoon

产于：平甸乡高粱冲，干燥杂木林；生活型：草本；采集人 & 采集号：陈丽、李园园、姜利琼 XP410；采集日期：2017-06-13；资源类型：药用植物资源、牧草植物资源、景观资源防沙固土。

弓果黍

Cyrtococcum patens（Linn.）A. Camus

产于：平甸乡磨盘山；生活型：；采集人 & 采集号：照片、野外记录；采集日期：2017-06-14。

龙爪茅

Dactyloctenium aegyptium Linn. Willdenow

产于：平甸乡磨盘山；生活型：草本；采集人 & 采集号：照片、野外记录；采集日期：2016-12-21；资源类型：牧草植物资源。

椅子竹

Dendrocalamus bambusoides Hsueh et D. Z. Li

产于：平甸乡磨盘山；生活型：灌木；采集人 & 采集号：薛纪如、李德铢照片、野外记录；采集日期：1985-12-18；资源类型：木材资源、景观资源。

勃氏甜龙竹

Dendrocalamus brandisii（Munro）Kurz

产于：平甸乡磨盘山；生活型：灌木；采集人 & 采集号：Hsuch et D. Z. Li 照片、野外记录；采集日期：1985-12-19。

麻竹

Dendrocalamus latiflorus Munro

产于：平甸乡磨盘山，村寨附近；生活型：灌木；采集人＆采集号：照片、野外记录；采集日期：2016-12-22；资源类型：景观资源。

麻竹

Dendrocalamus latiflorus Munro

产于：平甸乡磨盘山，田间路旁；生活型：灌木；采集人＆采集号：照片、野外记录；采集日期：2016-12-24；资源类型：景观资源。

糙野青茅

Deyeuxia scabrescens（Griseb.）Munroex Duthie

产于：平甸乡磨盘山；生活型：草本；采集人＆采集号：320；采集日期：2017-06-14。

双花草

Dichanthium annulatum（Forsskal）Stapf

产于：平甸乡磨盘山，落叶季雨林；生活型：草本；采集人＆采集号：彭华、李园园、姜利琼 XP1368；采集日期：2017-11-13；资源类型：牧草植物资源。

异马唐

Digitaria bicornis（Lamarck）Roemer et Schultes

产于：平甸乡磨盘山，路边杂木林；生活型：草本；采集人＆采集号：彭华、赵倩茹、陈亚萍、蒋蕾 PH10042；采集日期：2016-04-22。

止血马唐

Digitaria ischaemum（Schreber）Schreber

产于：平甸乡磨盘山；生活型：；采集人＆采集号：照片、野外记录；采集日期：2017-06-14。

马唐

Digitaria sanguinalis（Linn.）Scopoli

产于：平甸乡磨盘山；生活型：草本；采集人＆采集号：照片、野外记录；采集日期：2016-12-21；资源类型：药用植物资源。

光头稗

Echinochloa colona（Linn.）Link

产于：平甸乡磨盘山，路边杂木林；生活型：草本；采集人＆采集号：彭华、赵倩茹、陈亚萍、蒋蕾 PH10040；采集日期：2016-04-22；资源类型：牧草植物资源。

牛筋草

Eleusine indica（Linn.）Gaertner

产于：平甸乡磨盘山，田间路旁；生活型：草本；采集人＆采集号：照片、野外记录；采集日期：2016-12-24；资源类型：药用植物资源、牧草植物资源。

肠须草

Enteropogon dolichostachyus（Lagasca）Keng ex Lazarides

产于：平甸乡磨盘山，落叶阔叶林；生活型：草本；采集人＆采集号：彭华、李园园、姜利琼、郭信强 PLJG0071；采集日期：2016-12-22。

长画眉草

Eragrostis brownii（Kunth）Nees

产于：平甸乡磨盘山公园附近阿斗再克，中山湿性常绿阔叶林；生活型：草本；采集人 & 采集号：照片、野外记录；采集日期：2016-12-26。

黑穗画眉草

Eragrostis nigra Nees ex Steudel

产于：平甸乡磨盘山公园附近阿斗再克，中山湿性常绿阔叶林；生活型：草本；采集人 & 采集号：照片、野外记录；采集日期：2016-12-26；资源类型：牧草植物资源。

牛虱草

Eragrostis unioloides（Retzius）Nees ex Steudel

产于：平甸乡磨盘山麂子箐，中山湿性常绿阔叶林；生活型：草本；采集人 & 采集号：陈丽、李园园、姜利琼 XP430；采集日期：2017-06-14。

长齿蔗茅

Saccharum longesetosum（Andersson）V. Narayanaswami

产于：平甸乡磨盘山，常绿阔叶林；生活型：草本；采集人 & 采集号：照片、野外记录；采集日期：2016-12-24；资源类型：景观资源。

丛毛羊胡子草

Eriophorum comosum（Wall.）Nees ex Wight

产于：平甸乡磨盘山，常绿阔叶林；生活型：草本；采集人 & 采集号：彭华、李园园、姜利琼、郭信强 PLJG0017；采集日期：2016-12-21。

四脉金茅

Eulalia quadrinervis（Hackel）Kuntze

产于：平甸乡磨盘山山顶；常绿阔叶林林缘，生活型：草本；采集人 & 采集号：照片、野外记录；采集日期：2016-12-26；资源类型：牧草植物资源。

元江箭竹

Fargesia yuanjiangensis Hsueh et T. P. Yi

产于：平甸乡磨盘山麂子箐，中山湿性常绿阔叶林；生活型：灌木；采集人 & 采集号：李园园、姜利琼、张琼、彭华、董红进 XP852；采集日期：2017-06-24；资源类型：景观资源。

牛鞭草

Hemarthria sibirica（Gandoger）Ohwi

产于：平甸乡磨盘山，干热河谷；生活型：草本；采集人 & 采集号：彭华、李园园、姜利琼 PLJ0319a；采集日期：2016-09-14。

黄茅

Heteropogon contortus（Linn.）P. Beauvois ex Roemer et Schultes

产于：平甸乡磨盘山，路边灌丛；生活型：草本；采集人 & 采集号：彭华、赵倩茹、陈亚萍、蒋蕾 PH10017；采集日期：2016-01-07；资源类型：牧草植物资源、纤维植物资源。

白茅

Imperata cylindrica（Linn.）Raeuschel

产于：平甸乡磨盘山，村庄附近；生活型：草本；采集人＆采集号：照片、野外记录；采集日期：2017-04-26。

大白茅

Imperata cylindrica rar. *major*（Nees）C. E. Hubbard

产于：平甸乡磨盘山，常绿阔叶林；生活型：草本；采集人＆采集号：新平县普查队5304270019；采集日期：2012-05-03；资源类型：药用植物资源、食用植物资源、牧草植物资源。

白花柳叶箬

Isachne albens Trinius

产于：平甸乡磨盘山山顶；常绿阔叶林林缘，生活型：草本；采集人＆采集号：照片、野外记录；采集日期：2016-12-26。

小柳叶箬

Isachne clarkei J. D. Hooker.

产于：平甸乡磨盘山，常绿阔叶林；生活型：草本；采集人＆采集号：李园园、姜利琼XP282；采集日期：2017-04-26。

田间鸭嘴草

Ischaemum rugosum Salisbury

产于：平甸乡磨盘山，落叶季雨林；生活型：草本；采集人＆采集号：彭华、李园园、姜利琼XP1361；采集日期：2017-11-13。

蚧子草

Leptochloa panicea（Retzius）Ohwi

产于：平甸乡磨盘山，河谷干热草坡；生活型：草本；采集人＆采集号：李园园、姜利琼、阳亿、张琼XP1310；采集日期：2017-08-11。

柔枝莠竹

Microstegium vimineum（Trinius）A. Camus

产于：平甸乡磨盘山公园附近阿斗再克；常绿阔叶林林缘，生活型：草本；采集人＆采集号：照片、野外记录；采集日期：2016-12-26。

红山茅

Miscanthus paniculatus（B. S. Sun）Renvoize et S. L. Chen

产于：平甸乡磨盘山，中山湿性常绿阔叶林；生活型：草本；采集人＆采集号：彭华、李园园、姜利琼XP1362；采集日期：2017-11-13。

芒

Miscanthus sinensis Andersson

产于：平甸乡磨盘山，落叶季雨林；生活型：草本；采集人＆采集号：照片、野外记录；采集日期：2017-03-16；资源类型：纤维植物资源。

类芦

Neyraudia reynaudiana Kunth Keng ex Hitchcock

产于：平甸乡磨盘山，常绿阔叶林；生活型：草本；采集人 & 采集号：新平县普查队 5304270799；采集日期：2012-08-14；资源类型：纤维植物资源。

竹叶草

Oplismenus compositus Linn. P. Beauvois

产于：平甸乡磨盘山，田间路旁；生活型：草本；采集人 & 采集号：彭华、李园园、姜利琼、郭信强 PLJG0168；采集日期：2016-12-24。

求米草

Oplismenus undulatifolius Arduino Roemer et Schultes

产于：平甸乡磨盘山，田间路旁；生活型：草本；采集人 & 采集号：照片、野外记录；采集日期：2016-12-24。

心叶稷

Panicum notatum Retzius

产于：平甸乡磨盘山；生活型：草本；采集人 & 采集号：照片、野外记录；采集日期：2017-06-14；资源类型：药用植物资源。

类雀稗

Paspalidium flavidum Retzius A. Camus

产于：平甸乡磨盘山，河谷干热草坡；生活型：草本；采集人 & 采集号：李园园、姜利琼、阳亿、张琼 XP1323；采集日期：2017-08-11；资源类型：食用植物资源。

两耳草

Paspalum conjugatum Bergius

产于：平甸乡磨盘山，田间路旁；生活型：草本；采集人 & 采集号：彭华、李园园、姜利琼、郭信强 PLJG0167；采集日期：2016-12-24；资源类型：牧草植物资源。

双穗雀稗

Paspalum distichum Linnaeus

产于：平甸乡磨盘山；生活型：草本；采集人 & 采集号：照片、野外记录；采集日期：2017-06-14。

长叶雀稗

Paspalum longifolium Roxburgh

产于：平甸乡磨盘山，河谷干热草坡；生活型：草本；采集人 & 采集号：李园园、姜利琼、阳亿、张琼 XP1329；采集日期：2017-08-11。

圆果雀稗

Paspalum scrobiculatum Linnaeus var. *orbiculare* G. Forster Hackel

产于：平甸乡磨盘山国家森林公园；常绿阔叶林林缘，生活型：草本；采集人 & 采集号：彭华、李园园、姜利琼、郭信强 PLJG0266；采集日期：2016-12-26。

狼尾草

Pennisetum alopecuroides Linn. Sprengel

产于：平甸乡磨盘山；生活型：草本；采集人 & 采集号：谭继清 1474；采集日期：1984-08-02；资源类型：牧草植物资源。

芦苇

Phragmites australis Cavanilles Trinius ex Steudel

产于：平甸乡磨盘山，常绿阔叶林；生活型：灌木；采集人 & 采集号：照片、野外记录；采集日期：2016-12-24；资源类型：牧草植物资源。

早熟禾

Poa annua Linnaeus

产于：平甸乡敌军山，中山湿性常绿阔叶林；生活型：草本；采集人 & 采集号：李园园、姜利琼、阳亿、张琼 XP1028；采集日期：2017-08-06。

金丝草

Pogonatherum crinitum Thunberg Kunth

产于：平甸乡磨盘山，落叶阔叶林；生活型：草本；采集人 & 采集号：彭华、李园园、姜利琼、郭信强 PLJG0095；采集日期：2016-12-22；资源类型：药用植物资源、牧草植物资源。

金发草

Pogonatherum paniceum Lamarck Hackel

产于：平甸乡黑白租；生活型：草本；采集人 & 采集号：照片、野外记录；采集日期：2017-06-14；资源类型：药用植物资源。

棒头草

Polypogon fugax Nees ex Steudel

产于：平甸乡磨盘山，常绿阔叶林；生活型：草本；采集人 & 采集号：白绍斌 XPALSC346；采集日期：2009-02-19。

筒轴茅

Rottboellia cochinchinensis Loureiro Clayton

产于：平甸乡磨盘山，常绿阔叶林；生活型：草本；采集人 & 采集号：彭华、李园园、姜利琼、郭信强 PLJG0019；采集日期：2016-12-21；资源类型：牧草植物资源。

斑茅

Saccharum arundinaceum Retzius

产于：平甸乡磨盘山，干热河谷；生活型：草本；采集人 & 采集号：照片、野外记录；采集日期：2016-12-22；资源类型：牧草植物资源、纤维植物资源。

蔗茅

Saccharum rufipilum Steudel

产于：平甸乡磨盘山，常绿阔叶林；生活型：草本；采集人 & 采集号：照片、野外记录；采集日期：2016-12-23。

甜根子草

Saccharum spontaneum Linnaeus

产于：平甸乡磨盘山；生活型：草本；采集人 & 采集号：照片、野外记录；采集日期：2016-

12-21；资源类型：牧草植物资源、纤维植物资源。

囊颖草

Sacciolepis indica Linn. Chase

产于：平甸乡磨盘山公园附近阿斗再克；常绿阔叶林林缘，生活型：草本；采集人＆采集号：照片、野外记录；采集日期：2016-12-26。

莩草

Setaria chondrachne Steudel Honda

产于：平甸乡磨盘山，常绿阔叶林；生活型：草本；采集人＆采集号：彭华、李园园、姜利琼、郭信强 PLJG0025；采集日期：2016-12-21。

西南莩草

Setaria forbesiana Nees ex Steudel J. D. Hooker

产于：平甸乡磨盘山；生活型：草本；采集人＆采集号：照片、野外记录；采集日期：2016-12-21。

皱叶狗尾草

Setaria plicata Lamarck T. Cooke

产于：平甸乡磨盘山；生活型：草本；采集人＆采集号：照片、野外记录；采集日期：2016-12-21；资源类型：食用植物资源果实成熟时，可供食用。。

金色狗尾草

Setaria pumila Poiret Roemer et Schultes

产于：平甸乡磨盘山，田间路旁；生活型：草本；采集人＆采集号：彭华、李园园、姜利琼、郭信强 PLJG0166；采集日期：2016-12-24；资源类型：牧草植物资源。

鼠尾粟

Sporobolus fertilis Steudel Clayton

产于：平甸乡敌军山，中山湿性常绿阔叶林；生活型：草本；采集人＆采集号：彭华、李园园、姜利琼 XP1339；采集日期：2017-11-13。

帽斗草

Themeda triandra Forsskal

产于：平甸乡磨盘山；生活型：草本；采集人＆采集号：照片、野外记录；采集日期：2017-03-13。

棕叶芦

Thysanolaena latifolia Roxburgh ex Hornemann Honda

产于：平甸乡磨盘山，常绿阔叶林；生活型：灌木；采集人＆采集号：照片、野外记录；采集日期：2016-12-23；资源类型：药用植物资源、景观资源、纤维植物资源。

草沙蚕

Tripogon bromoides Roem. et Schult.

产于：平甸乡磨盘山，常绿阔叶林；生活型：草本；采集人＆采集号：照片、野外记录；采集日期：2017-06-14。

百山祖玉山竹

Yushania baishanzuensis Z. P. Wang et G. H. Ye

产于：平甸乡磨盘山；生活型：灌木；采集人 & 采集号：阮嘉篷 90027；采集日期：1990-02-09。

小糙野青茅

Deyeuxia scabrescens Griseb. Munro ex Duthie var. *humilis* Griseb. Hook. f.

产于：平甸乡磨盘山；生活型：草本；采集人 & 采集号：俞德浚 9141；采集日期：1937-07-25。

鹅观草

Roegneria kamoji Ohwi

产于：平甸乡磨盘山麂子箐，中山湿性常绿阔叶林；生活型：草本；采集人 & 采集号：陈丽、李园园、姜利琼 XP485；采集日期：2017-06-14。